# Klassische Texte der Wissenschaft

Herausgeber:
Prof. Dr. Dr. Olaf Breidbach
Prof. Dr. Jürgen Jost

http://www.springer.com/series/11468

Die Reihe bietet zentrale Publikationen der Wissenschaftsentwicklung der Mathematik, Naturwissenschaften und Medizin in sorgfältig editierten, detailliert kommentierten und kompetent interpretierten Neuausgaben. In informativer und leicht lesbarer Form erschließen die von renommierten WissenschaftlerInnen stammenden Kommentare den historischen und wissenschaftlichen Hintergrund der Werke und schaffen so eine verlässliche Grundlage für Seminare an Universitäten und Schulen wie auch zu einer ersten Orientierung für am Thema Interessierte.

Klaus Volkert
Herausgeber

# David Hilbert

## Grundlagen der Geometrie
## (Festschrift 1899)

kommentiert von Klaus Volkert

 **Springer** Spektrum

*Herausgeber*

Klaus Volkert
Wuppertal, Deutschland

ISBN 978-3-662-45568-5          ISBN 978-3-662-45569-2 (eBook)
DOI 10.1007/978-3-662-45569-2
Mathematics Subject Classification (2010): 01A55, 01A60, 03-03, 03A05. 51-03

Die Deutsche Nationalbibliothek verzeichnet diese Publikation in der Deutschen Nationalbibliografie; detaillierte bibliografische Daten sind im Internet über http://dnb.d-nb.de abrufbar.

Springer Spektrum

Gedruckt auf säurefreiem und chlorfrei gebleichtem Papier.

Springer-Verlag GmbH Berlin Heidelberg ist Teil der Fachverlagsgruppe Springer Science+Business Media
(www.springer.com)

# Vorwort

Das Wetter hatte es gut gemeint mit der seit langem geplanten Festlichkeit. Am Samstag, dem 17. Juni 1899, schien die Sonne im damals preußischen Göttingen. Nach Gründerboom und Gründerkrach, Kulturkampf und Sozialistengesetzen hatte sich das deutsche Kaiserreich konsilidiert; unter Wilhelm II begann man über den Weltmachtsstatus nachzudenken und von einer großen Flotte und prosperierenden Kolonien zu träumen. In deutschen Landen ging es allmählich aufwärts. Auch in Göttingen schritt man zur Tat, zur feierlichen Enthüllung des seit langem betriebenen Gauß-Weber-Denkmals, mit dem die Universitätsstadt zwei ihrer größten Forscher ehren wollte, ... und natürlich auch ihre Wichtigkeit als akademischen Zentrum demonstrieren, in dem die Einheit von Mathematik und Naturwissenschaften vielleicht sogar Technik schon realisiert sei. Dies war ganz im Sinne von Felix Klein, dem umtriebigen Ordinarius der Mathematik, den man vor einigen Jahren in die Stadt am Harzrande berufen hatte. Das Festprogramm bot allerlei Höhepunkte, unter anderem die Verleihung der Ehrendoktorwürde an sieben bedeutende Wissenschaftler, Weihereden und natürlich ein Festbankett mit 140 Personen, darunter nicht überraschend viele Vertreter des öffentlichen Lebens. Den Ausklang bildete ein Festtrunk mit kalter Küche, zu dem sogar Minister erschienen.

Gewiss hatten die aus dem In- und Ausland angereisten Gäste am Ende dieses vermutlich anstrengenden Tages das Gefühl, einem bedeutenden Ereignis beigewohnt zu haben. Die wenigsten werden aber geahnt haben, dass dessen Bedeutung für die Wissenschaftsgeschichte in der eher unscheinbaren „Festschrift" liegen sollte, die zwei Beiträge umfasste: „Grundlagen der Geometrie" von David Hilbert und „Grundlagen der Elektrodynamik" von Ernst Wiechert. Mit seiner rund neunzig Druckseiten umfassenden Arbeit löste Hilbert, der gerade mal vier Jahre in Göttingen tätig war, ein Problem, das die Mathematikgeschichte seit der Antike begleitete, die Suche nach einem vollständigen und handhabbaren Axiomensystem für das, was man zu Ehren des Begründers Euklidische Geometrie nennen sollte. Nur wenige Mathematiker ahnten, dass Hilbert sich mit diesen Fragen beschäftigte. Deutlich wurde dies in entsprechenden Vorlesungen von ihm, die aber naturgemäß nur einen beschränkten Kreis von Hörern erreichten. Eine kleine Arbeit in Form eines wissenschaftlichen Briefes an F. Klein (1895) hätte die Aufmerksamkeit der Fachwelt erregen können, aber das scheint nicht der Fall gewesen zu sein. Hilbert war nicht als Geometer bekannt geworden, sondern eher als abstrakter Algebraiker oder Analytiker. Seine Festschrift dokumentiert vor allem seine enormen Fähigkeiten im Bereich der Systematik: Gleichsam als „Alleszermalmer" nahm er die zahlreich vorhandenen Ansätze auf und machte daraus das, worauf man so lange schon gewartet hatte.

Die Kunde von Hilberts „Festschrift" fand schnell ihren Weg in die wissenschaftliche Welt. Vor allem in den USA und im deutschsprachigen Raum fiel sie auf fruchtbaren Boden; es entstand das vielversprechende Forschungsgebiet, das man dann „Grundlagen der Geometrie" nennen sollte. Junge Mathematiker aus Hilberts Umkreis allen voran Max Dehn ergänzten sein System; die verschiedenen Auflagen der „Festschrift" sollten noch viele Mitarbeiter von Hilbert beschäftigen. Die große Bedeutung, die man sehr schnell der „Festschrift" beimaß, dokumentierte sich auch in den sehr rasch publizierten Übersetzungen ins Französische (1900) und ins Englische (1902), denen später solche in andere Sprachen folgen sollten. Hilberts „Grundlagen der Geometrie" stehen damit neben Euklids „Elementen" als ungewöhnlich erfolgreiche Bücher der Mathematikgeschichte. Ihr Einfluss reicht weit über die Geometrie hinaus; Hilberts „axiomatische Methode" wurde Vorbild für die reine Mathematik und darüber hinaus für viele andere Gebiete, ganz, wie sich das Hilbert erträumte. Das wohl einflussreichste Unternehmen, die „moderne" reine Mathematik neu zu schreiben, genannt Bourbaki, verdankte nach eigenem Zeugnis viel diesem Zugang.

Die „Grundlagen der Geometrie" sind somit eine Art „Muss" für eine Reihe, die klassische Texte der Wissenschaft versammeln möchte. Die vorliegende Ausgabe versucht vor allem, dem Leser einen Zugang zu diesem wahrlich mustergültigen und vorbildlichen Text in seinem historischen Kontext zu eröffnen. Sie legt deshalb die Originalausgabe von 1899 zu Grunde, verweist aber auf die zahlreichen Änderungen und Supplemente, die in späteren Auflagen und ergänzenden Arbeiten geliefert wurden. Großen Wert legt sie auf die unmittelbare Rezeptionsgeschichte, zeigt diese doch sehr deutlich, wie die Zeitgenossen Hilberts Beitrag sahen und welche Antworten diese in ihren Augen gaben. Die Versuchung gerade bei diesem Werk ist groß, es mit den Augen der Nachwelt zu lesen. Das belegen unter anderem viele spätere Besprechungen. In den letzten 20 Jahren wurde Hilberts „Festschrift" gewissermaßen zur Geburtsurkunde der modernen Mathematik stilisiert, diese These wird kritisch diskutiert.

Leserinnen und Leser des 21. Jahrhunderts werden erstaunt sein, wie zugänglich auch heute noch Hilberts Text ist, der doch auf moderne Errungenschaften wie Mengensprache und formale Logik verzichtet. Er kann in vielerlei Hinsicht für sich sprechen und das soll auch ein Stück weit im Weiteren hier geschehen.

Für weitere Informationen zu dieser Ausgabe vergleiche man die nachfolgende ausführlichere Einleitung. Ich hoffe, dass meine Bearbeitung dieses sekulären Werks den Ansprüchen der Reihe und der Leserinnen und Leser gerecht wird. Sollte sich zeigen, dass die Beschäftigung mit klassischen Texten und ihren Kontexten lohnend sein kann, um Mathematik besser und vertieft zu verstehen, so wäre damit mein Ziel erreicht. Man muss es ja nicht gleich so schwülstig-wilhelminisch sagen, wie es dereinst die Göttinger Zeitung[1] anlässlich der Denkmalsenthüllung tat:

> Glanzbild der Sonne. Du hast es gebunden,
> Auch der Quadrate allkleinste gefunden,
> Über die Heimat die Grade gewoben,
> Schätze der Tiefe zum Wirken gehoben,
> Zogst, Dir zu folgen, die Geister nach oben.
> …
> Gauß, Weber, Ihr Söhne von Sachsengeschlecht.
> Eu'r Namen wirken weiter, Licht Wahrheit und Recht;
> Hinfällig und eitel die irdische Pracht,
> Der Geist ist's, der lebt und lebendig macht.

Hilbert, der nüchterne und sachliche auch skeptische Nonkonformist, der allerdings dennoch gelegentlich zum Pathos neigte, hätte vielleicht beim Lesen dieser Zeilen gelächelt oder gar die Nase gerümpft. Leider wissen wir das nicht. Es bleibt eben immer viel im Dunkeln, und das, was im Dunkeln bleibt, das sieht man bekanntlich nicht. Allerdings kann man darüber – hoffentlich begründet – spekulieren.

---

[1] Michling 1969, 18.

# Einleitung

## Aufbau und Inhalt des Buches

Das nachfolgende Buch ist ein Versuch, David Hilberts „Festschrift" über die Grundlagen der Geometrie aus dem Jahre 1899 dem modernen Leser zugänglich zu machen. Dabei hat der Verfasser die Perspektive des Mathematikhistorikers eingenommen. Hilberts „Festschrift" steht einerseits am Ende einer Entwicklung, die spätestens mit Euklids „Elementen" (ca. 300 v. u. Z.) begann und in der es um Axiomatik allgemein, aber natürlich hauptsächlich um die Axiomatik der Geometrie, ging. Andererseits eröffnete die „Festschrift" ein sehr fruchtbares Arbeitsgebiet, später „Grundlagen der Geometrie" genannt, bereitete neue Disziplinen wie Beweis- und Modelltheorie vor und prägte den Stil schlechthin dessen, was man später dann „moderne Mathematik" nennen sollte und für den das Unternehmen Bourbaki paradigmatisch werden sollte. Hilbert und Bourbaki verfassten Werke für den berühmten „arbeitenden Mathematiker", was sich in beiden Fällen als erfolgsversprechend herausstellen sollte. Gerade die reichhaltigen Arbeitsmöglichkeiten, die Hilberts „Festschrift" eröffneten, trugen entscheidend zu ihrem Erfolg bei – und unterschieden Hilbert von seinen italienischen Kollegen und von M. Pasch, denen weniger Erfolg vergönnt war. Es ist gewiss nicht übertrieben, die „Festschrift" als eines der einflussreichsten Bücher der Mathematikgeschichte zu bezeichnen.

Aufgrund dieser starken historischen Einbindung schien es mir wünschenswert, Hilberts „Festschrift" in ihrer Originalfassung von 1899 in den Mittelpunkt dieses Buches zu stellen. Diese umfasste rund 90 Druckseiten und wurde anlässlich der Enthüllung des Gauß-Weber-Denkmals in Göttingen am 17. Juni 1899 der Öffentlichkeit als Festgabe übergeben. Diese Festgabe enthielt noch einen zweiten Beitrag, nämlich die „Grundlagen der Elektrodynamik" von Ernst Wiechert. Die „Grundlagen der Geometrie", wie Hilberts Beitrag überschrieben war, wurden vielfach neu aufgelegt und überarbeitet, auch Übersetzungen in fremde Sprachen wurden rasch publiziert (1900 ins Französische, 1902 ins Englische). Die letzte deutsche Auflage, in der Änderungen – von Paul Bernays, der gewissermaßen Hilberts Testamentsvollstrecker in Sachen „Grundlagen der Geometrie" wurde – vorgenommen wurden, war die zehnte Auflage von 1968; die letzte Auflage zu

Hilberts Lebzeiten war die siebte von 1930. Obwohl im Laufe der Jahrzehnte beachtliche Veränderungen des Textes vorgenommen wurden, ist dieser in summa erstaunlich konstant geblieben. Es gibt sicherlich wenige Werke, die auf gut 110 Jahre Geschichte zurückblicken können, und heute doch noch weitgehend im Original lesenswert erscheinen.

Das vorliegende Buch versucht, Hilberts Leistung in die historischen Zusammenhänge zu stellen, insbesondere auch den Leser an den Text selbst heranzuführen, ohne diesen allzu sehr zu modernisieren. Es geht also weniger um die moderne rückblickende Sicht auf die „Festschrift" – ein Paradebeispiel hierfür ist Freudenthals Besprechung[2] der 8. Auflage der „Grundlagen" von 1957 – als vielmehr um die historischen Zusammenhänge, in die Hilberts Abhandlung gestellt werden muss. Dies scheint mir ein Desiderat umso mehr, als sich Hilbert selbst in diesem Punkt wenig auskunftsfreudig gab – was zu der immer wieder vernehmbaren Kritik geführt hat, er habe die Vorarbeiten anderer Mathematiker nicht ausreichend gewürdigt. Im Falle der „Festschrift" kommt ein glücklicher, sehr seltener Umstand hinzu: Dank Hilberts Sorgfalt und derjenigen von Bibliothekaren und Archivaren verfügen wir über zahlreiche Dokumente, in der Regel Manuskripte zu Vorlesungen, die Hilbert über das Thema „Grundlagen der Geometrie" gehalten hat, die deutlich machen, welche Wege sein Denken nahm, um schließlich mit der „Festschrift" den gordischen Knoten zu durchtrennen. Heute sind diese Dokumente durch die sehr sorgfältige Edition von Michael Hallett und Ulrich Majer allgemein zugänglich, eine erste Sichtung hatte zuvor schon Micheal Toepell vorgenommen. Dieser exzellenten Arbeit verdankt das vorliegende Buch sehr viel, es wäre ohne sie in dieser Form nicht möglich gewesen.

Das erste Kapitel „Eine kurze Geschichte der Axiomatik insbesondere der Geometrie" zeichnet in groben Zügen die Entwicklung nach, welche mit Euklids „Elementen" begann und mit Hilberts „Festschrift" einen Abschluss, der wohlgemerkt zugleich ein Neubeginn war, erlebte. Das zentrale Problem war, eine übersichtliche und handhabbare Axiomatik für die Geometrie zu entwickeln, welche eine lückenlose Deduktion von deren Sätze erlaubte. Eine treibende Kraft hierbei waren die Diskussionen um das Parallelenpostulat von Euklid, die sich in der Frage kristallisierten, ist dieses ein beweisbarer Satz oder wirklich ein Axiom? Um diese Frage zu beantworten, musste man sich Klarheit über die Sätze verschaffen, welche nicht vom Parallelenaxiom abhängen. Damit war das Unternehmen der Beweiskritik, das Hilbert immer wieder in den Vordergrund stellte, inauguriert. Mit Beginn des 19. Jahrhunderts wurde die Situation zunehmend unübersichtlicher, traten doch nun neue Geometrien auf – allen voran die projektive. Gerade die projektive Geometrie brachte wieder einen Aufschwung der Beweiskritik, insbesondere als Staudt mit ihrem Anspruch Ernst zu machen versuchte, autonom – das heißt ohne Rückgriff auf metrische Eigenschaften – begründbar zu sein. In der zweiten Hälfte des genannten Jahrhunderts finden sich auch vermehrt Versuche, andere Bereiche der Mathematik, etwa die Theorie der reellen Zahlen oder Gebiete der Algebra, zu axiomatisieren. Auch in dieser Hinsicht hat Hilberts „Festschrift" eine wichtige Rolle gespielt – ebenso wenig wie Euklids „Elemente" nur solche der Geometrie waren, blieb auch Hilberts Werk keineswegs auf die

---

[2] Kritisch hierzu Bos 1993.

Geometrie beschränkt. Den Abschluss dis ersten Kapitels bilden nähere Ausführungen zu einigen besonders prominenten Axiomen wie etwa das sogenannte Archimedische.

Das zweite Kapitel versucht, Hilberts Weg zur „Festschrift" nachzuzeichnen. Es analysiert die Denkbewegungen, welche sich in den bereits genannten Manuskripten Hilberts niederschlugen. Selbst Hilbert, wie mir scheint der Systematiker schlechthin, verfolgte hier mäanderhafte Wege, was es dem Leser nicht ganz einfach macht, ihm zu folgen. Hilbert begann als junger Privatdozent mit einer sehr traditionellen, an Theodor Reyes Darstellung des Buches von v. Staudt orientierten Vorlesung über projektive Geometrie. Die sich hieran anschließenden Vorlesungen über Grundlagen der Geometrie zeigen, wie sich Hilbert mehr und mehr der Lösung näherte, die er schließlich 1899 vorlegte. Einige charakteristische Grundzüge seiner Vorgehensweise, insbesondere methodischer Natur, werden schon in seinen Vorlesungen deutlich. Vor allem die Lösung von der projektiven Geometrie, die natürlich zu jener Zeit das aktuelle Thema war, und die von Hilbert nach und nach vollzogene Hinwendung zur Euklidischen Geometrie sollten sich als sehr fruchtbar erweisen. 1895 hat Hilbert auch seine erste Veröffentlichung – neben der „Festschrift" gab es davon insgesamt etwa fünf – zur Geometrie vorgelegt, in der sich schon deutlich die „Festschrift" abzeichnet.

Das dritte Kapitel bietet den Originaltext der „Festschrift" als Faksimile. Der moderne Leser, der sich die Mühe macht, sich mit diesem Text auseinander zu setzen, wird erstaunt sein, wie zugänglich und klar dieser ist. Interpretationsbedarf besteht hier nur wenig – ganz anders als etwa bei Riemanns berühmten Habilitationsvortrag.

Das vierte Kapitel erläutert den Hilbertschen Text. Hier geht es vor allem darum, die Hilbertsche Vorgehensweise nachzuzeichnen und auf spätere Änderungen und Verbesserungen – bekanntestes Beispiel: das fehlende Vollständigkeitsaxiom – hinzuweisen. Einige seiner methodischen Grundentscheidungen, von ihm selbst kaum erläutert aber stets befolgt, werden dargestellt; Beziehungen zu Arbeiten von Zeitgenossen werden benannt. Es wird auch versucht, die manchmal verwirrenden Zusammenhänge zwischen den von Hilbert in den Vordergrund gestellten Sätzen – allen voran Pappos-Pascal und Desargues – mit den Axiomengruppen und den algebraischen Begriffen (meist bezogen auf den Grundkörper, über dem eine analytische Geometrie konstruiert wird) deutlich zu machen. Wollte man ein „Leitmotiv" der „Festschrift" formulieren, so könnte man neben der bereits genannten „Beweiskritik" auf „Algebraisierung" verfallen: Hilbert spielt meisterhaft auf dem Instrument, das ihm Zusammenhänge zwischen algebraischen Strukturen einerseits und geometrische Objekten andererseits liefert – und das wohlgemerkt in beide Richtungen. So gelingt die Klärung der gegenseitigen Abhängigkeiten etwa des Satzes von Desargues, von Pappos-Pascal und den Axiomen. Die Streckenrechnung ist das Bindeglied zwischen Geometrie und Algebra; sie erlaubt es, die Arithmetik der Zahlen aus der Geometrie heraus zu entwickeln und findet nützliche Anwendung in der Lehre vom Flächeninhalt. Es wäre aber zu einseitig, wollte man Hilberts „Festschrift" auf ein Leitmotiv einengen.

Das fünfte Kapitel schildert die Rezeption, die Hilberts „Festschrift" bis etwa 1905 erfuhr. Hier werden Besprechungen zitiert, die zeigen, wie die Zeitgenossen Hilberts Werk auffassten, aber auch Arbeiten, welche sich direkt an dieses anschlossen. Zu einem sind da Mathematiker aus Hilberts direktem Umkreis zu nennen wie Max Dehn; aber auch viele Geometer, die sofort erkannten, welch reichhaltiges Feld Hilbert der geometrischen Forschung eröffnet hatte. Historisch gesehen besonders interessant ist der gewissermaßen direkte Export der Hilbertschen Ideen in die USA, wo die Beschäftigung mit diesen sehr rasch zu einem prosperierenden Unternehmen wurde. Dieses spielte eine wichtige Rolle im Prozess der Herausbildung der mathematischen Gemeinschaft in den USA. Wichtig erschien mir auch, auf Poincaré's Stellungnahme zur „Festschrift" einzugehen. Zum einen – und das liegt auf der Hand – aufgrund des sehr hohen Renommees, das Poincaré um 1900 herum genoss, zum anderen, weil hier charakteristische Unterschiede zwischen den beiden Denkern und ihren historischen Kontexten deutlich werden. In der neuesten Mathematikgeschichtsschreibung wurden Hilbert und Poincaré zu Galionsfiguren der modernen und der antimodernen Sicht auf Mathematik stilisiert. Diese Interpretation wird von mir an mehreren Stellen kritisch hinterfragt. Schließlich gehe ich auf ablehnende Stimmen ein, allen voran auf die von G. Frege, der Hilbert von einem traditionell geprägten Standpunkt – manche Autoren sahen hierin eine Art Protokonstruktivismus – her kritisierte.

Das sechste Kapitel ist überschrieben mit „Nach der Festschrift". Hier werden zum einen die weiteren Arbeiten, die Hilbert noch bis 1903 im Bereich der Grundlagen der Geometrie veröffentlichte und die der „Festschrift" dann ab deren zweiter Auflage als Anhänge beigefügt wurden, dargestellt. Charakteristisch für Hilberts Arbeitsweise war es ja (für einen Systematiker wenig erstaunlich), ein Gebiet zu bearbeiten, um es dann zu verlassen und sich einem anderen zuzuwenden. Dies war auch bei der Geometrie so; nach 1903 hat Hilbert keine Forschungsarbeiten mehr zu diesem Thema publiziert. Allerdings hielt er 1917 in Zürich einen Vortrag über axiomatisches Denken, den ich als eine Art rückblickende Würdigung auch und gerade der Arbeiten zu den Grundlagen der Geometrie sehe, weshalb ich dessen Inhalt hier behandle. Hilberts Erkenntnisoptimismus, paradigmatisch formuliert in seinem berühmten Pariser Vortrag (1900) über „Mathematischen Probleme", wird auch hier wieder deutlich – allerdings schon im Bewusstsein der Herausforderung, welche die Frage der Widerspruchslosigkeit – wie er das nannte – bildete. Diese hatte er 1899 noch sehr unterschätzt. Die beiden Anhänge erläutern zum einen klassische Sätze der Geometrie, die bei Hilbert immer wieder auftauchen, heute aber vielleicht nicht mehr Allgemeingut sind, und die von Hilbert konstruierten Modelle. Gerade in diesen sehe ich ein wesentliches Novum, das in hohem Maße Hilbert zu verdanken ist.

Mir scheint, dass auf Hilberts „Festschrift" in besonderem Maße das Prinzip passt, welches besagt, das Ganze sei mehr als die Summe seiner Teile – übrigens von ihm selbst im Zusammenhang mit dem Flächeninhalt als de Zoltsches Axiom thematisiert. Die genauere historische Analyse zeigt, dass es zu sehr vielen Errungenschaften von Hilbert Vorläufer gab, dass aber das Gesamtgebäude, das er errichtete, einmalig war. Insofern scheint mir die Frage nach der Priorität weit weniger wichtig als das oft suggeriert wird (z. B. bei Freudenthal).

Wollte man ein Buch schreiben, das alle Entwicklungen, die sich direkt oder indirekt auf Hilberts „Festschrift" zurückführen lassen, behandelt, so würde dies wohl eher eine Enzyklopädie. Dies zu leisten war mir nicht möglich. Was die Geometrie anbelangt, gibt es allerdings die sehr nützliche Publikation „Geschichte der Geometrie seit Hilbert" von H. Karzel und H.-J. Kroll. Weniger historisch denn systematisch ist R. Hartshornes „Geometry. Euclid and Beyond", das aber sehr viel vom Geiste Hilberts (und Euklids) widerspiegelt. Ebensowenig war es möglich, einen erschöpfenden Überblick zu der immensen Literatur, welche sich mehr oder minder direkt auf Hilberts „Festschrift" bezieht, insbesondere zu deren zahlreichen (kommentierten) Neuausgaben und Übersetzungen, zu geben. Ich bitte dafür um Verständnis.

## Leben Hilberts

Hilbert führte äußerlich betrachtet das sprichwörtlich ruhige Leben eines Mathematikprofessors, das ab und an von Reisen und vergleichbaren Freuden unterbrochen wurde, wie es A. Weil einmal beschwor. Geboren (1862) und aufgewachsen in Königsberg, damals in Ostpreußen gelegen, blieb Hilbert in vielerlei Hinsicht seiner Heimat auch später verbunden. So liebte er es, seine Ferien am ostpreußischen Strand zu verbringen, sein Akzent blieb immer markant geprägt von seiner Herkunft. Hilberts Liebe zur Mathematik wurde schon in der Schulzeit deutlich, aber Hilbert brillierte nicht wie sein etwas jüngerer Freund Hermann Minkowski schon in jungen Jahren mit herausragenden Ergebnissen. Nach dem Abitur in Königsberg studierte Hilbert an der Königsberger Universität, der Albertina, Mathematik. Diese war seit Jacobis Zeiten eine wichtige Adresse im deutschsprachigen Raum für dieses Fach, nicht zuletzt auch wegen der Reformen des Studiums, die von Königsberg ausgingen. Zu Hilberts Zeiten war Heinrich Weber Inhaber des einzigen mathematischen Ordinariats, zweifellos ein sehr angesehener und vielseitiger Vertreter seines Faches. Gebürtig aus Heidelberg zog es ihn aber bald wieder mehr in den Westen, er verließ Königsberg 1883, um nach Charlottenburg zu gehen. Sein weiterer Weg führte ihn dann nach Marburg, Göttingen (wo Hilbert sein Nachfolger wurde) und schließlich ins Vogesenvorland nach Straßburg im Elsass, wie Strasbourg von 1871 bis 1918 hieß. Sein Nachfolger wurde Ferdinand Lindemann, berühmt geworden durch seinen Beweis für die Transzendenz von Pi und nachhaltig gefördert von F. Klein. Lindemann war wohl wenig überzeugend, im Briefwechsel mit Minkowski finden sich einige recht kritische Bemerkungen zu ihm.[3] Der Student David Hilbert profitierte sowieso am meisten von zwei Bekanntschaften, die zu lebenslangen Freundschaft werden sollten – nämlich die zu seinem Mitstudenten H. Minkowski und zu Adolf Hurwitz, der 1884 als außerordentlicher Professor nach Königsberg kam und der nur drei Jahre älter war als Hilbert. Auf fast täg-

---

[3] Vgl. etwa „Dass Lindemann den Ruf nach München bekommen hat, machte mich eigentlich über die Art, wie das Schicksal seine Gaben verteilt, lachen. Die Münchner werden wohl auch Wind von den feenhaften italienischen Nächten, die er als Rektor veranstaltet haben soll, bekommen haben; oder sollten sie sich noch immer durch die Quadratur des Zirkels gruselig machen lassen." (Minkowski 1973, 52). Vgl. auch „Sogar Lindemann (oh heilige Quadratur des Zirkels) . . . " (Minkowski 1973, 108).

lichen Spaziergängen diskutierte dieses Dreigestirn mathematische Themen; Hilbert hat oft betont, wie viel er dabei gelernt habe. Er sollte immer eine Vorliebe für das kommunikative Arbeiten behalten, was später in Göttingen die Atmosphäre der Mathematik prägen und stark befördern sollte. Das Dreigestirn blieb auch noch hauptsächlich durch den Austausch von Briefen, teilweise auch durch Besuche, intakt, nachdem Minkowski und Hurwitz Köngisberg verlassen hatten (Hurwitz ging 1892 nach Zürich, Minkowski 1887 nach Bonn, kam 1892 als Nachfolger von Hurwitz nach Königsberg zurück und ging 1896 dann auch nach Zürich). 1902 gelang es Hilbert, Minkowski nach Göttingen zu holen. Dessen früher Tod (1909) muss ihn tief getroffen haben, der von ihm verfasste Nachruf zeugt davon. Dieser gibt im Übrigen viele Aufschlüsse über Hilbert selbst, er ist wohl das persönlichste Dokument, das er hinterlassen hat. Hilbert las wenig, er ließ sich die Dinge lieber mündlich erklären. So beschäftigte er in späteren Jahren Assistenten, die ihm beispielsweise neue physikalische oder mathematische Arbeiten referieren mussten. Er war auch kein schneller Denker, dafür aber wohl umso gründlicher. Teil der mündlichen Kultur um Hilbert waren auch dessen Vorlesungen, die für ihn ein wichtiger Anlass für Forschungen waren (wie gerade die Vorgeschichte seiner „Festschrift" zeigt) und in denen er den Versuch unternahm, seine Studierenden in diesen Forschungsprozess einzubinden.

Hilbert promovierte 1886 in Königsberg – formal bei F. Lindemann – mit einer Arbeit über Invariantentheorie, im Jahr danach erfolgte die Habilitation. Nach Hurwitz' Weggang erhielt Hilbert dessen Extraordinariat, nach Lindemanns Abschied von Königsberg schließlich das Ordinariat für Mathematik (1893). 1895 folgte Hilbert einem Ruf nach Göttingen, wo er trotz diverser Angebote – die er geschickt nutzte, um die Situation zu verbessern – bis zu seinem Lebensende blieb. Zusammen mit F. Klein baute er Göttingen zum Weltzentrum der Mathematik aus, das Göttinger Modell sollte vielbeachtet werden. Es ist hier nicht der Ort, um dieses genauer zu beschreiben; es sei auf die einschlägigen Arbeiten von David Rowe verwiesen, insbesondere auf sein demnächst erscheinendes Buch „Mathematics at Göttingen". Das Duo Hilbert/Klein ist schon deshalb bemerkenswert, weil die beiden Protagonisten doch recht unterschiedlich waren. Hier Klein, der Ältere, konservativ und distanziert, ein echter Großordinarius wilhelminischer Prägung und mit preußischen Tugenden, der, als Hilbert nach Göttingen kam, schon lange nicht mehr produktiv mathematisch forschte, dort der eher unkonventionelle und liberale Hilbert, der die Gebiete der Mathematik nach und nach durchforstete und dessen Ergebnisse die Fachwelt immer wieder in Erstaunen versetzten. Hilbert war allerdings nicht weltfremd; er schaltete sich immer wieder in Auseinandersetzungen ein, z. B. in und mit der Philosophischen Fakultät, der ja damals die Mathematik noch angehörte. Er setzte sich beispielsweise ein für die Philosophen E. Husserl, dem sein Fach jegliche Unterstützung versagte, und L. Nelson sowie für E. Noether, deren Mathematik er voll anerkannte. Schon früh hatte Hilbert Doktorandinnen – die erste kam aus den USA – und in seinem Umfeld fanden sich Mathematiker und Mathematikerinnen, die durchaus politisch nicht konservativ eingestellt waren. So gehörte E. Noether der USPD an und R. Courant, der später die Rolle von Klein teilweise übernahm, trat offen für die Linke ein. Hilbert unterstützte die berüchtigte Charta der 93 zu Beginn des Ersten Weltkriegs nicht, während F. Klein zu deren Unterzeichnern gehörte. Er begrüßte die Weimarer Republik, während Klein wohl im Herzen immer kaisertreu blieb. Kurz nach seiner Emeritierung musste Hilbert miterleben, wie das von Klein und ihm geschaffene Göttinger Modell durch die Vertreibung jüdischer Mathematiker brutal zerstört wurde. Hermann Weyl, einer seiner Meisterschüler und sein Nachfolger in Göttingen, verließ 1933 Deutschland, obwohl er keiner direkten Verfolgung ausgesetzt war. Er erkannte schon 1933, welche Gefahren drohten und verhielt sich solidarisch mit seiner jüdischen Ehefrau Helene (eine ehemalige Doktorandin von Husserl übrigens). Hilbert starb 1943 recht einsam, obwohl seine Schülerschaft unglaublich groß war. Trotz der zahlreichen Doktoranden, die Hilbert hatte, und den ebenso zahlreichen Gästen aus dem Ausland – auf diese Art wurde er beispielsweise eine Art Adoptivater für das neugegründete Unternehmen Bourbaki und E. Noether dessen Mutter – sowie den zahlreichen Mitarbeitern und Koautoren (Ackermann, Bernays, Cohn-Vossen, Courant) blieben nur wenige Personen, die an seiner Beerdigung teilnahmen. In seinen späten Lebensjahren scheint Hilbert zunehmend schwierig geworden zu sein; sein Sarkasmus war in dieser Phase manchmal gefürchtet und sein Nonkonformismus – so begeisterte er sich beispielsweise für wenig professorale Dinge wie das Grammophon, die Badeanstalt und das Fahrrad – erschien manchen Zeitgenossen nicht mehr altersgemäß.

Hilbert war seit 1892 mit Käthe Jerosch verheiratet, die für ihn viele Manuskripte in Reinschrift niederschrieb. Auch in Käthes Fall scheint Hilbert systematisch vorgegangen zu sein; er kannte sie schon lange, bevor er ihr einen Antrag machte. Käthe und David Hilbert hatten einen Sohn, Franz. Er wurde 1893 in Cranz, einem Ostseebad in Ostpreußen, geboren und litt an einer nicht geklärten psychischen Krankheit, was seinem Vater erhebliche Probleme bereitete. Infolge der Einweisung von Franz in eine Klinik kam es zwischen Hilbert und seiner Frau zu Spannungen, die sich nach Franzens Rückkehr ins Elternhaus verschärften. Insgesamt weiß man wenig Belegtes über das Verhältnis von Hilbert zu seinem Sohn; bemerkenswert ist, dass Minkowski in seinen Briefen immer wieder versuchte, Franz in ein gutes Licht zu rücken und ihn zu loben. Offensichtlich war ihm die ablehnende Haltung des Vaters nicht entgangen. Minkowski soll es auch gewesen sein, der Franz das Sprechen beibrachte, was sich als recht langwierig erwies. Mit Kindern konnte Hilbert im Unterschied zu Minkowski wohl nur schlecht umgehen, was auch die beiden Töchter des letzteren bezeugten.

Hilbert zeigte noch in einer anderen Hinsicht erstaunlich wenig Contenance – nämlich in der Auseinandersetzung mit L. E. Brouwer, dem Begründer des Intuitionismus. Aus heutiger Sicht vielleicht erstaunlich sah Hilbert durch die intuitionistische Kritik, die mit Variationen auch von H. Weyl zeitweilig vertreten wurde, sein mathematisches Lebenswerk und darüber hinaus die klassische Mathematik inklusive des von Georg Cantor eröffneten Paradieses in seinem Bestand bedroht. Das veranlasste ihn einerseits, das von seiner „Festschrift" inspirierte Unternehmen der Grundlegung der Mathematik vor allem in den 1920iger Jahren mit Nachdruck zu betreiben, zum andern aber auch öffentlich gegen die Brouwersche Verbotsdiktatur (wie er sie sah) Stellung zu beziehen. Möglicherweise verschärften auch politische Differenzen den Graben zwischen Brouwer und

Hilbert: Während letzterer nach dem Ersten Weltkrieg für die rasche Rückkehr der deutschen Mathematiker in den internationalen Kontext und insbesondere für deren Teilnahme am internationalen Mathematikerkongress in Bologna (1928) eintrat, vertrat Brouwer (und auch andere im Unterschied zu Brouwer deutsche Mathematiker) die Ansicht, man solle sich diesem fernhalten. Jedenfalls gipfelte die Auseinandersetzung im Rauswurf Brouwers aus der Redaktion der Mathematischen Annalen, den Hilbert mit nicht ganz feinen Mitteln betrieb.[4]

Hilbert war ein sehr produktiver Mathematiker; nach Bekanntwerden der Relativitätstheorie und unter dem Einfluss von Minkowski interessierte er sich zudem immer mehr für mathematische Physik. Charakteristisch für seine Arbeitsweise war, dass er bestimmte Gebiete bearbeitete, um sich dann anderen Themen zuzuwenden. Begonnen hat Hilberts Laufbahn mit Arbeiten zur Invariantentheorie; diese gipfelten im bekannten Hilbertschen Basissatz, der, insofern er ein abstrakter Existenzsatz ist, einen radikalen Bruch mit der Tradition darstellte. Daran anschließend wandte sich Hilbert der (algebraischen) Zahlentheorie zu; das bekannteste Resultat hiervon war der „Zahlbericht", zu dem übrigens Hilberts Freund Minkowski einen zweiten Teil beisteuern sollte; dieser wurde nie geschrieben, ein Ersatz war aber gewissermaßen seine „Geometrie der Zahlen" (1896/1910). Es folgte die geometrische Zeit, welche – was Hilberts Publikationen anbelangt – von 1895 bis 1903 dauerte. Mit seiner Arbeit zum Dirichlet-Prinzip (Vortrag bei der DMV 1900 – ausführliche Ausarbeitungen dann 1904 und 1905) lieferte Hilbert allerdings in dieser Periode auch ein sehr wichtiges analytisches Resultat. Hilberts Lösung für das Problem von Dirichlet beruhte auf Techniken der Variationsrechnung. Bemerkenswert ist auch hier, dass Hilbert etwa zeitgleich Vorlesungen zu diesem Thema zeitnah zu seiner Veröffentlichung hielt. Danach wandte sich Hilbert den Integralgleichungen zu, was ihn zur Funktionalanalysis (Hilbert sprach von „Spektraltheorie") führte, woran heute noch die Bezeichnung Hilbert-Raum erinnert. Schließlich wurde die mathematische Physik, insbesondere die Relativitätstheorie, später dann auch die Quantentheorie, ein wichtiges Interessenfeld für Hilbert (vgl. Courant – Hilbert: „Methoden der mathematischen Physik" [2 Bände; 1924–1930]). Erste Vorlesungen zu physikalischen Themen hielt Hilbert ab WS 1902/03 („Mechanik der Continua"). Das von Hilbert verfolgte Programm der Axiomatisierung der Physik erwies sich allerdings als wenig erfolgreich; seine Bemühungen um die allgemeinen Feldgleichungen waren dagegen fast zeitgleich mit jenen von Einstein von Erfolg gekrönt. Gut gefallen dürfte es Hilbert haben, dass seine „Spektraltheorie" zum mathematischen Werkzeug der Quantenmechanik wurde.

Daneben verfolgte er sein Programm der Begründung der Mathematik, wobei er sich intensiv mit mathematischer Logik, mit Beweistheorie und mit Modelltheorie beschäftigte. Ein Produkt hiervon waren seine Bücher mit W. Ackermann („Grundzüge der theoretischen Logik" [1928]) und mit P. Bernays („Grundlagen der Mathematik" [2 Bände; 1934/39]). Die letztere Beschäftigung führte Hilbert auch an philosophische Fragen her-

---

[4] Einstein sprach vom „Frosch-Mäuse-König"; vgl. Dalen 2005, 599 – 633, wo auch weitere mögliche Motive Hilberts diskutiert werden.

an; deren Diskussion im Druck – Hilbert selbst sprach sie gelegentlich in Vorträgen an – überließ er hauptsächlich P. Bernays. Ein anderes Buch, das Hilbert veröffentlichte, fiel etwas aus der Reihe: Dies war die „Anschauliche Geometrie" (1932), welche er mit St. Cohn-Vossen verfasste.

Zwischen 1898 und 1933 brachte es Hilbert auf 69 Doktoranden; der erste war O. Blumenthal, der letzte H. Schütte, darunter auch eine rechte große Zahl von Doktorandinnen (die erste war die US-Amerikanerin Anne Lucie Bosworth (1899)). Es versteht sich fast von selbst, dass sich unter Hilberts Doktoranden viele bekannte Namen finden: Dehn, Bernstein, Erhard Schmidt, Hellinger, Weyl, Speiser, Haar, Courant, Hecke, Föppl, Bolza, Hellmuth Kneser, Ackermann, Curry, Schütte sind nur eine Auswahl. Zahlreiche Gäste aus dem Ausland – Studenten, Doktoranden, etablierte Forscher – kamen nach Göttingen, um sich in Hilberts Umgebung fortzubilden. Dieser nutzte die Zinseinnahmen aus dem Wolfskehl-Preis, um Gastaufenthalte zu organisieren; der bekannteste hierunter war derjenige von H. Poincaré im Jahre 1910. Auch dies war ein Bestandteil der „Oral culture" (D. Rowe), die vor allem Hilbert in Göttingen pflegte.

**Literatur zu Hilberts Leben** Blumenthal 1932 (von „Hilberts ältesten Studenten" anlässlich von dessen 70. Geburtstag verfasste Biographie, welche im dritten Band seiner gesammelten Abhandlung erschien); Reid 1996 (sehr lebendige Schilderung, welche auf vielen persönlichen Berichten beruht – allerdings ohne jegliche Belege). Die Zeitschrift „Die Naturwissenschaften" publizierte im Januar 1922 in ihrem 10. Band ein Sonderheft mit mehreren Würdigungen Hilberts. Unter den Nachrufen ist der von H. Weyl hervorzuheben.

**Praktische Hinweise** Alle Zitate, und davon gibt es recht viele, denn sie sind gewissermaßen die Bausteine des Historikers, wurden in die gegenwärtig übliche Schreibweise überführt; ausgenommen hiervon sind alle Titel, die buchstabengetreu in Originalschreibweise belassen wurden. Die Quellenangaben richten sich nach dem Standard des Verlages. Die Schreibweise von Eigennamen orientiert sich am Brockhaus, relevant ist dies z. B. bei russischen Eigennamen. Zitiert werden in aller Regel die ersten Druckausgaben, also keine Gesammelten Werke und Ähnliches. Hilberts „Festschrift" wird in der Originalpaginierung, wie sie im vorliegenden Faksimile zu finden ist, (vgl. Kap. 3 unten) zitiert. Die Kapitel sind so konzipiert, dass sie weitgehend eigenständig gelesen werden können; gewisse Wiederholungen wurden hierbei in Kauf genommen.

**Dank** Mein Dank gilt zuerst einmal Herrn J. Jost, dem Mitherausgeber dieser Reihe, der mir das Vertrauen entgegenbrachte, dieses Buch in seiner Reihe zu veröffentlichen. Ich hoffe, er hat das Wagnis, einen Mathematikhistoriker engagiert zu haben, nicht bereut. Frau A. Herrmann und Herr Cl. Heine vom Springer-Verlag waren – wie immer – vorbildlich in ihrer Betreuung.

Vielen Kolleginnen und Kollegen vor allem in Wuppertal und dort in der Arbeitsgruppe „Didaktik und Geschichte der Mathematik" sowie im Oberseminar „Geschichte der

Mathematik" danke ich für vielfache Hilfe und Unterstützung. Besonders hervorheben möchte ich Erhard Scholz, der auch dieses Mal wieder das Manuskript gelesen und mich beraten hat, und Sebastian Kitz, der unglaublich viele Quellen aus den Tiefen des Internets für mich hervorzauberte und dennoch nicht vergessen hat, wie man – recht anachronistisch – einen Leihzettel der Fernleihe ausfüllt.

Marco Kraemer (Wemmetsweiler) hat auch dieses Manuskript vorbildlich und mit großen Engagement und Sorgfalt bearbeitet; meinen Kindern danke ich für vielfache technische Hilfestellung, welcher ich oft bedurfte, und natürlich noch für vieles mehr.

# Inhaltsverzeichnis

# Eine kurze Geschichte der Axiomatik insbesondere der Geometrie

*Diese Arbeit* [Hilberts „Festschrift"] *sollte jeder lesen, der sich für die Grundlagen der Geometrie interessiert; denn auf viele der hierher gehörigen Fragen gibt sie zum ersten Male eine befriedigende, ja endgültige Antwort.*
(Engel 1899, 424)

In diesem Kapitel wird versucht, Hilberts „Festschrift" von 1899 in größere historische Zusammenhänge einzuordnen. Dabei konzentrieren wir uns auf das Problem der Axiomatik, insbesondere der Geometrie – ohne zu leugnen, dass es in diesem Werk auch viele andere bemerkenswerte Aspekte gibt, die nur indirekt mit der axiomatischen Grundlegung der Geometrie zu tun haben (vgl. hierzu Kap. 4 unten). Im ersten Abschnitt werden die Bemühungen und Diskussionen dargestellt, welche einer Vervollkommnung der von Euklid gelieferten axiomatischen Basis der Geometrie bis hin zu deren kompletten Ersetzung durch alternative Vorschläge galten. Der zweite Abschnitt ist zeitlich deutlich eingegrenzt und schildert einige Entwicklungen in der Axiomatik nicht-geometrischer Gebiete in der zweiten Hälfte des 19. Jhs. – paradigmatisch vertreten durch das Ringen um den Zahlbegriff. Es zeigt sich, dass hier neue Ideen auftraten, welche für die von Hilbert in der „Festschrift" vertretenen Auffassungen vom Wesen der Axiome und den Leistungen einer Axiomatik wesentlich waren. Im dritten Abschnitt gehen wir auf die Geschichte einiger besonders markanter und von Hilbert explizit diskutierter Axiome ein. Dies sind das Parallelenaxiom, die Stetigkeitsaxiome – insbesondere das Axiom von Archimedes – und das Axiom von De Zolt. Insgesamt zeigt sich die Axiomatik als ein weitgehend autonomes Gebiet, das sich hauptsächlich aus intrinsischen Motiven heraus entwickelt hat. Wechselwirkungen sind eher selten.

Da im Rahmen der Hilbert-Forschung immer wieder diskutiert wird, inwieweit dessen Lösung neu und von Vorgängern unabhängig gewesen ist, werden hier viele Vorschläge zur Axiomatik ausführlich zitiert, so dass der Leser sich selbst ein Bild zu der oben genannten Problematik bilden kann.

© Springer-Verlag Berlin Heidelberg 2015
K. Volkert (Hrsg.), *David Hilbert*, Klassische Texte der Wissenschaft,
DOI 10.1007/978-3-662-45569-2_1

## 1.1   Axiomatik der Geometrie

Als David Hilbert 1899 seine „Festschrift" vorlegte, löste er ein Problem, das die Mathematik seit der Antike begleitete: eine überschaubare Liste von Axiomen anzugeben, aus denen sich die Sätze der Euklidischen Geometrie lückenlos ableiten lassen.

Ausgangspunkt dieser Bemühungen waren die „Elemente" von Euklid ($-320$–$-260$) mit ihrer Liste von Axiomen und Postulaten.[1] In der heute weitverbreiteten deutschen Ausgabe von Clemens Thaer (1883–1974) lautet die unmittelbar auf die Definitionen der Grundbegriffe der ebenen Geometrie folgende Aufzählung der Postulate und Axiome folgendermaßen:

**Postulate**
Gefordert soll sein:

1. Dass man von jedem Punkt nach jedem Punkt die Strecke ziehen kann,
2. Dass man eine begrenzte gerade Linie zusammenhängend gerade verlängern kann,
3. Dass man mit jedem Mittelpunkt und Abstand den Kreis zeichnen kann,
4. (Ax. 10) Dass alle rechten Winkel einander gleich sind,
5. (Ax. 11) Und dass, wenn eine gerade Linie beim Schnitt mit zwei geraden Linien bewirkt, dass innen auf derselben Seite entstehende Winkel zusammen kleiner als zwei Rechte werden, dann die zwei geraden Linien bei Verlängerung ins Unendliche sich treffen auf der Seite, auf der die Winkel liegen, die zusammen kleiner als zwei Rechte sind.
(Euklid 1980, 2–3)

Die Hinweise bei den Postulaten 4 und 5 bedeuten, dass im weiteren Verlauf der Geschichte diese beiden Postulate oft zu den Axiomen (siehe unten) gerechnet wurden und dann die Nummern 10 und 11 bekamen. Die ersten drei Postulate legen den Grundstein für die Konstruktionen mit Zirkel und Lineal, das fünfte ist das berühmte Parallelenpostulat (auch Parallelenaxiom oder kurz elftes Axiom genannt). Gerade letzteres spielte in der weiteren Entwicklung eine zentrale Rolle, denn die zahllosen Versuche, es auf der Basis der restlichen Axiome und Postulate zu beweisen, regten immer wieder zum Nachdenken über eben diese Listen an.

**Axiome**
1. Was demselben gleich ist, ist auch einander gleich.
2. Wenn Gleiches Gleichem hinzugefügt wird, sind die Ganzen gleich.
3. Wenn von Gleichem Gleiches weggenommen wird, sind die Reste gleich.
4. Wenn Ungleichem Gleiches hinzugefügt wird, sind die Ganzen ungleich.
5. Die Doppelten von demselben sind einander gleich.
6. Die Halben von demselben sind einander gleich.
7. Was einander deckt, ist einander gleich.

---

[1] Aus verschiedenen Berichten ist bekannt, dass es schon vor Euklid „Elemente" gegeben hat, über die wir aber inhaltlich fast nichts wissen.

8. Das Ganze ist größer als der Teil.
9. Zwei Strecken umfassen keinen Flächenraum.

(Euklid 1980, 3)[2]

Während die ersten sechs Axiome sich auf das Rechnen mit Größen beziehen, sind die letzten drei Axiome geometrischer Natur: Axiom 7 hat mit dem zu tun, was man viel später „Kongruenz" und bis dahin schlicht „Gleichheit" nennen sollte, Axiom 8 betrifft das Zusammensetzen von Ganzen aus Teilen und damit die Frage, ob dieses Ganze auch erhalten werden könnte, ließe man einen dieser Teile weg.[3] Das letzte Axiom schließlich stellt sicher, dass es durch zwei verschiedene Punkte höchstens eine Gerade gibt; mindestens eine Gerade gibt es gemäß Postulat 1.

Idealiter sollten sich nun alle Sätze, die sich in Euklids „Elementen" finden, aus diesen Postulaten und Axiomen und nur aus diesen ableiten lassen. Schon der erste Satz des ersten Buches der „Elemente" zeigt, dass dies nicht der Fall ist: „Über einer gegebenen Strecke ein gleichseitiges Dreieck zu errichten." (Euklid 1980, 3) Wird die gegebenen Strecke mit $AB$ bezeichnet, so ziehe man um $A$ den Kreis durch $B$ und um $B$ den Kreis durch $A$. Dies wird durch Postulat 3 ermöglicht. Nun schneiden sich diese Kreise in zwei Punkten. Nennen wir einen von ihnen $C$, so ergibt sich das gesuchte Dreieck, indem man gemäß Postulat 1 $C$ mit $A$ und mit $B$ durch jeweils eine Strecke verbindet. Die Frage aber, was die Existenz der Schnittpunkte der Kreise garantiere, bleibt offen.[4] Hier fehlt ein Axiom der Art: Zieht man um die Endpunkte einer Strecke Kreise, die jeweils durch den anderen Endpunkt der Strecke gehen, so schneiden sich diese Kreise in zwei Punkten. Solche Axiome nennt man heute Zirkel- oder Kreisschnittaxiome; sie finden sich schon Anfang des 19. Jh. z. B. bei J. H. van Swinden (vgl. Swinden 1834, 5). Auch in den seinerzeit weit verbreiteten „Anfangsgründen" von A. A. Kästner begegnen wir einem leicht modifizierten Kreisschnittaxiom:

Der Umfang eines Kreises um den Mittelpunkt $A$ [...] ist eine zusammenhängende krumme Linie; wenn also von der geraden Linie $BC$, ein Punkt wie $B$ innerhalb des Umfanges, d. i. näher bei dem Mittelpunkte ist als des Kreises Halbmesser beträgt, und ein anderer $C$ außerhalb des Umfanges; so schneidet die gerade Linie den Umfang des Kreises. Eben das folgt, wenn das vorige von den Punkten $K$, $F$ eines andern Kreises angenommen wird. (Kästner 1800, 189)[5]

Das zitierte Axiom wird von Kästner umgehend verwendet, um die Konstruktion zum ersten Satz des Euklid zu begründen. In seiner Euklid-Ausgabe von 1557 machte Jacques Pelletier (du Mans) den Vorschlag, den Kongruenzsatz SWS – bei Euklid ist dies der vierte

---

[2] Feinheiten bezüglich Nummerierung und der Frage der Authentizität der Axiome werden hier übergangen.
[3] Ende des 19. Jahrhunderts wurde dieses Axiom manchmal nach dem italienischen Mathematiker de Zolt benannt (vgl. Abschn. 1.3 unten).
[4] Ein „Rettungsversuch" könnte darin bestehen, auf Euklids Definition des Kreises (Buch I, Def. 15) zu verweisen, aus der man eine Art von Zusammenhang der Kreislinie herauslesen kann.
[5] Ich danke D. Kröger (Wuppertal), die mich auf diese Stelle bei Kästner aufmerksam gemacht hat.

Satz des ersten Buches – zum Axiom zu erheben. Sein Motiv hierfür war, dass ihn Euklids Beweis nicht überzeugte.

Eine andere weniger offensichtliche Lücke zeigt sich im 21. Satz des ersten Buches. Hier schließt Euklid so: Es sei ein Dreieck $ABC$ gegeben und ein Punkt $D$, der im Innern dieses Dreiecks liegt. Verbindet man nun $D$ mit $B$ und verlängert diese Strecke über $D$ hinaus, so muss diese Verlängerung schließlich die Seite $AC$ in einem Punkt $E$ treffen. Kurz: Eine Gerade, die ins Innere eines Dreiecks hineinläuft, muss dieses auch wieder verlassen. Anschaulich ist das so klar, dass man wohl kaum Zweifel haben wird.

Beweisfigur zu Buch I, Satz 21
(Euklid 1818, 14)

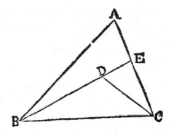

Die von Euklid in Anspruch genommene Eigenschaft wurde erstmals 1882 von M. Pasch (1843–1930) axiomatisch gefasst im später so genannten Pasch-Axiom.[6] Die Zwischenrelation, die hierbei eine Rolle spielt, wurde schon von Gauß in einer kurzen Bemerkung angesprochen. In einer Fußnote in dem berühmten Brief an F. Bolyai, in dem es um den „Appendix" seines Sohnes J. Bolyai ging, heißt es:

> Bei einer vollständigen Durchführung [einer Grundlegung der Geometrie] müssen solche Worte, wie „zwischen", auch erst auf klare Begriffe gebracht werden, was sehr gut angeht, was ich aber nirgends geleistet sehe.
> (Gauß 1900, 222)

Die Geschichte der Axiomatik der Geometrie ist äußerst umfangreich und kann hier nur skizziert werden. Aus den zahlreichen Euklid-Ausgaben zitieren wir die von Johann Friedrich Lorenz (1737–1807), die im deutschsprachigen Sprache große Verbreitung fand.[7]

---

[6] Genauer gesagt ist die von Euklid in Anspruch genommene Eigenschaft eine Folgerung aus dem Pasch-Axiom. Bei letzterem geht man davon aus, dass die fragliche Gerade keinen Eckpunkt des Dreiecks enthält. Darauf gestützt kann man das „Crossbar-Theorem" beweisen, das auf die obige Situation passt.

[7] Euklid 1818. Nach Steck war sie „die verbreiteste deutsche Übersetzung" im 19. Jh. (Steck 1981, 124). Lorenz war Lehrer an verschiedenen Schulen (u. a. in Magdeburg und in Burg) und Verfasser verschiedener Lehrbücher (Elemente der Mathematik, Lehrbegriff der Mathematik).

Titelblatt der Lorenzschen Übersetzung in der Bearbeitung von C. B. Mollweide[8]

---

[8] Die Vignette stellt den auf Rhodos gestrandeten Aristippos von Kyrene dar, der auf geometrische Figuren im Sand verweist, welche er als Hinweis auf die Anwesenheit von Menschen interpretiert. Überliefert wurde diese Geschichte von Vitruv (De architectura, liber VI, praefatio).

**Postulate**
1. Es sei gefordert, von jedem Punkte nach jedem andern eine gerade Linie zu ziehen;
2. Desgleichen, eine begrenzte gerade Linie stetig gerade fort zu verlängern;
3. Desgleichen aus jedem Mittelpunkte und in jedem Abstande einen Kreis zu beschreiben.

**Grundsätze**
1. Was Einem und Demselben gleich ist, ist einander gleich.
2. Zu Gleichem Gleiches hinzugetan, bringt Gleiches.
3. Vom Gleichen Gleiches hinweggenommen, lässt Gleiches.
4. Zu Ungleichem Gleiches hinzugetan, bringt Ungleiches.
5. Von Ungleichem Gleiches hinweggenommen, bringt Ungleiches.
6. Gleiches verdoppelt, gibt Gleiches.
7. Gleiches halbiert, gibt Gleiches.
8. Was einander deckt, ist einander gleich.
9. Das Ganze ist größer als sein Teil.
10. Alle rechten Winkel sind einander gleich.
11. Zwei gerade Linien, die von einer dritten so geschnitten werden, dass die beiden innen an einerlei Seite liegenden Winkel zusammen kleiner als zwei rechte sind, treffen genugsam verlängert an eben der Seite zusammen.
12. Zwei gerade Linien schließen keinen Raum ein.

(Euklid 1818, 3–4)

Eine wichtige Etappe in der Entwicklung der Geometrie, insbesondere auch ihrer Lehrbücher, war das Erscheinen von Adrien Marie Legendres (1752–1833) „Eléments de géométrie" im Jahre 1794. Diese fanden weite Verbreitung, was schon die Tatsache zeigt, dass zu Legendres Lebzeiten 13 Auflagen davon in Frankreich erschienen. Auch Übersetzungen wurden angefertigt, die ins Deutsche (1821) lieferte der Berliner Baurat Leopold Crelle (1780–1855), der als Begründer des „Journals für die reine und angewandte Mathematik" [1826] (ihm zu Ehren kurz Crelle-Journal genannt) in die Mathematikgeschichte eingegangen ist.

Bezüglich der Axiomatik findet sich bei Legendre nur eine erstaunlich kurze Liste von „Grundsätzen" („... ist ein durch sich selbst klarer Satz." [Legendre 1837, 3]):

1. Zwei Größen, die einer dritten gleich sind, sind einander gleich.
2. Das Ganze ist größer als sein Teil.
3. Das Ganze ist der Summe der Teile gleich, in welche es geteilt wurde.
4. Von einem Punkte zum andern kann nur eine gerade Linie gezogen werden.
5. Zwei Größen, Linien, Flächen oder Körper sind gleich, wenn sie, eine auf die andere gelegt, in ihrer ganzen Ausdehnung zusammenfallen.

(Legendre 1837, 5)

Euklids Postulat 4 wird bei Legendre zu einem bewiesenen Satz: „Erster Satz. Alle rechten Winkel sind gleich."[9]

---

[9] Legendre 1837, 5. In einem Brief vom 5. Juni 1899 schrieb Minkowski an Hilbert bezüglich dessen „Festschrift": „Dass das Euklidische Axiom über die rechten Winkel beseitigt ist, wird besonders auffallen, ..." (Minkowski 1973, 116).

Ein Problem, das man schon im ersten Drittel des 19. Jhs. diskutierte, wurde als „Axiom der Ebene" bekannt. Damit ist die Aussage gemeint, dass eine Gerade, die mit einer Ebene zwei verschiedene Punkte gemeinsam hat, ganz in dieser Ebene liegt. Bei Euklid wird dies im ersten Satz des 11. Buches bewiesen; die Basis hierfür liefert seine Definition des Begriffs Ebene. 1853 veröffentlichte Crelle in seinem Journal eine Abhandlung „Zur Theorie der Ebene", in der er bemerkte: „Bei der Ebene dagegen [im Unterschied zur Parallelentheorie] sind die Worte des großen Lehrers der Geometrie sehr unbestimmt, wenigstens dunkel." (Crelle 1853, 15) Der Verfasser gibt dann eine eigene Definition von Ebene als Gesamtheit aller Geraden, welche durch einen gegebenen Punkt und eine gegebene Gerade im Raum verlaufen, auf deren Basis er den fraglichen Sachverhalt beweist.[10] Es geht hier also weniger um Axiome als um Definitionen. Der Übergang zwischen beiden Bereichen war jedoch fließend, so gab es auch im Bereich der Parallelentheorie zahlreiche Versuche, das Parallelenaxiom durch eine geeignete Definition des Begriffs „Gerade" überflüssig zu machen. Auch zum Axiom der Ebene findet sich eine Bemerkung bei Gauß. Diese stammt aus seinem bekannten Brief an F. W. Bessel vom 27.1.1829, in dem er davon spricht, dass er das Geschrei der Böotier scheue:

> Seltsam ist es aber, dass außer der bekannten Lücke in Euklids Geometrie [gemeint ist das Parallelenpostulat], die man bisher umsonst auszufüllen gesucht hat, und nie ausfüllen wird, es noch einen andern Mangel in derselben gibt, den meines Wissens niemand bisher gerügt hat, und dem abzuhelfen keineswegs leicht (obwohl möglich) ist. Dies ist die Definition des Planum als einer Fläche, in der, irgend zwei Punkte verbindende, gerade Linie ganz liegt. Diese Definition enthält mehr, als zur Bestimmung der Fläche nötig ist, und involviert tacite ein Theorem, welches erst bewiesen werden muss.
> (Gauß 1900, 200)[11]

In der zweiten Hälfte des 19. Jhs. nahm die Axiomatik – nicht nur in der Geometrie – einen gewaltigen Aufschwung im Zuge der allgemeinen Strengebewegung. Für die Geometrie wichtig war dabei das Aufkommen der später so genannten projektiven Geometrie, da diese u. a. eine abstraktere Betrachtungsweise förderte. Jean-Victor Poncelet (1788–1867), einer ihrer Begründer, hatte die wichtige Unterscheidung zwischen projektiven[12] und metrischen Eigenschaften eingeführt. In seinem Buch „Traité des propriétés projectives" (1822) heißt es:

> 5. Figuren, deren Teile untereinander nur solche Abhängigkeiten aufweisen, die ihrer Natur so wie die oben geschilderten sind, das heißt, die Abhängigkeiten sind, die nicht durch Projektionen zerstört werden, heißen im Folgenden *projektive Figuren*.

---

[10] Vgl. Crelle 1853, 43–44.
[11] Vgl. auch Gauß 1900, 194–195, wo Gauß einen Beweis für Euklids Satz XI, 1 vorschlägt, und Gauß 1900, 162, wo eine Notiz aus dem Jahr 1797, die sich in Gauß' Tagebuch findet und die zeigt, dass dieser sich schon früh mit der Definition der Fläche beschäftigt hat, wiedergeben wird.
[12] Andere Bezeichnungen waren graphisch und deskriptiv.

Diese Abhängigkeiten selbst und allgemein alle Beziehungen oder Eigenschaften, welche sowohl in der gegebenen Figur als auch in ihren Projektionen gegeben sind, werden ebenfalls *projektive Beziehungen* oder *Eigenschaften* genannt. [ ... ]
6. Was die projektiven Eigenschaften anbelangt, die sich auf die Größenbeziehungen beziehen und die wir *metrische* nennen werden, so ist gewiss, dass nichts *apriori* andeutet, ob diese in allen Projektionen der zugehörigen Figur gegeben sind, ...
(Poncelet 1822, 5)[13]

Damit war im Prinzip eine übergeordnete Sichtweise auf die Axiome gegeben, konnte man sich nun doch fragen, welche sich auf metrische und welche sich auf projektive Eigenschaften bezogen – was, anders gesagt, darauf hinausläuft, nach Axiomen für die projektive Geometrie zu suchen.[14] Die projektive Geometrie wurde in diesem Sinne auch als die Geometrie des Lineals bezeichnet, während die klassisch Euklidische Geometrie die Geometrie von Zirkel und Lineal ist. Allerdings gestaltete sich der Herauslösungsprozess der projektiven aus der Euklidischen Geometrie schwierig, musste man doch alle Begriffsbildungen und Beweise metrikfrei gestalten. Konsequent – jedoch immer noch mit einer Lücke – gelang dies erst Karl Christian Jacob von Staudt (1798–1867) mit seiner „Geometrie der Lage" (1847) und seinen „Beiträgen zur Geometrie der Lage" (3 Hefte 1856–1860).[15]

Um 1860 herum hatte sich eine Vielzahl von „Geometrien" entwickelt, ein Faktum, das die Frage aufwarf, wie man denn diese unübersichtliche Vielfalt ordnen könne (und damit verbunden, wann man denn ein Gebiet eine Geometrie nennen dürfe). Einen guten Eindruck von dieser Problematik vermittelt ein anonymer Artikel „Über verschiedene Geometrien" (Sur diverses géométries) in der französischen Zeitschrift „Nouvelles annales de mathématiques" aus dem Jahre 1859. Dort heißt es:

Heute gibt es *acht* Geometrien, die sich untereinander durch verschiedene Logiken unterscheiden. Wir kennzeichnen diese Geometrien durch die Namen französischer Geometer, die entsprechende Werke veröffentlicht haben.

1. Die alte Geometrie, die *grundlegende* Geometrie, diejenige der Gymnasien (Legendre);
2. die *projektive* Geometrie (Poncelet);
3. die *dualistische* Geometrie,[16] die Geometrie der *polaren* Reziprozität (Poncelet);
4. die *segmentäre* Geometrie (Chasles);

---

[13] Man bemerkt, dass Poncelet – anders als wir heute – nicht davon ausgeht, dass metrische Eigenschaften von vorne herein nicht projektive seien. Anders gesagt: Für ihn kann es auch metrische Eigenschaften geben, die projektiv sind. Ein Beispiel hierfür wäre das Doppelverhältnis; vgl. auch § 34 des „Traité". Übersetzung von K. V.
[14] Hierbei ist zu beachten, dass sich die Auffassung, die Betrachtung der projektiven Eigenschaften von Figuren liefere eine eigenständige Geometrie, erst allmählich im 19. Jh. durchsetzte. Vgl. Bioesmat-Martagon 2010.
[15] Vgl. Bioesmat-Martagon 2010 für weitere Informationen.
[16] Teilweise existieren keine modernen Begriffe im Deutschen, die man zur Übersetzung heranziehen könnte. Deshalb enthält die nachfolgende Aufzählung einige fremdartige Ausdrücke.

5. die *infinitesimale* Geometrie (Bertrand, Ossian Bonnet);[17]
6. die *kinematische* Geometrie (Mannheim);
7. die *algorithmische* Geometrie der *Determinanten* und *Invarianten* (Painvin).
8. Die *epiphanoische* Geometrie mit Familien *homofokaler Flächen, Isothermen* und *Äquistatiken* (Lamé).

Es gibt noch zwei weitere Geometrien, deren Prinzipien noch nicht bekannt sind.

a) Die Geometrie der *Lage*, die von Leibniz angedeutet wurde; Beispiele: Solitärspiel, Springer im Schach (Euler); Brücken des Pregel (Euler).
b) Die Geometrie der *Disposition*, welche von Hrn. Sylvester in sechs öffentlichen Vorlesungen behandelt worden ist [...]

Ein wertvolles Werk wäre ein elementares Lehrbuch, das neben der grundlegenden Geometrie auch die Prinzipien der anderen Geometrien mit ihren wichtigsten Anwendungen auf Linien und Flächen *im Allgemeinen* enthalten würde. [...]
Jede dieser Geometrien beansprucht einen Euklid für sich.[18]

Eine mögliche Lösung des Problems wäre eine vollständige Axiomatik (im Text: „Prinzipien") der Geometrie schlechthin gewesen, die zumindest partiell eine Ordnung hätte herstellen können; eine andere, lange Zeit allerdings unbeachtet gebliebene Antwort gab Felix Klein mit seinem Erlanger Programm von 1872, das Geometrien als Invariantentheorien bestimmter Gruppen interpretierte.

Einen großen Aufschwung nahm die Beschäftigung mit der Axiomatik der Geometrie in den 1860er Jahren. In diesem Dezennium nämlich begann sich allmählich die Einsicht bei den wissenschaftlich arbeitenden Mathematikern durchzusetzen, dass auch auf der Negation des Parallelenaxioms „Durch einen Punkt gibt es zu einer Geraden mehr als eine Parallele" eine widerspruchsfreie Geometrie, die von Gauß so genannte nichteuklidische Geometrie[19], aufgebaut werden kann. Diese Einsicht provozierte zahlreiche Überlegungen zu den scheinbar erschütterten Grundlagen der Geometrie.[20] Eine der ersten Publikationen in den 1860er Jahren zu diesen Fragen stammte von dem französischen Mathematiker Jules Houël (1823–1886). Houël wurde ab 1866 zu einem der wichtigsten Vorkämpfer der nichteuklidische Geometrie in Frankreich – nicht zuletzt durch seine Übersetzungen der Werke von Lobatschewskij, J. Bolyai und Helmholtz. Als er 1863 seinen Aufsatz „Versuch einer rationalen Darlegung der fundamentalen Prinzipien der Elementargeometrie" in französischer Sprache in der deutschen Zeitschrift „Archiv der Mathematik und

---

[17] Damit ist die Differentialgeometrie gemeint. Ossian Bonnet (1819–1892) war einer der ersten Mathematiker in Frankreich, der die Bedeutung von Gaußens Arbeiten zur Differentialgeometrie erkannte.

[18] Nouvelles annales de mathématiques 1. série 18 (1859), 449–450. Übersetzung von K. V.

[19] Es gab viele Bezeichnungen für diese: Angefangen bei imaginärer Geometrie (Lobatschewskij) über absolute Geometrie (J. Bolyai) und antieuklidische Geometrie bis hin zu Astral- und Pangeometrie. Unfreundlich gesinnte Geister erfanden unfreundliche Bezeichnungen; so nannte etwa Eugen Dühring (1833–1921) die nichteuklidische Geometrie eine Bizarrerie.

[20] Vgl. Volkert 2013.

Physik: mit besonderer Rücksicht auf die Bedürfnisse der Lehrer an Höheren Unterrichtsanstalten" publizierte, kannte Houël allerdings die nichteuklidische Geometrie noch nicht.
Dennoch steht das Parallelenproblem am Anfang seiner Ausführungen:

> Schon seit langem konzentrieren sich die wissenschaftlichen Forschungen der Mathematiker,
> die sich mit den grundlegenden Prinzipien der Elementargeometrie beschäftigen, fast aus-
> schließlich auf die Theorie der Parallelen. Da bislang die Anstrengungen so vieler eminenter
> Geister zu keinem zufriedenstellenden Resultat geführt haben, ist es vielleicht erlaubt, zu
> schließen, dass man, indem man derartige Forschungen weiterverfolgt, den Holzweg gewählt
> hat und dass man sich einem unlösbaren Problem gewidmet hat, dessen Wichtigkeit man
> übertrieb. Der Grund hierfür liegt in unangemessenen Vorstellungen über das Wesen und den
> Ursprung der für die Wissenschaft der Ausdehnung[21] entscheidenden Wahrheiten.
>
> Die Ursache dieses Fehlers besteht unserer Meinung nach in der falschen metaphysischen
> Ansicht, die man annahm, indem man die Geometrie als eine reine Verstandeswissenschaft
> betrachtete und man folglich unter die Axiome nur notwendige Wahrheiten aus dem Bereich
> der reinen Vernunft aufnehmen wollte. So gelangte man dazu, den Axiomen der Geometrie
> einen völlig anderen Status zuzuschreiben als jenen anderen geometrischen Wahrheiten, die
> uns die Erfahrung fernab von allen wissenschaftlichen Studien darbietet und die der Geometer
> den Axiomen als Folgerungen zuordnet.
> (Houël 1863, 171)[22]

In den Augen Houëls war Euklids Axiomatik immer noch die beste, allerdings war
auch sie nicht über jeden Zweifel erhaben.[23] Verglichen mit Legendre's immens erfolg-
reichem Geometrielehrbuch kommt nach Houël Euklid zudem der zusätzliche Vorzug zu,
dass hier die Geometrie rein geometrisch ohne Einmischung von Zahlen aufgebaut werde.
Wohingegen Legendre bedenkenlos alle möglichen Anleihen in anderen mathematischen
Gebieten machte und insbesondere geometrische Größen einfach als Zahlen interpretierte.
Wie wir sehen werden, sind hier Themen angesprochen, die bei Hilbert wichtig sein werden. Die Axiomatik, die Houël schließlich vorschlägt, ist erstaunlich knapp. Sie enthält
nur vier Axiome, ihr Ausgangspunkt ist die Idee des starren Körpers:

> Die Geometrie beruht auf dem undefinierbaren Begriff der *Starrheit* oder der *Invarianz* der
> Figuren, welcher der Erfahrung entnommen ist. Darüber hinaus entlehnt sie der Erfahrung
> eine Reihe von Gegebenheiten, die man *Axiome* nennt. – Wir werden sehen, dass sich die
> Anzahl der Axiome der Geometrie auf vier reduzieren lässt.
> (Houël 1863, 177)

---

[21] Diese Formulierung bezieht sich vermutlich auf Descartes' Identifikation von Raum mit Ausdehnung; in der französischsprachigen Literatur (z. B. bei Legendre) war dieser Raumbegriff sehr
gängig.
[22] Übersetzung von K. V.
[23] So kritisiert Houël beispielsweise, dass Euklid viel zu oft die Methode des Widerspruchsbeweises
verwende (vgl. Houël 1863, 175).

Houëls Axiome lauten:

> Axiom I. Drei Punkte genügen im Allgemeinen, um im Raum die Lage einer Figur festzulegen.
>
> [...] Axiom II. Es gibt eine Figur, Gerade genannt, deren Position im Raum vollständig durch die Lage zweier ihrer Punkte festgelegt ist. Die Gerade ist so geartet, dass sich jeder Teil dieser Linie mit jedem anderen beliebigen Teil ihrer selbst exakt zur Deckung bringen lässt, vorausgesetzt, die beiden Teile haben zwei Punkte gemeinsam.[24]
>
> [...] Axiom III. Es gibt eine Fläche von folgender Beschaffenheit: Geht eine gerade Linie durch zwei Punkte dieser Fläche, so liegt diese ganz in der Fläche. Weiterhin lässt sich ein beliebiger Teil dieser Fläche exakt auf die Fläche selbst decken, sei es in direkter Weise, sei es, dass man ihn umgedreht hat, indem man ihn eine Halbdrehung um diese Punkte machen lässt. Diese Fläche ist die Ebene.
>
> [...] Axiom IV. Durch einen gegebenen Punkt kann man zu einer gegebenen Geraden nur eine Parallele ziehen.
>
> (Houël 1863, 179, 180 und 186)

Viele Autoren, die mit Houël eine empirische Auffassung von Geometrie teilten, wählten als Grundbegriff für die Geometrie den starren Körper und/oder denjenigen der Bewegung.[25] Besonders bekannt unter ihnen wurden die Vorschläge von Hermann Helmholtz (1821–1894), die dieser 1868 in zwei Veröffentlichungen vorlegte. In seinem Vortrag „Die tatsächlichen Grundlagen der Geometrie", den Helmholtz am 22. Mai 1868 im Naturhistorisch-medizinischen Verein zu Heidelberg[26] hielt, formulierte er „die Voraussetzungen" seiner Untersuchung:

> 1) Die Kontinuität und Dimension betreffend. Im Raum von $n$ Dimensionen ist der Ort jedes Punktes bestimmbar durch Abmessung von $n$ kontinuierlich veränderlichen, voneinander unabhängigen Größen, so dass (...) bei jeder Bewegung des Punktes sich diese als Koordinaten dienenden Größen kontinuierlich verändern, und mindestens eine von ihnen nicht unverändert bleibt.
>
> 2) Die Existenz beweglicher und in sich fester Körper betreffend. Zwischen den $2n$ Koordinaten eines jeden Punktepaares eines in sich festen Körpers, der bewegt wird, besteht eine Gleichung, welche für alle kongruenten Punktepaare die gleiche ist.
> [...]
>
> 3) Die freie Beweglichkeit betreffend. Jeder Punkt kann auf kontinuierlichem Wege zu jedem andern übergehen. Für die verschiedenen Punkte eines und desselben in sich festen Systems bestehen nur die Einschränkungen der Bewegungen, welche durch die zwischen den Koordinaten von je zwei Punkten bestehenden Gleichungen bedingt sind.
> [...]
>
> 4) Die Unabhängigkeit der Form fester Körper von der Drehung betreffend. Wenn ein Körper sich so bewegt, dass $n-1$ seiner Punkte unbewegt bleiben, und diese so gewählt

---

[24] Gemeint ist wohl, dass die von den Punkten begrenzten Strecken gleichlang sein sollen, die Endpunkte also aufeinander fallen.

[25] Eine ausführliche Geschichte des Bewegungsbegriffs in der Geometrie gibt Henke 2010.

[26] Das Datum 22. Mai 1866, das sich in der Druckfassung von Helmholtz' Vortrag findet, ist falsch. Deshalb wird der Artikel im Folgenden als Helmholtz 1868 [1866] zitiert. Neben dem genannten Vortrag hat Helmholtz noch einen ausführlichen Artikel veröffentlicht: Helmholtz 1868.

sind, dass jeder andere Punkt des Körpers nur noch eine Linie durchlaufen kann, so führt
fortgesetzte Drehung ohne Umkehr in die Anfangslage zurück.
(Helmholtz 1868 [1866], 199–200)[27]

Unschwer ist es, dem Helmholtzschen System seine Ursprünge in der Physik anzusehen. Es ging Helmholtz nicht um Methodenreinheit; das zeigt allein schon die Tatsache,
dass er die Analysis in seinen Untersuchungen großzügig verwandte. Die Arbeiten von
Helmholtz wurden von Sophus Lie (1842–1899) kritisch weitergeführt und mündeten
u. a. in das bekannte Raumproblem von Riemann-Helmholtz-Lie-Poincaré.[28] Auch Hilbert sollte eine Grundlegung der (nichteuklidischen) Geometrie vorlegen, die sich des
Bewegungsbegriffs bediente.[29]

Bevor wir auf die wichtigsten Beiträge zur Axiomatik der Geometrie vor Hilbert von
Moritz Pasch und italienischen Mathematikern wie Guiseppe Veronese und Guiseppe Peano eingehen, sei hier noch ein wenig bekannter Artikel des Berliner Gymnasiallehrers
Julius Worpitzky (1835–1895) aus dem Jahre 1873 erwähnt.[30] Dieser illustriert recht gut
die Situation, in der sich die Forschung damals befand. Auch bei Worpitzky spielte der
empirische Ursprung der Geometrie und damit die Frage nach der Herkunft der Axiome
aus der Erfahrung eine wichtige Rolle.

Während uns die Gegenstände der Anschauung wechselnd erscheinen, nimmt unser Geist
Veranlassung, die Gesichtspunkte zu ergründen und begrifflich festzustellen, unter denen sich
ihre wiederkehrenden Eigentümlichkeiten zusammenfassen lassen, um dann von diesem Boden aus durch rein logische Operationen zu Erkenntnissen zu gelangen, welche bei direkter
Befragung der Anschauung weniger deutlich und bestimmt hervortreten.
    Die spontan aus der Anschauung abgezogenen Urteile über die Erscheinungsgruppen nen-
nen wir „Axiome", während die aus den letzteren durch logische Kombination gewonnenen
„Lehrsätze" heißen.
    Die wissenschaftliche Forschung verlangt von beiden Arten von Sätzen Entgegengesetz-
tes; denn während sie strebt, die Anzahl der Lehrsätze zu vermehren und durch sie Unerwar-
tetes oder wenigstens Ungeklärtes festzustellen, macht sie an die Axiome die Anforderung
einer möglichst geringen Anzahl und vollkommener Sicherheit aus bloßer Anschauung.
    Dass das letztere bisher nicht in genügender Weise erreicht ist, davon zeugt das von Jahr
zu Jahr zu verfolgende Anschwellen der Literatur über die Axiome. Auch diese Arbeit be-
absichtigt, dem Überstand abzuhelfen, oder ihn wenigstens zu verringern, und empfiehlt sich

---

[27] Axiom 4 wird als Monodromie bezeichnet; im ebenen Fall ist dieses Axiom überflüssig, wie
später Lie gezeigt hat.
[28] Vgl. hierzu Merker 2010.
[29] Hilbert 1903b – vgl. auch unten Kap. 6.
[30] Im 19. Jh. war es keine Seltenheit, dass sich Mathematiklehrer an Forschungsfragen beteilig-
ten. Viele spätere Professoren der Mathematik haben einen Teil ihrer beruflichen Laufbahn am
Gymnasium verbracht. Worpitzky selbst arbeitete hauptsächlich im Bereich der Analysis und der
analytischen Zahlentheorie; er war erster Mathematiker am Friedrich-Werderschen Gymnasium
in Berlin und unterrichtete auch zeitweise an der dortigen Kriegsakademie. Die Abhandlung von
Worpitzky wird von Hilber t in der Literaturliste zu seiner geplanten aber nicht gehaltenen Geome-
trievorlesung im SS 93 berücksichtigt; (vgl. Hallett und Majer 2004, 126).

der Nachsicht, wenn sie hier und da breiter ist, als es diesem oder jenem Leser nötig zu sein scheinen mag.
(Worpitzky 1873, 405)

Geometrie ist nach Worpitzky das Studium der räumlichen Beziehungen der Dinge; ihr Ausgangspunkt ist die starre Beweglichkeit der Körper, deren Möglichkeit auch für ihn eine Art Axiom ist. Für die Kongruenz, die sich aus der freien Beweglichkeit ergibt, gelten bestimmte Eigenschaften:

Je zwei Punkte sind kongruent. Hat man einen Punkt einer Figur in einen beliebigen Raumpunkt verlegt, so kann man es dahin bringen, dass außerdem ein zweiter beliebiger Punkt der Figur in eine Linie fällt, welche von jenem Raumpunkte ausgehend den Raum durchsetzt. Belässt man beide Punkte an ihrem Ort, so hat die Beweglichkeit der Figur noch nicht aufgehört, es bleibt aber eine unverzweigte und nicht in sich zurücklaufende Linie in Ruhe, welche durch jene beiden festen Punkte hindurchgeht. (Diese Linie heißt eine Gerade).
(Worpitzky 1873, 407)

Die Zwischenrelation wird bei Worpitzky noch genauso unkritisch verwendet wie bei Euklid:

Jeder Teil einer Geraden, welcher zwischen zwei bestimmten Punkten liegt, heißt eine Strecke, jeder nur durch einen bestimmten Punkt begrenzte Teil eine Halbgerade oder Richtung.
(Worpitzky 1873, 407)

Als weitere Axiome führt der Verfasser ähnlich wie Helmholtz noch die Monodromie ein, deren Entdeckung er Riemann zuschreibt[31], sowie eine Aussage über die Winkel im Dreieck:

Es gibt kein Dreieck, in welchem jeder Winkel kleiner ist, als ein beliebig klein gegebener Winkel.
(Worpitzky 1873, 407)

Dieses Axiom, für dessen Formulierung Worpitzky Priorität reklamiert, ersetzt das traditionelle Parallelenaxiom, der Verfasser gibt verschiedene Argumente, warum ihm die gewählte Form günstig zu sein scheint.[32]

Hervorzuheben ist noch, dass Worpitzky deutlich zwischen den geometrischen Figuren – etwa Winkel – und den ihnen zugeordneten Maßzahlen unterscheidet, denen in seiner Sprache erstere „subsumiert" werden.[33]

---

[31] Vgl. Worpitzky 1873, 408. Leider macht Worpitzky keine genaueren Angaben, wo Riemann auf die Monodromie zu sprechen kommt. Diese sei allerdings „von jeher in Anwendung" gewesen (Worpitzky 1873, 408).

[32] Vgl. Worpitzky 1873, 417. Der tiefere Sinn des Axiom liegt darin, dass es ausschließt, dass die Winkelsumme im Dreieck nichtkonstant und kleiner als zwei rechte Winkel sei. Wäre dem nämlich so, so könnte man Dreiecke konstruieren, deren Winkelsumme beliebig klein wird. Die Technik war aus Beweisen im Umkreis der Legendreschen Sätze bekannt.

[33] Vgl. hierzu „§ 2 Die Subsumtion unter den Größenbegriff" und „§ 6 Einführung des Größenbegriffs in den Winkel". Worpitzky hat sich Fragen des Größenbegriffs, die ab etwa 1870 aufkamen

Erhebliche Fortschritte in der Frage der Axiomatik brachte das Buch „Vorlesungen über neuere Geometrie", das Moritz Pasch (1843–1930) 1882 erstmals veröffentlichte. „Neuere Geometrie" war ein in jener Zeit gängiger, nicht allzu exakt definierter Sammelbegriff für alle möglichen Arten von Geometrien, welche alternativ zur Euklidischen sind. Pasch meint damit aber ganz klar „projektive Geometrie"[34]. In Paschs Werk, das auf einer Vorlesung aus dem WS 1873/74 beruhte, welche er in Gießen gehalten hatte, vereinigen sich zwei Tendenzen: Zum einen war Pasch ein konsequenter Empirist, was die Geometrie anbelangt.[35] Im Unterschied zu vielen anderen Autoren versuchte Pasch aber einen folgerichtigen Aufbau der Geometrie vorzulegen, der von Erfahrungstatsachen ausgeht und schließlich in der abstrakten axiomatischen Geometrie endet. Als Ausgangspunkt wählte er deshalb ein begrenztes Gebiet der Ebene, denn nur solche sind uns empirisch zugänglich. Andererseits war Pasch auf der abstrakt-axiomatischen Ebene ein konsequenter Deduktivist, der jeglichen Bezug zur Anschauung eliminieren wollte. Pasch hatte nach seiner Promotion in Breslau in Berlin studiert und war nachhaltig von Weierstraß beeinflusst.[36] Anders aber als Empiristen wie Houël und Helmholtz wählte Pasch die einfachsten Objekte wie Punkte, Geraden, Ebenen zum Ausgangspunkt seiner Betrachtungen. Genauer gesagt, versuchte er erstmals, diese zu gewinnen aus empirischen Gegebenheiten wie Flecken, Stäbe und Platten. Auf dieser Basis gelangte Pasch zu folgenden Axiomen – in seiner Ausdrucksweise „Grundsätze". Zu beachten ist, dass Paschs empirischer Aufbau zuerst einmal zu Strecken führt, die erst in einem weiteren Schritt zu Geraden erweitert werden.

I. Grundsatz. Zwischen zwei Punkten kann man stets eine gerade Strecke ziehen, und zwar nur eine. [ . . . ]
II. Grundsatz. Man kann stets einen Punkt angeben, der außerhalb einer gegebenen geraden Strecke liegt.
III. Grundsatz. Liegt der Punkt $C$ innerhalb der Strecke $AB$, so liegt der Punkt $A$ außerhalb der Strecke $BC$.
Ebenso liegt der Punkt $B$ außerhalb der Strecke $AC$.
IV. Grundsatz. Liegt der Punkt $C$ innerhalb der Strecke $AB$, so sind alle Punkte der Strecke $AC$ zugleich Punkte der Strecke $AB$.
Oder: Liegt der Punkt $C$ innerhalb der Strecke $AB$, der Punkt $D$ innerhalb der Strecke $AC$ oder $BC$, so liegt $D$ auch innerhalb der Strecke $AB$.

---

und eine wichtige Rolle in der Entwicklung der Axiomatik spielten, auch in einem Artikel in der Festschrift seines Gymnasiums zu dessen 200. Jubiläums gewidmet: „Zahl, Größe, Messen" (Berlin, 1881) [S. 333–348].
[34] Bemerkenswerter Weise hat sich diese Bezeichnung erst gegen Ende des 19. Jh. durchgesetzt; vgl. den Beitrag von J. D. Voelke in Bioesmat-Martagon 2010.
[35] Wie fast alle Mathematiker des 19. Jhs., vgl. auch „Man kann jetzt wohl sagen, dass alle Mathematiker, welche sich speziell mit der Geometrie befassen, den empirischen Ursprung der Geometrie gelten lassen." (Veronese 1894, VIII n. 1).
[36] Weierstraß' Interesse an der Geometrie dürfte größer gewesen sein, als meist angenommen wird. Neben Pasch ging mit Wilhelm Killing ein weiterer wichtiger Geometer aus seiner Schule hervor, der sich auch mit Grundlagenfragen beschäftigte (allerdings stärker in die analytische Richtung tendierend). Zu Pasch vgl. man Schlimm 2010; Tamari 2006 und Volkert 2013.

V. Grundsatz. Liegt der Punkt $C$ innerhalb der Strecke $AB$, so kann ein Punkt, der keiner der Strecken $AC$ und $BC$ angehört, nicht zur Strecke $AB$ gehören.

VI. Grundsatz. Sind $A$ und $B$ beliebige Punkte, so kann man den Punkt $C$ so wählen, dass $B$ innerhalb der Strecke $AC$ liegt.

VII. Grundsatz. Liegt der Punkt $B$ innerhalb der Strecken $AC$ und $AD$, so liegt entweder der Punkt $C$ innerhalb der Strecke $AD$ oder der Punkt $D$ innerhalb der Strecke $AC$.

VIII. Grundsatz. Liegt der Punkt $B$ innerhalb der Strecke $AC$ und der Punkt $A$ innerhalb der Strecke $BD$, und sind $C$, $D$ durch eine gerade Strecke verbunden, so liegt der Punkt $A$ auch innerhalb der Strecke $CD$. Ebenso liegt dann auch der Punkt $B$ innerhalb der Strecke $CD$.

(Pasch 1882, 4–6)

Die hier aufgeführten Grundsätze[37], die für Pasch grundlegende Beobachtungen formulieren, gehören in das Kapitel „Von der geraden Linie". Pasch strukturiert sein Axiomensystem in erster Linie gemäß den Objekten, die in den fraglichen Axiomen hauptsächlich vorkommen. Die obigen Axiome beziehen sich mit Ausnahme des ersten Grundsatzes auf die Anordnung von Punkten auf Geraden. Die dabei zugrunde liegende Relation ergibt sich für Pasch ganz direkt aus dem Streckenbegriff: $C$ liegt zwischen $A$ und $B$, wenn $C$ innerhalb der Strecke $AB$ liegt. Die genaue Untersuchung der Eigenschaften dieser Relation ist ein großes Verdienst von Pasch und völlig neu. Da Pasch vom Streckenbegriff ausgeht, ist seine Anordnung zunächst nicht geeignet, um die Verhältnisse auf projektiven Geraden zu beschreiben, denn diese sind ja – wie schon G. Desargues bemerkte – geschlossen. Die Probleme der Anordnung auf projektiven Geraden spielten eine wichtige Rolle in den Diskussionen um den Fundamentalsatz der projektiven Geometrie, welche die Geometer zwischen 1870 und 1900 etwa beschäftigten. Pasch löste diese gewissermaßen ad hoc.

Im nächsten Paragraphen „Von den Ebenen" werden weitere Grundsätze aufgestellt.

I. Grundsatz. Durch drei beliebige Punkte kann man eine ebene Fläche legen.

II. Grundsatz. Wird durch zwei Punkte einer ebenen Fläche eine gerade Strecke gezogen, so existiert eine ebene Fläche, welche alle Punkte der vorigen und auch die Strecke enthält. [...]

III. Grundsatz. Wenn zwei ebene Flächen $P$, $P'$ einen Punkt gemeinsam haben, so kann man einen andern Punkt angeben, der sowohl mit allen Punkten von $E$, als auch mit allen Punkten von $E'$ je in einer ebenen Fläche enthalten ist.[38] [...]

IV. Grundsatz. Sind in einer ebenen Fläche drei Punkte $A$, $B$, $C$ durch die geraden Strecken $AB$, $AC$, $BC$ paarweise verbunden, und ist in derselben ebenen Fläche die gerade Strecke $DE$ durch einen innerhalb der Strecke $AB$ gelegenen Punkt gezogen, so geht die Strecke $DE$ oder eine Verlängerung derselben entweder durch einen Punkt der Strecke $AC$ oder durch einen Punkt der Strecke $BC$.

Oder: Liegen die Punkte $A$, $B$, $C$, $D$ in einer ebenen Fläche, $F$ in der Geraden $AB$ zwischen $A$ und $B$, so geht die Gerade $DF$ entweder durch einen Punkt der Strecke $AC$ oder durch einen Punkt der Strecke $BC$.

(Pasch 1882, 20–21)

---

[37] In der zweiten Auflage seiner „Vorlesungen", welche 1926 erschien (mit einem historischen Anhang von Max Dehn), ergänzte Pasch einen weiteren Grundsatz, wobei er jetzt die Bezeichnung „Kernsatz" bevorzugte: „IX. Kernsatz. Sind zwei Punkte $A$, $B$ beliebig angegeben, so kann man einen weiteren Punkt $C$ so wählen, dass keiner der drei Punkte $A$, $B$, $C$ innerhalb der Verbindungsstrecke der beiden anderen liegt." (Pasch 1976, 7)

[38] Anstatt $E$ und $E'$ sollte es $P$ und $P'$ heißen (oder umgekehrt).

Grundsatz IV ist das heute so genannte Pasch-Axiom, das den oben erwähnten Mangel bei Euklid behebt. Die bislang formulierten Grundsätze sind für Pasch wie bereits erwähnt Beobachtungstatsachen, was das folgende Zitat nochmals belegt:

> Wenn zwei ebene Flächen gegeben sind, so kann ein Punkt $A$ in beiden zugleich enthalten sein. Wir nehmen dann allemal wahr, dass der Punkt $A$ nicht der einzige gemeinschaftliche Punkt ist, wenn wir nötigenfalls die beiden Flächen oder eine von ihnen gehörig erweitert haben.
>
> (Pasch 1882, 20)

In den nachfolgenden Paragraphen werden die Verwendungen der Begriffe „Punkt", „Gerade" und „Ebene" „ausgedehnt", was schließlich in die übliche mathematische Begrifflichkeit mündet.[39] Die Sätze erfahren damit „Erweiterungen", so erhält Pasch nun Aussagen wie „11. Zwei Geraden in einer Ebenen haben stets einen Punkt gemein." und „12. Eine Gerade und eine Ebene haben stets einen Punkt gemein." Oder „13. Zwei Ebenen haben stets einen Punkt gemein." Daran wird deutlich, dass es Pasch um die projektive Geometrie geht, die er auch als die Geometrie der graphischen oder deskriptiven Eigenschaften sieht.

Den projektiven Standpunkt verlässt Pasch ähnlich wie zuvor schon bei der Anordnung wieder, indem er den Begriff „kongruente Figuren" im § 12 einführt. Dies geschieht in naheliegender Weise durch „Zur-Deckung-bringen" von Figuren, die auf festen aber beweglichen Körpern verzeichnet sind. Natürlich müssen solche ganz im Endlichen liegen, also geht es vorerst nur um eigentliche Punkte. Auch hierfür ergeben sich Grundsätze:

I. Grundsatz. Die Figuren $ab$ und $ba$ sind kongruent. [...]

II. Grundsatz. Zur Figur $abc$ kann man einen und nur einen eigentlichen Punkt $b'$ derart hinzufügen, dass $ab$ und $b'a$ kongruente Figuren werden und $b'$ in der geraden Strecke $ac$ oder $c$ in der geraden Strecke $ab'$ liegt. [...]

III. Grundsatz. Liegt der Punkt $c$ innerhalb der geraden Strecke $ab$ und sind die Figuren $abc$ und $a'b'c'$ kongruent, so liegt der Punkt $c'$ innerhalb der geraden Strecke $a'b'$. [...]

IV. Grundsatz. Liegt der Punkt $c_1$ innerhalb der geraden Strecke $ab$, und verlängert man die Strecke $ac_1$ um die kongruente Strecke $c_1c_2$, diese um die kongruente Strecke $c_2c_3$ u. s. f., so gelangt man schließlich zu einer Strecke $c_nc_{n+1}$, welche den Punkt $b$ enthält.[40] [...]

V. Grundsatz. Wenn in der Figur $abc$ die Strecken $ac$ und $bc$ kongruent sind, so sind die Figuren $abc$ und $bac$ kongruent. [...]

VI. Grundsatz. Wenn zwei Figuren kongruent sind, so sind auch ihre homologen Teile kongruent. [...]

VII. Grundsatz. Wenn zwei Figuren einer dritten kongruent sind, so sind sie einander kongruent. [...]

---

[39] Das geschieht im Wesentlichen gemäß der von Staudtschen Vorgehensweise mit Hilfe von Geraden- und Ebenenbüscheln. Pasch hält allerdings an einer Unterscheidung von eigentlichen und uneigentlichen Punkten fest, ist also in gewisser Weise nicht konsequent projektiv.

[40] Dies ist Paschs Formulierung für das Archimedische Axiom. Der Name fällt allerdings nicht bei ihm.

VIII. Grundsatz. Wird von zwei kongruenten Figuren die eine um einen eigentlichen Punkt erweitert, so kann man die andere um einen eigentlichen Punkt so erweitern, dass die erweiterten Figuren wieder kongruent sind. [...]

IX. Grundsatz. Sind zwei Figuren $ab$ und $fgh$ gegeben, $fgh$ nicht in einer geraden Strecke enthalten, $ab$ und $fg$ kongruent, und wird durch $a$ und $b$ eine ebene Fläche gelegt, so kann man in dieser oder in ihrer Erweiterung genau zwei Punkte $c$ und $d$ so angeben, dass die Figuren $abc$ und $abd$ der Figur $fgh$ kongruent sind, und zwar hat die Strecke $cd$ mit der Strecke $ab$ oder deren Verlängerung einen Punkt gemein. [...]

X. Grundsatz. Zwei Figuren $abcd$ und $abce$, deren Punkte nicht in ebenen Flächen liegen, sind nicht kongruent.

(Pasch 1882, 103–110)

Im Weiteren wird dann die Kongruenz auf beliebige Figuren erweitert (also, modern gesprochen, auf den ganzen Raum), neue Grundsätze treten dabei natürlich nicht mehr auf. Damit ist also Paschs Liste der Grundsätze abgeschlossen. Wir haben diese hier so ausführlich zitiert, weil immer wieder die Frage diskutiert wird, wie viel oder wie wenig von Hilberts Axiomatik schon bei Pasch vorweg genommen wurde. Dabei fällt auf, dass Pasch zahlreiche Axiome formuliert, die auch Hilbert verwenden wird, dass aber doch auch wesentliche Unterschiede zwischen diesen beiden Autoren bestehen. Zum einen hat das mit Paschs Empirismus zu tun, der ihn dazu führt, viel Raum und Anstrengung auf die Gewinnung der Grundbegriffe der Geometrie zu verwenden, während Hilbert diese quasi in einem Handstreich von vorne herein als bekannt unterstellt. Zum andern ist Paschs Strukturierung der Axiome ungeschickt, weil sie die Axiome nicht in Gruppen ordnet, die einen inneren Zusammenhang aufweisen. Als Empirist legt Pasch Nachdruck auf die Objekte (Punkte, Geraden, ...), während Hilbert die Relationen zwischen den undefinierten Objekten in den Vordergrund stellt. Zudem erweist sich Paschs Versuch, die projektive Geometrie mit einzubeziehen, als nachteilig, insofern damit eine klare Trennung zwischen Euklidischen, nichteuklidischen und sonstigen Axiomen erschwert wird und die Zahl der Axiome wächst.[41]

Die Wertschätzung, die Hilbert Paschs Werk entgegenbrachte, wird darin deutlich, dass er dieses in seiner „Festschrift" erwähnt. Dort heißt es im Kontext der Anordnungsaxiome:

Diese Axiome hat zuerst M. Pasch in seinen Vorlesungen über neuere Geometrie, Leipzig 1882, ausführlich untersucht. Insbesondere rührt das Axiom II 5 von M. Pasch her.

(Hilbert 1899, 6)

Bevor wir auf die Arbeiten italienischer Mathematiker eingehen, welche sich in den 1890er Jahren mit der Axiomatik der Geometrie beschäftigten, seien hier noch die „Vorlesungen über Geometrie" von Alfred Clebsch (1833–1872) in der Bearbeitung von Lindemann kurz erwähnt. Nach Clebschs überraschenden und frühen Tod hatte Lindemann

---

[41] Paradoxerweise hat der dezidierte Empirist Pasch die abstrakte Auffassung von Axiomen, wie wir sie bei italienischen Geometern und bei Hilbert finden werden, durch seinen strengen Deduktivismus erheblich gefördert. Um zu diesem Standpunkt zu gelangen, muss man eigentlich nur Paschs empirischen „Unterbau" weglassen.

als ehemaliger Hörer von Clebschs Vorlesungen die Aufgabe übernommen, dessen Vorlesungen zur Geometrie zu veröffentlichen. Der zweite Band dieser „Vorlesungen", der erst 1891 rund 15 Jahre nach dem ersten erschien, enthielt einen Abschnitt über „Die Definitionen, Postulate und Axiome bei Euklid", der von Lindemann verfasst wurde. In ihm wird die Axiomatik Euklids diskutiert – wobei dessen Texte sowohl in Lateinisch als auch in Griechisch nicht aber in Deutsch zitiert und allerlei Anmerkungen dazu gemacht werden. Ganz in Kleinschem Stile teilt Lindemann die Geometrie in hyperbolische, parabolische (Euklidische) und elliptische Geometrie ein, wobei sich seine Einteilung auf die jeweilige Situation bezüglich der unendlichen fernen Punkte bezieht: Eine Gerade besitzt zwei Fernpunkte in der hyperbolischen Geometrie, einen in der parabolischen und keinen in der elliptischen, wobei in letzterer die Geraden geschlossen sind. Daneben tritt die „projektivische" Geometrie,[42] deren Verhältnis zu den drei genannten Geometrien allerdings nicht diskutiert wird.[43] Bemerkenswert in den Ausführungen Lindemanns, die meist in Anmerkungen zu Euklids Axiomen bestehen, welche diese mit modernen Kommentatoren (z. B. Helmholtz) in Verbindung bringen, sind eigentlich nur die Erläuterungen zu den Modellen der nichteuklidischen Geometrie und zu deren Funktion. Hier wird klar formuliert, dass diese Modelle relative Widerspruchsfreiheitsbeweise liefern:

> Jedem Satz der nichteuklidischen Geometrie entspricht eindeutig ein Satz über Flächen konstanten Krümmungsmaßes in der parabolischen Geometrie, und andererseits ein rein projektivischer Satz über Beziehungen einer Figur zu einem Kegelschnitte, der auch in der Euklidischen Geometrie seine Gültigkeit behält. Sollte nun irgend ein Satz der elliptischen oder hyperbolischen Geometrie jemals zu einer logischen Unmöglichkeit führen, so müssten auch die entsprechenden Sätze der Euklidischen Geometrie (für Oberflächen konstanten Krümmungsmaßes oder für die projektivische Geometrie) denselben Widerspruch in sich tragen; es wäre daher auch das Euklidische fünfte Postulat mit seinen übrigen Annahmen unvereinbar, und es würde überhaupt jede geometrische Forschung unmöglich werden. (Clebsch und Lindemann 1891, 552–553)[44]

Die Methode, die Unabhängigkeit eines Axioms von anderen mit Hilfe der Konstruktion von Modellen zu zeigen, spielt in Hilberts „Grundlagen" eine zentrale Rolle. Die Frage der Widerspruchsfreiheit sollte ihn noch viel beschäftigen. Die nachfolgende Äußerung Hilberts in einem Brief an Lindemann vom 15.11.93 erscheint doch eher als eine Geste der Höflichkeit:

> Jedenfalls ist, meiner Überzeugung nach, die in ihrem Buch gegebene Darstellung, wenn man noch an der von uns besprochenen Stelle die Paschschen Sätze über den Begriff „zwischen" u. s. f. einschiebt, völlig lückenlos. (Toepell 1986, 47–48)

---

[42] Kleins Terminus für „projektive" Geometrie.

[43] Die topologische Gleichwertigkeit von projektiver und elliptischer Ebene zu erkennen, fiel durchaus nicht leicht. Vgl. hierzu den Beitrag „Projective plane and projective space from a topological point of view" in Bioesmat-Martagon 2010.

[44] Ähnlich deutlich hatte Poincaré 1889 einige Jahre zuvor die Funktion von relativen Widerspruchsbeweisen formuliert; vgl. Volkert 2013, Kap. 9.

Wichtige Arbeiten, die Axiomatik der Geometrie betreffend, erschienen ab 1889 in Italien. Kurz nachdem Guiseppe Peano (1858–1932) 1889 seine Behandlung der Arithmetik „Die nach neuer Methode dargelegten Prinzipien der Arithmetik" (Arithmetica principia, nova methodo exposita [1889]) mit den heute noch so genannten Peano-Axiomen veröffentlicht hatte, schrieb er eine analoge Arbeit zur Geometrie: „Die Grundlagen der Geometrie logisch dargestellt" (I principii di geometria logicamente esposti). Der Kern der Arbeit ist in der von Peano entwickelten formalen Schreibweise, die im Wesentlichen die Prädikatenlogik und Teile der Mengenlehre (Peano verwendet den Begriff „Klasse") formalisiert, geschrieben. Um dem Leser den Zugang zu der Abhandlung zu erleichtern, hat Peano dieser erläuternde Noten in italienischer Sprache angefügt.[45]

$$Assiomi\ sul\ segno\ =.$$

1.  $a = a.$

2.  $a = b . = . b = a.$

3.  $a = b . b = c : \cap . a = c.$

$$Assiomi\ sui\ segmenti.$$

4.  $a, b \,\epsilon\, 1 . \cap . ab \,\epsilon\, K\,1.$

5.  $a, b, c, d \,\epsilon\, 1 . a = b . c = d : \cap . ac = bd.$

### § 2. Definizioni.

1.  $a, b \,\epsilon\, 1 . \cap \,\therefore\, a'b = : 1 . [x\,\epsilon]\,(b\,\epsilon\,ax).$

2.  $a, b \,\epsilon\, 1 . \cap \,\therefore\, ab' = : 1 . [x\,\epsilon]\,(a\,\epsilon\,xb).$

3.  $a \,\epsilon\, 1 . k \,\epsilon\, K\,1 : \cap \,\therefore\, ak = : 1 . [x\,\epsilon]\,(y\,\epsilon\,k . x\,\epsilon\,ay := =_y \Lambda).$

4.  $\qquad » \qquad : \cap \,\therefore\, a'k = : 1 . [x\,\epsilon]\,(y\,\epsilon\,k . x\,\epsilon\,a'y := =_y \Lambda).$

5.  $\qquad » \qquad : \cap \,\therefore\, ak' = : 1 . [x\,\epsilon]\,(y\,\epsilon\,k . x\,\epsilon\,ay' := =_y \Lambda).$

6.  $h, k \,\epsilon\, K\,1 : \cap \,\therefore\, hk = : 1 . [x\,\epsilon]\,(y\,\epsilon\,h . x\,\epsilon\,yk := =_y \Lambda).$

7.  $\qquad » \qquad : \cap \,\therefore\, h'k = : 1 . [x\,\epsilon]\,(y\,\epsilon\,h . x\,\epsilon\,y'k := =_y \Lambda).$

8.  $\qquad » \qquad : \cap \,\therefore\, hk' = : 1 . [x\,\epsilon]\,(y\,\epsilon\,h . x\,\epsilon\,yk' := =_y \Lambda).$

9.  $h \,\epsilon\, K\,1 . \cap . h'' = hh'.$

Anfang von Peanos Abhandlung zu den Grundlagen der Geometrie

---

[45] Bekanntlich hat Peano später seine eigene Kunstsprache „Latino sine flexione" erfunden und (man muss wohl sagen: ohne großen Erfolg) in seinen Schriften verwendet.

10.    $2 = [x \,\epsilon] \, (a, b \,\epsilon\, 1 \,.\, a \,\text{\textbullet}= b \,.\, x = (ab)'' : \text{\textbullet}= =_{a,b} \Lambda)\text{\textbullet}$

11.    $a, b, c \,\epsilon\, 1 \,.\, \text{O} :: a, b, c \,\epsilon\, \text{Cl} \,.\, = \,\therefore\, r \,\epsilon\, 2 \,.\, a, b, c \,\epsilon\, r : \text{\textbullet}= =_{r} \Lambda\text{\textbullet}$

12.    $3 = [x \,\epsilon] \, (a, b, c \,\epsilon\, 1 \,.\, a, b, c \,\text{\textbullet}\,\epsilon\, \text{Cl} \,.\, x = (abc)'' : \text{\textbullet}= =_{a, b, c} \Lambda)\text{\textbullet}$

13.    $a, b, c, d \,\epsilon\, 1 \,.\, \text{O} :: a, b, c, d \,\epsilon\, \text{Cp} \,.\, = \,\therefore\, p \,\epsilon\, 3 \,.\, a, b, c, d \,\epsilon\, p : \text{\textbullet}= =_{p} \Lambda\text{\textbullet}$

14.    $\text{Cnv} \,.\, = \,.\, [x \,\epsilon] \, (x \,\epsilon\, \text{K}\, 1 : a, b \,\epsilon\, x \,.\, \text{O}_{a,b} \,.\, ab \, \text{O} \, x)\text{.}$

### Abbreviazioni.

$$abc = a(bc) \,.\, a'bc = a'(bc) \,.\, a'b'c = a'(b'c) \,.\, abcd = a(bcd) \,.\, \text{ecc.}$$

## § 3. Teoremi.

### Sulle definizioni 1 e 2.

1.    $a, b \,\epsilon\, 1 \,.\, \text{O} \,\therefore\, c \,\epsilon\, a'b \,.\, = : c \,\epsilon\, 1 \,.\, b \,\epsilon\, ac\text{.}$        $\{\text{P1} = \text{§2 P1}\}$

2.    $a, b, c \,\epsilon\, 1 \,.\, \text{O} : c \,\epsilon\, a'b \,.\, = \,.\, b \,\epsilon\, ac\text{.}$        $\{\text{P1} \, \text{O} \, \text{P2}\}$

3.    $a, b, c \,\epsilon\, 1 \,.\, \text{O} : c \,\epsilon\, ab' \,.\, = \,.\, a \,\epsilon\, cb\text{.}$        $\{\text{§2 P2} \, \text{O} \, \text{P3}\}$

4.    $a, b, c \,\epsilon\, 1 \,.\, \text{O} : a \,\epsilon\, bc \,.\, = \,.\, b \,\epsilon\, ac' \,.\, = \,.\, c \,\epsilon\, b'a\text{.}$        $\{\text{P4} = : \text{P2} \,.\, \text{P3}\}$

### Sulle definizioni 3, 4, 5.

5.    $a \,\epsilon\, 1 \,.\, k \,\epsilon\, \text{K}\, 1 : \text{O} :: x \,\epsilon\, ak \,.\, = :: x \,\epsilon\, 1 \,\therefore\, y \,\epsilon\, k \,.\, x \,\epsilon\, ay : \text{\textbullet}= =_{y} \Lambda\text{.}$
$\{\text{P5} = \text{§2 P3}\}$

6.    $a \,\epsilon\, 1 \,.\, k \,\epsilon\, \text{K}\, 1 : \text{O} \,\therefore\, x \,\epsilon\, ak \,.\, = : x \,\epsilon\, 1 \,.\, k \cap a'x \,\text{\textbullet}= \Lambda\text{.}$   $\{\text{P6} = \text{P5}\}$

7.    »        $: \text{O} \,\therefore\, x \,\epsilon\, a'k \,.\, = : x \,\epsilon\, 1 \,.\, k \cap ax \,\text{\textbullet}= \Lambda\text{.}$
$\{\text{P7} = \text{§2 P4}\}$

8.    »        $: \text{O} \,\therefore\, x \,\epsilon\, ak' \,.\, = : x \,\epsilon\, 1 \,.\, k \cap x'a \,\text{\textbullet}= \Lambda\text{.}$
$\{\text{P8} = \text{§2 P5}\}$

9.    $a, b \,\epsilon\, 1 \,.\, k \,\epsilon\, \text{K}\, 1 : \text{O} : b \,\epsilon\, ak \,.\, = \,.\, a \,\epsilon\, bk'\text{.}$        $\{\text{P6} \,.\, \text{P8} : \text{O} \, \text{P9}\}$

10.    $a \,\epsilon\, 1 \,.\, h, k \,\epsilon\, \text{K}\, 1 \,.\, h \, \text{O} \, k : \text{O} \,.\, ah \, \text{O} \, ak\text{.}$

11.    »        »        $: \text{O} \,.\, a'h \, \text{O} \, a'k\text{.}$

12.    »        »        $: \text{O} \,.\, ak' \, \text{O} \, ak'\text{.}$

$\{\text{Hp} \,.\, \text{P8} : \text{O} \,\therefore\, x \,\epsilon\, ah' \,.\, = : x \,\epsilon\, 1 \,.\, h \cap x'a \,\text{\textbullet}= \Lambda : \text{O} : x \,\epsilon\, 1 \,.\, k \cap$
$x'a \,\text{\textbullet}= \Lambda : = \,.\, x \,\epsilon\, ak' : \text{O} \,.\, \text{Ts}\}$

Anfang von Peanos Abhandlung zu den Grundlagen der Geometrie

## Im Vorwort seiner Arbeit schreibt Peano:

Welche geometrischen Entitäten kann man definieren und welche muss man ohne Definition akzeptieren?
Welche der experimentell erwiesenen Eigenschaften dieser Entitäten muss man ohne Beweis akzeptieren und welche kann man dann ableiten?

Die Analyse dieser Fragen, die zugleich zur Logik und zur Geometrie gehört, bildet den Gegenstand dieser Schrift.
(Peano 1958, 56)[46]

Man bemerkt, dass Peano ähnlich wie Pasch von einem erfahrungsmäßigen Ursprung der Geometrie ausgeht. Im Unterschied zu diesem aber – und hier liegt eine wichtige Gemeinsamkeit mit Hilbert – interessiert ihn der steinige Weg, der von der Erfahrung zur Geometrie führt und auf den Pasch so viel Mühe aufgewendet hatte, nicht. Peano beginnt einfach mit einer Reihe von undefinierten Grundbegriffen und Relationen (z. B. der Gleichheit), die ihre inhaltliche Bedeutung vollständig verloren haben. Somit muss man festhalten, dass dieser Schritt hin zur Abstraktion schon vor Hilbert von anderen unternommen wurde.[47]

Die Axiome 1 bis 3 (siehe oben) besagen, dass die Gleichheit von Punkten eine Äquivalenzrelation ist, die Axiome über Strecken sagen aus, dass zwei Punkte immer eine Strecke festlegen, und dass Strecken, deren Endpunkte identisch sind, selbst identisch sind. Strecken sind für Peano „Klassen von Punkten", die nicht eigens definiert werden; man kann sie in etwa identifizieren mit zweielementigen Mengen von Punkten. Peano schreibt hierzu:

Somit hat man eine Kategorie von Entitäten, die Punkte genannt werden. Diese Entitäten sind undefiniert. Weiterhin betrachtet man zu drei gegebenen Punkten $a$, $b$, $c$ eine Relation zwischen diesen, welche durch $c \in ab$ wiedergegeben wird und die ebenfalls undefiniert bleibt.
(Peano 1958, 77)

Die soeben eingeführte Relation soll besagen, dass der Punkt $c$ in der Strecke $ab$ liegt. Es fällt auf, dass Peano hier nicht die Zwischenrelation ins Spiel bringt. Das mag daran liegen, dass auch er eine Axiomatik der projektiven Geometrie vorlegen wollte, in der die Zwischenrelation bekanntlich Probleme verursacht:

In dieser Schrift werde ich mich auf die fundamentalen Aussagen der Geometrie beschränken, in der der Begriff der Bewegung keine Rolle spielt, das heißt, ich werde mich auf die Grundlagen der Geometrie der Lage beschränken. Man wird sehen, dass man hier ausgehend von den undefinierten Begriffen Punkt und begrenzte Gerade die Begriffe der unbegrenzten Geraden, der Ebene und ihrer Teile sowie der Teile des Raumes definieren kann.
(Peano 1958, 57)

Anders als Pasch schließt Peano die Betrachtung der Kongruenz aus der projektiven Geometrie aus. Nachdem er u. a. den Begriff „Strahl" definiert hat ($a'b$ bzw. $ab'$: Anfangspunkt $a$ bzw. $b$ [Definitionen 3 bis 6]) und einige Theoreme bewiesen hat, führt Peano weitere Axiome ein, die jetzt neu gezählt werden, da es sich um geometrische Axiome handelt:

---

[46] Ich danke Sara Confalonieri (Wuppertal) für ihre Übersetzung der Arbeit Peanos.
[47] Vgl. Avallone, Brigaglia und Zappula 2002, 378.

Axiom I besagt, dass es Punkte gibt (die Klasse der Punkte 1 [Peanos Symbol hierfür] ist nicht leer); Axiom II, dass es, gibt es einen Punkt $a$, es noch einen weiteren Punkt $x$ gibt; Axiom III, dass die Klasse $aa$ nicht leer ist (das ist also die Einpunktstrecke); Axiom IV, dass für $a$ ungleich $b$ die Strecke $ab$ nicht leer ist; Axiom V, dass $ab = ba$ gilt, und Axiom VI, dass aus $x \in ab$ folgt, dass $a \neq b$ ist.

Der Begriff der Geraden ergibt sich aus der Verlängerbarkeit von Strecken, die in Axiom VII festgelegt wird.

An dieser Stelle gibt Peano einen interessanten historischen Kommentar:

> Die bislang formulierten Axiome drücken die grundlegenden Eigenschaften von Strecken aus; die noch folgenden Axiome sind sehr viel komplizierter.
> In seinem bewundernswerten Buch „Vorlesungen über Geometrie" (Leipzig, 1882) geht Herr Pasch, um die Eigenschaften der Geraden zu untersuchen, ebenfalls vom Begriff der Strecke aus, indem er deren grundlegenden Eigenschaften mit Hilfe von Grundsätzen (Axiomen) ausdrückt, und diejenigen, die sich hieraus ableiten lassen, in Lehrsätzen (Theoreme) formuliert. Hier sind die ersten Axiome von Pasch:
> „I. Zwischen zwei Punkten kann man stets eine gerade Strecke ziehen, und zwar nur eine."
> „II. Man kann stets einen Punkt angeben, der innerhalb einer gegebenen geraden Strecke liegt."[48]
> Man erkennt, dass die zweite Aussage äquivalent zu meinem Axiom IV ist.
> Was besagt die erste Aussage? Dabei ist erstens der Ausdruck „zwei Punkte" doppeldeutig, weil er in der Umgangssprache sowohl „zwei Punkte" als auch „zwei verschiedene Punkte" bedeuten kann.
> (Peano 1958, 84)

Im Folgenden diskutiert Peano die verschiedenen, von ihm genannten Lesarten genauer und stellt Beziehungen zu seinen Axiomen her. Man bemerkt, dass Peano, was die Mengenlehre anbelangt, präziser ist als Pasch. Sein Fazit lautet:

> Man lernt aus dieser Diskussion, wie schwierig es selbst für einen gewissenhaften Autor ist, in solch delikaten Fragen jede Gefahr von Doppeldeutigkeit zu vermeiden, wenn man die Umgangssprache verwendet.
> (Peano 1958, 85)

Die weiteren Axiome Peanos – es gibt deren insgesamt 16 – betreffen Geraden und Ebenen im Raum, z. B. „Kollineare Punkte sind auch komplanar" und „Ist eine Ebene gegeben, so gibt es Punkte, die nicht in dieser Ebene liegen". Den Inhalt von Axiom XVI erläutert Peano so: „Es seien eine Ebene gegeben und zwei Punkte auf unterschiedlichen Seiten dieser Ebene. Dann gilt: Entweder liegen alle Punkte des Raumes in der gegebenen Ebene, oder aber, die Strecke, die die beiden gegebenen Punkte verbindet, schneidet die Ebene." (Peano 1958, 85) Peano merkt weiter an, dass diese Aussage im Wesentlichen besagt, dass der Raum dreidimensional sei und dass man mit ihrer Hilfe die Aussage beweisen könne „Zwei Ebenen, die einen Punkt gemeinsam haben, haben eine Gerade gemeinsam".

---

[48] Im Original deutsch.

$$Assioma\ XV.$$

1.   $p \in 3 . \circlearrowright \therefore a \in 1 . a - \epsilon\, p : - = {}_a \Lambda.$

$$Assioma\ XVI.$$

2.   $p \in 3 . a \in 1 . a - \epsilon\, p . b \in a'p . x \in 1 : \circlearrowright : x \epsilon\, p . \cup . ax \cap p - = \Lambda$
    $. \cup . bx \cap p - = \Lambda.$

Axiome XV und XVI in Peanos Notation[49]

Zusammenfassend kann man festhalten, dass bei Peano hauptsächlich Inzidenzaxiome behandelt werden, dass allerdings Aspekte der Anordnung über den Streckenbegriff in seine Axiomatik hineinspielen, ohne dass dies explizit deutlich würde. Einerseits grenzt Peano sich gegen die Behandlung der Kongruenz ab und bewegt sich insofern in Richtung einer Axiomatik der projektiven Geometrie, andererseits werden aber Fragen der Anordnung nicht diskutiert, weshalb gewisse Besonderheiten der projektiven Geometrie – nämlich deren zyklische Ordnung[50] – nicht wirklich zum Ausdruck kommen. Schließlich ist darauf hinzuweisen, dass Peano – wie später Hilbert – mit undefinierten Grundbegriffen arbeitet und auch in verschiedenen Kommentaren deutlich macht, dass hierdurch unterschiedliche Modelle möglich werden.

Peanos Arbeiten zur Geometrie betonen vor allem den formal-logischen Aspekt der Probleme, weniger den inhaltlichen. Sie wirkten stilbildend in Italien, wo sich im Anschluss an Peano auch andere Mathematiker (z. B. Fano, Pieri, Padoa, De Paolis, . . . ) mit diesen Fragen beschäftigten. Wie die Zeitgenossen die Arbeiten der italienischen Mathematiker sahen, wird deutlich in einer Besprechung eines Artikels von Pieri aus dem „Jahrbuch über die Fortschritte der Mathematik":

> Auch diese Arbeit gehört zu der Reihe von Untersuchungen, in denen der Verf. die Methode
> der mathematischen Logik auf die Analysis der innersten Struktur der Geometrie anwendet,
> . . .[51]

Es geht also bei den Italienern weniger um inhaltliche Geometrie denn um Metageometrie, aber – so muss man hinzufügen – in einer ganz anderen Art als bei Hilbert.

Ein weiterer italienischer Mathematiker, der sich vor Hilberts „Grundlagen" mit der Axiomatik der Geometrie auseinander gesetzt hat, war Guiseppe Veronese (1854–1917). Veronese ist hauptsächlich wegen seines Interesse am sogenannten Archimedischen Axiom (vgl. Abschn. 1.3) und seinen Arbeiten zur höherdimensionalen (projektiven) Geometrie[52] bekannt geblieben, aber seine „Grundzüge der Geometrie von mehreren Di-

---

[49] $P$ bedeutet Ebene, $1$ ist die Klasse der Punkte, $-$ ist die Negation, $\Lambda$ ist die leere Klasse.

[50] In der projektiven Geometrie sind Geraden geschlossen, weshalb von drei Punkten jeder zwischen den beiden anderen liegt. Eine Anordnung beruht in ihr z. B. auf vier Punkten, wobei dann zwei dieser Punkte die beiden anderen trennen.

[51] Besprechung von Pieri „Della geometria . . . " (1899) im Jahrbuch über die Fortschritte der Mathematik 30 (1899), 426–428.

[52] Ihnen entstammen die Veronese-Fläche und die Veronese-Abbildung.

mensionen und mehreren Arten geradliniger Einheiten, in elementarer Form entwickelt"
(Fondamenti di geometria a più dimensione e a più specie di unità rettilinii in forma
elementare [1892, deutsch 1894]) enthalten u. a. auch Bemerkungen zur Axiomatik. Veronese verteidigte vehement die synthetische Methode und deren seiner Ansicht nach in
ihrer größeren Allgemeinheit gründende Überlegenheit über die analytische Methode.[53]
Die einseitig analytische Sichtweise machte er sogar für die verbreitete Ablehnung der
nichteuklidischen und der höherdimensionalen Geometrie verantwortlich.[54] Beides sind
Positionen, die in den 1890er Jahren eher Außenseitercharakter hatten.

Hilbert erwähnt Veroneses Werk in seiner „Festschrift" zweimal: Zum einen in der
Einleitung als Quelle zur Geschichte der Geometrie, zum andern im Zusammenhang mit
seiner Konstruktion nicht-Archimedischer Geometrien:

> G. Veronese hat in seinem tiefgründigen Werk, Grundzüge der Geometrie, deutsch von
> A. Schepp, Leipzig 1894, ebenfalls den Versuch gemacht, eine Geometrie aufzubauen, die
> von dem Archimedischen Axiom unabhängig ist.
> (Hilbert 1899, 24)

Nach 223 (!) Seiten, die mit allgemeinen Vorbemerkungen gefüllt sind, kommt Veronese auf „die Gerade, die Ebene und den Raum von drei Dimensionen im allgemeinen
Raum" zu sprechen. Nachdem durch empirische Betrachtungen der Begriff „Punkt" motiviert wurde, findet sich als erstes Axiom bei Veronese die Aussage, dass es verschiedene
Punkte gibt und dass alle Punkte identisch (gemeint: kongruent) sind. (Veronese 1894,
226)

Es folgt dann

> Ax. IIa. Es gibt ein in der Position seiner Teile identisches Punktesystem einer Dimension,
> welches durch zwei seiner Punkte, die verschieden sind, bestimmt wird und stetig ist.
> (Veronese 1894, 230)

Dieses System wird Gerade genannt. Im Anschluss an dieses Axiom werden zahlreiche
Sätze über Punkte und Gerade bewiesen.

> Ax. IIb. Es gibt Punkte außerhalb der Geraden. Jeder Punkt, welcher nicht der Geraden an-
> gehört, bestimmt mit jedem Punkt derselben eine andre Gerade.
> (Veronese 1894, 232)

Das letzte Axiom legt den Grundstein für die Einführung der Ebene: Man nehme alle Geraden durch den fraglichen Punkt und die gegebene Gerade (analog lässt sich der
dreidimensionale und jeder höherdimensionale Raum gewinnen); das Axiom der Ebene

---

[53] Vgl. Veronese 1894, XXI.
[54] Vgl. Veronese 1894, XXII.

ergibt sich dann – so Veronese – als Folgerung aus der angegebenen Konstruktion.[55] Der solcherart gewonnen Raum ist ein Begriff, keine Anschauung.

Ein weiteres Axiom wird von Veronese später eingeführt:

Ax. III. Wenn zwei beliebige Geraden einen Punkt $A$ gemeinschaftlich haben, so sind einem beliebigen Segment $(AB)$ der ersten ein Segment $(AB')$ der zweiten und den Vielfachen von $(AB)$ die Vielfachen von $(AB')$ identisch.
(Veronese 1894, 238)

Hieraus folgt Veronese: „Zwei beliebige Geraden sind identisch." (Veronese 1894, 238) – kein Wunder, das ein Logiker wie G. Peano Veronese heftig kritisieren sollte! Allerdings ist klar, dass Veronese hier nicht – wie schon oben – „identisch" meint sondern „kongruent". Axiom IV erwähnt dann gar unbegrenzt kleine Stücke:

Ax. IV. Wenn eine Seite eines beliebigen Dreiecks unbegrenzt klein wird, so wird die Differenz der beiden andern Seiten ebenfalls unbegrenzt klein.
(Veronese 1894, 239)

Es gibt noch ein weiteres Axiom bei Veronese, das sich auf Winkel bezieht und den Kongruenzsatz SWS ins Spiel bringt:

Ax. V. Wenn man in zwei beliebigen Strahlenpaaren $AB$, $AC$; $AB'$, $AC'$ zwei Punktepaare $B$ und $C$, $B'$ und $C'$ derart auswählt, dass $(AB) \equiv (A'B')$; $(AC) \equiv (A'C')$ und wenn dann das Segment $(BC)$ mit $(B'C')$ identisch ist, so sind die beiden Strahlenpaare identisch.
(Veronese 1894, 260)

Hinzu kommt noch das Axiom der parallelen Geraden.

Das Wesen der Axiome fasst Veronese ganz traditionell: Sie bringen Grundtatsachen der Anschauung zum Ausdruck, „weil die Grundbedingung der Geometrie die Raumanschauung ist." (Veronese 1894, XVII). Allerdings ist Veronese bereit, diesen Boden zugunsten von Abstraktionen zu verlassen; er polemisiert immer wieder gegen die Philosophen, die die Geometrie auf das Anschauliche einschränken wollen. Insbesondere war Veronese ein entschiedener Befürworter der Geometrie in höheren Dimensionen als drei, was seinerzeit keineswegs selbstverständlich war.

Zu den genannten Axiomen treten bei Veronese noch Hypothesen hinzu. Diese unterscheiden sich von den Axiomen dadurch, dass sie nicht erfahrungsmäßig überprüft werden können. Hierfür zwei Beispiele:

Hyp. 1. Die Gerade ist ein in der Position seiner Teile identisches absolutes und durch zwei verschiedene seiner Punkte bestimmtes Punktesystem einer Dimension.

---

[55] Vgl. Veronese 1894, XVIII. Genau genommen muss man noch die Parallele durch den fraglichen Punkt hinzunehmen, welche man als Verbindung zum Fernpunkt der gegebenen Geraden interpretieren kann.

Hyp. 2. Zwei Geraden fallen im absoluten Sinn zusammen, wenn sie das Gebiet bezüglich einer beliebigen Einheit von einem jeden Punkt als Anfang aus gemeinschaftlich haben. (Veronese 1894, 265)

Insgesamt bleibt Veroneses Versuch ein bemerkenswerter Balanceakt zwischen konsequenter Neuerung (nicht-archimedische Geometrien, $n$-dimensionale Geometrien) einerseits und recht traditionellen Sichtweisen (Wesen der Axiome) andererseits. Sein Einfluss scheint gering gewesen zu sein, was vermutlich nicht zuletzt seinem schwer verdaulichen – um nicht zu sagen: chaotischen – Stil geschuldet sein dürfte.

## 1.2   Axiomatik allgemein

Ich möchte hier einige Bemerkungen anschließen, welche sich auf die Frage der Axiomatik allgemein im letzten Drittel des 19. Jhs. beziehen. Dabei geht es insbesondere um einen erweiterten Gebrauch dieses Begriffes, der ursprünglich eng mit der Geometrie verbunden war, und um eine abstraktere Auffassung von Axiomen: Waren diese traditionell evidente Aussagen, die man nicht beweisen kann, die aber auch keines Beweises bedürfen, so werden sie nun bequeme Forderungen. Fraglos ist dies ein sehr umfangreiches Thema, das hier nur in einigen wenigen Bemerkungen angerissen werden kann.

Unstrittig ist, dass etwa ab 1850 eine Bewegung in der reinen Mathematik einsetzte, die man grob mit Begriffen wie strukturelle oder abstrakte Betrachtungsweise charakterisieren könnte.[56] Natürlich gab es hierfür frühe Vorläufer, in Deutschland wäre vor allem Hermann Grassmann (1809–1877) zu nennen, in England die algebraische Schule (Augustus de Morgan [1806–1871], Georges Peacock [1791–1858] u. a.), in Irland William Rowan Hamilton (1805–1865). Versucht man diese Bewegung kurz zu charakterisieren, so könnte man festhalten, dass sich das Interesse von konkreten Gegenständen (etwa Zahlen) hin zu deren Eigenschaften, insbesondere zu Relationen zwischen den Gegenständen, verschob. Ein berühmtes Diktum von D. Hilbert mag diese Richtung andeuten:

Es ist die Theorie dieses *Kummer*schen Körpers offenbar auf der Höhe des heutigen arithmetischen Wissens die äußerste erreichte Spitze, und man übersieht von ihr aus in weitem Rundblick das ganze durchforschte Gebiet, da fast jeder wesentliche Gedanke und Begriff ... seine Anwendung findet. Ich habe versucht, den großen rechnerischen Apparat von *Kummer* zu vermeiden, damit auch hier der Grundsatz von *Riemann* verwirklicht würde, demzufolge man die Beweise nicht durch Rechnung, sondern lediglich durch Gedanken erzwingen soll.
(Hilbert 1897, VI)[57]

---

[56] Eine andere wichtige Entwicklung des 19. Jhs. war die sogenannte Strengebewegung. Diese setzte schon in der ersten Hälfte des Jhs. ein und betraf vor allem die Analysis.

[57] Eine ähnliche Formulierung, wie die, die Hilbert hier gebraucht und Riemann zuschreibt, findet sich bei Peter Gustav Lejeune Dirichlet (1805–1859) in seinem Nachruf auf C. G. J. Jacobi: „Wenn es die immer mehr hervortretende Tendenz der neueren Analysis ist, Gedanken an die Stelle

Ein wichtiger Aspekt dieser Richtung – zu deren Charakterisierung gerne das Prädikat „modern" herangezogen wird – lässt sich knapp und prägnant kennzeichnen durch C. G. J. Jacobis Diktum, dass „das einzige Ziel der Wissenschaft die Ehre des menschlichen Geistes" sei.[58]

Aus der Vielzahl möglicher Quellen möchte ich einige wenige herausgreifen, um deutlicher zu machen, um was es hier ging und inwieweit dies für Hilberts „Festschrift" von Wichtigkeit gewesen ist. Ein bemerkenswert frühes Dokument ist das Buch „Theorie der komplexen Zahlsysteme" von Hermann Hankel (1839–1873), in dem sich dieser als konsequenter Neuerer präsentierte:[59]

> Die rein formalen Wissenschaften, Logik und Mathematik, haben solche Relationen zu behandeln, welche unabhängig von dem bestimmten Inhalte, der Substanz der Objekte sind oder es wenigstens sein können. Der Mathematik fallen insbesondere diejenigen Beziehungen der Objekte zueinander zu, die den Begriff der Größe, des Maßes, der Zahl involvieren. Überall, wo diese Begriffe anwendbar sind, kann und wird Mathematik ohne ihren Charakter zu verändern, eintreten, da sie unabhängig von den verglichenen Objekten und Substanzen selbst, rein jene Relationen der Größe, des Maßes und der Zahl miteinander verknüpft.
> (Hankel 1867, 1)

Eine solch abstrakte Sichtweise motiviert eine entsprechende Auffassung von mathematischer Existenz: nicht mehr die konkret anschauliche Interpretation sondern die abstrakte Widerspruchslosigkeit ist nun das Kriterium.

> Will man die häufig gestellte Frage beantworten, ob eine gewisse Zahl möglich oder unmöglich sei, so muss man sich zunächst über den eigentlichen Sinn dieser Frage klar werden. Ein Ding, eine Substanz, die selbständig außerhalb des denkenden Subjektes und der sie veranlassenden Objekte existierte, ein selbstständiges Prinzip, wie etwa bei den Pythagoreern, ist die Zahl heute nicht mehr. Die Frage von der Existenz kann daher nur auf das denkende Subjekt oder die gedachten Objekte, deren Beziehungen die Zahlen darstellen, bezogen werden. Als unmöglich gilt dem Mathematiker streng genommen nur das, was logisch unmöglich ist, d. h. sich selbst widerspricht.
> (Hankel 1867, 6)

Im Sinne des Themas seines Buches bezieht sich Hankel hier auf die Arithmetik; ob er die Geometrie ähnlich gesehen hätte, muss offen bleiben in Ermangelung von Quellen.

---

von Rechnung zu setzen, so gibt es doch gewisse Gebiete, in denen die Rechnung ihr Recht behält." (Dirichlet, P. G. Lejeune 1853, 19). Ob es korrekt ist, dass Hilbert sich hier in die Nachfolge Riemanns stellt, ist fraglich, denn Riemanns Modernität war nicht die des Axiomatikers und seine Begriffe waren auch nicht freie Schöpfungen des Denkens sondern im weitesten Sinne Abbilder der Natur. Ich danke E. Scholz (Wuppertal) für seine Hinweise zu Riemann.

[58] Pieper 1998, 161. Jacobi wies mit dieser Formulierung die Kritik von Jean Baptist Fourier (1768–1830) zurück, Niels Henrik Abel und C. G. J. Jacobi hätten sich besser mit der Wärmeleitung beschäftigt anstatt mit elliptischen Funktionen. Vgl. auch Knobloch, Pieper und Pulte 1995 sowie Siegmund-Schulze 2013.

[59] Auf dem Hintergrund des obigen Zitats von Hilbert ist bemerkenswert, dass Hankel ein direkter Schüler Riemanns (und von August Ferdinand Möbius) gewesen ist.

Allerdings ist klar, dass die im 19. Jh. weit verbreitete empirische Auffassung vom Wesen der Geometrie diese recht deutlich von der Arithmetik absetzte. Dies sollte sich erst mit Hilberts „Festschrift" ändern.[60] Die abstrakte Betrachtungsweise kommt bei Hankel u. a. dadurch zum Ausdruck, dass er Begriffe wie „thetische" und „lytische" Verknüpfungen einführt und die Eigenschaften derselben (kommutatives, assoziatives, distributives Prinzip) untersucht. Diese ergeben sich (oder auch nicht) – ähnlich wie etwa bei Peano – aus der Definition des jeweiligen Zahlbereichs. Die Umkehrung dieser Sichtweise, dass nämlich abstrakte Strukturen (z. B. Gruppen) vorweg behandelt werden und dann untersucht wird, ob ein konkreter Bereich die entsprechenden Eigenschaften („Axiome") erfüllt, findet sich bei Hankel allerdings noch nicht.

H. Helmholtz verwendete anders als Hankel in seiner Schrift „Zählen und Messen, erkenntnistheoretisch betrachtet" von 1887 ausgiebig den Begriff „Axiom" im Zusammenhang mit Fragen der Arithmetik. Dort heißt es:

> Die Arithmetiker haben bisher an die Spitze ihrer Entwicklungen folgende Sätze als Axiome gestellt:
> Axiom I. Wenn zwei Größen einer dritten gleich sind, sind sie auch unter sich gleich.
> Axiom II. Assoziativitätsgesetz der Addition nach H. Grassmanns Benennung:
>
> $$(a + b) + c = a + (b + c) \,.$$
>
> Axiom III. Kommutationsgesetz der Addition:
>
> $$a + b = b + a \,.$$
>
> Axiom IV. Gleiches zu Gleichem addiert gibt Gleiches.
> Axiom V. Gleiches zu Ungleichem addiert gibt Ungleiches.
> (Helmholtz 1887, 17–18)

Die Axiome II und III können auch, so erläutert Helmholtz, durch das „Grassmannsche Axiom" $(a+b)+1 = a+(b+1)$ ersetzt werden, „von dem aus sie [H. und R. Grassmann] durch den sogenannten $(n + 1)$ Beweis die beiden obigen allgemeinen Sätze herleiten." (Helmholtz 1887, 18)[61]

Richard Dedekinds (1831–1916) Schrift „Was sind und was sollen die Zahlen?" (1887) gilt als ein Meilenstein der modernen Axiomatik, weil hier erstmals eine axiomatische Charakterisierung der natürlichen Zahlen vorgelegt wurde, die den modernen Vorstellungen recht nahe kommt. Nach einleitenden Ausführungen zur Mengenlehre – Dedekind spricht nicht von „Mengen" sondern von „Systemen" – folgt „§ 6 Einfach unendliche Systeme. Reihe der natürlichen Zahlen":

---

[60] Interessant ist auch, dass Hankel im Zusammenhang mit Grassmann von der „Begründung" und der „struktiven Gliederung des Gebäudes der Mathematik" spricht (Hankel 1867, 16), er also einen für die moderne Mathematik zentralen Begriff (Struktur) schon verwendet. Hilbert sprach gerne vom „Fachwerk der Begriffe" (z. B. Hallett und Majer 2004, 72 und Hilbert 1918, 405 sowie Schlimm 2015).

[61] O. Stolz hat darauf aufmerksam gemacht, dass sich diese Überlegung auch schon bei B. Bolzano findet, vgl. Stolz 1881, 256 n. **.

71. Erklärung. Ein System $N$ heißt einfach unendlich, wenn es eine solche ähnliche Abbildung $\varphi$ von $N$ in sich selbst gibt, dass $N$ als Kette [...] eines Elementes erscheint, welche nicht in $\varphi(N)$ enthalten ist. Wir nennen dies Element, das wir im Folgenden durch das Symbol 1 bezeichnen wollen, das Grundelement von $N$ und sagen zugleich, das einfach unendliche System $N$ sei durch diese Abbildung $\varphi$ geordnet. Behalten wir die früheren bequemen Bezeichnungen für die Bilder und Ketten bei [...], so besteht mithin das Wesen eines einfach unendlichen Systems $N$ in der Existenz einer Abbildung $\varphi$ von $N$ und eines Elementes 1, die den folgenden Bedingungen $\alpha, \beta, \gamma, \delta$ genügen:

$$\alpha.\ N' \subset N\,.$$
$$\beta.\ N = 1_0\,.$$
$$\gamma.\ \text{Das Element 1 ist nicht in } N' \text{ enthalten.}$$
$$\delta.\ \text{Die Abbildung } \varphi \text{ ist ähnlich.}``$$

(Dedekind 1965, 16)[62]

Die Eigenschaften ergeben sich bei Dedekind also nicht mehr durch Analyse des konkreten Bereichs (Hilbert nannte das später [1899] den „genetischen Aufbau"[63]) der natürlichen Zahlen sondern werden abstrakt vorgegeben („axiomatische Methode" nach Hilbert). Im folgenden Zitat Dedekinds wird die veränderte Grundhaltung sehr deutlich ausgesprochen:

Meine Hauptantwort auf die im Titel dieser Schrift gestellte Frage ist: Die Zahlen sind freie Schöpfungen des menschlichen Geistes, sie dienen als Mittel, um die Verschiedenheit der Dinge leichter und schärfer aufzufassen.
(Dedekind 1965, III)[64]

Diese Zeilen Dedekinds lesen sich fast als ein Kommentar zu einer Bemerkung von Gauß über die Natur des Raumes und der Geometrie in einem Brief an F. W. Bessel vom 9. April 1830:

Nach meiner innigsten Überzeugung hat die Raumlehre zu unserm Wissen a priori eine ganz andere Stellung wie die reine Größenlehre; es geht unserer Kenntnis von jener durchaus diejenige vollständige Überzeugung von ihrer Notwendigkeit (also auch von ihrer absoluten Wahrheit) ab, die der letzteren eigen ist; wir müssen in Demut zugeben, dass wenn die Zahl bloß unseres Geistes Produkt ist, der Raum auch außer unserm Geiste eine Realität hat, der wir a priori ihre Gesetze nicht vollständig vorschreiben können.
(Stäckel und Engel 1895, 227)

Die schroffe Gegenüberstellung von Geometrie und Arithmetik, die Gauß hier vornimmt, wird – wie wir sehen werden – in der Folge von Hilberts „Festschrift" verschwin-

---

[62] Ähnlich heißt bei Dedekind so viel wie injektiv, also auf dem Bild umkehrbar (vgl. Dedekind 1965, 7).

[63] Das hatte allerdings noch nichts mit dem Strichkalkül Hilberts aus den 1920er Jahren zu tun.

[64] Die freie Schöpfung des menschlichen Geistes klang bereits in der oben zitierten gegen Jean Baptist Fouriers Utilitarismus gerichteten Bemerkung von C. G. J. Jacobi (1804–1851) an, „das einzige Ziel der Wissenschaft [sei] die Ehre des menschlichen Geistes" (Pieper 1998, 161).

den: Die axiomatische Geometrie wird zu einem Bestandteil der reinen Mathematik und die reine Mathematik axiomatisch.

Ein Jahr nach R. Dedekind hat G. Peano seine „Arithmetica principia nova methodo exposita" veröffentlicht, in der er von Axiomen („Axiomata" [Peano 1889, 1]) für die natürlichen Zahlen sprach.[65] Dies war vermutlich eine Neuerung, die natürlich im Laufe der Zeit Allgemeingut werden sollte.

Allerdings war dieser Sprachgebrauch auch 1893 noch nicht selbstverständlich. So findet man in der Arbeit „Die allgemeinen Grundlagen der Galois'schen Gleichungstheorie" von Heinrich Weber zwar eine abstrakte Charakterisierung des Gruppenbegriffs, die erste umfassende, aber von Axiomen ist keine Rede.

> Ein System S von Dingen (Elementen) irgendwelcher Art in endlicher oder unendlicher Anzahl wird zur Gruppe, wenn folgende Voraussetzungen erfüllt sind: . . .
> (Weber 1893, 522)

Die Axiomatisierung der Arithmetik unter Einschluss der reellen Zahlen wurde schließlich von D. Hilbert in seinem Vortrag „Über den Zahlbegriff" (gehalten im September 1899 bei der DMV-Tagung im Rahmen der Versammlung Deutscher Naturforscher und Ärzte in München, gedruckt 1900) – sozusagen das inkongruente Gegenstück zu seiner „Festschrift" – zu einem gewissen Abschluss gebracht. In dessen einleitenden Zeilen klingt der Unterschied, den man zwischen Arithmetik und Geometrie traditionell machte, noch an:

> Wenn wir in der Literatur die zahlreichen Arbeiten über die Prinzipien der *Arithmetik* und über die Axiome der *Geometrie* überschauen und mit einander vergleichen, so nehmen wir neben zahlreichen Analogien und Verwandtschaften dieser beiden Gegenstände doch hinsichtlich der Methode der Untersuchung eine Verschiedenheit wahr.
> (Hilbert 1900c, 180)

Im Anschluss erläutert Hilbert die beiden zur Verfügung stehenden Methoden, nämlich die genetische (konstruktive, von unten her aufbauende) und die axiomatische (beschreibende, von oben her definierende). Sein Votum lautet:

> Trotz des hohen pädagogischen und heuristischen Wertes der genetischen Methode verdient doch zur endgültigen Darstellung und völligen logischen Sicherung des Inhaltes unserer Erkenntnis die axiomatische Methode den Vorzug.
> (Hilbert 1900c, 181)

Man beachte, dass hier der Vorzug der axiomatischen Methode sich auf ein bestimmtes Ziel bezieht, nämlich auf die logische Sicherung (durch Nachweis der „Widerspruchslosigkeit" und „Vollständigkeit") und die endgültige Darstellung, dieser also keineswegs

---

[65] Bei Peano gab es noch eine Liste mit 9 Axiomen, die heutige Form der „Peano-Axiome" wurde erst später gefunden.

schlechthin ein Vorzug gebührt. Ganz analog zur „Festschrift" hebt der Vortrag über den Zahlbegriff an mit:

> Wir denken ein System von Dingen; wir nennen diese Dinge Zahlen und bezeichnen sie mit $a, b, c, \ldots$ Wir denken diese Zahlen in gewissen gegenseitigen Beziehungen, deren genaue und vollständige Beschreibung durch die folgenden Axiome geschieht: ...
> (Hilbert 1900c, 181)

Es folgen dann Axiomengruppen der Verknüpfung und der Rechnung (Addition und Multiplikation, also Körperstruktur), der Anordnung und der Stetigkeit (archimedisches Axiom, Vollständigkeit)[66]. Mit Hilberts Vortrag verschwinden eigentlich alle Unterschiede zwischen Geometrie und Arithmetik, dargestellt als axiomatisierte Theorien stehen sie nun wieder auf einer Stufe.

Ein Begriff, um dessen präzise Fassung man sich im letzten Drittel des 19. Jh. bemühte und der auch in Hilberts oben zitierten Vortrag in gewisser Weise anklingt, war der sogenannte Größenbegriff. Traditionell war dieser einer der umfassendsten Grundbegriffe der Mathematik überhaupt – so schon bei Euklid, der Zahlen, Zahlenverhältnisse, Größen und Größenverhältnisse unterschied. Erst im 20. Jh. wurde er endgültig abgelöst von Mengenbegriff und Mengenlehre, wobei anzumerken ist, dass Hilbert weder in seinen „Grundlagen" noch in seinem „Zahlbegriff" von diesen Gebrauch machte.[67]

Mit den Bemühungen um den Größenbegriff eng verbunden ist der Name des österreichischen Mathematikers Otto Stolz (1842–1905). Die Bedeutung, welche Stolz dem Größenbegriff beimaß, spiegelt deutlich folgende Aussage wider:

> Die Grundlage der reinen Mathematik bildet das Rechnen, d. i. die Verknüpfung von Größen.
> (Stolz 1885, 1)

Ein zentraler Punkt bei diesen Bemühungen war die Frage nach der Stellung des Archimedischen Axioms, also die Frage, ob dieses ein eigenständiges Axiom sei oder aus anderen Axiomen folge. Stolz hatte in seinem Aufsatz „Zur Geometrie der Alten, insbesondere über ein Axiom des Archimedes" (Stolz 1883) auf dieses Axiom aufmerksam gemacht, was – wie bereits oben erwähnt – dann u. a. von G. Veronese aufgegriffen wurde.[68] Besonderes Interesse in diesem Kontext fand die Frage, wie die Lehre vom

---

[66] In der „Festschrift" von 1899 hatte Hilbert nur das Archimedische Axiom als Stetigkeitsaxiom aufgeführt, was sich als lückenhaft erwies und in der französischen Ausgabe von 1900 in einem Postskriptum korrigiert wurde. Diesen Einsichten trägt Hilbert hier – wenige Monate nach Erscheinen der „Festschrift" – bereits Rechnung. Vgl. auch Kap. 5 unten.

[67] Das könnte daran gelegen haben, dass die Theorie der Größen zu diesem Zeitpunkt bereits in der Theorie der reellen Zahlen aufgegangen war. Somit hätte die Verwendung von Größen die Verwendung von reellen Zahlen bedeutet, was einer fundamentalen methodischen Entscheidung von Hilbert widersprach. Ich danke E. Scholz (Wuppertal) für diesen Hinweis.

[68] In einem nicht-geometrischen Kontext, nämlich in dem der Analysis, sprach Paul du Bois-Reymond das Problem der Archimedizität – wenn auch nur implizit – an. Wie wir oben gesehen haben, gibt es auch bei M. Pasch in seinen „Vorlesungen" ein Axiom dieser Art (übrigens spielt dieses auch in Paschs Buch über die Differential- und Integralrechnung von 1882 eine Rolle).

Flächeninhalt für Polygone zu begründen sei, der wiederum in Hilberts „Festschrift" ein eigenes Kapitel (das vierte) gewidmet wurde. Es ist hier nicht der Ort, diese Geschichte detailliert zu untersuchen; wir begnügen uns damit, die Lösung zu zitieren, die Otto Hölder (1859–1937), ein weiterer Aktivist in diesem Gebiet, 1901 vorstellte:

> Die Axiome der Quantität, d. h. die in der Lehre von den messbaren Größen vorauszusetzenden Tatsachen sind die folgenden:
>
> I.　Wenn zwei Größen $a$ und $b$ gegeben sind, so ist entweder $a$ mit $b$ identisch ($a = b$) oder es ist $a$ größer als $b$ und $b$ ist kleiner als $a$ ($a > b, b < a$) oder umgekehrt $b$ größer als $a$, und $a$ kleiner als $b$; diese drei Fälle schließen sich aus.
> II.　Zu jeder Größe gibt es eine kleinere.
> III.　Zwei Größen $a$ und $b$, die auch identisch sein können, ergeben in einer bestimmten Reihenfolge eine eindeutig bestimmte Summe $a + b$.
> IV.　$a + b$ ist größer als $a$ und größer als $b$.
> V.　Ist $a < b$, so gibt es ein $x$ so, dass $a + x = b$, und ein $y$ so, dass $y + a = b$.
> VI.　Es ist stets $(a + b) + c = a + (b + c)$.
> VII.　Wenn alle Größen in zwei Klassen so eingeteilt sind, dass jede Größe einer und nur einer Klasse zugewiesen ist, dass jede Klasse Größen enthält, und jede Größe der ersten Klasse kleiner ist als jede Größe der zweiten, so existiert eine Größe $\xi$ derart, dass jedes $\xi' < \xi$ zur ersten, und jedes $\xi'' > \xi$ zur zweiten Klasse gehört. $\xi$ selbst kann, je nach dem gegebenen Fall, zur ersten oder zur andern Klasse gehören.
> (Hölder 1901, 7)

Hölder bemerkt anschließend, dass die Axiome I bis III auch bei Veronese auftreten (vgl. oben) und dass das Axiom VII, das er „Dedekindsches Stetigkeitsaxiom" nennt, die Archimedizität impliziere. Er erwähnt ferner, dass Hilbert in seinem Vortrag über den Zahlbegriff zwei Stetigkeitsaxiome verwandt habe.[69]

Insgesamt kann man festhalten, dass sich um die Wende des 19. zum 20. Jh. eine starke Tendenz zur abstrakt aufgefassten Axiomatik auch im Bereich der Arithmetik und der Algebra abzeichnete; wichtig sind jetzt vor allem die Relationen zwischen den Objekten, nicht die Objekte selbst. Zudem kann ein Axiomensystem mehrere Modelle zulassen, seine in der Anschauung gegründete Unizität ist verloren gegangen.

## 1.3　Spezielle Axiome

In diesem Abschnitt werden drei Axiome oder Axiomengruppen aus historischer Sicht diskutiert, welche von Hilbert in seinen Grundlagen angesprochen werden. Das erste hierunter ist das Parallelenaxiom, auf dessen zentrale Rolle in der Geschichte der Geometrie und ihrer Axiomatik bereits oben eingegangen wurde.

---

[69] Vgl. Hölder 1901, 7 n 1.

Das Parallelaxiom wird von Hilbert in seiner „Festschrift" in einer eigenen Axiomengruppe, der dritten, als einziges Axiom eingeordnet. Er gibt ihm die so genannte Playfair – Form[70]:

> In einer Ebene lässt sich durch einen Punkt A außerhalb der Geraden a stets eine und nur eine Gerade ziehen, welche jene Gerade nicht schneidet; dieselbe heißt die Parallele zu a durch den Punkt A.
> (Hilbert 1899, 10)

Anschließend erläutert er, dass diese Formulierung zwei Teilaussagen enthält, die wir heute als Existenz und Eindeutigkeit der Parallelen bezeichnen würden. Erstere folgt bereits aus den Axiomen der absoluten Geometrie – bei Hilbert vertreten durch die Axiomengruppen I, II und IV[71] – letztere ist der eigentliche Kern des Axioms. Während sich in seiner Vorlesung „Elemente der Euklidischen Geometrie" von 1899 noch ausführliche historische Hinweise finden, bringt die „Festschrift" nur noch die mathematischen Fakten. Diese lauten: „Das Parallelenaxiom ist ein ebenes Axiom." (klar) und „Die im Parallelenaxiom formulierte Eindeutigkeit ist unabhängig von den übrigen Axiomen der Geometrie".

Letzteres wird nur kurz begründet durch Hinweis auf die Geometrie im Innern einer Kugel, wobei die gebrochen linearen Transformationen des Raumes, welche die Kugel auf sich abbilden, den Kongruenzbegriff liefern. In seiner bereits genannten Vorlesung ist Hilbert hierauf wesentlich ausführlicher eingegangen: Dort schildert er das Poincarésche Halbebenenmodell und das Poincarésche Kreismodell[72], wobei er die Kongruenz über die gebrochen linearen Transformationen, die die Halbebene bzw. den Kreis in sich überführen, also als Möbius-Transformationen der komplexen Ebene, einführt und damit Hilfsmittel aus der Funktionentheorie heranzieht.[73] In der „Festschrift" wird von Hilbert stillschweigend vorausgesetzt, dass sich ein analoges Modell für den Raum angeben lässt.[74] Sein Fazit lautet kurz und knapp:

> Bei geeigneten Festsetzungen erkennt man, dass in dieser „Nicht-Euklidischen" Geometrie sämtliche Axiome außer dem Euklidischen Axiom III gültig sind und da die Möglichkeit

---

[70] Benannt nach John Playfair (1748–1819), der in seiner Euklid-Ausgabe diese Form für das Parallelenpostulat wählte.

[71] Folglich sind sphärische und elliptische Geometrie nicht mit der absoluten Geometrie vereinbar, ein Umstand, der eine gewisse Asymmetrie zum Ausdruck bringt und für einige Irritationen gesorgt hat. Dies wird z. B. bei Giovanni Geronimo Saccheri (1667–1733) deutlich, wenn er in seinem „Der von allen Makeln bereinigten Euklid" (Euclides ab omni naevo vindicatus, 1733) seine beiden Alternativen zur Euklidischen Geometrie, genannt Hypothese des spitzen und Hypothese des stumpfen Winkels, gewissermaßen parallel zum Widerspruch führen will.

[72] Vgl. hierzu Volkert 2013, Kap. 6.

[73] Vgl. hierzu Hallett und Majer 2004, 348–359.

[74] Hierzu muss man, wie Poincaré schon ausgeführt hat, die Möbius-Transformationen durch gebrochen lineare Funktionen mit Determinante 1, bei denen die Koeffizienten komplex sein können, (also $PSL(2,\mathbf{R})$ durch $PSL(2,\mathbf{C})$) ersetzen.

der gewöhnlichen Geometrie in § 9 nachgewiesen worden ist, so folgt nunmehr auch die Möglichkeit der Nicht-Euklidischen Geometrie.
(Hilbert 1899, 22)

Insgesamt eine etwas stiefmütterliche Diskussion eines aus historischer Sicht ganz zentralen Problems. Aber Hilbert hatte sich nun Mal entschieden, die Geschichte wie auch die Philosophie aus seiner „Festschrift" fortzulassen. Systematisch gesehen hingegen war 1899 die Frage der nichteuklidischen Geometrie geklärt und in wenigen Zeilen abzuhandeln.

Nicht so klar war die Situation bezüglich des Axioms von De Zolt. Dieses Axiom, das besagt, dass man ein Polygon, das in $n$ polygonale Teile zerlegt wurde, nicht aus $n-1$ dieser Teile wieder rekonstruieren kann, war eng mit der Problematik des Flächeninhalts von Polygonen verknüpft.[75] Dabei ging es darum, den Flächeninhalt von Polygonen mit Hilfe der Relationen „zerlegungsgleich" und eventuell „ergänzungsgleich" zu definieren.[76] Das Interesse an diesem Verfahren lag einerseits in einem Interesse am abstrakten Größenbegriff, andererseits aber auch in der Vermeidung von Grenzprozessen. Der letzte Aspekt fand seinen pointierten Ausdruck in der Bezeichnung „endlich gleich" (für zerlegungsgleich), welche Ende des 19. Jhs. gebräuchlich wurde. Er war es auch, der die Lehre von der Zerlegungs- und Ergänzungsgleichheit aus Hilberts Sicht interessant machte. Dieses Problem wurde von Hilbert in seiner „Festschrift" im Kap. IV „Die Lehre von den Flächeninhalten in der Ebene" behandelt. Es ist klar, dass das Axiom von Zolt dabei eine zentrale Rolle spielt: Würde dieses nicht gelten, so könnte ja ein Polygon einen kleineren Flächeninhalt besitzen als es selbst. Traditionell wurde das Axiom von De Zolt mit dem achten Axiom von Euklid (siehe oben Abschn. 1.1) identifiziert und meist als solches aufgeführt – selbst in Legendres bescheidener Liste von Axiomen fand es sich! Der Flächeninhalt von Polygonen wiederum war ein zentrales Thema in Rahmen der Bestrebungen um einen abstrakten Größenbegriff: Während die Größenbereiche der Länge von Strecken und der Breite von Winkeln ausschließlich mit Hilfe der Kongruenzrelation aufgebaut werden können, trifft das für den Flächeninhalt von Polygonen nicht mehr zu: Um den gleichen Flächeninhalt zu haben, müssen zwei Polygone gewiss nicht kongruent sein. Deshalb war die Theorie des Flächeninhalts eine wichtige theoretische Herausforderung. Wilhelm Killing (1847–1932) hat in seinem Lehrbuch der Geometrie das Problem prägnant dargelegt:

Bei einem derartigen Verfahren [ein beliebiges Polygon in ein Teilpolygon eines anderen vermöge Zerlegungsgleichheit zu verwandeln und damit den direkten Flächenvergleich zu

---

[75] Vgl. hierzu Volkert 1999.
[76] Zwei Polygone heißen zerlegungsgleich, wenn sie in gleichviele paarweise kongruente Teilpolygone zerlegt werden können. Zwei Polygone heißen ergänzungsgleich, wenn sie durch Hinzunahme von gleich vielen paarweise kongruenten Polygonen zu zerlegungsgleichen Polygonen ergänzt werden können. Ein Flächeninhalt ist dann – modern gesprochen – eine Äquivalenzklasse von zerlegungsgleichen (ergänzungsgleichen) Polygonen. In der Erstauflage von 1899 spricht Hilbert von „flächengleich" (= zerlegungsgleich) und „inhaltsgleich" (= ergänzungsgleich).

ermöglichen] macht man jedoch eine Voraussetzung, die von den meisten Geometern gar nicht erwähnt wird und auf welche erst in der neuesten Zeit hingewiesen ist. Wir sprechen sie in folgender Weise aus: Dadurch, dass man eine Figur in Teile zerlegt und diese beliebig anordnet, können wir zwar die Gestalt auf mannigfache Weise verändern; dabei ist es aber nicht möglich, eine neue Figur zu bilden, von welcher die gegebene nur ein Teil ist oder welche als Teil von der ersten eingeschlossen ist.
(Killing 1898, 23)

In einer Anmerkung erwähnt Killing neben einer eigenen Kritik an Stolz in einer Besprechung von dessen Buch (1885) noch weitere Arbeiten von O. Stolz und Friedrich Schur (1856–1932)[77]; anschließend gibt er einen Beweis für sein Prinzip (siehe unten).

Allerdings hatte sich – von Killing unbemerkt – schon im Jahr 1883 der italienische Mathematiker De Zolt an einem Beweis folgender Aussage versucht:

Wird ein Polygon $P$ beliebig in Teile zerlegt, so ist es nicht möglich, unter Vernachlässigung einiger Teile mit den verbleibenden Teilen das gesamte Polygon zu überdecken.
(Zolt 1883, 18)

Der Beweisversuch von Zolt ist wenig überzeugend, er beruht darauf, dass er zwei Zerlegungen von $P$ übereinander legt. O. Stolz war es dann, der die Zoltsche Aussage zum Axiom erhoben hat:

Den Satz a) zeigen wir mit Hilfe des folgenden Axioms: Zerlegt man ein Polygon $B$ durch Gerade in mehrere Teile und lässt auch nur einen von ihnen weg, so kann man mit den übrigen das Polygon $B$ nicht mehr überdecken.
(Stolz 1894, 224)

Fr. Schur wandte sich dem Axiom von De Zolt in einer Publikation im Jahre 1892 zu. Darin gab er einen Beweis desselben, der auf einer Erweiterung des üblichen Flächenmaßes[78] für Polygone beruhte. Mit Hilfe des letzteren kann die Fragestellung auf eine arithmetische reduziert werden, welche einfach zu beantworten ist. Hilbert hat die Beweisidee von Schur wieder aufgegriffen, allerdings das Flächenmaß mit Hilfe seiner Streckenrechnung definiert. In diesem Zusammenhang erwähnt er in seiner „Festschrift" von 1899 in Fußnoten die Publikationen von F. Schur, W. Killing und O. Stolz.[79] Erst

---

[77] Killing behauptet, Fr. Schur habe ein eigenes Axiom eingeführt. Tatsächlich gibt aber Schur einen Beweis für die Aussage des Zoltschen Axioms; siehe unten.

[78] Diese beruht im Wesentlichen darin, orientierte Flächenmaße nach dem Vorbild von A. F. Möbius zu verwenden. Killing beansprucht am oben genannten Ort die Priorität für diese Beweisidee für sich.

[79] In der französischen Ausgabe von 1900 kamen noch die Dissertation und ein Lehrbuch von L. Gérard hinzu sowie das Lehrbuch von Fr. Schur (1898). Der Übersetzer machte zudem in einer eigenen Note auf weitere Veröffentlichungen von L. Gérard aufmerksam (Hilbert 1900a, 149). Im Ferienkurs von 1898 (siehe Kap. 2 unten) spricht Hilbert vom „Killing-Stolzschen-Postulat"; vgl. Hallett und Majer 2004, 176. In der zweiten deutschen Auflage von 1903 verschwindet Gérard, dafür kommt De Zolt.

in der zweiten (deutschen) Auflage der „Grundlagen" von 1903 findet dann De Zolt Erwähnung.[80] Eine Beweisführung ohne Verwendung eines Flächenmaßes gibt es bis heute nicht.

Eine wichtige Rolle kommt dem bzw. den Stetigkeitsaxiomen in Hilberts „Festschrift" zu, insbesondere da er hier gezwungen war, von der ersten Auflage zur zweiten und zuvor schon in der französischen Ausgabe eine substantielle Ergänzung (in der französischen Ausgabe nur in Gestalt einer im Umbruch hinzugefügten Note) vorzunehmen. In der ersten Auflage besteht die Axiomengruppe V: „Axiom der Stetigkeit" nur aus dem Archimedischen Axiom, in der französischen Ausgabe und in der zweiten deutschen Auflage kommt noch ein Axiom der Vollständigkeit hinzu und das Archimedische Axiom heißt jetzt zusätzlich „Axiom des Messens". Diese Ergänzung findet sich auch schon in Hilberts Vortrag „Über den Zahlbegriff" vom Herbst 1899.[81] Diese Bemerkung belegt, dass Hilbert recht schnell nach der Veröffentlichung der „Festschrift" – vielleicht sogar noch davor – auf diese eigentlich offenkundige Schwachstelle aufmerksam geworden war. Es liegt nahe, sein Versehen auf die schnelle Abfassung der „Festschrift" zurückzuführen.

Das Archimedische Axiom[82] wird mehr oder minder implizit in Euklids „Elementen" benutzt[83], es tritt hier als Satz X, 1 auf und ist unter der nicht ganz glücklichen Bezeichnung „Exhaustionsprinzip" bekannt geblieben: Nimmt man von zwei vergleichbaren Größen von der größeren immer mehr als die Hälfte weg, so verbleibt schließlich eine Größe, die kleiner ist als die kleinere Ausgangsgröße. Diese Variante ist maßgeschneidert für die Anwendung wie etwa den Vergleich von Kreisflächen in X, 2. Bei Archimedes tritt das Axiom explizit als solches in der Abhandlung „Kugel und Zylinder" auf:

> Die größere von zwei gegebenen Größen, sei es Linie, Fläche oder Körper, überragt die kleinere um eine Differenz, die, genügend oft vervielfacht, jede der beiden gegebenen Größen übertrifft.
> (Archimedes 1983, 79)

Vage formuliert schließt das Archimedische Axiom die Existenz von unendlichkleinen Größen aus – es ist ja möglich, jede Größe durch Addition hinreichend groß zu machen. Natürlich wurde diese Sicht der Dinge erst wirklich aktuell mit der Entstehung der Differential- und Integralrechnung, aber in Gestalt der Horn- oder Kontingenzwinkel (vgl. Euklid III, 16) kannte man auch schon in der Antike ein rätselhaftes Beispiel für ein derartiges Phänomen. Die Nicht-Archimedizität wurde dann auch – u. a. von Leibniz

---

[80] Vgl. Hilbert 1903a, 46. Die Verweise auf Schur, Killing und Stolz sind identisch mit denen aus der ersten Auflage.

[81] Hierauf dürfte sich Minkowskis briefliche Bemerkung vom 24.6.1899 bezogen haben: „Doch ist an ihrer Existenz wohl ebenso wenig zu zweifeln wie an der Deiner 18 = 17 + 1 Axiome der Arithmetik." (Minkowski 1973, 116).

[82] Zu dessen neuerer Geschichte vgl. man auch Ehrlich 2006.

[83] Vor allem Oskar Becker hat darauf aufmerksam gemacht, dass diese Einsicht vermutlich schon auf Eudoxos zurückgeht, weshalb auch vom Axiom von Archimedes-Eudoxos gesprochen wird. Vgl. etwa Becker 1975, 52–55.

selbst – vorgeschlagen als ein möglicher Zugang zum Verständnis der unendlich kleinen Größen.

Wie bereits bemerkt (siehe oben), war es O. Stolz, der die Aufmerksamkeit wieder auf dieses Axiom lenkte. Das geschah einerseits im Rahmen seiner historischen Arbeiten[84], andererseits im Rahmen seiner Bemühungen um eine abstrakt axiomatische Theorie des Größenbegriffs, wobei ihm wichtig war, dass die Archimedizität nicht aus den „allgemeinen Eigenschaften eines Größensystems" folge.[85] Hintergrund hierfür war ein von Paul du Bois-Reymond (1831–1889) gefundenes Beispiel. Dieses arbeitet mit Funktionen und deren Wachstumsverhalten (das „Unendlich der Funktionen", wie sich du Bois ausdrückte, auf dem sich sein Infinitärkalkül gründete); es zeigt, dass auch hier das Archimedische Axiom nicht gilt – was allerdings so nicht explizit gesagt wird bei du Bois. Dieser definiert auf einer geeigneten Menge von reellen Funktionen (z. B. auf der Menge aller Polynome) folgende Relation:

$$f(x) < g(x) \Leftrightarrow \lim_{x \to \infty} \frac{f(x)}{g(x)} = 0$$

Zwei derartige Elemente $f$ und $g$ sind dann nie Archimedisch, denn es gibt keine natürliche Zahl $n$ mit $nf(x) > g(x)$.[86]

Diese Untersuchungen ordneten sich in Du Bois' Arbeiten zur Konvergenz von (Fourier-) Reihen ein; dort war natürlich das Wachstumsverhalten ein wichtiger Punkt. Anders gesagt, waren sie von vorne herein nicht irgendwie grundlagentheoretisch gemeint.[87]

Etwa zeitgleich mit O. Stolz verwandte Moritz Pasch das Archimedische Axiom in seinen „Vorlesungen über neuere Geometrie" (1882). Er gab diesem eine Form, die Anwendungen in der Geometrie besonders angepasst war:

> Liegt der Punkt $c_1$ innerhalb der geraden Strecke $ab$ und verlängert man die Strecke $ac_1$ um die kongruente Strecke $c_1c_2$, diese um die kongruente Strecke $c_2c_3$ u. s. f., so gelangt man stets zu einer Strecke $c_nc_{n+1}$, welche den Punkt $b$ enthält.
> (Pasch 1882, 105)

Pasch wendet dieses Axiom im § 15 seines Buches an, um den Fundamentalsatz der projektiven Geometrie zu beweisen. Damit wies er nach, dass das Archimedische Axiom

---

[84] Die erste Stelle, an der Stolz auf die Archimedizität zu sprechen kommt, ist sein Aufsatz über B. Bolzano (vgl. Stolz 1881, 269).

[85] Stolz 1883, 512 n.*.

[86] Vgl. Du Bois-Reymond 1871, insbesondere Seite 345.

[87] Allerdings liebte du Bois philosophische Spekulationen wie schon sein Buch „Die allgemeine Functionentheorie" (1882) – ein Streitgespräch zwischen einem Empiristen und einem Idealisten über die Grundlagen der Analysis – aber auch sein Aufsatz „Ueber die Paradoxien des Infinitärcalcüls" (1877) und viele andere Publikationen aus seiner Feder deutlich machen. Übrigens hat Godfrey Harold Hardy (1877–1947) den Ideen du Bois-Reymonds, die auch in der Theorie der Ordnungstypen von Felix Hausdorff (1868–1942) eine Rolle spielten (vgl. Kanovei 2013), ein ganzes Buch gewidmet: Hardy 1910

geeignet ist, um im Kontext der projektiven Geometrie die intuitive Eigenschaft „Stetig-keit" zu formalisieren. Diese wiederum stand seit der Kritik Kleins an von Staudts Beweis des Fundamentalsatzes im Mittelpunkt des Interesses.[88]

Wie bereits oben erwähnt, räumte Veronese der Eigenschaft der Archimedizität eine wichtige Rolle ein; insbesondere ging es ihm darum, nicht-archimedische Geometrien zu untersuchen. Dies geschah, da er „das wissenschaftliche Problem in seiner ganzen Allge-meinheit behandeln" wollte.[89]

Das Problem der „Stetigkeit" war ein prominentes Problem im Bereich der Theorie der reellen Zahlen gewesen. Dabei ging es hauptsächlich darum, Vorgehensweisen anzugeben, wie man von den rationalen zu den reellen Zahlen gelangen kann („Arithmetisierung"). Um etwa 1870 herum tauchten hierzu verschiedene Vorschläge auf (u. a. von E. Heine und G. Cantor [Cauchy-Folgen] und von K. Weierstraß und Ch. Méray [Supremums-eigenschaft]), aus deren Mitte wir hier Dedekinds Ansatz herausgreifen. Schon der Titel der Schrift von Dedekind, „Stetigkeit und irrationalen Zahlen", lässt einen Bezug zu Hilberts Stetigkeitsaxiom(en) vermuten. Vermöge von Schnitten gelingt Dedekind der Aufbau der reellen Zahlen unter Einschluß einer Definition des Begriffs „Stetigkeit":

> Zerfällt das System $R$ aller reellen Zahlen in zwei Klassen $A_1$, $A_2$ von der Art, dass jede Zahl $\alpha_1$ der Klasse $A_1$ kleiner ist als jede Zahl $\alpha_2$ der Klasse $A_2$, so existiert eine und nur eine Zahl $\alpha$, durch welche diese Zerlegung hervorgebracht wird.
> (Dedekind 1965, 17)

Da der Dedekindsche Ansatz auf der Anordnung beruht, ließ er sich direkt auf die Geometrie übertragen und so die Stetigkeit der Punkte auf einer Geraden begründen. In-teressanter Weise hat Hilbert dies nicht gemacht, obwohl er die durchaus mehrdeutige Bezeichnung „Stetigkeit" in der Geometrie beibehielt. Festzuhalten bleibt, dass Dede-kinds Aufbau die Archimedizität des entstehenden Bereichs garantiert.[90] Insofern wäre es möglich, die beiden Stetigkeitsaxiome Hilberts durch ein einziges Axiom zu ersetzen[91], ein Weg, den Hilbert allerdings nicht eingeschlagen hat. Es wäre ja dann unmöglich ge-wesen, die Auswirkungen des Archimedischen Axioms auf das restliche System isoliert zu untersuchen – ein wesentliches Anliegen Hilberts. Die subtilen Probleme, die sich hier andeuten, waren Gegenstand vieler Diskussionen und Untersuchungen am Ende des 19. und Anfang des 20. Jhs. und die man heute gerne unter dem Stichwort „Vollständigkeit" subsumiert.

Insofern sich in der Frage der Stetigkeitsaxiome Geometrie und Analysis treffen, ge-winnt die nachfolgende Bemerkung Hilberts aus seinen „Mathematischen Problemen" (sein berühmter Vortrag, gehalten im Sommer 1900 zu Paris) an Bedeutung:

---

[88] Zu den verschiedenen aus der Theorie der reellen Zahlen importierten Stetigkeitsbegriffen, die im Kontext des Fundamentalsatzes verwandt wurden, vgl. man Voelke 2008, 256–266.
[89] Veronese 1894, XXIX.
[90] Vgl. Stolz 1883, 508–510 und Hölder 1901, 7 n. 1. Nicht alle Vorgehensweisen, welche man zum Aufbau der reellen Zahlen verwenden kann, sind so geartet, dass sich die Archimedizität direkt ergibt.
[91] Wie z. B. von Hölder bemerkt: vgl. Hölder 1901, 7 n. 1.

Überblicken wir die Prinzipien der Analysis und der Geometrie. Die anregendsten und bedeutendsten Ereignisse des letzten Jahrhunderts sind auf diesem Gebiete, wie mir scheint, die
arithmetische Erfassung des Begriffs des Kontinuums in den Arbeiten von Cauchy, Bolzano,
Cantor und die Entdeckung der nichteuklidischen Geometrie durch Gauß, Bolyai, Lobatschewskij.
(Hilbert 1900b, 263)

Im Vortrag „Axiomatisches Denken" (1917), der als eine Art von reflektierender Rück-
schau auf die „Festschrift" und ihre Methode erscheint, hob Hilbert immer noch die
Wichtigkeit von Fragen der Stetigkeit hervor.[92]

---

[92] Vgl. unten Kap. 6.

# Hilberts Weg zu den „Grundlagen der Geometrie"  2

Als David Hilbert im Sommer 1899 seine Schrift „Grundlagen der Geometrie" der Öffentlichkeit übergab, war diese vermutlich überrascht. Hilbert war kein Name, der mit Forschungen zu dem schwierigen und vielbearbeiteten Gebiet der Grundlagen der Geometrie in Verbindung gebracht wurde.[1] Bekannte jüngere Geometer waren in Deutschland unter anderem W. Killing, M. Pasch und Th. Reye – wobei man nicht die Geometer vergessen sollte, die an Technischen Hochschulen wirkten und dort vor allem die darstellende Geometrie unterrichteten.[2] Einer von ihnen – Hermann Wiener (Darmstadt) – hat, folgt man Otto Blumenthal[3], für Hilbert eine wichtige Rolle gespielt; auch Fr. Schurs (zu jener Zeit an der TH Karlsruhe tätig) Beweis des Satzes von Pappos-Pascal war wichtig für Hilbert. Daneben gab es vor allem in Italien umfangreiche Arbeiten zu den Grundlagen

---

[1] So schrieb z. B. Fr. Schur am 17.7.1898 an Hurwitz: „H. [=Hilbert] ist doch vor allem sehr einseitig und auf allgemein menschlichem Gebiete doch nichts weniger als bedeutend. Er mag sich ja geändert haben – ich habe ihn lange nicht gesprochen –, aber früher förderte er über Dinge, die nicht die Analysis betrafen, so merkwürdige Urteile zu Tage, dass ihn Nicht-Mathematiker für ganz unbedeutend hielten. Vielleicht hat ihm aber gerade die Fähigkeit, sich alles andere fern zu halten, so große Leistungen möglich gemacht." (Universitätsarchiv Gießen, Nachlass Engel NE 110373) Andererseits bemerkte H. Minkowski bereits am 29.12.1887: „Ich bin auch ganz Geometer geworden und bedaure aus diesem Grunde doppelt, nicht in Ihrem Kreise weilen zu können. Ich habe eine Reihe ziemlich präziser Fragen für Sie, die ich Ihnen indess lieber mündlich als brieflich vorlegen möchte." (Minkowski 1973, 34) Zu berücksichtigen ist, dass Minkowski Hilbert sehr gut persönlich kannte und dass deshalb seine Charakterisierung nichts mit der öffentlichen Wahrnehmung des letzteren zu tun hatte. Das förmliche „Sie" wurde später (1891) durch das vertrauliche „Du" ersetzt.
[2] Die Grenzen waren fließend, so war Th. Reye, bevor er nach Straßburg berufen wurde, an der Technischen Hochschule Aachen beschäftigt gewesen und Fr. Schur wechselte später von der TH Karlsruhe ebenfalls an die Universität in Straßburg. Und selbst F. Klein hatte einen Teil seiner Karriere am Münchner Polytechnikum verbracht.
[3] Vgl. Blumenthal 1935, 402. Vgl. unten.

© Springer-Verlag Berlin Heidelberg 2015
K. Volkert (Hrsg.), *David Hilbert*, Klassische Texte der Wissenschaft,
DOI 10.1007/978-3-662-45569-2_2

der Geometrie, verbunden mit Namen wie G. Fano, G. Peano, G. Pieri, A. Padoa und G. Veronese.[4]

1899 war Hilbert noch nicht der „Generaldirektor" der Mathematik des 20. Jhs, zu dem ihn nach Meinung Minkowskis seine „Mathematischen Probleme", vorgestellt beim Internationalen Mathematikerkongress in Paris 1900, machen sollten.[5] Bis zu diesem Zeitpunkt hatte sich Hilbert in zwei eher ungeometrischen Gebieten, nämlich in der Invariantentheorie und in der Zahlentheorie, hervorgetan – zwei Themenfelder, die nach 1899 fast völlig aus seiner Produktivität verschwinden sollten. Es gab bis dato nur zwei Veröffentlichungen Hilberts, die einen gewissen geometrischen Gehalt hatten: zum einen seine geometrische Interpretation von Peanos flächenfüllender Kurve[6], zum andern eine Note „Über die gerade Linie als kürzeste Verbindung zweier Punkte"[7], der Hilbert die Form eines Briefes an F. Klein gegeben hatte. Trotz des unscheinbaren Titels enthält diese Note bereits entscheidende Ideen zur Hilbertschen Axiomatik von 1899.

Hilberts Axiomatik ist ein Musterbeispiel für das, was man „Forschung aus Lehre" nennen könnte und was einst als große Stärke der deutschen Forschungsuniversität galt – ergänzt und in natürlicher Einheit mit der „Lehre aus Forschung". Bereits im Sommersemester 1888 – also rund zwei Jahre nach seiner Habilitation in Königsberg – hielt Hilbert eine zweistündige Vorlesung über darstellende Geometrie, ein Thema, das bei ihm erstaunt. Es folgten weitere Vorlesungen zu geometrischen Themen:[8]

## In Königsberg

- Über Linien- und Kugelgeometrie (3 std., WS 1888/89)
- Theorie der krummen Linien und Flächen (2 std., SS 1889)
- Geometrie der Lage (2 std., SS 1891)
- Die Grundlagen der Geometrie (1 std., SS 1893)[9]
- Analytische Geometrie des Raumes (2 std., WS 1893/94)
- Über die Axiome der Geometrie (2 std., WS 1894/95)
- Analytische Geometrie der Ebene und des Raumes (2 std., WS 1894/95)

---

[4] Vgl. Kap. 1 für einen historischen Überblick zur Entwicklung der Axiomatik der Geometrie vor Hilbert.

[5] „Nunmehr hast Du wirklich die Mathematik für das 20$^{te}$ Jahrhundert in Generalpacht genommen und wird man Dich allgemein gern als Generaldirektor anerkennen." (Brief von Minkowski an Hilbert, Zürich, 28. Juli 1900 [Minkowski 1973, 130]). Seinen Vortrag hielt Hilbert erst im August, er hatte aber Minkowski zuvor schon sein Manuskript zukommen lassen. Minkowski hat sehr früh die Bedeutung von Hilbert erkannt; so bezeichnet er ihn in einem Brief vom 20. April 1892 bereits „als den kommenden Mann der Mathematik" (Minkowski 1973, 46).

[6] Hilbert 1891.

[7] Hilbert 1895.

[8] Vgl. die Übersicht über Hilberts Vorlesungen bei Hallett und Majer 2004, 609–620, die sich hauptsächlich auf das entsprechende Verzeichnis in Hilberts „Abhandlungen" Band 3 stützt.

[9] Diese Vorlesung kam mangels Hörer nicht zu Stande.

**In Göttingen**

- Elemente der Euklidischen Geometrie (2 std., WS 1898/99)
- Grundlagen der Geometrie (2 std., SS 02)

Daneben bot Hilbert mehrfach eine Vorlesung zur Quadratur des Kreises an (erstmals 1896 nach seiner Ankunft in Göttingen), die sich mit dem algebraischen Unmöglichkeitsbeweis beschäftigte. Nach 1900 finden sich nur noch wenige Vorlesungen zu den Grundlagen der Geometrie – ein Titel, der durch allgemeinere Formulierungen wie „(Logische) Grundlagen der Mathematik" abgelöst wurde. Allerdings bot Hilbert auch dreimal „Anschauliche Geometrie" an (SS 1920/21, SS 1925 und SS 1928), ein Thema, das mit dem Buch „Anschauliche Geometrie" (1932) von Hilbert und St. Cohn-Vossen seinen krönenden Abschluss in Hilberts Schaffen finden sollte. Gerade dieses Werk zeigt, dass Hilbert stets ein reges Interesse an den anschaulichen Grundlagen der Geometrie bewahrte, dass er also keineswegs nur der abstrakte Axiomatiker (oder gar Formalist) war, wie ihn seine „Grundlagen" scheinbar zeigten. Schließlich muss noch erwähnt werden, dass Hilbert in zwei Ferienkursen (1896 und 1898) Fragen der Axiomatik angesprochen hat. Diese Kurse richteten sich an Gymnasiallehrer der Mathematik, eingerichtet hatte sie das Preußische Unterrichtsministerium. Ihr Ziel war (zumindest was die Mathematik anbelangte), eine Brücke zwischen Schul- und Universitätsmathematik zu schlagen, indem Lehrer mit neueren Forschungsfragen vertraut gemacht wurden.[10]

Viele Vorlesungen Hilberts sind in Ausarbeitungen erhalten; diese stammen entweder von Hilbert selbst, von seiner Frau Käthe oder von einem Studenten[11]/Mitarbeiter. Dies gilt auch für einige seiner Geometrievorlesungen. Da diese bereits ausführlich dokumentiert und ausgewertet wurden, hier sind vor allem die Werke von M. Toepell (1986) und Majer-Hallett (2004) zu nennen, beschränke ich mich auf einige Bemerkungen. Darüber hinaus wurde mindestens eine Ausarbeitung auch als autographiertes Skript einem etwas größeren Leserkreis zugänglich gemacht.[12]

Die Vorlesung über projektive Geometrie, die Hilbert als junger Privatdozent 1891 gehalten hat, folgt weitgehend traditionellen Mustern. Da Hilbert sich für die konsequent

---

[10] Vgl. Hallett und Majer 2004, 146.

[11] M. Born berichtet in seiner Autobiographie („Mein Leben" (1975)) von seiner Zeit als „Privatassistent" Hilberts, der die Aufgabe hatte, eine Vorlesung desselben auszuarbeiten; sein Lohn bestand darin, jede Woche mit Hilbert eine Stunde lang über den Inhalt der Vorlesung diskutieren zu dürfen.

[12] So bezieht sich z. B. Fr. Schur (damals in Karlsruhe) in einem Brief an Hilbert vom 5.1.1900 auf ein „autographiertes Heft" einer Hilbert-Vorlesung (vermutlich die Ausarbeitung von Schaper der Vorlesung 1898/99 – vgl. auch Hallett und Majer 2004, 187, wo weitere Exemplare dieser „Ausgabe" lokalisiert werden). Felix Hausdorff in Leipzig hatte ebenfalls Zugang zu einem solchen Heft, auf das er sich in seinem Brief an Hilbert bezieht (siehe unten). Auch E. H. Moore kannte diese Ausarbeitung „by the kindness of Dr. Bosworth-Focke [eine Amerikanerin, die 1899 bei Hilbert mit einer Arbeit über Streckenrechnung promovierte] I have seen a copy of this report." (Moore 1902a, 142 n. **) Hilbert selbst hat in seine „Festschrift" (Hilbert 1899, 21 n 1) einen Verweis auf die „Ausarbeitung" aufgenommen, was man als Hinweis darauf deuten kann, dass er von einer gewissen Verbreitung derselben ausging.

synthetische Behandlung entschied, war es naheliegend, sich an Chr. von Staudt zu orientieren, als dessen Verdienst es gerade gilt, neben der Notwendigkeit eines autonomen Aufbaus der projektiven Geometrie deren synthetische Behandlung betont zu haben. Dies lag umso näher, als dessen „Geometrie der Lage" (1847) von Th. Reye (1838–1919) in seinem gleichnamigen zweibändigen Lehrbuch (1866/1868)[13] in eine gut zugängliche Form gebracht worden war. Hinsichtlich der Axiomatik bietet diese Vorlesung von Hilbert keine Aufschlüsse; dies ist auch nicht erstaunlich, rechnete er doch den Inhalt seiner Vorlesung der anschaulichen Geometrie zu. Die folgende Passage ist aufschlussreich für Hilberts Sichtweise:

> Einteilung der Geometrie.
>
> 1.) Geometrie der Anschauung
>    (führt ihre Behauptungen auf einfache Tatsachen der Anschauung zurück, ohne diese selbst, ihre Entstehung und Berechtigung zu untersuchen; sie benutzt unbedenklich die Bewegung, Grenzlage, Parallelismus etc. und ist also euklidische Geometrie). Sie zerfällt in drei Teile.
>    a. Schulgeometrie (Kongruenzsätze, Dreieck, Vieleck, Kreis etc.)
>    b. Projektive Geometrie (Kegelschnitte, Brennpunkte, Kurven im Raume).
>    c. Analysis Situs.
> 2.) Axiome der Geometrie
>    (untersucht, welche Axiome bei den in der Geometrie der Anschauung gewonnenen Tatsachen benutzt werden und stellt systematisch die Geometrien gegenüber, bei welchen einige dieser Axiome weggelassen werden).
> 3.) Analytische Geometrie
>    (ordnet den Punkten einer Geraden von vorneherein die Zahl zu und führt so die Geometrie auf die Analysis zurück).
>
> Die Bedeutung von 1.) ist ästhetisch und pädagogisch und praktisch.
> 2.) erkenntnistheoretisch.
> 3.) wissenschaftlich mathematisch.
> (Hallett und Majer 2004, 22)

Im Anschluss hieran erläutert Hilbert ausführlich seinen empiristischen Standpunkt, beginnend mit der Feststellung „*Die Geometrie* ist die *Lehre von den Eigenschaften* des *Raumes*."[14] Und „Ich kann die *Eigenschaften des Raumes* nimmer durch *bloßes Nachdenken* ergründen, …"[15] Es folgen längere Ausführungen zur Geschichte der Geometrie (nach Hankel (1875) im Wesentlichen). Im Hauptteil der Vorlesung, der aus vier Kapiteln besteht, werden dann klassische Themen der projektiven Geometrie (wie der Fundamentalsatz der projektiven Geometrie und der Satz von Brianchon) behandelt. Die vier Paragraphen, in die sich die Vorlesung gliederte, tragen die Titel:

---

[13] Hilbert benutzte den ersten Band der dreibändigen dritten Auflage (1888). Reyes Lehrwerk war sehr erfolgreich und brachte es bis 1923 auf sechs Auflagen und mehrere Übersetzungen.
[14] Hallett und Majer 2004, 22. Hervorhebungen im Original.
[15] Hallett und Majer 2004, 22. Hervorhebungen im Original. Zum Empirismus vgl. auch Kap. 1 oben.

§ 1. Grundbegriffe
§ 2. Harmonische Lage
§ 3. Perspektivität und Projektivität
§ 4. Gebilde zweiter Ordnung.

Axiome gibt es keine, wohl aber „die *einfachen Grundgesetze der Anschauung*".[16] Die
Vorlesung schließt mit einem Fazit und einem Ausblick auf die analytische Geometrie:

> Wenn wir *das ganze Gebiet der projektiven Geometrie* übersehen, so erkennen wir als die
> *Grundidee das Prinzip der umkehrbar eindeutigen Zuordnung*, also im Wesentlichen den Be-
> griff der *Projektivität*. [...] *Die analytische Geometrie verfährt so*, dass sie von vorne herein
> den Begriff der *veränderlichen Größe* einführt und dann für jede *geometrische Anschauung*
> immer sofort den analytischen *Ausdruck zugleich aufzeigt* und die Beweise durch *letztere lie-*
> *fert*. Auf diese Weise gelingt es rascher, *zu größter Allgemeinheit der Sätze zu gelangen*, als
> mit der reinen *geometrischen Anschauung* möglich war. Dagegen hat die projektive Geome-
> trie, wie ich *sie vortrug*, den *Vorzug der Reinheit, Abgeschlossenheit und Denknotwendigkeit*
> *der Methoden*.
> (Hallett und Majer 2004, 55)[17]

Schon früh also hat Hilbert einige seiner grundlegenden Ideen – wie beispielsweise
die Methodenreinheit – zur Geometrie entwickelt. Insbesondere zeichnet sich schon in
der Unterscheidung zwischen anschaulicher und axiomatischer Geometrie der später viel
von ihm verwandte Gedanken ab, die inhaltliche mathematische Theorie von der Ebene
zu unterscheiden, in der über sie nachgedacht wird – kurz, zwischen Mathematik und
Metamathematik zu differenzieren. In den obigen Ausführungen Hilberts zeigt sich auch
deutlich, dass er philosophischen und historischen Erwägungen gegenüber keineswegs
abgeneigt gewesen ist.

Einen wesentlichen Schritt weiter kam Hilbert mit seinen Ausarbeitungen zu einer für
das SS 1893 geplanten Vorlesung über die Grundlagen der Geometrie, die allerdings aus
Hörermangel nicht zustande kam. Er hielt diese dann ein gutes Jahr später unter dem Titel
„Die Axiome der Geometrie" (WS 94/95). Zu diesem Anlass hat Hilbert seine ursprüngliche Ausarbeitung von 1893 stark verändert, weshalb man nicht immer genau sagen kann,
wann er welche Ideen entwickelte.[18] Klar ist allerdings, dass die Publikation „Über die
gerade Linie als kürzeste Verbindung zweier Punkte", die auf August 1894 datiert ist,
zentrale Ideen der Ausarbeitung enthält.

In der Einleitung der geplanten Vorlesung kommt Hilbert – wie bei seiner Vorlesung
über projektive Geometrie – auf den empirischen Ursprung der Geometrie zu sprechen.
Ähnlich wie Pasch konstatiert er:

---

[16] Hallett und Majer 2004, 28. Hervorhebungen im Original. Inhaltlich geht es um die Inzidenzaxiome des projektiven Raumes, die von vorne herein in Gergonnescher Weise dual in Doppelspal-
ten angeordnet werden.
[17] Hervorhebungen im Original.
[18] Vgl. Hallett und Majer 2004, 66–71.

Dennoch ist sie mit Rücksicht auf ihren Ursprung eine Naturwissenschaft, ...
(Hallett und Majer 2004, 72)

Die kritische Analyse des Erfahrungsmaterials liefert schließlich das „Fachwerk der Begriffe" für die Theorie, eine Formulierung, die Hilbert noch oft gebrauchen wird.[19] Diese Metapher ist interessant, da sie zum einen zum Ausdruck bringt, dass das Fachwerk – wie bei einem Fachwerkhaus – einer Struktur Halt verschafft, dass es aber andererseits auch Lücken lässt, die unterschiedlich gefüllt werden können. Die Aufgabe lautet:

> Welches sind die notwendigen und hinreichenden und unter sich unabhängigen Bedingungen, die man an ein System von Dingen stellen muss, damit jeder Eigenschaft dieser Dinge eine geometrische Tatsache entspricht und umgekehrt, so dass also mittelst obigen Systems von Dingen, ein vollständiges Beschreiben und Ordnen aller geometrischen Tatsachen möglich ist.
> (Hallett und Majer 2004, 72–73)

Hilbert entwickelt dann eine Axiomatik der Geometrie, die auf fünf Axiomengruppen beruht. Dabei trennt er aber noch nicht scharf zwischen projektiver und Euklidischer Geometrie; vielmehr deutet manches darauf hin, dass er den Klein-Cayleyschen Standpunkt, die projektive Geometrie sei die allgemeinste und die anderen Geometrien Sonderfälle von dieser, damals teilte.

Drei der fünf Gruppen orientieren sich implizit an den zugrunde liegenden Relationen, ohne dass dies aber so deutlich gesagt würde.[20] Überhaupt werden keine Aussagen über die zugrunde liegenden Objekte noch über die zugrunde liegenden Relationen gemacht.[21]

Die erste Gruppe ist überschrieben: „A. Existenzaxiome" (hinzugefügt: Besser Axiome der Verknüpfung). Sie enthält Inzidenzaxiome, die ja in der Tat Existenzaussagen umfassen, acht an der Zahl.

Die zweite Gruppe wird als „B. Lagenaxiome" bezeichnet; sie setzt die Zwischenbeziehung für Punkte einer Geraden voraus (ohne dass dies explizit thematisiert würde) und formuliert sechs Anordnungsaxiome, deren letztes das heute so genannte Axiom von Pasch ist.

Die nächste Gruppe C. ist mit „Das Stetigkeitsaxiom" überschrieben und enthält nur ein Axiom. Dieses steht in der Tradition von Fassungen der Stetigkeit im Rahmen der Analysis – im 19. Jh. ein wichtiges Thema (Bolzano, Cauchy u. a.) – und lautet bei Hilbert so:

---

[19] Zur Metaphorik Hilberts und anderer Mathematiker vgl. man Schlimm 2015.

[20] Dies ist eine Neuerung gegenüber Pasch, der seine Axiome nach den in ihnen auftretenden Objekten (also Geraden, Ebenen, Raum) strukturiert hatte. Die zuletzt genannte Möglichkeit findet sich übrigens wieder bei Schur 1909.

[21] Allerdings gibt es eine Bemerkung aus Hilberts Feder: „Eigentlich muss man noch vorher die Existenzsätze [...] einschieben: Es gibt ein System von Dingen, die wir Punkte, ein anderes und drittes System von Dingen, die wir Gerade, Ebene nennen wollen." (Hallett und Majer 2004, 74 Anm. *E*).

Wenn man unendlich viele in einer Reihe geordnete Punkte hat: $P_1, P_2, P_3, \ldots$ und wenn alle Punkte auf einer Seite eines Punktes $A$ liegen, so gibt es stets einen und nur einen Punkt $P$, so dass alle Punkte der Reihe auf der nämlichen Seite von $P$ liegen, und dass zugleich kein Punkt zwischen $P$ und allen Punkten der Reihe vorhanden ist. $P$ heißt der Grenzpunkt.
(Hallett und Majer 2004, 92)

Von seiner Funktion her leistet dieses Axiom etwa dasselbe wie das Axiom von Cantor-Dedekind, nämlich die Punkte einer Geraden in bijektive Beziehung zu den reellen Zahlen zu setzen und so eine Vollständigkeit zu erreichen; seine Formulierung erinnert an den Satz von Bolzano-Weierstraß. Rückblickend auf die bislang behandelten Axiome stellt Hilbert fest:

Mit den bisherigen Axiomen, den Existenz- und den Lageaxiomen, können wir schon eine große Menge geometrischer Tatsachen und Erscheinungen beschreiben.
(Hallett und Majer 2004, 103)

Im Anschluss hieran konstatiert Hilbert, dass es möglich sei, die Grundbegriffe der Geometrie (Punkt, Gerade, Ebene) auch anders als herkömmlich zu interpretieren; da ist die Rede von „Körnern, Stäben oder gezogenen Fäden, Drähten und Pappdeckeln".[22] Diese vielfache Interpretierbarkeit macht gerade die Stärke der Theorie, so Hilbert, aus.

Als nächste Axiomengruppe behandelt Hilbert „D. Die Kongruenzaxiome". Dabei formuliert er Axiome für die Kongruenz von Strecken und Winkeln, ein Kongruenzaxiom für Dreiecke im Stile von SWS fehlt aber noch. Schließlich folgt das Parallelenaxiom, unter dem sowohl die hyperbolische als auch die Euklidische – von Hilbert im Stile Kleins parabolische Geometrie genannt – Variante dargestellt werden. Das Parallelenaxiom nimmt also unterschiedliche Formulierungen an. Die elliptische Geometrie wird in diesem Zusammenhang nicht betrachtet.

Zum Abschluss drückt Hilbert seine Wertschätzung für das, was er später die axiomatische Methode nennen wird, aus:

Nach dem Muster der Geometrie sind nun auch alle anderen Wissenschaften, in erster Linie Mechanik, hernach aber auch Optik, Elektrizitätstheorie etc. zu behandeln, …
(Hallett und Majer 2004, 121)

Es ist bemerkenswert, wie viele der neuen Gedanken, die sich dann in der „Festschrift" von 1899 finden, hier bereits angelegt sind. Allerdings gibt es im Vergleich mit der „Festschrift" von 1899 neben der unterschiedlichen Reihung der Axiome und der Formulierung des Stetigkeitsaxioms noch andere wichtige Unterschiede, vor allem hinsichtlich des Einbezugs der projektiven Geometrie in die Betrachtungen. Das wird deutlich, wenn man sich die Unterkapitel anschaut, die viele der den Axiomengruppen gewidmeten Kapitel aufzuweisen haben. So findet man unter den Lagenaxiome die Unterkapitel „Die harmonische

---

[22] Hallett und Majer 2004, 103–104. Vgl. auch unten.

Lage" und „Die Einführung der Zahl", unter „C. Das Stetigkeitsaxiom" „Das Doppelverhältnis" und „Projektive und analytische Geometrie" und unter „D. Kongruenzaxiome" „Die Einführung des Maßes". U. Majer hebt in seiner Einführung hervor, dass Hilbert in besonderem Maße das Unterkapitel „Die Einführung der Zahl", in dem es um Koordinatisierung geht, überarbeitet habe.[23] Der Wunsch, Koordinaten einzuführen, ohne auf die reellen Zahlen als eigenständigen Bereich zurückzugreifen, scheint für Hilbert ein starkes Motiv gewesen sein. Er wird schließlich in die Streckenrechnung (Proportionenlehre) münden, die sich so gesehen als eine zentrale Errungenschaft der „Festschrift" erweist.

Einige der Ergebnisse, welche Hilbert in seiner Vorlesungsausarbeitung erzielt hatte, wurden von ihm in seiner Publikation „Ueber die gerade Linie als kürzeste Verbindung zweier Punkte" vorgestellt, die als Auszug „aus einem an Herrn F. Klein gerichteten Briefe" 1895 in den „Mathematischen Annalen" veröffentlicht wurde.[24] Hierin unterscheidet Hilbert drei Axiomengruppen:

1. Die Axiome, welche die Verknüpfung dieser Elemente [Punkte, Geraden, Ebenen] untereinander betreffen; ...
2. Die Axiome, durch welche der Begriff der Strecke und der Begriff der Reihenfolge von Punkten einer Geraden eingeführt wird.[25] ...
3. Das Axiom der Stetigkeit, ...
(Hilbert 1895, 92)

Die Axiome werden nur in Kurzform aufgeführt, interessant ist allerdings, dass Hilbert jetzt das Pasch-Axiom durch ein Trennungsaxiom ersetzt:

Jede Gerade $a$, welche in einer Ebene $\alpha$ liegt, trennt die Punkte dieser Ebene $\alpha$ in zwei Gebiete von folgender Beschaffenheit: Ein jeder Punkt $A$ des einen Gebietes bestimmt mit jedem Punkt $A'$ des anderen Gebietes zusammen eine Strecke $AA'$, innerhalb welcher ein Punkt der Geraden $a$ liegt; dagegen bestimmen irgend 2 Punkte $A$ und $B$ des nämlichen Gebietes eine Strecke $AB$, welche keinen Punkt der Geraden $a$ enthält.
(Hilbert 1895, 92)

In seinem Pariser Vortrag über „Mathematische Probleme" ist Hilbert auf das Problem der Geraden als kürzeste Verbindung zweier Punkte in Gestalt des vierten von ihm gestellten Problems zurückgekommen. Er erläutert dort zuerst, wie sich aus der Euklidischen Geometrie nach „Unterdrücken" eines Axioms andere Geometrien ergeben.[26] Dann heißt es:

Die allgemeinere Frage, die sich nun erhebt, ist die, ob sich noch nach anderen fruchtbaren Gesichtspunkten Geometrien aufstellen lassen, die mit gleichem Recht der gewöhnlichen Eu-

---

[23] Hallett und Majer 2004, 69–70.
[24] Datiert ist der Brief „Kleinteich bei Ostseebad Rauschen, den 14. August 1894".
[25] Mit Hinweis auf Paschs „Vorlesungen".
[26] Nämlich die hyperbolische Geometrie (Parallelenaxiom abgeändert), die elliptische Geometrie (Änderung der Anordnung) und die nicht-Archimedische Geometrie (Änderung des Archimedischen Axioms). Die genannten Geometrien werden von Hilbert mit den Namen Lobatschewskij, Riemann und Veronese in Verbindung gebracht.

klidischen Geometrie nächststehend sind, und da möchte ich Ihre Aufmerksamkeit auf einen Satz lenken, der von manchen Autoren sogar als Definition der geraden Linie hingestellt worden ist und der aussagt, dass die Gerade die kürzeste Verbindung zwischen zwei Punkten ist. (Hilbert 1900b, 269)

Hilbert führt dann aus, dass das Problem der Geraden als kürzeste Verbindung im Wesentlichen auf die Dreiecksungleichung hinausläuft und dass diese von Euklid (in I, 20) mit Hilfe des Außenwinkelsatzes und kongruenter Dreiecke bewiesen werde.[27]

So entsteht die Frage nach einer Geometrie, in welcher alle Axiome der gewöhnlichen Euklidischen Geometrie und insbesondere alle Kongruenzaxiome mit Ausnahme des einen Axioms von der Dreieckskongruenz (oder auch mit Ausnahme des Satzes von der Gleichheit der Basiswinkel im gleichschenkligen Dreieck) gelten und in welcher überdies noch der Satz, dass in jedem Dreieck die Summe zweier Seiten größer als die dritte ist, als besonderes Axiom aufgestellt wird.
(Hilbert 1900b, 268)

Eine solche Geometrie findet sich in Minkowskis „Geometrie der Zahlen" (1896); lässt man in dieser das Parallelenaxiom weg, so ergibt sich die von Hilbert in seinem Brief an Klein 1894 betrachtete Geometrie.[28] Aufgrund der großen Wichtigkeit des Satzes über die Gerade als kürzeste Verbindung[29] fordert Hilbert „die Aufstellung und systematische Behandlung der hier möglichen Geometrien …".[30]

Es deutet sich hier an, dass die Arbeit von 1895 eine wichtige Etappe in Hilberts Beschäftigung mit den Grundlagen der Geometrie markiert und dass diese seine Aufmerksamkeit vor allem auf die Kongruenzaxiome gelenkt hat. Die Klarheit, die Hilbert zwischen 1894 und 1899 über die Stellung des fraglichen Problems im Kontext der Axiomatik gewann, zeigt sich beim Vergleich der obigen Bemerkungen mit dem Brief, mit dem er Klein am 29. Juli 1894 sein Manuskript ankündigte:

Ich habe die Absicht, in der nächsten Zeit einen wissenschaftlichen Brief an Sie zu richten über die Eigenschaft der geraden Linie, die kürzeste Verbindung zweier Punkte zu sein. Während meiner Vorlesung über Nicht-Euklidische Geometrie bemerkte ich nämlich, dass diese Eigenschaft in gewisser Einschränkung schon sehr früh aus den ersten Axiomen der projektiven Geometrie geschlossen werden kann, und man insbesondere zu ihrer Ableitung keineswegs der Bewegungs- oder Kongruenzaxiome bedarf.
(Toepell 1986, 102)

---

[27] Genau genommen verwendet Euklid I, 19 (dem größeren Winkel liegt im Dreieck die größere Seite gegenüber) und den Satz über die Basiswinkel im gleichschenkligen Dreieck (I, 5). Ersterer benutzt via I, 18 den Außenwinkelsatz, letzterer beruht auf dem Kongruenzsatz SWS (I, 4).

[28] Das deutet auch Hilbert ganz am Ende seines Briefes an, ohne allerdings explizit auf Minkowski zu verweisen (dessen Buch allerdings auch erst 1896 erscheinen sollte). Ähnliche Ideen hatte Poincaré 1887 in Gestalt seiner quadratischen Geometrien entwickelt; vgl. Nabonnand 2014.

[29] Hilbert nennt hier die Zahlentheorie, die Theorie der Flächen [Differentialgeometrie] und die Variationsrechnung.

[30] Hilbert 1900b, 269. Beiträge hierzu wurden später u. a. von Hilberts Doktorand G. Hamel geliefert.

Hierbei fällt die 1894 noch vorhandene enge Bindung an die projektive Geometrie auf, die 1899 verschwunden sein wird, sowie die recht globale Aussage über die Kongruenzaxiome. Insofern Hilberts Modell das Doppelverhältnis voraussetzt, braucht es abstrakt betrachtet zumindest so etwas wie die Streckenkongruenz und die Streckenrechnung, was wiederum schlecht zu einer projektiven Geometrie passt, wenn diese nicht-metrisch aufgefasst wird.[31] Das alles ist 1899 geklärt, deutet sich aber 1894 erst an. Bemerkenswerterweise notierte Hilbert auf der Rückseite des Titelblattes seines Vorlesungsskripts:

> Wenn ich wieder lese, so erst die Euklidische Geometrie.
> (Hallett und Majer 2004, 124)

Diese Bemerkung könnte darauf hindeuten, dass Hilbert angeregt durch seine Vorlesung von 1894 und die daraus resultierende Note von 1895 anfing, genauer über das Verhältnis von projektiver und Euklidischer Geometrie in Bezug auf deren Axiomatik nachzudenken.

1896 und 1898 beteiligte sich Hilbert an den sogenannten Ferienkursen für Gymnasiallehrer, die vom Preußischen Kultusministerium organisiert wurden und in Göttingen stattfanden. Besonders der Beitrag zum Ferienkurs von 1898 ist interessant und zeigt gegenüber den bislang besprochenen Vorlesungen einige wichtige Neuerungen oder Erweiterungen. Die Notizen, die sich Hilbert gemacht hat, sind erhalten und wurden in Hallett und Majer 2004 publiziert. Allerdings handelt es sich im Vergleich zu den Vorlesungsausarbeitungen wirklich nur um Notizen, selten nur finden sich ausformulierte ganze Sätze. Der Rahmen der Veranstaltung, deren Gesamtthema „Über den Begriff des Unendlichen" sein sollte, legte es natürlich nahe, sich auf die Euklidische Geometrie zu konzentrieren:

> Von den Elementen der Arithmetik kommen wir zu den Axiomen der Geometrie. Ein altes Problem von Euklid, mit außerordentlichem Scharfsinn erfasst. Euklid für uns von besonderer Wichtigkeit, weil er das Fundament aller geometrischen Wissenschaften bildet und zugleich das Wesentliche enthält, was noch heute auf unseren Schulen gelernt und gelehrt wird. Manches bei Euklid bedarf der Ausführung und Ergänzung. Ich habe mir einige Punkte für den heutigen Zweck überlegt und weil ich im Winter ein Kolleg über Euklidische Geometrie zu lesen beabsichtige. Freilich habe ich dabei viele Schwierigkeiten gefunden, je mehr ich nachdachte, desto mehr Lücken habe ich zu bemerken geglaubt. Was ich heute Ihnen erzähle, sind nur Versuche. Unfertig und sollen hauptsächlich anregende Gedanken sein.
> (Hallett und Majer 2004, 165–166)

Hilberts Unternehmen lässt sich als eine vertiefende Analyse der Schulgeometrie bezeichnen, deren Herzstück aus seiner Sicht die Kongruenzsätze sind. Er behandelt kurz die fünf Axiomengruppen, die er jetzt als Axiome der Verknüpfung, der gegenseitigen Lage, der Kongruenz (oder Bewegung), Parallelenaxiom und Archimedisches Axiom[32]

---

[31] Alternativ könnte man an eine „Wurfrechnung" à la von Staudt denken.

[32] Dies wird von Hilbert in der üblichen Art und Weise formuliert. Bemerkenswert ist folgende fälschliche Aussage von Hilbert: „Im Wesentlichen gleichbedeutend mit dem Stetigkeitsaxiom, wel-

bezeichnet. Die beiden letztgenannten Axiome „haben nicht den empirischen, durch eine endliche Anzahl von Versuchen konstruierbaren Charakter [wie die Gruppen 1. bis 3.].''[33] Nach Hilbert ergeben sich nun drei Fragen:

a) Sind die 5 Axiome[34] von einander unabhängig?
b) Wie beweist man die Fundamentalsätze der projektiven und der analytischen Geometrie?
c) Welche Axiome kann man hernach entbehren, wenn man die in b.) gemeinten Fundamentalsätze bewiesen hat?

(Hallett und Majer 2004, 171)

Als neues Element kommt im Ferienkurs vor allem die Analyse des Strahlensatzes, eines zentralen Satzes der Schulgeometrie und der in ihn eingehenden Verhältnisse – also der Euklidischen Proportionenlehre – hinzu. Dies wiederum ist aufs Engste mit Fragen des Flächeninhalts verknüpft, denn der Euklidische Beweis des Strahlensatzes in VI, 2 beruht ja auf dem Satz I,37 „Auf derselben Grundlinie zwischen denselben Parallelen gelegene Dreiecke sind einander gleich." In der Schulgeometrie tritt an dessen Stelle die allseits bekannte Formel $2A = gh$. Diese setzt die reellen Zahlen voraus – was Hilberts Streben nach einer autonomen Geometrie zuwider läuft (in dieser sollen Zahlen nur dann vorkommen, wenn sie sich intrinsisch ergeben, nicht aber als „Import" von außen)[35]. In diesem Sinne schreibt Hilbert in der Einleitung seiner Vorlesung „Grundlagen der Geometrie" (1898/99):

> Die Geometrie soll die reichen Mittel der Analysis *nicht als Fesseln tragen* und die Mittel der Analysis sollten von ihr *selbst gesuchte und bewusst benutzte Quellen neuer Erkenntnis* sein.
> Dementsprechend wird in unserer Vorlesung die Einführung der Zahl in die Geometrie gerade zum Schluss als *Endziel* erscheinen, welches das ganze bis dahin aufgeführte Gebäude der Geometrie *krönt.*
> (Hallett und Majer 2004, 222)

Damit sind zwei Themenfelder angesprochen, welchen in der „Festschrift" eigene Kapitel gewidmet werden: die Streckenrechnung und die Lehre vom Flächeninhalt ebener Polygone. Schon vor der „Festschrift" finden diese beiden neuen Themen breite Beachtung in der Vorlesung „Grundlagen der Euklidischen Geometrie" (1898/99) und in deren Ausarbeitung.

Die Idee der Streckenrechnung lässt sich auf R. Descartes' „La Géométrie" von 1637 zurückführen. Mit Hilfe des Strahlensatzes gelang es Descartes, das Produkt zweier Strecken wieder als Strecke zu interpretieren und nicht – wie zuvor üblich – als Flächeninhalt.

---

ches ich in meiner Arbeit über die Gerade als die kürzeste formuliert habe: Jedem Schnitt entspricht eine und nur eine Zahl." (Hallett und Majer 2004, 170). Diese Überschätzung des Archimedischen Axioms sollte sich bis in die Festschrift halten.

[33] Hallett und Majer 2004, 171.

[34] Gemeint: Axiome der fünf Axiomengruppen.

[35] Hierin liegt ein großer Unterschied zwischen Hilbert und Poincaré, da es für letzteren kein Problem war, die reellen Zahlen in der Geometrie vorauszusetzen.

Bei Hilbert kommt jedoch etwas Neues hinzu, nämlich das Interesse an den Körperei-genschaften[36], welche eine Streckenrechnung garantieren sollte. Damit kommen Schlie-ßungssätze[37] (Pappus-Pascal, Desargues) und die Frage nach deren Stellung im Fachwerk der Axiome in den Blick. In den Notizen zum Ferienkurs 1898 finden sich nur kurze Be-merkungen.

> Wir behandeln hier nur die Sätze über Gleichheit von gradlinig begrenzten Flächen und 2 Schnittpunkt-Sätze, den Desargues und den Pascal.
> [...]
> Desargues ist im Raume beweisbar. Man braucht bloß obige Figur [die Desargues-Konfiguration] räumlich zu sehen, so hat man den Beweis aus 1.) [d. s. die Axiome der Verknüpfung, also modern gesprochen die Inzidenzaxiome]. Man braucht also gar nicht 3.) [Kongruenzaxiome]. Es ist nicht bekannt, ob Desargues auch in der Ebene mit Hilfe der Kon-gruenzsätze beweisbar ist. Bei Euklid durch die Proportionen, aber dabei wird angenommen, dass jedem Punkt eine Zahl entspricht, also 5.) [Stetigkeitsaxiom].
> Pascal kann aus den Kongruenzsätzen im Raume bewiesen werden. Schur: Fundamental-satz der projektiven Geometrie, Math. Ann. Bd. 51. [Schur 1899]
> Ich möchte Ihnen einen anderen Beweis mitteilen mittelst einer Methode, welche mir überhaupt geeignet erscheint, Licht in den Zusammenhang von Desargues, Pascal und den Sätzen über Inhaltsgleichheit zu bringen.
> (Hallett und Majer 2004, 171–172)

Hilbert diskutiert im Anschluss hieran verschiedene Möglichkeiten, das Produkt zwei-er Strecken einzuführen: Strahlensatz, Flächeninhalt von Parallelogrammen (Desargues), den Satz von Pappos-Pascal und den Dreisehnensatz von Monge.[38] Schließlich stellt er ei-ne Liste von Fragen auf, die gewissermaßen Programm für seine weiteren Untersuchungen werden sollten:

> Folgt Pascal in der Ebene aus Desargues und 1.), 2.), 3.)? Folgt Pascal vielleicht auch in der Ebene ohne Desargues aus 1.), 2.), 3.)? Folgt umgekehrt Desargues in der Ebene aus Pascal und 1.), 2.) 3.)? Beweise eventuell die Unbeweisbarkeit!
> (Hallett und Majer 2004, 174–175)

Man bemerkt, dass sich dieses Programm recht zwangsläufig aus den von Hilbert an-gedachten Problemen ergibt. Das ist nicht irrelevant in Hinblick auf die immer wieder diskutierte Frage, inwieweit Hilbert anderen Autoren verpflichtet war und ob er dies nicht hätte deutlicher zum Ausdruck bringen müssen in der „Festschrift".

---

[36] Der von Hilbert selbst nicht gebrauchte Begriff „Körper" war um 1900 herum durchaus noch neu; er wird auf Dedekinds Kommentare zu Dirichlets Vorlesungen über Zahlentheorie zurückgeführt; Kronecker prägte den Begriff Rationalitätsbereich.

[37] Dieser Begriff tritt erstmals bei Wiener 1891, 46. auf: „...worunter hier solche Sätze zu verstehen sind, in denen jede in dem Satze vorkommende Gerade wenigstens drei ebensolche Punkte trägt, und jeder Punkt auf wenigstens drei Geraden liegt." Modern gesprochen geht es also bei Wiener um Konfigurationen. Wieder verwendet wurde der Begriff „Schließungssatz" bei Vahlen; vgl. Vahlen 1905, 62. Hier hat er bereits den modernen Sinn. Hilbert selbst spricht von „Schnittpunktsätzen".

[38] Vgl. Anhang 1 zu diesen und ähnlichen Sätzen.

Im Kontext der Schließungssätze waren vor allem Hermann Wiener und Friedrich Schur derartige Autoren. In seiner kurzen Note „Ueber Grundlagen und Aufbau der Geometrie" von 1891 hatte ersterer eine Analyse vorgeschlagen, welche klären sollte, welche Axiome und/oder Sätze in die Beweise der „Schließungssätze" eingehen. Wieners Beitrag war ursprünglich ein Vortrag bei der DMV-Tagung (die im Rahmen der 64. Versammlung Deutscher Naturforscher und Ärzte stattfand) 1891 in Halle; dem Bericht von Blumenthal zufolge inspirierte dieser Hilbert in einem Berliner Wartesaal in Gegenwart von E. Kötter und A. Schönflies zu seiner berühmten Bemerkung „Man muss jederzeit an Stelle von ‚Punkt, Gerade, Ebene' ‚Tische, Stühle, Bierseidel' sagen können."[39] Diese abstrakte, von ontologischen Bindungen losgelöste Sicht findet sich etwa zeitgleich auch bei italienischen Mathematikern wie G. Fano, G. Peano und G. Pieri.[40] So schreibt G. Fano 1892:

> Unseren Untersuchungen legen wir eine beliebige Vielheit [varietà] von Dingen von beliebiger Natur zugrunde; wir bezeichnen diese der Kürze halber als Punkte – aber wohlgemerkt ohne Berücksichtigung ihrer Natur.
> (Fano 1892, 112)[41]

Als Beispiele für Schließungssätze nennt Wiener den „Satz von Desargues über perspektivische Dreiecke" und den „auf das Geradenpaar bezogene Pascalsche Satz".[42] Besonderes Augenmerk legte Wiener auf die Unabhängigkeit der genannten Sätze von Stetigkeitsannahmen; genauer gesagt, erlauben sie es nämlich ihrerseits, den Fundamentalsatz der projektiven Geometrie „ohne weitere Stetigkeitsbetrachtungen oder unendliche Prozesse"[43] zu beweisen. Andererseits konstatierte Wiener[44] ohne Beweis[45], dass aus den Sätzen von Pappos-Pascal und Desargues der Fundamentalsatz der projektiven Geometrie folge, sowie den schon bekannten Sachverhalt, dass sich aus dem Fundamentalsatz die beiden genannten Sätze ergeben.

In einer zweiten Note „Weiteres über Grundlagen und Aufbau der Geometrie" (1893) hatte Wiener seine Überlegungen vom projektiven auf den Euklidischen Fall übertragen, wobei der Flächeninhalt in den Blick geriet:

---

[39] Blumenthal 1935, 403. Vgl. auch die Formulierung, welche Hilbert im Skriptum für seine Vorlesung im SS 1893 verwendet (Vgl. oben).
[40] Im Kap. 1 haben wir die Entwicklungslinien verfolgt, die zu dieser Auffassung geführt haben. Vgl. auch Avallone, Brigaglia und Zappula 2002, insbesondere S. 378.
[41] Ich danke S. Confalonieri (Köln) für die Übersetzung des Textes von Fano.
[42] Wiener 1891, 46. Hilbert verkürzte Wieners Bezeichnung schlicht auf „Satz von Pascal", was irreführend ist, da dieser allgemein von nicht-entarteten Kegelschnitten ausgeht, während der hier betrachtete Sonderfall – als Satz von Pappos-Pascal bezeichnet – nur den Entartungsfall zweier sich schneidender Geraden behandelt.
[43] Wiener 1891, 47.
[44] Wiener 1891, 45.
[45] Einen solchen lieferte dann Schur 1899.

Die Voraussetzung des zweiten Schließungssatzes [d. i. Pappos-Pascal] deckt sich mit den Voraussetzungen, die in den ersten Sätzen der Lehre über die Gleichheit von Flächen enthalten sind.
(Wiener 1893, 72)

Einen expliziten Bezug zur Frage der Streckenrechnung gibt es nicht bei Wiener.[46] In seinen Notizen zum Ferienkurs erwähnt Hilbert selbst die Arbeit von Fr. Schur über den Fundamentalsatz der projektiven Geometrie. Darin geht Schur, wie seinerzeit manch anderer Geometer der Frage nach, wie der fragliche Fundamentalsatz ohne Stetigkeitsvoraussetzungen bewiesen werden könne. Schurs wesentlicher Punkt war ein (räumlicher) Beweis des Satzes von Pappos-Pascal, welcher sich eines Hyperboloids bediente, Stetigkeitsannahmen aber vermied. Für diesen Beweis werden nur Kongruenzaxiome benötigt, nicht aber das Archimedische Axiom (in beiden Fällen bezieht sich Schur auf Pasch [vgl. Kap. 1 oben]). Nach einer Zusammenfassung der Beweislage folgt Schur:

Sicherlich ist nun der Beweis geliefert, dass auch das gewöhnliche Rechnen mit Strecken auf einem von der Maßzahl und dem Archimedischen Postulate unabhängigen Wege abgeleitet werden kann.
(Schur 1898, 403)

Mehr schreibt Schur hierzu nicht, insbesondere zeigt er nicht, wie denn die Streckenrechnung entwickelt werden könnte. Dennoch war er durch Hilberts Festschrift verärgert; in einem Brief an Hilbert vom 5.1.1900 heißt es:

Wir alle stützen uns auf eine Proportionenlehre, und der Unterschied besteht nur darin, dass die ihrige unabhängig vom Archimedischen Axiome begründet ist. Dass dies möglich ist, habe aber doch zuerst ich ausgesprochen und begründet (Anal. Geom. und Math. Ann. 51), wenn auch der Beweis des Pascalschen Satzes durch Sie Ihren einfacheren Annahmen entsprechend ganz wesentlich vereinfacht wurde. Tritt schon dieser Sachverhalt aus Ihren Zitaten und den darauf folgenden Satze auf S. 48 nicht deutlich hervor, so wird vollends nach dem Passus in den Teubnerschen Mittheilungen: „Hierbei liegt die Hauptschwierigkeit darin, ohne Hilfe des Archimedischen Axioms … gleiche Höhe haben" jeder Leser, der die Quellen nicht kennt, wird annehmen müssen, dem Verfasser der angezeigten Schrift sei es erst gelungen, diese Schwierigkeit zu überwinden. Dem ist aber nicht so. Die Schwierigkeiten waren schon früher überwunden, und es blieb Ihnen als dem ersten, der wieder über den Flächeninhalt schrieb, nur übrig, das Fazit zu ziehen.[47]

---

[46] Die Arbeit Wiener 1893 ist auch insofern bemerkenswert, als sie die Möglichkeit untersucht, den Euklidischen Kongruenzbegriff auf denjenigen der Geradenspiegelung zu begründen, weshalb man Wiener gewissermaßen als Vater der Spiegelungsgeometrie ansehen kann. Vgl. hierzu Schönbeck 1986. Die Druckfassungen von Wieners Vorträgen – vor allem die des ersten – sind ziemlich knapp; insofern könnte es sein, dass Wiener in seinen Vorträgen weitere Themen angesprochen hat, die in den publizierten Fassungen nicht vorkommen. Vgl. hierzu Voelke 2008.
[47] Universtitätsarchiv Gießen, Nachlass Engel, NE 110374. Vgl. auch Kap. 5 zu weiteren Vorwürfen von Schur.

# Mitteilungen

der Verlagsbuchhandlung

## B. G. Teubner 𝕭𝕲 in Leipzig.

### 32. Jahrgang.

Nr. 5/6.   Diese in 2monatlichen Zwischenräumen veröffentlichten Mitteilungen, die unentgeltlich in allen Sortimentsbuchhandlungen sowie auch von der Verlagsbuchhandlung zu haben sind, sollen das Publikum von den erschienenen, unter der Presse befindlichen und vorbereiteten Unternehmungen des Teubnerschen Verlags in Kenntnis setzen.   1899.

| | |
|---|---|
| 1. Sammelwerke: Schriften d. Königl. Sächs. Gesellsch. d. Wissensch.   S. 134. Aus Natur und Geisteswelt   S. 135. | 4. Neuere fremde Sprachen   S. 164. 5. Mathematik, techn. und Naturwissenschaften   S. 166. |
| 2. Klassische Altertumswissenschaft. Orientalia.   Kunstgeschichte   S. 137. | 6. Geographie   S. 177. 7. Heilwissenschaft   S. 178. |
| 3. Geschichte und Litteratur. Volkswirtschaftslehre u. Volkskunde. Philosophie. Pädagogik u. Schulwesen   S. 149. | 8. Veterinärwissenschaft   S. 178. Bestellzettel (zugleich Inhaltsverzeichnis)   hinter S. 158. |

Die mit * bezeichneten Bücher befinden sich unter der Presse oder in Vorbereitung.

**D. Hilbert, Grundlagen der Geometrie**, siehe S. 171 in: Festschrift zur Feier der Enthüllung des Gauß-Weber-Denkmals.

Diese Untersuchung hat den Zweck, für die Geometrie ein einfaches und vollständiges System von einander unabhängiger Axiome aufzustellen und aus denselben die wichtigsten geometrischen Sätze in der Weise abzuleiten, daß dabei die Bedeutung der verschiedenen Axiomgruppen und die Tragweite der aus den einzelnen Axiomen zu ziehenden Folgerungen möglichst klar zu Tage tritt. — In Kapitel I werden die Axiome in fünf Gruppen geordnet (Axiome der Verknüpfung, der Anordnung, Euklids Parallelenaxiom, Axiome der Kongruenz, Archimedisches Axiom) und einige einfache Sätze aus ihnen abgeleitet, darunter der Satz von der Gleichheit aller rechten Winkel, der bisher als Axiom galt. — In Kapitel II wird sodann die Widerspruchslosigkeit und gegenseitige Unabhängigkeit der Axiome bewiesen; insbesondere wird gezeigt, daß die Kongruenzaxiome und das Archimedische Axiom von allen übrigen Axiomen unabhängig sind. — In Kapitel III wird die Lehre von den Proportionen unabhängig vom Archimedischen Axiom begründet; dazu dient die Einführung einer Streckenrechnung, in der alle Rechnungsregeln für reelle Zahlen gültig sind. — Kapitel IV enthält die Lehre von den Flächeninhalten in der Ebene. Hierbei liegt die Hauptschwierigkeit darin, ohne Hilfe des Archimedischen Axioms zu zeigen, daß zwei inhaltsgleiche Dreiecke auf gleicher Grundlinie notwendig gleiche Höhe haben. — In Kapitel V wird der Desarguessche, in Kapitel VI der Pascalsche Satz auf sein Verhalten gegenüber den Axiomen untersucht. Es ergeben sich dann folgende bemerkenswerte Resultate: Eine ebene Geometrie ohne Kongruenzaxiome kann dann und nur dann als Stück einer räumlichen

Geometrie angesehen werden, wenn in ihr der Desarguessche Satz gilt. Der Pascalsche Satz ist bei Ausschließung der Kongruenzaxiome dann und nur dann beweisbar, wenn das Archimedische Axiom gilt. — In Kapitel VII wird gezeigt, daß die auf Grund der sämtlichen Axiome möglichen Konstruktionsaufgaben identisch mit denjenigen sind, die allein durch Ziehen von Geraden und durch Abtragen von Strecken ausgeführt werden können; es wird ein allgemeines Kriterium für solche Konstruktionsaufgaben aufgestellt.

**Festschrift zur Feier der Enthüllung des Gauß-Weber-Denkmals in Göttingen.** Herausgegeben von dem Fest-Comité. [II, 92 u. 112 S.] gr. 8. geh. n. ℳ 6.—

Folgende 2 Abhandlungen enthaltend:

**Grundlagen der Geometrie.** Von Dr. DAVID HILBERT, o. Professor an der Universität Göttingen. Mit 50 Textfiguren. [II u. 92 S.]

**Grundlagen der Elektrodynamik.** Von Dr. EMIL WIECHERT, a. o. Professor der Geophysik an der Universität Göttingen. [112 S.]

Die von Fr. Schur kritisierte Anzeige von Hilberts „Grundlagen" in den Mitteilungen des Teubner-Verlags[48]

Bemerkenswert ist, dass Hilbert in seiner „Festschrift" im Vergleich zu seinen Ausarbeitungen nur ganz wenige Literaturhinweise gab und alle erläuternden Ausführungen zur Geschichte und zur Philosophie, die sich ja durchaus in seinen Ausarbeitungen finden, wegließ. Das sollte manchen seiner Kollegen – und Schur ist hierfür ein markantes Beispiel – ärgern und ihm den vielfach geäußerten Vorwurf mangelnder Zitierweise einbringen.

Die neuen Themen (Flächeninhalt von Polygonen, Streckenrechnung, Sätze von Pappos-Pascal und Desargues), die wir im Ferienkurs nur angedeutet finden, werden dann in der Vorlesung „Grundlagen der Euklidischen Geometrie", die Hilbert im WS 1898/99 gehalten hat, ausführlich behandelt. Von dieser ließ er auch eine Ausarbeitung durch seinen Mitarbeiter H. von Schaper anfertigen, die unter dem Titel „Elemente der Euklidischen Geometrie" in 70 Exemplaren vervielfältigt wurde und eine gewisse Verbreitung fand.[49]

Die genannten Texte, die in Hallett-Majer 2004 sorgfältig ediert vorliegen, kommen der späteren „Festschrift" schon in vielen Hinsichten nahe. In ihrem Titel wird ausdrücklich auf die Euklidische Geometrie Bezug genommen, was zeigt, dass sich Hilbert entschlossen hatte, dieses Gebiet getrennt für sich zu behandeln. „Ideale" Elemente[50], wie Hilbert jetzt die Fernpunkte nennt, kommen nur am Rande vor (und verschwinden in der „Festschrift" ganz). Im Vergleich zu den bereits besprochenen Manuskripten sind diese beiden Texte recht lang und ausformuliert – was natürlich bei der „Bearbeitung" nicht erstaunt.

In der Vorlesung „Grundlagen der Euklidischen Geometrie" (1898/99) und in deren schriftlicher Ausarbeitung „Elemente der Euklidischen Geometrie" (1899)[51] werden Themen ausführlich behandelt, die später in der „Festschrift" eigene Kapitel bekommen werden, und die in den vorangehenden Ausarbeitungen eher knapp oder gar nicht besprochen wurden:

- Die Proportionenlehre, das heißt die Streckenrechnung
- Die Lehre vom Flächeninhalt ebener Polygone

---

[48] Im Jahr danach heißt es dann: „Vielfach geäußertem Wunsche zufolge sind D. Hilberts: Grundlagen der Geometrie nunmehr auch einzeln zu haben ebenso wie E. Wiecherts: Grundlagen der Elektrodynamik." (Mitteilungen des Teubner-Verlags 33 Nr. 4/5 (1900), 138).

[49] Das Vorwort von H. von Schaper ist auf „März 1899" datiert und erwähnt bereits die „Festschrift", woraus man schließen darf, dass Hilbert zu dieser Zeit schon an ihr arbeitete und dies auch öffentlich zu machen gedachte.

[50] Vgl. Hallett und Majer 2004, 273 und 357–359. Die Funktion der idealen Elemente ist nach Hilbert klassisch: Sie erlauben einheitliche Formulierungen, indem der Ausnahmefall der Parallelität einbezogen werden kann. Die Bezeichnung „unendlich ferne Punkte" verwirft Hilbert ausdrücklich: „Dieser Name erscheint uns aber wenig passend, weil er störende Nebenvorstellungen erweckt: ..." (Hallett und Majer 2004, 357).

[51] Der Kürze halber wird im Folgenden von der „Vorlesung Grundlagen", der „Ausarbeitung" und der „Festschrift" gesprochen, „Grundlagen der Geometrie" allgemein – ohne „Vorlesung" – bezieht sich auf die weiteren Auflagen der „Festschrift". Daneben gibt es noch den Artikel fast gleichen Titels „Ueber die Grundlagen der Geometrie" aus dem Jahre 1903, der weiter unten als Hilbert 1903c zitiert wird.

- Der Satz von Pappos-Pascal und der Satz von Pascal
- Der Satz von Desargues
- Konstruktionsprobleme

Allerdings werden diese Themen noch nicht – wie in der „Festschrift" – in eigenen Kapiteln dargestellt, sondern verstreut jeweils im Kontext von Axiomengruppen. Die wichtigsten Fragen lauten:

Auf welchen Axiomen beruht der Beweis des fraglichen Satzes?

Lässt sich zeigen, dass die Voraussetzungen eines Beweises unverzichtbar sind? Und Welche Funktion kommt dem entsprechenden Satz zu? Kann er Axiome ersetzen?

Oder „Hilbertsch" ausgedrückt: Welches ist seine Stellung im Fachwerk der Begriffe? Die Tatsache, dass Hilbert problemlos Sätze wie den Desargues oder den Pappos-Pascal zu Axiomen erheben kann, zeigt deutlich, wie weit er schon vom traditionellen Verständnis des Begriffes „Axiom" abgerückt war. Aufgrund ihrer komplexen Struktur entsprachen diese Sätze schlecht der überkommenen Idee, Axiome seien einfache, evidente Aussagen.

Hierzu schreibt Hilbert in der „Ausarbeitung":

Dieser Satz [gemeint ist der Satz von Desargues und sein klassischer räumlicher Beweis] gibt uns Gelegenheit zur Erörterung einer wichtigen Frage: *Der Inhalt nämlich des Desargues'schen Satzes gehört durchaus der ebenen Geometrie an; zu seinem Beweise aber haben wir den Raum gebraucht.* Wir sind daher hier zum ersten Mal in der Lage, eine *Kritik der Hilfsmittel eines Beweises* zu üben. In der modernen Mathematik wird eine solche Kritik sehr häufig geübt, wobei das Bestreben ist, die *Reinheit der Methode* zu wahren, d. h. beim Beweise eines Satzes möglichst nur solche Hilfsmittel zu benutzen, die durch den Inhalt des Satzes nahe gelegt werden. Dieses Bestreben ist oft erfolgreich und für den Fortschritt der Wissenschaft fruchtbar gewesen.

Untersuchen wir nun von diesem Gesichtspunkte aus unsern Satz, so werden wir uns die Aufgabe stellen: *entweder den Desargues lediglich mit Hilfe der ebenen Axiome zu beweisen, oder zu zeigen, dass ein solcher Beweis unmöglich ist.* Wie kann man nun zeigen, dass ein an sich richtiger Satz mit gewissen Hilfsmitteln unbeweisbar ist? Wir werden offenbar dasselbe Prinzip anwenden müssen wie bei den Unabhängigkeitsbeweisen [sprich: Modelle angeben]
...

(Hallett und Majer 2004, 316)

Und in der „Vorlesung Grundlagen" heißt es ebenfalls bei Gelegenheit des Satzes von Desargues:

Also sind hier zum ersten Mal die *Hilfsmittel der Beweisführung einer Kritik* unterworfen. Es ist modern, überall die *Reinheit* der Methode zu garantieren. In der Tat ist dies auch in Ordnung: vielfach befriedigt es unseren Verstand nicht, wenn zum Beweise eines arithmetischen Satzes *Geometrie* oder einer *geometrischen Wahrheit Funktionentheorie* herangezogen wird. Häufig freilich hat das Heranziehen verschieden gearteter Hilfsmittel einen *tieferen, berechtigten* Grund und schöne und *fruchtbare Beziehungen* werden aufgedeckt, z. B. Primzahlproblem und $\varsigma(x)$-Funktion, Potentialtheorie und analytische Funktionen etc. Jedenfalls soll man aber an einem solchen *Vorkommnis* des Zusammengreifens verschiedener Gebiete nie achtlos vorübergehen.

(Hallett und Majer 2004, 236)

Historisch gesehen erinnert das Hilbertsche Votum für Methodenreinheit sehr an das so genannte Arithmetisierungsprogramm[52] der Analysis; paradigmatisch formuliert wurde dieses schon in der Einleitung von B. Bolzanos Schrift über den Beweis des Zwischenwertsatzes, der die Verwendung geometrischer Argumente zur Grundlegung der Analysis ganz klassisch eine „Metabasis" nannte.[53] Im Bereich der Geometrie wurde die Forderung nach Methodenreinheit im 19. Jh. virulent für die projektive Geometrie in Gestalt der Idee, diese frei von metrischen Beziehungen aufzubauen. Diese wurde von von Staudt klar formuliert und fast lückenlos durchgeführt; die noch verbleibende Lücke – die mit dem Beweis des Fundamentalsatzes der projektiven Geometrie zu tun hatte – wurde von F. Klein kritisiert und später von ihm und anderen (z. B. Fr. Schur) gefüllt.[54] Die genannten Bestrebungen waren Hilbert sicherlich vertraut.

Zeitgeschichtlich bemerkenswert ist hier Hilberts Verwendung des Begriffs „modern"[55], sollte er doch später zum „Generaldirektor" (Minkowski) der „modernen Mathematik" (Mehrtens) befördert werden.

Die Axiomengruppen der „Ausarbeitung" und der „Vorlesung Grundlagen" zeigen keine großen Änderungen gegenüber den Vorläufertexten. Allerdings sagt Hilbert direkt am Anfang etwas über die zu behandelnden Objekte; in der „Ausarbeitung" findet sich schon fast wörtlich die bekannte Formulierung aus der „Festschrift":

*Zum Aufbau der Euklidischen Geometrie denken wir[56] uns drei Systeme von Dingen, die wir Punkte, Grade und Ebenen nennen … Durch die gewählten Namen dürfen wir uns nicht verleiten lassen, diesen Dingen etwa geometrische Eigenschaften beizulegen, wie wir sie gewöhnlich mit diesen Bezeichnungen verbinden. Bis jetzt wissen wir nur, dass jedes Ding des einen Systems von jedem Ding der beiden andern Systeme verschieden ist. Alle weiteren Eigenschaften erhalten diese Dinge erst durch die Axiome, die wir in fünf Gruppen zusammenfassen*

I.    Axiome der Verknüpfung.
II.   Axiome der Anordnung oder Reihenfolge.

---

[52] Der Terminus wurde von F. Klein in seinem Vortrag „Über Arithmetisierung" (1895) eingeführt. Hilbert spricht gelegentlich von der „von Weierstraß geforderten und durchgeführten Strenge" (Hallett und Majer 2004, 154); ein Satz, der hierbei im Zentrum von Hilberts Interesse sich befand, war das Dirichletsche Prinzip (vgl. Hallett und Majer 2004, 162).

[53] Die Vermischung von Arithmetik und Geometrie war auch schon in der Antike prominentes Beispiel einer Metabasis, Vgl. Aristoteles „Zweite Analytik" 75a28–75b21.

[54] Vgl. Voelke 2008, § 5 und § 8.

[55] Schon vorher taucht der Begriff „modern" gelegentlich bei Hilbert auf. So spricht er im Ferienkurs 1896 von den „Grundbegriffen der modernen Mathematik" (Hallett und Majer 2004, 153), die er anhand von Zahlentheorie und Gleichungslehre erläutert. Im zweiten Ferienkurs erwähnt er den „positiven Gewinn, den die moderne Behandlung des Unendlichkeitsbegriffes herbeigeführt hat durch Schaffung der Mächtigkeit" (Hallett und Majer 2004, 164). Allerdings bleibt „modern" bei Hilbert eher ein „Allerweltsbegriff" (E. Scholz).

[56] In der „Vorlesung Grundlagen" heißt es an dieser Stelle: „Also es gibt … " (Hallett und Majer 2004, 224).

III.  Axiome der Kongruenz oder Bewegung[57].
IV.  Euklid's Parallelenaxiom.
V.   Axiom des Archimedes.

Diese Axiome werden wir nun im Einzelnen untersuchen.
(Hallett und Majer 2004, 304)

Die Anordnungsaxiome enthalten ein Trennungsaxiom für die Ebene, das das Pasch-Axiom in der üblichen Fassung zu beweisen erlaubt sowie die Zerlegung des Raumes durch jede Ebene.[58] In der Gruppe der Kongruenzaxiome unterscheidet Hilbert Strecken- und Winkelkongruenz; er formuliert den ersten Kongruenzsatz für Dreiecke als Axiom, der die beiden Kongruenzbegriffe miteinander in Beziehung setzt.[59] In der letzten Gruppe von Axiomen, später Stetigkeitsaxiome oder Vollständigkeitsaxiome genannt, gibt es nur – wie in der „Festschrift" – das Archimedische Axiom.

In der „Vorlesung Grundlagen" wird die Streckenrechnung von Hilbert motiviert mit der Frage „Wie weit reicht ihre [d.i. die Euklidische Geometrie] Gewalt?"[60] Nach Verweis auf Henry Saviles[61] „zwei Makel" der Euklidischen Geometrie heißt es dann:

Der zweite ... lässt sich nun in der Tat vollständig tilgen, so dass Euklid in soweit recht hatte, kein neues Axiom zu brauchen.
(Hallett und Majer 2004, 274)

---

[57] Im Kontext der Kongruenzaxiome erklärt Hilbert in der „Vorlesung Grundlagen", dass diese das „Wort zur ‚Deckung bringen' oder ‚bewegen'" erst definieren (Hallett und Majer 2004, 253). In der „Ausarbeitung" geht er noch einen Schritt weiter: „Der umgekehrte Weg, die Kongruenzaxiome und –sätze mit Hilfe des Bewegungsbegriffs zu beweisen, ist falsch, da sich die Bewegung ohne den Kongruenzbegriff gar nicht definieren lässt." (Hallett und Majer 2004, 335) Später hat Hilbert (1903) selbst eine Grundlegung der Geometrie mit Hilfe des Abbildungsbegriffs gegeben. Vgl. Kap. 6 unten.

[58] Die Dreidimensionalität des Raumes wird durch entsprechende Inzidenzaxiome gewährleistet.

[59] Vgl. Hallett und Majer 2004, 325. Hilbert beweist dann den zweiten und dritten Kongruenzsatz.

[60] Hallett und Majer 2004, 274. Die euklidische Geometrie umfasst die Axiomengruppen I bis IV (also kein Stetigkeitsaxiom!); für die Geometrie, die auf den Gruppen I bis III beruht, gebraucht Hilbert auch den Begriff „Gausssche Geometrie", die Geometrie, welche alle Axiome (einschließlich des Stetigkeitsaxioms) erfüllt, heißt bei Hilbert „analytische Geometrie" (Hallett-Majer 2004, 343) – später auch „cartesische Geometrie" (Hallett und Majer 2004, 401).

[61] Henry Savile (1549–1622) war ein englischer Gelehrter, der sich hauptsächlich mit Mathematik und Latein beschäftigte. Er hielt Vorlesungen über Euklids „Elemente" und beklagte in diesem Zusammenhang die beiden erwähnten „Makel" der Geometrie Euklids – nämlich die Parallelen- und die Proportionenlehre. Savile stiftete der Universität Oxford einen Lehrstuhl für Geometrie (der Savilian Chair), der mit der Aufgabe verbunden war, Vorlesungen und Vorträge zu Euklid zu halten. Dessen dritter Inhaber war John Wallis (1616–1703), der im Rahmen seiner Verpflichtungen seinen bekannten Vortrag (1693) über den Beweis des Parallelenpostulats hielt. Hilbert bezog seine historischen Kenntnisse aus der damals neuen Quellensammlung von Stäckel-Engel, von der er ausgiebig Gebrauch machte, vgl. zum Beispiel seine Ausführungen zur Geschichte des Parallelenpostulats in der „Ausarbeitung" (Hallett und Majer 2004, 343–345), in denen H. Savile und J. Wallis Erwähnung finden.

Wie an vielen anderen Stellen bezieht sich Hilbert hier deutlich auf Euklid – die Hilbertschen Grundlagen sind stets gemeint als eine Vervollkommnung der Euklidischen „Elemente". Hierin liegt vielleicht der wesentliche Unterschied zu den Arbeiten der italienischen Geometer wie Peano, Pieri u. a., die eine radikale Umorientierung gegenüber Euklid vollzogen.[62] Bemerkenswerter Weise wird er diese wichtige historische Anknüpfung in der „Festschrift" wie fast alle anderen Hintergrundinformationen vollständig unterdrücken. So konnte der Eindruck des ahistorischen Terminators aller ontologischen Bezüge entstehen und Hilbert zum Protagonisten der Moderne erklärt werden:

> If there is a single exemplary work that ushered in modernism, it is perhaps Hilbert's *Grundlagen der Geometrie* ...
> (Gray 2008, 5)

In einem Brief an Hilbert vom 8.6.1903 hat A. Hurwitz hellsichtig vorausgesagt, was dessen „Festschrift" und die mit ihr verwandten Arbeiten Hilberts leisten würden:

> Ihre neuen geometrischen Abhandlungen habe ich mit großem Interesse gelesen. Sie haben da ein unermessliches Feld mathematischer Forschung erschlossen, welche als „Mathematik der Axiome" bezeichnet werden könnte und weit über das Gebiet der Geometrie hinausreicht.
> (Toepell 1986, 257)

Auffällig ist, dass im „Schlusswort" der „Festschrift", also an einer der wenigen Stellen in dieser Arbeit, an der Hilbert sich nicht auf das rein Mathematische beschränkt, der Begriff „modern" nicht mehr fällt. Nach einer längeren Erläuterung, dass die „Festschrift" als „eine kritische Untersuchung der Prinzipien der Geometrie"[63] zu verstehen sei, und die Wichtigkeit von Unmöglichkeitsbeweisen in der „neueren Mathematik"[64] betont wird, heißt es abschließend:

> Der Grundsatz, demzufolge man überall die Prinzipien der Möglichkeit der Beweise erläutern soll, hängt auch aufs Engste mit der Forderung der „Reinheit" der Beweismethoden zusammen, die von mehreren Mathematikern der neueren Zeit mit Nachdruck erhoben worden ist. Diese Forderung ist im Grunde nichts Anderes als eine subjektive Fassung des hier befolgten

---

[62] Vgl. die sehr interessanten Ausführungen zum Verhältnis von Hilberts Programm und demjenigen der italienischen Schule in Avallone, Brigaglia und Zappula 2002, 363–366.

[63] Hilbert 1899, 89.

[64] Hilbert 1899, 89. Beispiele hierfür von Hilbert: Abels Beweis der Unlösbarkeit der Gleichung fünften Grades durch Wurzelziehen, Hermites und Lindemanns Beweise für die Transzendenz von $e$ bzw. $\pi$. Gerade die Unmöglichkeitsbeweise und die Methodenreinheit machten für Hilbert die moderne Mathematik aus; dagegen steht die De-Ontologisierung eher im Hintergrund. In der französischen Übersetzung der Festschrift, welche 1900 erschien, ergänzte Hilbert seine oben erwähnte Schlussbemerkung (Hilbert 1900, 204–209), hauptsächlich um die mittlerweile von M. Dehn erzielten Resultate zur Abhängigkeit der Legendreschen Sätze vom Archimedischen Axiom zu präsentieren. Die Schlussbemerkung der „Festschrift" wird dann ab S. 208 in der französischen Übersetzung wiedergegeben. Hier findet sich die Wendung „les mathématiques modernes" für „neuere Mathematik" (Hilbert 1900a, 209).

Grundsatzes, darüber Aufschluss zu geben, welche Axiome, Voraussetzungen oder Hilfsmittel zum Beweise einer elementar-geometrischen Wahrheit nötig sind, und es bleibt dann dem jedesmaligen Ermessen anheimgestellt, welche Beweismethoden von dem gerade eingenommenen Standpunkte aus zu bevorzugen ist.
(Hilbert 1899, 89–90)

Hilbert gibt hier seinem Anliegen, das er als Anliegen seiner Zeit darstellt, einen sehr kantischen Hauch, gilt doch die Frage „nach den Bedingungen der Möglichkeit" als das Kernstück von dessen transzendentaler Methode.

Kommen wir zur Proportionenlehre (Streckenrechnung) zurück. In der „Ausarbeitung" beschreibt Hilbert sein Anliegen und dessen historische Verwurzelung sehr deutlich. Um auch die Unterschiede zur „Festschrift" klar hervortreten zu lassen, zitiere ich Hilbert hier etwas ausführlicher:

*Die fundamentale Bedeutung des soeben bewiesenen Satzes* [Pappos-Pascal] *liegt darin, dass er uns in den Stand setzt, die Lehre von den Proportionen ohne irgendein neues Axiom zu begründen.* Wir sehen also, dass auch hier *Euklid* schließlich Recht behält: auch er führt die Lehre von den Proportionen ohne neues Axiom ein. Allerdings müssen wir hinzufügen: *Die Art dieser Einführung bei Euklid ist gänzlich verfehlt.* Euklid basiert nämlich die Lehre von den Proportionen auf folgende zwei Sätze:

1) *Wenn in einem Dreiecke $ABC$ zu $AB$ die Parallele $A'B'$ gezogen wird, so ist $AC:BC = A'C:B'C$.*
2) *Die Umkehrung: Wenn in einem Dreieck $AC:BC = A'C:B'C$ ist, so ist $AB \parallel A'B'$.*

Die Beweise dieser Sätze bei Euklid[65] sind in dem Falle durchaus streng, wo $AC$ und $BC$ beide durch wiederholtes Abtragen einer und derselben Strecke entstanden sind.[66] Nun aber beruft sich Euklid auf allgemeine Größenbeziehungen, indem er die obige Proportion als eine *Zahlen*gleichung[67] auffasst, und schließt so, dass der Satz bei beliebiger Lage von $A$ und $A'$ gültig bleibt. Hiergegen ist einzuwenden: 1) Dass man eine Proportion zwischen *Strecken* stets als eine *Zahlen*relation auffassen darf, ist ein neues Axiom (welches wir unter V besprechen werden). 2) Selbst wenn man dies neue Axiom eingeführt hat, muss man ausdrücklich beweisen, dass die dadurch neu eingeführten Zahlen (cf. später) denselben Rechnungsgesetzen folgen wie die bereits bekannten.
(Hallett und Majer 2004, 363)

Im Anschluss hieran führt Hilbert das Produkt von Strecken[68] ein und beweist anschließend deren Kommutativität, Assoziativität und Distributivität. Dabei gerät der Satz von Pappos-Pascal in den Blick, denn aus ihm folgt die Kommutativität der Multiplikati-

---

[65] Bei Euklid handelt es sich nur um einen Satz, den Satz 3 des sechsten Buches.
[66] Wenn also $AC = ne$ und $BC = me$ mit einer Strecke $e$ (die man sich als Einheit vorstellen kann) gilt. Der Beweis des Strahlensatzes kann dann über kongruente Dreiecke zählend geführt werden.
[67] Hilberts Lesart von Euklid ist hier recht anachronistisch, denn bei letzterem gibt es eine eigenständige Theorie der Größenverhältnisse; Zahlen (im Sinne von reellen Zahlen) kommen bei Euklid nicht vor.
[68] Die Addition derselben ist ja schon mit den Kongruenzaxiomen erledigt.

on, und die Frage, in welchem axiomatischen Rahmen dieser beweisbar sei. Dann kommt Hilbert auf die Einführung von Koordinaten zu sprechen, was mit Hilfe des Parallelenaxioms und der Streckenrechnung in der üblichen Art und Weise geschehen kann. Er kann nun feststellen, dass man auf der damit vorbereiteten Basis zahlreiche bekannte Sätze aus der Geometrie – Hilbert nennt die Sätze von Ceva und Menelaos, den Sehnen- und den Sekantensatz, die Theoreme des Feuerbachschen Kreises und den Satz des Ptolemaios – ohne Stetigkeitsvoraussetzungen beweisen kann.[69]

Sodann untersucht Hilbert die Lehre vom Flächeninhalt. Nachdem er den Begriff „Polygon" definiert hat und kurz die grundlegenden Probleme der Zerlegung der Ebene durch einen geschlossenen Kantenzug in ein Inneres und ein Äußeres sowie der Triangulierbarkeit von Polygonen angesprochen hat,[70] führt er die Begriffe „flächengleich" und „inhaltsgleich" ein: Zwei Polygone heißen flächengleich, wenn sie sich in gleichviele paarweise kongruente Dreiecke zerlegen lassen, inhaltsgleich, wenn sie sich durch Hinzunahme flächengleicher Polygone zu flächengleichen Polygonen ergänzen lassen.[71] Und wieder wird der kritische Bezug zu Euklid hergestellt:

> Das ist im Wesentlichen die Euklidische Definition. Er gründet seine Theorie der Inhaltsgleichheit auf die Lehre von den Proportionen; wir werden zeigen, dass eine solche Begründung tatsächlich möglich ist, dass in Euklids Beweisen erhebliche Lücken bestehen. (Hallett und Majer 2004, 369)[72]

Wichtig ist es Hilbert, in seiner Theorie des Flächeninhalts die Verwendung des Archimedischen Axioms zu vermeiden[73], eine methodologische Entscheidung, die er nicht diskutiert.

Dann spricht Hilbert das an, was an seinen Augen wohl das zentrale Problem der Lehre vom Flächeninhalt gewesen ist:

> *Die bewiesenen Sätze über Inhaltsgleichheit* sind vollkommen streng; indessen erkennt man bei näherer Untersuchung, dass sie sämtlich *vorläufig gar keinen Inhalt haben.* Wir wissen ja noch gar nicht, *ob es überhaupt Polygone gibt, die verschiedene Inhalte haben.* (Hallett und Majer 2004, 371)

Insbesondere geht es um die Aussage, dass zwei Rechtecke mit gleicher Höhe $a$ aber unterschiedlichen Basen $b$ und $b'$ nicht inhaltsgleich sein können:

---

[69] Hallett und Majer 2004, 368.

[70] Diese heiklen Fragen werden auch in der „Festschrift" und in ihren späteren Auflagen nur andiskutiert und durch Verweise erledigt.

[71] Die etwas unglückliche da leicht zu Verwechselungen führende Bezeichnungsweise wurde später abgeändert in „zerlegungsgleich" bzw. „ergänzungsgleich".

[72] Die von Euklid im ersten Buch entwickelte Lehre vom Flächeninhalt verwendet die Proportionenlehre nicht, diese kommt erst im sechsten Buch zum Tragen. Insofern ist Hilberts Behauptung historisch gesehen nicht ganz zutreffend.

[73] Vgl. Hallett und Majer 2004, 371, wo Hilbert aufzeigt, an welcher Stelle das Problem des Archimedischen Axioms ins Spiel kommt (nämlich bei „schiefen" Parallelogrammen, vgl. Euklid I, 36).

> *Euklid* hat die Schwierigkeit, die hier vorliegt, bei Seite gelassen. Wir werden den genannten Satz, ..., auf Grund der Lehre von den Proportionen beweisen.
> (Hallett und Majer 2004, 371)[74]

Zu diesem Zwecke konstruiert Hilbert ein Flächenmaß für Dreiecke als das halbe Produkt aus Seite (Basis) und zugehöriger Höhe. Das ist möglich im Sinne der Strecken-rechnung. Dann zeigt er im Hilfe ähnlicher Teildreiecke, dass das Maß eines Dreiecks unabhängig ist von der ausgewählten Seite und dass das Flächenmaß additiv ist. An-schließend wird das Flächenmaß vermöge Triangulierung auf Polygone übertragen, was wiederum den Beweis der obigen Behauptung für Rechtecke ermöglicht: Aus der Inhalts-gleichheit ergäbe sich durch Additivität die Beziehung $ab = ab'$ und daraus aufgrund der in der Streckenrechnung geltenden Streichungsregeln $b = b'$, was ein Widerspruch ist zur Annahme $b \neq b'$. Auch hierzu gibt Hilbert einen historisch-systematischen Kommentar:

> Der zu beweisende Satz ist zuerst von *Killing* und *Stolz* besonders formuliert worden; letzterer gibt ihm die Fassung: *Zerlegt man ein Rechteck durch Gerade in Dreiecke, und lässt man auch nur eines der Dreiecke fort, so kann man das Rechteck mit den übrigen auf keine Weise mehr bedecken.*
> Unsere Darstellung ist übrigens von der bei Stolz und Killing gegebenen *durchaus ver-schieden*. Denn der erste stellt den in Rede stehenden Satz als Axiom auf, der zweite dagegen beweist ihn mit Hilfe des Archimedischen Axioms, was kein besonderes Interesse hat.
> (Hallett und Majer 2004, 372)

In der „Festschrift" wird Hilbert einen Hinweis auf Fr. Schur ergänzen, der wie Killing einen Beweis basierend auf der Archimedizität gegeben habe, und genauere Angaben zu letzterem und Stolz ergänzen,[75] in späteren Auflagen auch auf den italienischen Mathema-tiker De Zolt (vgl. oben Abschn. 1.3). Man bemerkt auch hier wieder die herausgehobene Rolle, die das Archimedische Axiom in Hilberts Augen hatte.

Auf dieses Axiom geht Hilbert dann in der „Ausarbeitung" ein. Interessanter Weise betrachtet er hier drei Fassungen dieser Aussage:

Zuerst die gängige Version, die besagt, dass man eine kleinere Größe so oft zu sich selbst addieren kann – also mit einer natürliche Zahl vervielfältigen kann – so dass das Ergebnis die größere gegebene Größe übertrifft, dann eine projektive Fassung mit Hilfe harmonischer Punkte und schließlich die Fassung, welche „in der Ausdrucksweise der Mengenlehre"[76] die Existenz eines Grenzpunktes fordert und die wir schon oben gesehen haben. Er stellt jetzt aber fest:

> Die drei gegebenen Axiome sind nicht völlig gleichwertig.[77]

---

[74] Für Euklid gab es hier eigentlich kein Problem, denn der von Hilbert angesprochene Fall war einfach geregelt über Axiom 8: Das Ganze ist größer als der Teil.

[75] Killing 1898; Schur 1893, Abschnitt 5, § 5 und Stolz 1894.

[76] Hallett und Majer 2004, 378.

[77] Hallett und Majer 2004, 378.

Einen breiten Raum nimmt dann der Beweis der Unabhängigkeit des Archimedischen Axioms von den anderen Axiomen mit Hilfe eines analytischen Modells (siehe unten) ein. Nachdem diese bewiesen ist, folgt noch eine allgemeine Bemerkung (von der Art, die man in der „Festschrift" vergeblich sucht):

> Es möge hier noch eine *allgemeine Bemerkung über den Charakter unserer Axiome I–V* Platz finden. Die Axiome I–III sprechen sehr einfache, man könnte sagen ursprüngliche, Tatsachen aus; ihre Gültigkeit in der Natur lässt sich durch das Experiment leicht nachweisen. Hingegen ist die Gültigkeit der Axiome IV, V nicht so unmittelbar einleuchtend; ihre experimentelle Bestätigung erfordert eine größere Zahl von Versuchen.
> (Hallett und Majer 2004, 380)

Das Archimedische Axiom dient hauptsächlich dazu, die Einführung der reellen Zahlen zu ermöglichen; damit endet die axiomatische Geometrie – die Metatheorie der elementaren Geometrie – um in die analytische Geometrie überzugehen – die dritte Schicht von Geometrien, die Hilbert in seiner Analyse vorsah. Gegen Ende der „Ausarbeitung" schreibt Hilbert:

> Auf Grund des Archimedischen Axioms kann nun die *Einführung der Zahl in die Geometrie* erfolgen.
> [...] *Auf diese Weise* [Intervallhalbierungsmethode] *wird jedem Punkt P der Graden eine ganz bestimmte reelle Zahl zugeordnet; jeder Zahl entspricht höchstens ein Punkt der Graden.* –
> Dass auch wirklich jeder reellen Zahl ein Punkt der Graden entspricht, folgt aus unsern Axiomen nicht. Man kann es aber erreichen durch *Einführung von idealen (irrationalen) Punkten (Cantorsches Axiom)*. Es lässt sich zeigen, dass diese idealen Punkte den sämtlichen Axiomen I–V genügen; es ist daher gleichgültig, ob wir sie erst hier oder schon an einer früheren Stelle einführen wollen. Die Frage, ob diese idealen Punkte wirklich „existieren", ist aus dem genannten Grunde völlig müßig; für unsere erfahrungsmäßige Kenntnis von den räumlichen Eigenschaften der Dinge sind die irrationalen Punkte nicht notwendig. Ihr Nutzen ist lediglich ein methodischer: *erst mit ihrer Hilfe ist es möglich, die analytische Geometrie in ihrer vollen Ausdehnung zu entwickeln.* –
> Hiermit sind wir am Ziel unserer Untersuchung angelangt: wir können jetzt mit wenigen Worten *die Frage nach der Verträglichkeit der Axiome I–V erledigen, anders ausgedrückt, die Frage nach der Existenz der Euklidischen Geometrie.* Nach Einführung der analytischen Geometrie ist ja diese Frage der Arithmetik zugewiesen, und wir können sagen: *Die euklidische Geometrie existiert, sofern wir aus der Arithmetik den Satz herübernehmen, dass die Gesetze der gewöhnlichen reellen Zahlen auf keine Widerspruch führen.* Damit ist zugleich die Existenz aller derjenigen Geometrien nachgewiesen, die wir im Laufe der Untersuchung betrachtet haben.
> (Hallett und Majer 2004, 391)

Die Frage der Widerspruchsfreiheit der Theorie der reellen Zahlen („Arithmetik" bei Hilbert), die im obigen Zitat eigentlich noch recht undramatisch anklingt, wird somit zu einem zentralen Dreh- und Angelpunkt für Hilberts Auffassung. Sie nimmt einen prominenten Platz in Hilberts Pariser Vortrag (1900) über mathematische Probleme ein: „2. Die Widerspruchsfreiheit der arithmetischen Axiome":

Ich bin nun überzeugt, dass es gelingen muss, einen direkten Beweis für die Widerspruchslosigkeit der arithmetischen Axiome zu finden, wenn man die bekannten Schlussmethoden
in der Theorie der Irrationalzahlen im Hinblick auf das bezeichnete Ziel genau durcharbeitet
und in geeigneter Weise modifiziert.
(Hilbert 1900b, 265)[78]

Im August 1900, dem Zeitpunkt, zu dem Hilbert seinen berühmten Vortrag hielt, dürfte
dieser nicht geahnt haben, wie sehr ihn in Zukunft noch das Problem der Widerspruchsfreiheit der Arithmetik beschäftigen sollte. Es gibt keine Anzeichen, dass er anfangs darin
eine besondere Schwierigkeit gesehen hätte.

Den Abschluss der „Ausarbeitung" bilden Überlegungen zu den Beziehungen zwischen den Sätzen von Pappos-Pascal, Desargues und dem Archimedischen Axiom, in deren Verlauf Hilbert eine neue von den Kongruenzaxiomen unabhängige Streckenrechnung
entwickelt, sowie einige Bemerkungen zu elementaren geometrischen Konstruktionen. Es
findet sich hier auch noch folgende aufschlussreiche Bemerkung über die Anwendbarkeit
der Geometrie:

Wir haben in dieser Vorlesung gewissermaßen eine *Theorie* der Geometrie gegeben, wir
wollen nun noch eine Bemerkung über die *Anwendung* dieser Theorie *auf die Wirklichkeit*
machen. *Die geometrischen Sätze gelten in der Natur niemals mit voller Genauigkeit, weil
die Axiome von den Objekten niemals genau erfüllt werden.* Dieser Mangel an Übereinstimmung liegt aber im Wesen jeder Theorie; denn eine Theorie, die bis ins Einzelne mit der
Wirklichkeit übereinstimmte, wäre nur mehr eine genaue Beschreibung der Dinge.
(Hallett und Majer 2004, 391)[79]

Vor dem genannten relativ kurzen Schlussabschnitt über geometrische Konstruktionen
findet sich eine Bemerkung, die dem oben schon zitierten „Schlusswort" in mancher Hinsicht ähnlich ist:

Ein wesentliches Stück unserer Untersuchung waren *die Beweise für die Unbeweisbarkeit*
gewisser Sätze; wir erinnern hier zum Schluss daran, dass derartige Beweise in der modernen
Mathematik überhaupt eine große Rolle spielen und sich als fruchtbar erwiesen haben; man
denke nur an die Quadratur des Kreises, an die Auflösung der Gleichungen 5. Grades durch
Wurzelziehen, an Poincaré's Satz, dass es beim Dreikörperproblem eindeutige Integrale außer
den bekannten nicht gibt.

---

[78] Zuvor erläuterte Hilbert kurz seine Sicht der Axiomatik insbesondere der Geometrie, sowie seine
Axiomatik der reellen Zahlen, wir er sie im September 1899 in München bei der Versammlung
Deutscher Naturforscher und Ärzte – in deren Rahmen die Deutsche Mathematiker Vereinigung
tagte – vorgestellt hatte (vgl. Hilbert 1900c).

[79] In der „Vorlesung Grundlagen" finden sich ähnliche, hier allerdings eher stichwortartige Bemerkungen zum Anwendungsproblem. Interessant ist folgende Notiz: „Man sagt dann [wenn die
Wirklichkeit nicht der Theorie entspricht] oft, die Theorie wäre falsch. Dies nur, wenn untereinander in Widerspruch." (Hallett und Majer 2004, 283) Auch Poincaré's Konventionalismus lässt
sich als Antwort auf die von Hilbert konstatierte fehlende Übereinstimmung von Wirklichkeit und
Theorie verstehen.

Weiter seien noch einige interessante *Probleme* genannt, *die bis jetzt noch unerledigt sind.*

1.) Lassen sich Pascal und Desargues vielleicht beweisen aus den ebenen Axiomen I, II, III ohne IV?
2.) Beweis der Legendreschen Sätze über die Winkelsumme im Dreieck aus I, II, III, ohne V.
3.) Begründung der Lehre von der Messung von Raumvolumina.

(Hallett und Majer 2004, 392)

Alle genannten Probleme wurden später angegangen und gelöst (hauptsächlich von Max Dehn und Gerhard Hessenberg). Man sieht auch hier wieder, wie Recht A. Hurwitz mit seiner oben zitierten Bemerkung zur „Mathematik der Axiome" hatte.

Vergleicht man die „Vorlesung Grundlagen" und die „Ausarbeitung" mit der „Festschrift", so fallen viele vor allem weitgehende inhaltliche Übereinstimmungen auf. Es gibt aber auch einige bemerkenswerte Unterschiede:

- Die „Festschrift" ist fast ausschließlich auf den mathematisch-technischen Gehalt reduziert. Es fehlen so gut wie alle historischen und methodologischen Kommentare, die sich in der „Vorlesung Grundlagen" und in der „Ausarbeitung" noch zahlreich finden. Auch die Literaturverweise sind stark reduziert.
- Während sich in der „Vorlesung Grundlagen" und in der „Ausarbeitung" immer wieder mal Bemerkungen zur projektiven Geometrie finden, kommt dieses Thema in der „Festschrift" praktisch nicht mehr vor.
- Die „Vorlesung Grundlagen" und die „Ausarbeitung" sind nach den Axiomengruppen aufgebaut; Themen wie die Sätze von Pappos-Pascal und Desargues treten darum an verschiedenen Stellen auf, wo deren Beweisbarkeit oder Nichtbeweisbarkeit dann diskutiert wird. Die „Festschrift" enthält eigene gleichberechtigte Kapitel für diese Themen, die eingefügt werden, nachdem die Axiomengruppen behandelt wurden. So wird eine zusammenhängende und übersichtliche Diskussion gewährleistet.

Eine zentrale Rolle in Hilberts Überlegungen zur Axiomatik der Geometrie spielen Modelle – ein in der damaligen Mathematik recht neues Hilfsmittel. Im Folgenden gehen wir auf diesen wichtigen Aspekt noch etwas näher ein.

Eine Geschichte des mathematischen Modellbegriff ist ein Desiderat. Wir müssen uns hier auf einige Hinweise beschränken. Nach gängiger Auffassung traten die ersten Modelle im hier interessierenden Sinne[80] im Zusammenhang mit der nichteuklidischen Geometrie auf: Modell von Beltrami (die Pseudosphäre), von Cayley-Klein (projektiv) und von Poincaré (Halbebenen- und Kreisscheibenmodell, quadratische Geometrien). Diese komplexen Modelle hatten allerdings anfänglich nur sehr bedingt eine logische Funktion

---

[80] D. h. es geht uns nicht um materiale Modelle (z. B. von Flächen oder Körpern), die auch eine wesentliche Rolle in der Geschichte der Mathematik und vor allem ihres Unterrichts gespielt haben. Zu dieser Art von Modellen vgl. man etwa Sattelmacher 2013.

(nämlich die eines relativen Widerspruchsfreiheitsbeweises), sondern hauptsächlich die, die neue Geometrie anschaulich verständlich zu machen.

Der erste Mathematiker, der explizit Modelle konstruierte, um zu zeigen, dass Axiome voneinander unabhängig sind, scheint Gino Fano (1871–1952) gewesen zu sein. In seiner Arbeit „Sui postulati fondamentali della geometria proiettiva in uno spazio lineare a un numero qualunque di dimensioni" (Über die Postulate, die der projektiven Geometrie eines linearen Raumes von beliebiger Dimension zu Grunde liegen)[81] von 1882 formulierte G. Fano insgesamt fünf Postulate, die die – modern gesprochen – Inzidenzstruktur von projektiven Räumen betreffen:

1. Zwei beliebige Punkte bestimmen stets und zwar in eindeutiger Weise eine Entität, Gerade genannt.[82]
2. Die Gerade, die durch zwei Punkte einer Ebene geht, liegt ganz in dieser Ebene.
3. Zwei Geraden in einer Ebene schneiden sich stets in einem Punkt.
4. Jede Gerade enthält mehr als zwei Punkte.[83]

Das fünfte Axiom bezieht sich auf harmonische Punkte.

Bemerkenswert ist nun, dass Fano die Unabhängigkeit seiner Postulate mit Hilfe einfacher Modelle nachweist. Dieses Vorgehen unterscheidet sich grundlegend von jenem, das man in der nichteuklidischen Geometrie antrifft, und kommt demjenigen von Hilbert schon sehr nahe.

Das erste Modell – wohlgemerkt fällt dieser Begriff nicht – zeigt, dass Postulat II von Postulat I unabhängig ist; angegeben wird folglich ein Bereich, in dem Postulat I gilt, II aber nicht.

Fano vertrat übrigens – wie wir oben schon gesehen haben – bezüglich der durch die Axiome definierten Begriffe eine Position, die der Hilbertschen (der so genannten „impliziten Definitionen") sehr nahe kam.

Bei Hilbert wird dieser Stand der Dinge erst mit der „Vorlesung Grundlagen" und vor allem mit der „Ausarbeitung" – auf die wir uns im Weiteren konzentrieren werden – erreicht. Gerade hier ist die Entwicklung gegenüber den früheren Vorlesungen und den Ferienkursen deutlich, wo Modelle nur sporadisch und oft eher andeutungsweise auftraten. Allerdings bleibt festzuhalten, dass bereits im Brief an Klein ein von Minkowskis „Geometrie der Zahlen" inspiriertes Modell recht prominent und ausführlich behandelt wird.[84]

---

[81] In dem Bestreben, Räume beliebiger Dimension zu betrachten, zeigt sich deutlich der Einfluss von Corrado Segre (1863–1924), einer von Fanos Lehrern in Turin. Der andere war Peano. Fano hat übrigens das „Erlanger Programm" ins Italienische übersetzt (1892) und 1893 ein Jahr bei Klein in Göttingen verbracht.

[82] Peano hätte sicher kritisiert, dass dies natürlich zwei verschiedene Punkte sein müssen. Aber Fano war großzügiger (und gerade mal 21 Jahre alt). Auch einige Formulierungen in den anderen Postulaten von Fano bedürfen der Präzisierung (z. B. auch bzgl. der Existenzfrage).

[83] Fano 1892, 109, 110 und 112. Vgl. auch die Ausführungen über Fano bei Avallone, Brigaglia und Zappula 2002, 385–391.

[84] Hilbert 1895, 92–96, vgl. oben. Dieses Modell spielt allerdings in seinen weiteren Arbeiten zu den Grundlagen der Geometrie keine Rolle mehr.

Schon im Bereich der Inzidenzaxiome führt Hilbert Unabhängigkeitsbeweise mit Hilfe von Modellen. So ist das zweite Inzidenzaxiom, das besagt, dass die von zwei verschiedenen Punkten nach Axiom 1 festgelegte Gerade eindeutig ist, unabhängig vom ersten, wie folgende Überlegung zeigt:

> Als Punkte nehmen wir die ganzen rationalen positiven Zahlen, als Geraden die ganzen rationalen negativen Zahlen (...). Zwei Punkte $A = p_1$, $B = p_2$ mögen eine Gerade $g$ bestimmen nach dem Gesetz:
>
> $$\left[\frac{p_1 p_2}{2}\right] = -g \,,$$
>
> wo $[x]$ in üblicher Weise die größte unterhalb $x$ liegende ganze Zahl bezeichnet. 1. ist dann selbstverständlich erfüllt, denn $g$ berechnet sich eindeutig aus $p_1$, $p_2$; hingegen ist 2. nicht erfüllt; setzen wir etwa $A = 1$, $B = 2$, $C = 3$, so wird $AB = -1$, $AC = -1$, dagegen $BC = -3$.
> (Hallett und Majer 2004, 306)

Dieses Modell wirkt recht gekünstelt, es tritt auch in der „Festschrift" nicht mehr auf.

Bemerkenswert ist Hilberts Kommentar zu dem Modell, mit dem er die Unabhängigkeit von Inzidenzaxiom 5 (Liegen zwei Punkte einer Geraden in einer Ebene, so liegt die ganze Gerade in der fraglichen Ebene [„Axiom der Ebene"].[85]) von den vorangehenden Inzidenzaxiomen beweist.

> Unsere Systeme von Dingen werden wir hier dem Euklidischen Raum entnehmen und damit scheinbar eine grobe Inkonsequenz begehen, da doch die Euklidische Geometrie das Endziel aller unser Betrachtung sein soll. *Wenn schon hier Eigenschaften des Euklidischen Raumes benutzt werden, so ist das lediglich als eine abkürzende Bezeichnung gewisser arithmetischer Beziehungen aufzufassen*; so steht z. B. „Punkt" (des Euklidischen Raumes) für „Tripel reeller Zahlen", „Ebene des $R_3$" für „Gesamtheit der einer linearen Gleichung zwischen $x, y, z$ genügenden Zahlentripel" u. s. w.
> Nach dieser Bemerkung wird das Folgende kein Missverständnis erzeugen.
> Als Punkte nehmen wir die Punkte des Euklidischen Raumes, mit Ausnahme eines einzigen Punktes $O$; als Geraden nehmen wir die durch $O$ gehende Kreise; als Ebenen die gewöhnlichen Ebenen. Es braucht nicht näher ausgeführt zu erden, dass alle Axiome der ersten Gruppe, mit Ausnahme von 5., gültig sind.
> (Hallett und Majer 2004, 307)

Dieses Modell ist in recht offenkundiger Weise ungenügend. Klarerweise braucht man neben den Kreisen durch O auch die Geraden durch O – was Hilbert vielleicht unterstellt hat, wenn er Geraden als Kreise mit unendlichem Radius angesehen hat. Das Zusammenspiel von Punkten, Geraden und Ebenen ist falsch, denn offensichtlich legen drei nicht kollineare Punkte nicht immer eindeutig eine Ebene fest (nämlich dann nicht, wenn sie im gewöhnlichen Euklidischen Raum nicht aber im Modell kollinear sind). Hierauf machte Felix Hausdorff in einem Brief aus Leipzig vom 12.10.1900 aufmerksam (Hallett und Majer 2004, 307 und 396).

---

[85] Vgl. Kap. 1 oben.

Gestatten Sie mir einige Bemerkungen zu Ihrer Festschrifts-Abhandlung über die „Grundlagen der Geometrie": zu deren aufrichtigen Bewunderern ich mich zählen darf. Sie müssen es dem höchstgesteigerten Kritizismus zuschreiben, den die Lektüre Ihrer Schrift als philosophische Grundstimmung hinterlässt, wenn sogar an Ihren eigenen überaus scharfsinnigen und vorsichtigen Formulierungen irgend eine Kleinigkeit nicht völlig korrekt erscheint. [Es folgt eine Kritik an der Formulierung des zweiten Inzidenzaxioms in der „Festschrift".]
    (2) Bezüglich der Unabhängigkeitsbeweise für die Axiome der ersten Gruppen verweisen Sie auf die autographierte Vorlesung. Der dort gegebene Beweis (. . . ), dass das Axiom 5 keine Folge der übrigen ist, trifft insofern nicht zu, als im fingierten Beispiel auch die Axiome 3 und 4 umgestoßen werden.
(Hausdorff 2012, 327)

Im Anschluss schlägt Hausdorff ein eigenes Modell vor, das das leisten soll, was Hilbert beabsichtigte. Die autographierte „Ausarbeitung" hatte also ihren Weg auch nach Leipzig gefunden.

Auch zur Unabhängigkeit der Anordnungsaxiome gibt es Modelle bei Hilbert, hier betont er vor allem, dass diese weder die Eindimensionalität der Menge der geordneten Punkte – der Geraden also – erzwinge noch dass die Anordnung auf einer Geraden – selbst wenn diese eindimensional ist – die Standardanordnung gemäß derjenigen der reellen Zahlen sein muss.[86] Ein weiteres Modell, das Hilbert angibt, ist das einer Geometrie, in der die Inzidenz- und die ebenen Anordnungsaxiome gelten aber nicht der Satz von Desargues. Ein einfacheres Beispiel, das dies leistet, wurde 1902 von dem US-amerikanischen Astronomen Forest Ray Moulton gefunden[87]; es ging in die späteren Auflagen von Hilberts Grundlagen ein.

Interessant ist ein weiteres Modell, das Hilbert im Rahmen der Kongruenzaxiome angibt. Hier geht es ihm darum, zu zeigen, dass das Axiom die Dreieckskongruenz betreffend (im Grunde genommen der Kongruenzsatz SWS) nicht aus den Axiomen für die Strecken- und Winkelkongruenz folge.

Man nehme im Euklidischen Raum zwei Ebenen $e$ und $e'$, die sich in einer Geraden $g$ schneiden. In $e$ betrachte man die gewöhnliche Euklidische Geometrie; in $e'$ sei die Kongruenz der Strecken wie üblich, dagegen die Kongruenz der Winkel so definiert, dass zwei Winkel in $e'$ kongruent sind, wenn dies ihre orthogonalen Projektionen in $e$ sind. Dies soll auch gelten, falls einer der Winkel in $e$ liegt. Nimmt man nun zwei Dreiecke $ABC$ und $A'B'C'$ in $e$ bzw. $e'$ mit $AB \equiv A'B'$, $AC \equiv A'C'$ und $< BAC \equiv < B'A'C'$ im Sinne der gerade definierten Kongruenz von Winkeln, so ergibt sich direkt, dass $BC$ nicht kongruent $B'C'$ sein kann.[88]

Mehrfach kommt Hilbert auf das Poincarésche Halbebenenmodell zu sprechen, das er auch ausführlich in der komplexen Ebene mit Hilfe der Möbius-Transformationen be-

---

[86] Vgl. Hallett und Majer 2004, 310.
[87] Vgl. Moulton 1902 und Kap. 5 unten.
[88] Die Streckenkongruenz ist ja Euklidisch. Dabei geht ein, dass der Euklidisch gemessene Winkel in $e'$ größer ist als sein Bild in $e$.

handelt.[89] Nur kurz dagegen bespricht er das Modell von Cayley-Klein, wobei er wieder Transformationen verwendet, um das Problem der Winkelkongruenz zu lösen.[90]

Besondere Aufmerksamkeit widmet Hilbert in der „Ausarbeitung" und auch später noch dem Thema „Stetigkeitsaxiome"[91]; in der „Ausarbeitung" tritt nur das Archimedische Axiom auf. Somit lautet die Aufgabe, eine nicht-Archimedische Geometrie zu konstruieren. Hierbei greift Hilbert auf das „Unendlich der Funktionen" von P. du Bois-Reymond zurück. Er betrachtet die Menge aller algebraischen Funktionen in einer Veränderlichen über $\mathbb{Q}$, zu der noch Ausdrücke der Form $\sqrt{1 + u^2}$ mit $u$ aus der bereits genannten Menge hinzukommen. Es ergibt sich der kleinste Körper, der die Menge der algebraischen Funktionen über $\mathbb{Q}$ enthält und unter den algebraischen Operationen nebst Anwendung des Pythagoras abgeschlossen ist (ein pythagoreischer Körper). In dieser Menge, deren Elemente Hilbert „komplexe Zahlen"[92] nennt, werden nun die Identität, die Rechenoperationen und die Größerbeziehung erklärt. Letztere entspricht der du Boisschen Größerbeziehung im Endstück. Da die betrachteten Funktionen algebraisch sind, wechseln sie ab einer bestimmten Stelle ihr Vorzeichen nicht mehr (sie haben nur endlich viele Nullstellen), was die Definition der Größerbeziehung einfach macht:

$$f > g \Leftrightarrow \exists x' \in \mathbb{Q}\ \forall x > x' \colon f(x) > g(x)$$

Die so definierte Ordnung ist aber nicht Archimedisch, denn es gibt z. B. kein Vielfaches der rationalen Zahl 1, das die Funktion $f(t) = t$ übertrifft im Sinne der eben definierten Größerbeziehung. Nach Art der analytischen Geometrie lässt sich über dem konstruierten Körper eine ebene Geometrie konstruieren, in der alle Axiome mit Ausnahme des Archimedischen gelten.[93] G. Veronese hatte sich – wie schon im Kap. 1 erwähnt – ausführlich mit dem Archimedischen Axiom beschäftigt. In der „Ausarbeitung" findet dies keine Erwähnung, wohl aber in der „Festschrift":

> G. Veronese hat in seinem tiefsinnigen Werke, Grundzüge der Geometrie, deutsch von A. Schepp, Leipzig 1894 ebenfalls den Versuch gemacht, eine Geometrie aufzubauen, die vom Archimedischen Axiom unabhängig ist.
> (Hilbert 1899, 24 n. 1)

Das besondere Augenmerk, das Hilbert dem Archimedischen Axiom widmete, wird schon bei seiner Behandlung des Flächeninhalts deutlich, wo er die Komplikation der

---

[89] Vgl. Hallett und Majer 2004, 347–357; ohne Transformationen Hallett und Majer 2004, 318.

[90] Man bringt die Winkel mit ihrem Scheitel in den Mittelpunkt des Kegelschnittes, dort kann man die Euklidische Winkelmessung verwenden.

[91] Vgl. Kap. 1 oben.

[92] Hallett und Majer 2004, 378.

[93] Vgl. Hallett und Majer 2004, 379–380. Betrachtet man die auf der $x$-Achse gelegenen Strecken mit den Endpunkten $(0,0)$ und $(1,0)$ bzw. $(0,0)$ und $(t,0)$, so ist nach dem oben Gesagten klar, dass es nicht möglich ist, durch Antragen der ersteren an sich selbst irgendwann einmal letztere zu übertreffen. Es ergibt sich also hier die charakteristische Entsprechung zwischen der Archimedizität des Grundkörpers und jener der ebenen analytischen Geometrie über diesem.

Ergänzungsgleichheit in Kauf nimmt, um die Archimedizität zu vermeiden. In Kenntnis der Beweise, die A. M. Legendre für seine beiden Sätze gegeben hatte, lag die Frage nahe, ob diese auch unabhängig vom der Archimedizität gelten würden. Dies untersuchte Max Dehn in seiner Dissertation „Die Legendre'schen Sätze über die Winkelsumme im Dreieck" (Göttingen 1899). Darin zeigt Dehn, dass der erste Satz von Legendre in einer nicht-Archimedischen Geometrie ohne Parallelenaxiom nicht gilt, der zweite jedoch gilt: „ein merkwürdiger Unterschied".[94]

Damit sind im Wesentlichen alle Modelle genannt, die Hilbert in der „Ausarbeitung" konstruiert. Es fällt auf, dass er dabei fast immer auf Hilfsmittel der Analysis zurückgreift, dass er hier also die strenge Trennung von Geometrie und Arithmetik/Analysis nicht beibehält. Klar ist auch, dass Hilberts Modelle immer Hilfsmittel bleiben: Sie dienen dazu, die Unabhängigkeit von Axiomen zu beweisen und beanspruchen in der Regel[95] kein über diese Bestimmung hinausgehendes Interesse für sich. Diesen eher unmodernen[96] Zug des Hilbertschen Denkens hat H. Freudenthal betont:

> Auch hat Hilbert sich niemals positiv für „neue" Geometrien interessiert. Das unterscheidet ihn von Riemann, der neue Möglichkeiten suchte und fand. Andersartige Geometrien waren für Hilbert immer Mittel zum Zweck (...), und sie waren bei ihm mehr oder weniger pathologisch.
> (Freudenthal 1957, 132)

Ähnliches gilt übrigens auch für die italienischen Geometer.[97]

Die Forscher, die an Hilberts Modelle anschließen, werden das anders sehen – auch hier wird Hilbert gewissermaßen wider Willen zum Begründer der so genannten Moderne.

Den nächsten Schritt tat Hilbert mit seiner „Festschrift", einer Art von Kurzfassung der „Ausarbeitung". Deren Text findet man im anschließenden Kap. 3, Kommentare hierzu im Kap. 4 unten. Im Anhang 2 werden die in der „Festschrift" behandelten Modelle zusammengestellt.

Hilberts Arbeitsweise war es, bestimmte Gebiete in einer bestimmten Periode seines Arbeitslebens zu bearbeiten, um sich dann neuen Fragen zuzuwenden. Dieses gilt auch für die Geometrie, wenn man einmal die bereits zu Beginn dieses Kapitels erwähnten Vorlesungen beiseite lässt. Hilberts erste Publikation zum Thema „Grundlagen der Geometrie" war die kurze Arbeit von 1895 über die Gerade als kürzeste Verbindung; neben der „Festschrift" nebst Neuauflagen gibt es nur noch wenige Artikel von Hilbert selbst zu diesem Fragenkreis:

---

[94] Dehn 1900, 405.
[95] Natürlich liegen die Dinge z. B. im Falle der nichteuklidischen Geometrie anders.
[96] H. Mehrtens spricht in seinem einschlägigen Werk von „antimodern"; nun scheint es arg, dem Generaldirektor der Moderne antimoderne Züge anzulasten. Deshalb verwende ich das bescheidenere „unmodern" (junge Leute heute würden vielleicht schreiben „out").
[97] Vgl. Avallone, Brigaglia und Zappula 2002, 365.

- „Über den Satz von der Gleichheit der Basiswinkel im gleichschenkligen Dreieck"
  (1902/03)
- „Neue Begründung der Bolyai-Lobatschefskyschen Geometrie" (1903)
- „Über die Grundlagen der Geometrie" (1903) und
- „Über Flächen von konstanter Gaußscher Krümmung" (1901)

Diese Arbeiten wurden in der genannten Reihenfolge in späteren Auflagen ab der zweiten (1903) den „Grundlagen" als Anhänge I bis V beigegeben. Auch die Zahl der bei
Hilbert geschriebenen Dissertationen zum Themenkreis „Grundlagen der Geometrie" ist
vergleichsweise klein (in Relation zur Gesamtzahl 69 von Dissertationen, die bei ihm entstanden).[98] Hier sind zu nennen:

- Feldblum, Michael „Über elementargeometrische Konstruktionen" (1899)
- Bosworth, Anne Lucy „Begründung einer vom Parallelenaxiom unabhängigen Stre-
  ckenrechnung" (1899)
- Dehn, Max „Die Legendreschen Sätze über die Winkelsumme im Dreieck" (1899)
- Hamel, Geoerg „Über die Geometrien, in denen die Geraden die Kürzesten sind"
  (1901)
- Janssen, Gerhard „Über die definitionsgemäße Einführung der affinen und der äquifor-
  men Geometrie auf Grund der Verknüpfungsaxiome" (1913)
- Rosemann, Walther „Der Aufbau der ebenen Geometrie ohne das Symmetrieaxiom"
  (1922)
- Schmidt, Arnold „Die Herleitung der Spiegelung aus der ebenen Bewegung" (1932)

Es gab allerdings noch einige andere Dissertationen bei Hilbert, die sich unter Verwendung von anderen als den hier betrachteten Methoden mit geometrisch relevanten Fragen
beschäftigten:

- Boy, W. „Über die Curvatura integra und die Topologie geschlossener Flächen" (1901)
- Lütkemeyer, G. „Über die analytische Charakterisierung der Integrale von partiellen
  Differentialgleichungen" (1902)

In beiden Fällen geht es um Einbettungsfragen, verwendet werden topologische bzw.
differentialgeometrische Methoden.

Was Hilbert sich unter „Grundlegung" um 1900 vorstellte, wird deutlich in seinem
Pariser Vortrag. Dort gibt es, nachdem ausführlich sechs eher allgemeine fundamentale
Probleme vorgestellt wurden und bevor er auf die Einzelprobleme zu sprechen kommt,
die den Rest des Textes ausmachen, einen Einschub, in dem Hilbert sich mit einem ge-
wissen Pathos, das ihm ja nicht fremd war, der Frage der Grundlegung mathematischer
Wissenszweige zuwandte:

---

[98] Quelle: Verzeichnis der bei Hilbert angefertigten Dissertationen in Hilbert 1935, 431–433.

Wir haben bisher lediglich Fragen über die Grundlagen mathematischer Wissenszweige berücksichtigt. In der Tat ist die Beschäftigung mit den Grundlagen einer Wissenschaft von besonderem Reiz und es wird die Prüfung dieser Grundlagen stets zu den vornehmsten Aufgaben des Forschers gehören. „Das Endziel", so hat Weierstraß einmal gesagt, „welches man stets im Auge behalten muss, besteht darin, dass man über die Fundamente der Wissenschaft, ein sicheres Urteil zu erlangen suche" [...] „Um überhaupt in die Wissenschaften einzudringen, ist freilich die Beschäftigung mit einzelnen Problemen unerlässlich." In der Tat bedarf es zur erfolgreichen Behandlung der Grundlagen einer Wissenschaft des eindringenden Verständnisses ihrer speziellen Theorien; nur der Baumeister ist im Stande, die Fundamente für ein Gebäude sicher anzulegen, der die Bestimmung des Gebäudes selbst im Einzelnen gründlich kennt.
(Hilbert 1900b, 273)

# Text der „Festschrift"

Hinweis: Das Originalinhaltsverzeichnis der „Festschrift" findet sich S. 167–168 unten.

© Springer-Verlag Berlin Heidelberg 2015
K. Volkert (Hrsg.), *David Hilbert*, Klassische Texte der Wissenschaft,
DOI 10.1007/978-3-662-45569-2_3

# FESTSCHRIFT

ZUR FEIER DER

# ENTHÜLLUNG DES GAUSS-WEBER-DENKMALS

IN GÖTTINGEN.

HERAUSGEGEBEN

VON DEM FEST-COMITEE.

———— ·————

LEIPZIG,
VERLAG VON B. G. TEUBNER.
1899.

*No 36,908*

# FESTSCHRIFT

ZUR FEIER DER

# ENTHÜLLUNG DES GAUSS-WEBER-DENKMALS

## IN GÖTTINGEN.

HERAUSGEGEBEN

VON DEM FEST-COMITEE.

*Geschenk des Fest-Comitees!*

---

INHALT:

D. HILBERT: GRUNDLAGEN DER GEOMETRIE.
E. WIECHERT: GRUNDLAGEN DER ELEKTRODYNAMIK.

LEIPZIG,
VERLAG VON B. G. TEUBNER.
1899.

# GRUNDLAGEN DER GEOMETRIE

VON

## Dr. DAVID HILBERT,

O. PROFESSOR AN DER UNIVERSITÄT GÖTTINGEN.

So fängt denn alle menschliche Erkenntnis
mit Anschauungen an, geht von da zu Begriffen
und endigt mit Ideen.

Kant, Kritik der reinen Vernunft,
Elementarlehre 2. T. 2. Abt.

# Einleitung.

Die Geometrie bedarf — ebenso wie die Arithmetik — zu ihrem folgerichtigen Aufbau nur weniger und einfacher Grundthatsachen. Diese Grundthatsachen heissen A x i o m e der Geometrie. Die Aufstellung der Axiome der Geometrie und die Erforschung ihres Zusammenhanges ist eine Aufgabe, die seit *Euklid* in zahlreichen vortrefflichen Abhandlungen der mathematischen Litteratur[1]) sich erörtert findet. Die bezeichnete Aufgabe läuft auf die logische Analyse unserer räumlichen Anschauung hinaus.

Die vorliegende Untersuchung ist ein neuer Versuch, für die Geometrie ein e i n f a c h e s und v o l l s t ä n d i g e s System von einander u n a b h ä n g i g e r Axiome aufzustellen und aus denselben die wichtigsten geometrischen Sätze in der Weise abzuleiten, dass dabei die Bedeutung der verschiedenen Axiomgruppen und die Tragweite der aus den einzelnen Axiomen zu ziehenden Folgerungen möglichst klar zu Tage tritt.

---

1) Man vergleiche die zusammenfassenden und erläuternden Berichte von *G. Veronese*, „Grundzüge der Geometrie", deutsch von *A. Schepp*, Leipzig 1894 (Anhang), und *F. Klein*, „Zur ersten Verteilung des *Lobatschefskiy*-Preises", Math. Ann. Bd. 50.

1*

# Kapitel I.

## Die fünf Axiomgruppen.

### § 1.

#### Die Elemente der Geometrie und die fünf Axiomgruppen.

Erklärung. Wir denken drei verschiedene Systeme von Dingen: die Dinge des ersten Systems nennen wir *Punkte* und bezeichnen sie mit $A, B, C, \ldots$; die Dinge des zweiten Systems nennen wir *Gerade* und bezeichnen sie mit $a, b, c, \ldots$; die Dinge des dritten Systems nennen wir *Ebenen* und bezeichnen sie mit $\alpha, \beta, \gamma, \ldots$; die Punkte heissen auch die *Elemente der linearen Geometrie*, die Punkte und Geraden heissen die *Elemente der ebenen Geometrie* und die Punkte, Geraden und Ebenen heissen die *Elemente der räumlichen Geometrie* oder *des Raumes*.

Wir denken die Punkte, Geraden, Ebenen in gewissen gegenseitigen Beziehungen und bezeichnen diese Beziehungen durch Worte wie „liegen", „zwischen", „parallel", „congruent", „stetig"; die genaue und vollständige Beschreibung dieser Beziehungen erfolgt durch die *Axiome der Geometrie*.

Die Axiome der Geometrie gliedern sich in fünf Gruppen; jede einzelne dieser Gruppen drückt gewisse zusammengehörige Grundthatsachen unserer Anschauung aus. Wir benennen diese Gruppen von Axiomen in folgender Weise:

I 1—7. Axiome der *Verknüpfung*,

II 1—5. Axiome der *Anordnung*,

III. Axiom der *Parallelen* (*Euklidisches* Axiom),

IV 1—6. Axiome der *Congruenz*,

V. Axiom der *Stetigkeit* (*Archimedisches* Axiom).

## § 2.
### Die Axiomgruppe I: Axiome der Verknüpfung.

Die Axiome dieser Gruppe stellen zwischen den oben erklär-
ten Begriffen Punkte, Geraden und Ebenen eine *Verknüpfung* her
und lauten wie folgt:

I 1. *Zwei von einander verschiedene Punkte A, B bestimmen
stets eine Gerade a; wir setzen AB = a oder BA = a.*

Statt „bestimmen" werden wir auch andere Wendungen
brauchen, z. B. A „liegt auf" a, A „ist ein Punkt von" a,
a „geht durch" A „und durch" B, a „verbindet" A „und"
oder „mit" B u. s. w. Wenn A auf a und ausserdem auf einer
anderen Geraden b liegt, so gebrauchen wir auch die Wendung:
„die Geraden" a „und" b „haben den Punkt A gemein"
u. s. w.

I 2. *Irgend zwei von einander verschiedene Punkte einer Geraden
bestimmen diese Gerade; d. h. wenn AB = a und AC = a, und
B $\neq$ C, so ist auch BC = a.*

I 3. *Drei nicht auf ein und derselben Geraden liegende Punkte
A, B, C bestimmen stets eine Ebene α; wir setzen ABC = α.*

Wir gebrauchen auch die Wendungen: A, B, C „liegen in"
α; A, B, C „sind Punkte von" α u. s. w.

I 4. *Irgend drei Punkte A, B, C einer Ebene α, die nicht auf
ein und derselben Geraden liegen, bestimmen diese Ebene α.*

I 5. *Wenn zwei Punkte A, B einer Geraden a in einer Ebene
α liegen, so liegt jeder Punkt von a in α.*

In diesem Falle sagen wir: die Gerade a liegt in der
Ebene α u. s. w.

I 6. *Wenn zwei Ebenen α, β einen Punkt A gemein haben, so
haben sie wenigstens noch einen weiteren Punkt B gemein.*

I 7. *Auf jeder Geraden giebt es wenigstens zwei Punkte, in jeder
Ebene wenigstens drei nicht auf einer Geraden gelegene Punkte und
im Raum giebt es wenigstens vier nicht in einer Ebene gelegene Punkte.*

Die Axiome I 1—2 enthalten nur Aussagen über die Punkte
und Geraden, d. h. über die Elemente der ebenen Geometrie und
mögen daher die *ebenen Axiome der Gruppe* I heissen, zum Unterschied von den Axiomen I 3—7, die ich kurz als die *räumlichen
Axiome* bezeichne.

Von den Sätzen, die aus den Axiomen I 1—7 folgen, erwähne
ich nur diese beiden:

6　　　　　　　　　　Kap. I. Die fünf Axiomgruppen. § 2, 3.

Satz 1. Zwei Geraden einer Ebene haben einen oder keinen
Punkt gemein; zwei Ebenen haben keinen Punkt oder eine Gerade
gemein; eine Ebene und eine nicht in ihr liegende Gerade haben
keinen oder einen Punkt gemein.

Satz 2. Durch eine Gerade und einen nicht auf ihr liegenden
Punkt, so wie auch durch zwei verschiedene Geraden mit einem
gemeinsamen Punkt giebt es stets eine und nur eine Ebene.

### § 3.

#### Die Axiomgruppe II: Axiome der Anordnung [1]).

Die Axiome dieser Gruppe definiren den Begriff „zwischen"
und ermöglichen auf Grund dieses Begriffes die *Anordnung* der
Punkte auf einer Geraden, in einer Ebene und im Raume.

Erklärung. Die Punkte einer Geraden stehen in gewissen
Beziehungen zu einander, zu deren Beschreibung uns insbesondere
das Wort „*zwischen*" dient.

II 1. *Wenn A, B, C
Punkte einer Geraden sind,
und B zwischen A und C
liegt, so liegt B auch*

*A　　B　　　　　C*

Fig. 1.

*zwischen C und A.*

II 2. *Wenn A und C zwei Punkte einer Geraden sind, so giebt
es stets wenigstens einen
Punkt B, der zwischen
A und C liegt und wenig-
stens einen Punkt D, so*

*A　　　　B　C　　D*

Fig. 2.

*dass C zwischen A und D liegt.*

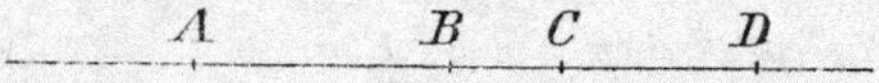

II 3. *Unter irgend drei Punkten einer Geraden giebt es stets
einen und nur einen, der zwischen den beiden andern liegt.*

II 4. *Irgend vier Punkte A, B, C, D einer Geraden können stets
so angeordnet werden, dass B zwischen A und C und auch zwischen
A und D und ferner C zwischen A und D und auch zwischen B und
D liegt.*

Definition. Das System zweier Punkte *A* und *B*, die
auf einer Geraden *a* liegen, nennen wir eine *Strecke* und bezeichnen
dieselbe mit *AB* oder *BA*. Die Punkte zwischen *A* und *B* heissen
Punkte der Strecke *AB* oder auch *innerhalb* der Strecke *AB* ge-

---

1) Diese Axiome hat zuerst *M. Pasch* in seinen Vorlesungen über neuere
Geometrie, Leipzig 1882, ausführlich untersucht. Insbesondere rührt das Axiom
II 5 von *M. Pasch* her.

Kap. I. Die fünf Axiomgruppen. § 3, 4.                    **7**

legen; alle übrigen Punkte der Geraden $a$ heissen *ausserhalb* der
Strecke $AB$ gelegen.   Die Punkte $A, B$ heissen *Endpunkte* der
Strecke $AB$.

II 5.  *Es seien $A, B, C$ drei nicht in gerader Linie gelegene
Punkte und $a$ eine Gerade in der
Ebene $ABC$, die keinen der Punkte
$A, B, C$ trifft: wenn dann die Gerade
$a$ durch einen Punkt innerhalb der
Strecke $AB$ geht, so geht sie stets
entweder durch einen Punkt der
Strecke $BC$ oder durch einen Punkt
der Strecke $AC$.*

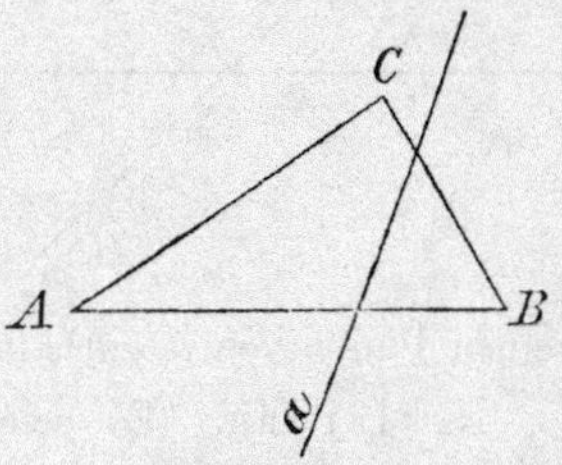

Die Axiome II 1—4 enthalten
nur Aussagen über die Punkte

Fig. 3.

auf einer Geraden und mögen daher die *linearen Axiome der
Gruppe* II heissen; das Axiom II 5 enthält eine Aussage über
die Elemente der ebenen Geometrie und heisse daher das *ebene
Axiom der Gruppe* II.

### § 4.

### Folgerungen aus den Axiomen der Verknüpfung und der Anordnung.

Zunächst leiten wir aus den linearen Axiomen II 1—4 ohne
Mühe folgende Sätze ab:

Satz 3.  Zwischen irgend zwei Punkten einer Geraden giebt
es stets unbegrenzt viele Punkte.

Satz 4.  Sind irgend eine endliche Anzahl von Punkten einer
Geraden gegeben, so lassen sich dieselben stets in einer Reihe
$A, B, C, D, E, \ldots, K$ anordnen, sodass $B$ zwischen $A$ einerseits

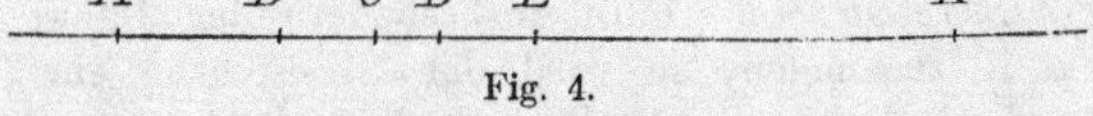

Fig. 4.

und $C, D, E, \ldots, K$ andererseits, ferner $C$ zwischen $A, B$ einerseits
und $D, E, \ldots, K$ andererseits, sodann $D$ zwischen $A, B, C$ einerseits und $E, \ldots, K$ andererseits u. s. w. liegt.  Ausser dieser Anordnung giebt es nur noch die umgekehrte Anordnung $K, \ldots, E,
D, C, B, A$, die von der nämlichen Beschaffenheit ist.

Satz 5.  Jede Gerade $a$, welche in einer Ebene $\alpha$ liegt, trennt
die übrigen Punkte dieser Ebene $\alpha$ in zwei Gebiete, von folgender

8                      Kap. I. Die fünf Axiomgruppen. § 4.

Beschaffenheit: ein jeder Punkt *A* des einen Gebietes bestimmt mit
jedem Punkt *B* des an-

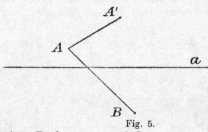

Fig. 5.

deren Gebietes eine
Strecke *AB*, innerhalb
derer ein Punkt der Ge-
raden *a* liegt; dagegen
bestimmen irgend zwei
Punkte *A* und *A'* ein
und desselben Gebietes
eine Strecke *AA'*, welche
keinen Punkt von *a* enthält.

Erklärung. Es seien *A, A', O, B* vier Punkte einer Geraden *a*, so dass *O* zwischen *A* und *B*, aber nicht zwischen *A*
und *A'* liegt; dann sagen wir: die Punkte *A, A'* liegen *in der
Geraden a auf ein und derselben Seite vom Punkte O*, und die Punkte

*A, B* liegen *in der Ge-
raden a auf verschiedenen
Seiten vom Punkte O.*

Fig. 6.

Die sämtlichen auf ein
und derselben Seite von *O* gelegenen Punkte der Geraden *a* heissen
auch ein von *O* ausgehender *Halbstrahl*; somit trennt jeder Punkt
einer Geraden diese in zwei Halbstrahlen.

Indem wir die Bezeichnungen des Satzes 5 benutzen, sagen
wir: die Punkte *A, A'* liegen *in der Ebene a auf ein und derselben
Seite von der Geraden a* und die Punkte *A, B* liegen *in der Ebene a
auf verschiedenen Seiten von der Geraden a.*

Definition. Ein System von Strecken *AB, BC, CD, ..., KL*
heisst ein *Streckenzug*, der die Punkte *A* und *L* miteinander verbindet; dieser Streckenzug wird auch kurz mit *ABCD...KL*
bezeichnet. Die Punkte innerhalb der Strecken *AB, BC, CD, ..KL*,
sowie die Punkte *A, B, C, D, ..., K, L* heissen insgesamt die
*Punkte des Streckenzuges*. Fällt insbesondere der Punkt *L* mit
dem Punkt *A* zusammen, so wird der Streckenzug ein *Polygon*
genannt und als Polygon *ABCD...K* bezeichnet. Die Strecken
*AB, BC, CD, ..., KA* heissen auch die *Seiten des Polygons*. Die
Punkte *A, B, C, D, ..., K* heissen die *Ecken des Polygons*. Polygone
mit 3, 4, ..., *n* Ecken heissen bez. *Dreiecke, Vierecke, ..., n-Ecke.*

Wenn die Ecken eines Polygons sämtlich von einander verschieden sind und keine Ecke des Polygons in eine Seite fällt
und endlich irgend zwei Seiten eines Polygons keinen Punkt mit
einander gemein haben, so heisst das Polygon *einfach*.

Mit Zuhülfenahme des Satzes 5 gelangen wir jetzt ohne erhebliche Schwierigkeit zu folgenden Sätzen:

S a t z  6.  Ein jedes einfache Polygon, dessen Ecken sämtlich in einer Ebene $\alpha$ liegen, trennt die Punkte dieser Ebene $\alpha$, die nicht dem Streckenzuge des Polygons angehören, in zwei Gebiete, ein Inneres und ein Aeusseres, von folgender Beschaffenheit: ist $A$ ein Punkt des Inneren (i n n e r e r  P u n k t) und $B$ ein Punkt des Aeusseren (ä u s s e - r e r  P u n k t), so hat jeder Streckenzug, der $A$ mit $B$ verbindet, mindestens einen Punkt mit dem Polygon gemein; sind dagegen $A$, $A'$ zwei Punkte des Inneren und $B$, $B'$ zwei Punkte des Aeusseren, so giebt es stets

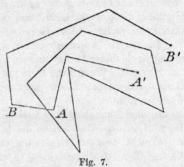

Fig. 7.

Streckenzüge, die $A$ mit $A'$ und $B$ mit $B'$ verbinden und keinen Punkt mit dem Polygon gemein haben.  Es giebt Gerade in $\alpha$, die ganz im Aeusseren des Polygons verlaufen, dagegen keine solche Gerade, die ganz im Inneren des Polygons verläuft.

S a t z  7.  Jede Ebene $\alpha$ trennt die übrigen Punkte des Raumes in zwei Gebiete von folgender Beschaffenheit: jeder Punkt $A$ des einen Gebietes bestimmt mit jedem Punkt $B$ des andern Gebietes eine Strecke $AB$, innerhalb derer ein Punkt von $\alpha$ liegt; dagegen bestimmen irgend zwei Punkte $A$ und $A'$ eines und desselben Gebietes stets eine Strecke $AA'$, die keinen Punkt von $\alpha$ enthält.

E r k l ä r u n g.  Indem wir die Bezeichnungen dieses Satzes 7 benutzen, sagen wir: die Punkte $A$, $A'$ liegen im Raume *auf ein und derselben Seite von der Ebene $\alpha$* und die Punkte $A$, $B$ liegen im Raume *auf verschiedenen Seiten von der Ebene $\alpha$.*

Der Satz 7 bringt die wichtigsten Thatsachen betreffs der Anordnung der Elemente im R a u m e zum Ausdruck; diese Thatsachen sind daher lediglich Folgerungen aus den bisher behandelten Axiomen und es bedurfte in der Gruppe II keines neuen r ä u m l i c h e n Axioms.

## § 5.
### Die Axiomgruppe III: Axiom der Parallelen (Euklidisches Axiom).

Die Einführung dieses Axioms v e r e i n f a c h t die Grundlagen und e r l e i c h t e r t den Aufbau der Geometrie in erheblichem Masse; wir sprechen dasselbe wie folgt aus:

10                          Kap. I. Die fünf Axiomgruppen.  § 5, 6.

III.  *In einer Ebene α lässt sich durch einen Punkt A ausser-*
*halb einer Geraden a stets eine und nur eine Gerade ziehen, welche*
*jene Gerade a nicht schneidet; dieselbe heisst die Parallele zu a durch*
*den Punkt A.*

Diese Fassung des Parallelenaxioms enthält zwei Aussagen;
nach der e r s t e r e n  giebt es in der Ebene α durch A stets eine
Gerade, die a nicht trifft, und z w e i t e n s  wird ausgesprochen,
dass keine andere solche Gerade möglich ist.

Die zweite Aussage unseres Axioms ist die wesentliche; sie
nimmt auch folgende Fassung an:

S a t z  8.  Wenn zwei Geraden a, b in einer Ebene eine dritte
Gerade c derselben Ebene nicht treffen, so treffen sie sich auch
einander nicht.

In der That hätten a, b einen Punkt A gemein, so würden
durch A in derselben Ebene die beiden Geraden a, b möglich sein,
die c nicht treffen; dieser Umstand widerspräche der zweiten
Aussage des Parallelenaxioms in unserer ursprünglichen Fassung.
Auch folgt umgekehrt aus Satz 8 die zweite Aussage des Parallelenaxioms in unserer ursprünglichen Fassung.

Das Parallelenaxiom III ist ein *ebenes Axiom.*

### § 6.

### Die Axiomgruppe IV: Axiome der Congruenz.

Die Axiome dieser Gruppe definieren den Begriff der Congruenz oder der Bewegung.

E r k l ä r u n g.  Die Strecken stehen in gewissen Beziehungen
zu einander, zu deren Beschreibung uns insbesondere das Wort
„*congruent*" dient.

IV 1.  *Wenn A, B zwei Punkte auf einer Geraden a und ferner*
*A' ein Punkt auf derselben oder einer anderen Geraden a' ist, so*
*kann man auf einer gegebenen Seite der Geraden a' von A' stets*
*e i n e n  u n d  n u r  e i n e n  Punkt B' finden, so dass die Strecke AB*
*(oder BA) der Strecke A'B' congruent ist, in Zeichen:*

$$AB \equiv A'B'.$$

*Jede Strecke ist sich selbst congruent, d. h. es ist stets:*

$$AB \equiv AB.$$

Wir sagen auch kürzer, dass eine jede Strecke auf einer gegebenen Seite einer gegebenen Geraden von einem gegebenen
Punkte in eindeutig bestimmter Weise *abgetragen* werden kann.

IV 2. *Wenn eine Strecke AB sowohl der Strecke A'B' als auch der Strecke A''B'' congruent ist, so ist auch A'B' der Strecke A''B'' congruent, d. h.: wenn AB ≡ A'B' und AB ≡ A''B'', so ist auch A'B' ≡ A''B''.*

IV 3. *Es seien AB und BC zwei Strecken ohne gemeinsame Punkte auf der Geraden a und ferner A'B' und B'C' zwei Strecken*

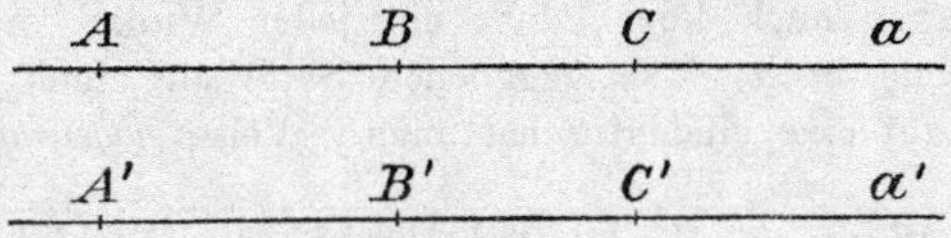

$$
\begin{array}{llll}
A & B & C & a \\
A' & B' & C' & a'
\end{array}
$$

Fig. 8.

*auf derselben oder einer anderen Geraden a' ebenfalls ohne gemeinsame Punkte; wenn dann AB ≡ A'B' und BC ≡ B'C' ist, so ist auch stets AC ≡ A'C'.*

Definition. Es sei $\alpha$ eine beliebige Ebene und $h, k$ seien irgend zwei verschiedene von einem Punkte $O$ ausgehende Halbstrahlen in $\alpha$, die verschiedenen Geraden angehören. Das System dieser beiden Halbstrahlen $h, k$ nennen wir einen *Winkel* und bezeichnen denselben mit $\measuredangle(h, k)$ oder $\measuredangle(k, h)$. Aus den Axiomen II 1—5 kann leicht geschlossen werden, dass die Halbstrahlen $h$ und $k$, zusammengenommen mit dem Punkt $O$ die übrigen Punkte der Ebene $\alpha$ in zwei Gebiete von folgender Beschaffenheit teilen: Ist $A$ ein Punkt des einen und $B$ ein Punkt des anderen Gebietes, so geht jeder Streckenzug, der $A$ mit $B$ verbindet, entweder durch $O$ oder hat mit $h$ oder $k$ wenigstens einen Punkt gemein; sind dagegen $A, A'$ Punkte desselben Gebietes, so giebt es stets einen Streckenzug, der $A$ mit $A'$ verbindet und weder durch $O$, noch durch einen Punkt der Halbstrahlen $h, k$ hindurchläuft. Eines dieser beiden Gebiete ist vor dem anderen ausgezeichnet, indem jede Strecke, die irgend zwei Punkte dieses ausgezeichneten Gebietes verbindet, stets ganz in demselben liegt; dieses ausgezeichnete Gebiet heisse das *Innere* des Winkels $(h, k)$ zum Unterschiede von dem anderen Gebiete, welches das *Aeussere* des Winkels $(h, k)$ genannt werden möge. Die Halbstrahlen $h, k$ heissen *Schenkel* des Winkels und der Punkt $O$ heisst der *Scheitel* des Winkels.

IV 4. *Es sei ein Winkel $\measuredangle(h, k)$ in einer Ebene $\alpha$ und eine Gerade a' in einer Ebene $\alpha'$, sowie eine bestimmte Seite von a' auf $\alpha'$ gegeben. Es bedeute h' einen Halbstrahl der Geraden a', der vom Punkte O' ausgeht: dann giebt es in der Ebene $\alpha'$ einen und nur einen Halbstrahl k', so dass der Winkel (h, k) (oder (k, h)) congruent*

12 Kap. I. Die fünf Axiomgruppen. § 6, 7.

*dem Winkel* $(h', k')$ *ist und zugleich alle inneren Punkte des Winkels* $(h', k')$ *auf der gegebenen Seite von a' liegen, in Zeichen:*

$$\angle (h, k) \equiv \angle (h', k').$$

*Jeder Winkel ist sich selbst congruent, d. h. es ist stets*

$$\angle (h, k) \equiv \angle (h, k).$$

Wir sagen auch kurz, dass ein jeder Winkel in einer gegebenen Ebene nach einer gegebenen Seite an einen gegebenen Halbstrahl auf eine eindeutig bestimmte Weise *abgetragen* werden kann.

IV 5. *Wenn ein Winkel* $(h, k)$ *sowohl dem Winkel* $(h', k')$ *als auch dem Winkel* $(h'', k'')$ *congruent ist, so ist auch der Winkel* $(h', k')$ *dem Winkel* $(h'', k'')$ *congruent, d. h. wenn* $\angle (h, k) \equiv \angle (h', k')$ *und* $\angle (h, k) \equiv \angle (h'', k'')$ *ist, so ist auch stets* $\angle (h', k') \equiv \angle (h'', k'')$.

Erklärung. Es sei ein Dreieck $ABC$ vorgelegt; wir bezeichnen die beiden von $A$ ausgehenden durch $B$ und $C$ laufenden Halbstrahlen mit $h$ bez. $k$. Der Winkel $(h, k)$ heisst dann der von den Seiten $AB$ und $AC$ eingeschlossene oder der der Seite $BC$ gegenüberliegende Winkel des Dreieckes $ABC$; er enthält in seinem Inneren sämtliche innere Punkte des Dreieckes $ABC$ und wird mit $\angle BAC$ oder $\angle A$ bezeichnet.

IV 6. *Wenn für zwei Dreiecke* $ABC$ *und* $A'B'C'$ *die Congruenzen*

$$AB \equiv A'B', \quad AC \equiv A'C', \quad \angle BAC \equiv \angle B'A'C'$$

*gelten, so sind auch stets die Congruenzen*

$$\angle ABC \equiv \angle A'B'C' \text{ und } \angle ACB \equiv \angle A'C'B'$$

*erfüllt.*

Die Axiome IV 1—3 enthalten nur Aussagen über die Congruenz von Strecken auf Geraden; sie mögen daher die *linearen* Axiome der Gruppe IV heissen. Die Axiome IV 4, 5 enthalten Aussagen über die Congruenz von Winkeln. Das Axiom IV 6 knüpft das Band zwischen den Begriffen der Congruenz von Strecken und von Winkeln. Die Axiome IV 3—6 enthalten Aussagen über die Elemente der ebenen Geometrie und mögen daher die *ebenen* Axiome der Gruppe IV heissen.

## § 7.

### Folgerungen aus den Axiomen der Congruenz.

Erklärung. Es sei die Strecke $AB$ congruent der Strecke $A'B'$. Da nach Axiom IV 1 auch die Strecke $AB$ congruent $AB$

ist, so folgt aus Axiom IV 2 $A'B'$ congruent $AB$; wir sagen: die beiden Strecken $AB$ und $A'B'$ sind *unter einander congruent.*

Erklärung. Sind $A, B, C, D, \ldots, K, L$ auf $a$ und $A', B',$ $C', D', \ldots, K', L'$ auf $a'$ zwei Reihen von Punkten, so dass die sämtlichen entsprechenden Strecken $AB$ und $A'B'$, $AC$ und $A'C'$, $BC$ und $B'C', \ldots, KL$ und $K'L'$ bez. einander congruent sind, so heissen die beiden Reihen von Punkten *unter einander congruent*; $A$ und $A'$, $B$ und $B', \ldots, L$ und $L'$ heissen die *entsprechenden Punkte* der congruenten Punktreihen.

Aus den linearen Axiomen IV 1—3 schliessen wir leicht folgende Sätze:

Satz 9. Ist von zwei congruenten Punktreihen $A, B, \ldots, K, L$ und $A', B', \ldots, K', L'$ die erste so geordnet, dass $B$ zwischen $A$ einerseits und $C, D, \ldots, K, L$ andererseits, $C$ zwischen $A, B$ einerseits und $D, \ldots, K, L$ andererseits, u. s. w. liegt, so sind die Punkte $A', B', \ldots, K', L'$ auf die gleiche Weise geordnet, d. h. $B'$ liegt zwischen $A'$ einerseits und $C', D', \ldots, K', L'$ andererseits, $C'$ zwischen $A', B'$ einerseits und $D', \ldots, K', L'$ andererseits u. s. w.

Erklärung. Es sei Winkel $(h, k)$ congruent dem Winkel $(h', k')$. Da nach Axiom IV 4 der Winkel $(h, k)$ congruent $\angle (h, k)$ ist, so folgt aus Axiom IV 5, dass $\angle (h', k')$ congruent $\angle (h, k)$ ist; wir sagen: die beiden Winkel $(h, k)$ und $(h', k')$ sind *unter einander congruent.*

Definition. Zwei Winkel, die den Scheitel und einen Schenkel gemein haben und deren nicht gemeinsame Schenkel eine gerade Linie bilden, heissen *Nebenwinkel.* Zwei Winkel mit gemeinsamem Scheitel, deren Schenkel je eine Gerade bilden, heissen *Scheitelwinkel.* Ein Winkel, welcher einem seiner Nebenwinkel congruent ist, heisst ein *rechter Winkel.*

Erklärung. Zwei Dreiecke $ABC$ und $A'B'C'$ heissen einander *congruent*, wenn sämtliche Congruenzen

$$AB \equiv A'B', \qquad AC \equiv A'C', \qquad BC \equiv B'C',$$
$$\angle A \equiv \angle A', \qquad \angle B \equiv \angle B', \qquad \angle C \equiv \angle C'$$

erfüllt sind.

Satz 10 (Erster Congruenzsatz für Dreiecke). Wenn für zwei Dreiecke $ABC$ und $A'B'C'$ die Congruenzen

$$AB \equiv A'B', \qquad AC \equiv A'C', \qquad \angle A \equiv \angle A'$$

gelten, so sind die beiden Dreiecke einander congruent.

14     Kap. I. Die fünf Axiomgruppen. § 7.

Beweis. Nach Axiom IV 6 sind die Congruenzen

$$\sphericalangle B \equiv \sphericalangle B' \text{ und } \sphericalangle C \equiv \sphericalangle C'$$

erfüllt und es bedarf somit nur des Nachweises, dass die Seiten $BC$ und $B'C'$ einander congruent sind. Nehmen wir nun im Gegenteil an, es wäre etwa $BC$ nicht congruent $B'C'$ und bestimmen

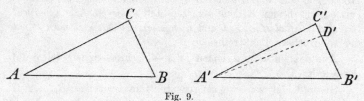

Fig. 9.

auf $B'C'$ den Punkt $D'$, so dass $BC \equiv B'D'$ wird, so stimmen die beiden Dreiecke $ABC$ und $A'B'D'$ in zwei Seiten und dem von ihnen eingeschlossenen Winkel überein; nach Axiom IV 6 sind mithin insbesondere die beiden Winkel $\sphericalangle BAC$ und $\sphericalangle B'A'D'$ einander congruent. Nach Axiom IV 5 müssten mithin auch die beiden Winkel $\sphericalangle B'A'C'$ und $\sphericalangle B'A'D'$ einander congruent ausfallen; dies ist nicht möglich, da nach Axiom IV 4 ein jeder Winkel an einen gegebenen Halbstrahl nach einer gegebenen Seite in einer Ebene nur auf eine Weise abgetragen werden kann. Damit ist der Beweis für Satz 10 vollständig erbracht.

Ebenso leicht beweisen wir die weitere Thatsache:

Satz 11 (Zweiter Congruenzsatz für Dreiecke). Wenn in zwei Dreiecken je eine Seite und die beiden anliegenden Winkel congruent ausfallen, so sind die Dreiecke stets congruent.

Wir sind nunmehr im Stande, die folgenden wichtigen Thatsachen zu beweisen:

Satz 12. *Wenn zwei Winkel $\sphericalangle ABC$ und $\sphericalangle A'B'C'$ einander congruent sind, so sind auch ihre Nebenwinkel $\sphericalangle CBD$ und $\sphericalangle C'B'D'$ einander congruent.*

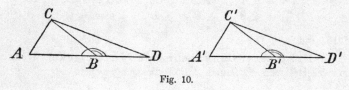

Fig. 10.

Beweis. Wir wählen die Punkte $A'$, $C'$, $D'$ auf den durch $B'$ gehenden Schenkeln derart, dass

$$A'B' \equiv AB, \quad C'B' \equiv CB, \quad D'B' \equiv DB$$

wird. In den beiden Dreiecken $ABC$ und $A'B'C'$ sind dann die Seiten $AB$ und $CB$ bez. den Seiten $A'B'$ und $C'B'$ congruent und, da überdies die von diesen Seiten eingeschlossenen Winkel nach Voraussetzung einander congruent sein sollen, so folgt nach Satz 10 die Congruenz jener Dreiecke, d. h. es gelten die Congruenzen

$$AC \equiv A'C' \text{ und } \sphericalangle BAC \equiv \sphericalangle B'A'C'.$$

Da andererseits nach Axiom IV 3 die Strecken $AD$ und $A'D'$ einander congruent sind, so folgt wiederum aus Satz 10 die Congruenz der Dreiecke $CAD$ und $C'A'D'$, d. h. es gelten die Congruenzen

$$CD \equiv C'D' \text{ und } \sphericalangle ADC \equiv \sphericalangle A'D'C'$$

und hieraus folgt mittels Betrachtung der Dreiecke $BCD$ und $B'C'D'$ nach Axiom IV 6 die Congruenz der Winkel $\sphericalangle CBD$ und $\sphericalangle C'B'D'$.

Eine unmittelbare Folgerung aus Satz 12 ist der Satz von der Congruenz der Scheitelwinkel.

Satz 13. Es sei der Winkel $(h, k)$ in der Ebene $\alpha$ dem Winkel $(h', k')$ in der Ebene $\alpha'$ congruent und ferner sei $l$ ein Halbstrahl der Ebene $\alpha$, der vom Scheitel des Winkels $(h, k)$ ausgeht und im Inneren dieses Winkels verläuft: dann giebt es stets einen Halbstrahl $l'$ in der Ebene $\alpha'$, der vom Scheitel des Winkels

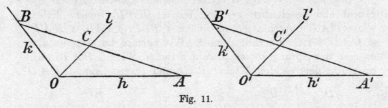

Fig. 11.

$(h', k')$ ausgeht, und im Inneren dieses Winkels $(h', k')$ verläuft, so dass

$$\sphericalangle (h, l) \equiv \sphericalangle (h', l') \text{ und } \sphericalangle (k, l) \equiv \sphericalangle (k', l')$$

wird.

Beweis. Wir bezeichnen die Scheitel der Winkel $(h, k)$ und $(h', k')$ bez. mit $O, O'$ und bestimmen dann auf den Schenkeln $h, k, h', k'$ die Punkte $A, B, A', B'$ derart, dass die Congruenzen

$$OA \equiv O'A' \text{ und } OB \equiv O'B'$$

16              Kap. I. Die fünf Axiomgruppen. § 7.

erfüllt sind. Wegen der Congruenz der Dreiecke $OAB$ und $O'A'B'$ wird

$$AB \equiv A'B', \quad \sphericalangle OAB \equiv \sphericalangle O'A'B', \quad \sphericalangle OBA \equiv \sphericalangle O'B'A'.$$

Die Gerade $AB$ schneide $l$ in $C$; bestimmen wir dann auf der Strecke $A'B'$ den Punkt $C'$, so dass $A'C' \equiv AC$ wird, so ist $O'C'$ der gesuchte Halbstrahl $l'$. In der That, aus $AC \equiv A'C'$ und $AB \equiv A'B'$ kann mittelst Axiom IV 3 leicht die Congruenz $BC \equiv B'C'$ geschlossen werden; nunmehr erweisen sich die Dreiecke $OAC$ und $O'A'C'$, sowie ferner die Dreiecke $OBC$ und $O'B'C'$ unter einander congruent; hieraus ergeben sich die Behauptungen des Satzes 13.

Auf ähnliche Art gelangen wir zu folgender Thatsache:

S a t z 14.  Es seien einerseits $h, k, l$ und andererseits $h', k', l'$ je drei von einem Punkte ausgehende und je in einer Ebene gelegene Halbstrahlen: wenn dann die Congruenzen

$$\sphericalangle (h, l) \equiv \sphericalangle (h', l') \text{ und } \sphericalangle (k, l) \equiv \sphericalangle (k', l')$$

erfüllt sind, so ist stets auch

$$\sphericalangle (h, k) \equiv \sphericalangle (h', k').$$

Auf Grund der Sätze 12 und 13 gelingt der Nachweis des folgenden einfachen Satzes, den *Euklid* — meiner Meinung nach mit Unrecht — unter die Axiome gestellt hat:

S a t z 15.  *Alle rechten Winkel sind einander congruent.*

Beweis: Der Winkel $BAD$ sei seinem Nebenwinkel $CAD$ congruent und desgleichen sei der Winkel $B'A'D'$ seinem Nebenwinkel $C'A'D'$ congruent; es sind dann $\sphericalangle BAD, \sphericalangle CAD, \sphericalangle B'A'D'$, $\sphericalangle C'A'D'$ sämtlich rechte Winkel. Wir nehmen im Gegensatz zu unserer Behauptung an, es wäre der rechte Winkel $B'A'D'$ nicht congruent dem rechten Winkel $BAD$ und tragen dann $\sphericalangle B'A'D'$

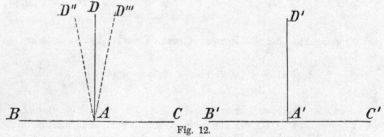

Fig. 12.

an den Halbstrahl $AB$ an, so dass der entstehende Schenkel $AD''$ entweder in das Innere des Winkels $BAD$ oder des Winkels $CAD$

fällt; es treffe etwa die erstere Möglichkeit zu. Wegen der Congruenz der Winkel $B'A'D'$ und $BAD''$ folgt nach Satz 12, dass auch der Winkel $C'A'D'$ dem Winkel $CAD''$ congruent ist, und da die Winkel $B'A'D'$ und $C'A'D'$ einander congruent sein sollen, so lehrt Axiom IV 5, dass auch der Winkel $BAD''$ dem Winkel $CAD''$ congruent sein muss. Da ferner $\angle BAD$ congruent $\angle CAD$ ist, so können wir nach Satz 13 innerhalb des Winkels $CAD$ einen von $A$ ausgehenden Halbstrahl $AD'''$ finden, so dass $\angle BAD''$ congruent $\angle CAD'''$ und zugleich $\angle DAD''$ congruent $\angle DAD'''$ wird. Nun war aber $\angle BAD''$ congruent $\angle CAD''$ und somit müsste nach Axiom IV 5 auch $\angle CAD''$ congruent $\angle CAD'''$ sein; das ist nicht möglich, weil nach Axiom IV 4 ein jeder Winkel an einen gegebenen Halbstrahl nach einer gegebenen Seite in einer Ebene nur auf eine Weise abgetragen werden kann; hiermit ist der Beweis für Satz 15 erbracht.

Wir können jetzt die Bezeichnungen „*spitzer Winkel*" und „*stumpfer Winkel*" in bekannter Weise einführen.

Der Satz von der Congruenz der Basiswinkel $\angle A$ und $\angle B$ im gleichschenkligen Dreiecke $ABC$ folgt unmittelbar durch Anwendung des Axioms IV 6 auf Dreieck $ABC$ und Dreieck $BAC$. Mit Hülfe dieses Satzes und unter Hinzuziehung des Satzes 14 beweisen wir dann leicht in bekannter Weise die folgende Thatsache:

Satz 16 (Dritter Congruenzsatz für Dreiecke). Wenn in zwei Dreiecken die drei Seiten entsprechend congruent ausfallen, so sind die Dreiecke congruent.

Erklärung. Irgend eine endliche Anzahl von Punkten heisst eine *Figur*; liegen alle Punkte der Figur in einer Ebene, so heisst sie eine *ebene Figur*.

Zwei Figuren heissen *congruent*, wenn ihre Punkte sich paarweise einander so zuordnen lassen, dass die auf diese Weise einander zugeordneten Strecken und Winkel sämtlich einander congruent sind.

Congruente Figuren haben, wie man aus den Sätzen 12 und 9 erkennt, folgende Eigenschaften: Drei Punkte einer Geraden liegen auch in jeder congruenten Figur auf einer Geraden. Die Anordnung der Punkte in entsprechenden Ebenen in Bezug auf entsprechende Gerade ist in congruenten Figuren die nämliche; das Gleiche gilt von der Reihenfolge entsprechender Punkte in entsprechenden Geraden.

Der allgemeinste Congruenzsatz für die Ebene und für den Raum drückt sich, wie folgt, aus:

Satz 17. Wenn $(A, B, C, \ldots)$ und $(A', B', C', \ldots)$ congruente ebene Figuren sind und $P$ einen Punkt in der Ebene der ersten bedeutet, so lässt sich in der Ebene der zweiten Figur stets ein Punkt $P'$ finden derart, dass $(A, B, C, \ldots, P)$ und $(A', B', C', \ldots, P')$ wieder congruente Figuren sind. Enthalten die beiden Figuren wenigstens drei nicht auf einer Geraden liegende Punkte, so ist die Construction von $P'$ nur auf eine Weise möglich.

Satz 18. Wenn $(A, B, C, \ldots)$ und $(A', B', C', \ldots)$ congruente Figuren sind und $P$ einen beliebigen Punkt bedeutet, so lässt sich stets ein Punkt $P'$ finden, so dass die Figuren $(A, B, C, \ldots, P)$ und $(A', B', C', \ldots, P')$ congruent sind. Enthält die Figur $(A, B, C \ldots)$ mindestens vier nicht in einer Ebene liegende Punkte, so ist die Construction von $P'$ nur auf eine Weise möglich.

Dieser Satz enthält das wichtige Resultat, dass die sämtlichen räumlichen Thatsachen der Congruenz, d. h. der Bewegung im Raume — mit Hinzuziehung der Axiomgruppen I und II — lediglich Folgerungen aus den sechs oben aufgestellten linearen und ebenen Axiomen der Congruenz sind, also das Parallelenaxiom zu ihrer Feststellung nicht notwendig ist.

Nehmen wir zu den Congruenzaxiomen noch das Parallelenaxiom III hinzu, so gelangen wir leicht zu den bekannten Thatsachen:

Satz 19. Wenn zwei Parallelen von einer dritten Geraden geschnitten werden, so sind die Gegenwinkel und Wechselwinkel congruent, und umgekehrt: die Congruenz der Gegen- und Wechselwinkel hat zur Folge, dass die Geraden parallel sind.

Satz 20. Die Winkel eines Dreiecks machen zusammen zwei Rechte aus.

Definition. Wenn $M$ ein beliebiger Punkt in einer Ebene $\alpha$ ist, so heisst die Gesamtheit aller Punkte $A$, für welche die Strecken $MA$ einander congruent sind, ein *Kreis*; $M$ heisst der *Mittelpunkt des Kreises*.

Auf Grund dieser Definition folgen mit Hülfe der Axiomgruppen III—IV leicht die bekannten Sätze über den Kreis, insbesondere die Möglichkeit der Konstruktion eines Kreises durch irgend drei nicht in einer Geraden gelegene Punkte sowie der Satz über die Congruenz aller Peripheriewinkel über der nämlichen Sehne und der Satz von den Winkeln im Kreisviereck.

## § 8.

### Die Axiomgruppe V: Axiom der Stetigkeit (Archimedisches Axiom).

Dieses Axiom ermöglicht die Einführung des Stetigkeitsbegriffes in die Geometrie; um dasselbe auszusprechen, müssen wir zuvor eine Festsetzung über die Gleichheit zweier Strecken auf einer Geraden treffen. Zu dem Zwecke können wir entweder die Axiome über Streckencongruenz zu Grunde legen und dementsprechend congruente Strecken als „gleiche" bezeichnen oder auf Grund der Axiomgruppen I—II durch geeignete Constructionen (vgl. Kap. V § 24) festsetzen, wie eine Strecke von einem Punkte einer gegebenen Geraden abzutragen ist, so dass eine bestimmte neue ihr „gleiche" Strecke entsteht. Nach einer solchen Festsetzung lautet das Archimedische Axiom, wie folgt:

V. *Es sei $A_1$ ein beliebiger Punkt auf einer Geraden zwischen den beliebig gegebenen Punkten $A$ und $B$; man construire dann die Punkte $A_2, A_3, A_4, \ldots$, so dass $A_1$ zwischen $A$ und $A_2$, ferner $A_2$ zwischen $A_1$ und $A_3$, ferner $A_3$ zwischen $A_2$ und $A_4$ u. s. w. liegt und überdies die Strecken*

$$A A_1,\ A_1 A_2,\ A_2 A_3,\ A_3 A_4, \ldots$$

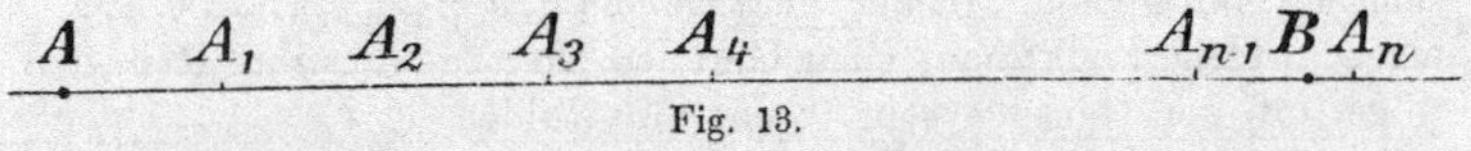

Fig. 13.

*einander gleich sind: dann giebt es in der Reihe der Punkte $A_2, A_3, A_4, \ldots$ stets einen solchen Punkt $A_n$, dass $B$ zwischen $A$ und $A$ liegt.*

Das Archimedische Axiom ist ein *lineares* Axiom.

## Kapitel II.

# Die Widerspruchslosigkeit und gegenseitige Unabhängigkeit der Axiome.

## § 9.

### Die Widerspruchslosigkeit der Axiome.

Die Axiome der fünf in Kapitel I aufgestellten Axiomgruppen stehen mit einander nicht in Widerspruch, d. h. es ist nicht möglich, durch logische Schlüsse aus denselben eine Thatsache abzuleiten, welche einem der aufgestellten Axiome widerspricht. Um

2 *

dies einzusehen, genügt es, eine Geometrie anzugeben, in der
sämtliche Axiome der fünf Gruppen erfüllt sind.

Man betrachte den Bereich $\Omega$ aller derjenigen algebraischen
Zahlen, welche hervorgehen, indem man von der Zahl 1 ausgeht
und eine endliche Anzahl von Malen die vier Rechnungsoperationen:
Addition, Subtraktion, Multiplikation, Division und die fünfte
Operation $\sqrt{1+\omega^2}$ anwendet, wobei $\omega$ jedesmal eine Zahl bedeuten kann, die vermöge jener fünf Operationen bereits entstanden ist.

Wir denken uns ein Paar von Zahlen $(x, y)$ des Bereiches $\Omega$
als einen Punkt und die Verhältnisse von irgend drei Zahlen
$(u : v : w)$ aus $\Omega$, falls $u$, $v$ nicht beide Null sind, als eine Gerade;
ferner möge das Bestehen der Gleichung

$$ux + vy + w = 0$$

ausdrücken, dass der Punkt $(x, y)$ auf der Geraden $(u : v : w)$ liegt;
damit sind, wie man leicht sieht, die Axiome I 1—2 und III erfüllt. Die Zahlen des Bereiches $\Omega$ sind sämtlich reell; indem wir
berücksichtigen, dass dieselben sich ihrer Grösse nach anordnen
lassen, können wir leicht solche Festsetzungen für unsere Punkte
und Geraden treffen, dass auch die Axiome II der Anordnung
sämtlich gültig sind. In der That, sind $(x_1, y_1)$, $(x_2, y_2)$, $(x_3, y_3)$, . . .
irgend welche Punkte auf einer Geraden, so möge dies ihre Reihen-
folge auf der Geraden sein, wenn die Zahlen $x_1$, $x_2$, $x_3$, . . . oder
$y_1$, $y_2$, $y_3$, . . . in dieser Reihenfolge entweder beständig abnehmen
oder wachsen; um ferner die Forderung des Axioms II 5 zu erfüllen, haben wir nur nöthig festzusetzen, dass alle Punkte $(x, y)$,
für die $ux + vy + w$ kleiner oder grösser als 0 ausfällt, auf der
einen bez. auf der anderen Seite der Geraden $(u : v : w)$ gelegen
sein sollen. Man überzeugt sich leicht, dass diese Festsetzung
sich mit der vorigen Festsetzung in Uebereinstimmung befindet,
derzufolge ja die Reihenfolge der Punkte auf einer Geraden bereits bestimmt ist.

Das Abtragen von Strecken und Winkeln erfolgt nach den
bekannten Methoden der analytischen Geometrie. Eine Transformation von der Gestalt

$$x' = x + a,$$
$$y' = y + b$$

vermittelt die Parallelverschiebung von Strecken und Winkeln.
Wird ferner der Punkt $(0, 0)$ mit $O$, der Punkt $(1, 0)$ mit $E$ und
ein beliebiger Punkt $(a, b)$ mit $C$ bezeichnet, so entsteht durch
Drehung um den Winkel $\sphericalangle COE$, wenn $O$ der feste Drehpunkt

Kap. II. Die Widerspruchslosigkeit u. gegens. Unabhängigkeit der Axiome. § 9, 10.   21

ist, aus dem beliebigen Punkte $(x, y)$ der Punkt $(x', y')$, wobei

$$x' = \frac{a}{\sqrt{a^2 + b^2}}\, x - \frac{b}{\sqrt{a^2 + b^2}}\, y,$$

$$y' = \frac{b}{\sqrt{a^2 + b^2}}\, x + \frac{a}{\sqrt{a^2 + b^2}}\, y$$

zu setzen ist. Da die Zahl

$$\sqrt{a^2 + b^2} = a \sqrt{1 + \left(\frac{b}{a}\right)^2}$$

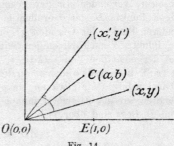

Fig. 14.

wiederum dem Bereiche $\Omega$ angehört, so gelten bei unseren Festsetzungen auch die Congruenzaxiome IV und offenbar ist auch das Archimedische Axiom V erfüllt.

Wir schliessen hieraus, dass jeder Widerspruch in den Folgerungen aus unseren Axiomen auch in der Arithmetik des Bereiches $\Omega$ erkennbar sein müsste.

Die entsprechende Betrachtungsweise für die räumliche Geometrie bietet keine Schwierigkeit.

Wählen wir in der obigen Entwickelung statt des Bereiches $\Omega$ den Bereich aller reellen Zahlen, so erhalten wir ebenfalls eine Geometrie, in der sämtliche Axiome I—V gültig sind. Für unseren Beweis genügte die Zuhülfenahme des Bereiches $\Omega$, der nur eine abzählbare Menge von Elementen enthält.

§ 10.

**Die Unabhängigkeit des Parallelenaxioms (Nicht-Euklidische Geometrie).**

Nachdem wir die Widerspruchslosigkeit der Axiome erkannt haben, ist es von Interesse zu untersuchen, ob sie sämtlich von einander unabhängig sind. In der That zeigt sich, dass keines der Axiome durch logische Schlüsse aus den übrigen abgeleitet werden kann.

Was zunächst die einzelnen Axiome der Gruppen I, II und IV betrifft, so ist der Nachweis dafür leicht zu führen, dass die Axiome ein und derselben Gruppe je unter sich unabhängig sind [1]).

1) Vergl. meine Vorlesung über Euklidische Geometrie (Wintersemester 1898/99), die nach einer Ausarbeitung des Herrn Dr. *von Schaper* für meine Zuhörer autographirt worden ist.

22   Kap. II.  Die Widerspruchslosigkeit u. gegens. Unabhängigkeit der Axiome.  § 10.

Die Axiome der Gruppen I und II liegen bei unserer Darstellung den übrigen Axiomen zu Grunde, so dass es sich nur
noch darum handelt, für jede der Gruppen III, IV und V die
Unabhängigkeit von den übrigen nachzuweisen.

Die erstere Aussage des Parallelenaxioms kann aus den
Axiomen der Gruppen I, II, IV bewiesen werden.  Um dies einzusehen, verbinden wir den gegebenen Punkt $A$ mit einem beliebigen Punkte $B$ der Geraden $a$.  Es sei ferner $C$ irgend ein
anderer Punkt der Geraden $a$; dann tragen wir $\measuredangle\,ABC$ an $AB$
im Punkte $A$ nach derjenigen Seite in der nämlichen Ebene $\alpha$ an,
auf der nicht der Punkt $C$ liegt.  Die so erhaltene Gerade durch
$A$ trifft die Gerade $a$ nicht.  In der That, schnitte sie $a$ im Punkte
$D$ und nehmen wir etwa an, dass $B$ zwischen $C$ und $D$ liege, so
könnten wir auf $a$ einen Punkt $D'$ finden, so dass $B$ zwischen $D$
uud $D'$ liegt und überdies

$$AD \equiv BD'$$

ausfiele.  Wegen der Congruenz der Dreiecke $ABD$ und $BAD'$
würde die Congruenz

$$\measuredangle\,ABD \equiv \measuredangle\,BAD'$$

folgen und da die Winkel $ABD'$ und $ABD$ Nebenwinkel sind, so
müssten sich dann mit Rücksicht auf Satz 12 auch die Winkel
$BAD$ und $BAD'$ als Nebenwinkel erweisen; dies ist aber wegen
Satz 1 nicht der Fall.

Die zweite Aussage des Parallelenaxioms III ist von den
übrigen Axiomen unabhängig; dies zeigt man in bekannter Weise
am einfachsten wie folgt.  Man wähle die Punkte, Geraden und
Ebenen der gewöhnlichen in § 9 construirten Geometrie, so weit
sie innerhalb einer festen Kugel verlaufen, für sich allein als
Elemente einer räumlichen Geometrie und vermittle die Congruenzen dieser Geometrie durch solche lineare Transformationen der
gewöhnlichen Geometrie, welche die feste Kugel in sich überführen.
Bei geeigneten Festsetzungen erkennt man, dass in dieser „Nicht-
Euklidischen" Geometrie sämtliche Axiome ausser dem Euklidischen
Axiom III gültig sind und da die Möglichkeit der gewöhnlichen
Geometrie in § 9 nachgewiesen worden ist, so folgt nunmehr auch
die Möglichkeit der Nicht-Euklidischen Geometrie.

## § 11.

### Die Unabhängigkeit der Congruenzaxiome.

Wir werden die Unabhängigkeit der Congruenzaxiome erkennen, indem wir den Nachweis führen, dass das Axiom IV 6 oder,
was auf das nämliche hinausläuft, der erste Congruenzsatz für
Dreiecke, d. i. Satz 10 durch logische Schlüsse nicht aus den
übrigen Axiomen I, II, III, IV 1—5, V abgeleitet werden kann.

Wir wählen die Punkte, Geraden, Ebenen der gewöhnlichen
Geometrie auch als Elemente der neuen räumlichen Geometrie und
definiren das Abtragen der Winkel ebenfalls wie in der gewöhnlichen Geometrie, etwa in der Weise, wie in § 9 auseinandergesetzt
worden ist; dagegen definiren wir das Abtragen der Strecken auf
andere Art. Die zwei Punkte $A_1$, $A_2$ mögen in der gewöhnlichen
Geometrie die Coordinaten $x_1$, $y_1$, $z_1$ bez. $x_2$, $y_2$, $z_2$ haben; dann bezeichnen wir den positiven Wert von

$$\sqrt{(x_1 - x_2 + y_1 - y_2)^2 + (y_1 - y_2)^2 + (z_1 - z_2)^2}$$

als die Länge der Strecke $A_1A_2$ und nun sollen zwei beliebige
Strecken $A_1A_2$ und $A_1'A_2'$ einander congruent heissen, wenn sie
im eben festgesetzten Sinne gleiche Längen haben.

Es leuchtet unmittelbar ein, dass in der so hergestellten
räumlichen Geometrie die Axiome I, II, III, IV 1—2, 4—5, V
gültig sind.

Um zu zeigen, dass auch das Axiom IV 3 erfüllt ist, wählen
wir eine beliebige Gerade $a$ und auf ihr drei Punkte $A_1$, $A_2$, $A_3$,
sodass $A_2$ zwischen $A_1$ und $A_3$ liegt. Die Punkte $x$, $y$, $z$ der Geraden $a$ seien durch die Gleichungen

$$x = \lambda t + \lambda',$$
$$y = \mu t + \mu',$$
$$z = \nu t + \nu'$$

gegeben, worin $\lambda$, $\lambda'$, $\mu$, $\mu'$, $\nu$, $\nu'$ gewisse Constante und $t$ einen Parameter bedeutet. Sind $t_1$, $t_2$ ($< t_1$), $t_3$ ($< t_2$) die Parameterwerte,
die den Punkten $A_1$, $A_2$, $A_3$ entsprechen, so finden wir für die
Längen der drei Strecken $A_1A_2$, $A_2A_3$ und $A_1A_3$ bez. die Ausdrücke:

$$(t_1 - t_2) \mid \sqrt{(\lambda + \mu)^2 + \mu^2 + \nu^2} \mid,$$
$$(t_2 - t_3) \mid \sqrt{(\lambda + \mu)^2 + \mu^2 + \nu^2} \mid,$$
$$(t_1 - t_3) \mid \sqrt{(\lambda + \mu)^2 + \mu^2 + \nu^2} \mid$$

und mithin ist die Summe der Längen der Strecken $A_1A_2$ und

24  Kap. II.  Die Widerspruchslosigkeit u. gegens. Unabhängigkeit der Axiome. § 11, 12.

$A_2 A_3$ gleich der Länge der Strecke $A_1 A_3$; dieser Umstand bedingt die Gültigkeit des Axioms IV 3.

Das Axiom IV 6 oder vielmehr der erste Congruenzsatz für Dreiecke ist in unserer Geometrie nicht immer erfüllt. Betrachten wir nämlich in der Ebene $z = 0$ die vier Punkte

$O$ mit den Coordinaten $x = 0, \quad y = 0,$
$A \quad$ „ „ „ $\quad x = 1, \quad y = 0,$
$B \quad$ „ „ „ $\quad x = 0, \quad y = 1,$
$C \quad$ „ „ „ $\quad x = \frac{1}{2}, \quad y = \frac{1}{2},$

so sind in den beiden (rechtwinkligen) Dreiecken $OAC$ und $OBC$

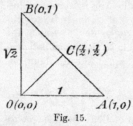
Fig. 15.

die Winkel bei $C$ und die anliegenden Seiten entsprechend congruent, da die Seite $OC$ beiden Dreiecken gemeinsam ist und die Strecken $AC$ und $BC$ die gleiche Länge $\frac{1}{2}$ besitzen. Dagegen haben die dritten Seiten $OA$ und $OB$ die Länge 1, bez. $\sqrt{2}$ und sind daher nicht einander congruent.

Es ist auch nicht schwer, in dieser Geometrie zwei Dreiecke zu finden, für welche das Axiom IV 6 selbst nicht erfüllt ist.

## § 12.

### Die Unabhängigkeit des Stetigkeitsaxioms V (Nicht-Archimedische Geometrie).

Um die Unabhängigkeit des Archimedischen Axioms V zu beweisen, müssen wir eine Geometrie herstellen, in der sämtliche Axiome mit Ausnahme des Archimedischen Axioms erfüllt sind [1]).

Zu dem Zwecke construiren wir den Bereich $\Omega(t)$ aller derjenigen algebraischen Funktionen von $t$, welche aus $t$ durch die vier Rechnungsoperationen der Addition, Subtraktion, Multiplikation, Division und durch die fünfte Operation $\sqrt{1 + \omega^2}$ hervorgehen; dabei soll $\omega$ irgend eine Funktion bedeuten, die vermöge jener fünf Operationen bereits entstanden ist. Die Menge der Elemente von $\Omega(t)$ ist — ebenso wie von $\Omega$ — eine abzählbare. Die fünf Operationen sind sämtlich eindeutig und reell ausführbar;

---

1) *G. Veronese* hat in seinem tiefsinnigen Werke, Grundzüge der Geometrie, deutsch von A. Schepp, Leipzig 1894 ebenfalls den Versuch gemacht, eine Geometrie aufzubauen, die von dem Archimedischen Axiom unabhängig ist.

Kap. II. Die Widerspruchslosigkeit u. gegens. Unabhängigkeit der Axiome. § 12.   25

der Bereich $\Omega(t)$ enthält daher nur eindeutige und reelle Funktionen von $t$.

Es sei $c$ irgend eine Funktion des Bereiches $\Omega(t)$; da die Funktion $c$ eine algebraische Funktion von $t$ ist, so kann sie jedenfalls nur für eine endliche Anzahl von Werten $t$ verschwinden und es wird daher die Funktion $c$ für genügend grosse positive Werte von $t$ entweder stets positiv oder stets negativ ausfallen.

Wir sehen jetzt die Funktionen des Bereiches $\Omega(t)$ als eine Art complexer Zahlen an; offenbar sind in dem so definirten complexen Zahlensystem die gewöhnlichen Rechnungsregeln sämtlich gültig. Ferner möge, wenn $a$, $b$ irgend zwei verschiedene Zahlen dieses complexen Zahlensystems sind, die Zahl $a$ grösser oder kleiner als $b$, in Zeichen: $a > b$ oder $a < b$, heissen, je nachdem die Differenz $c = a - b$ als Funktion von $t$ für genügend grosse positive Werte von $t$ stets positiv oder stets negativ ausfällt. Bei dieser Festsetzung ist für die Zahlen unseres complexen Zahlensystems eine Anordnung ihrer Grösse nach möglich, die von der gewöhnlichen Art wie bei reellen Zahlen ist; auch gelten, wie man leicht erkennt, für unsere complexen Zahlen die Sätze, wonach Ungleichungen richtig bleiben, wenn man auf beiden Seiten die gleiche Zahl addirt oder beide Seiten mit der gleichen Zahl $> 0$ multiplicirt.

Bedeutet $n$ eine beliebige positive ganze rationale Zahl, so gilt für die beiden Zahlen $n$ und $t$ des Bereiches $\Omega(t)$ gewiss die Ungleichung $n < t$, da die Differenz $n - t$, als Funktion von $t$ betrachtet, für genügend grosse positive Werte von $t$ offenbar stets negativ ausfällt. Wir sprechen diese Thatsache in folgender Weise aus: die beiden Zahlen 1 und $t$ des Bereiches $\Omega(t)$, die beide $> 0$ sind, besitzen die Eigenschaft, dass ein beliebiges Vielfaches der ersteren stets kleiner als die letztere Zahl bleibt.

Wir bauen nun aus den complexen Zahlen des Bereiches $\Omega(t)$ eine Geometrie genau auf dieselbe Art auf, wie dies in § 9 unter Zugrundelegung des Bereiches $\Omega$ von algebraischen Zahlen geschehen ist: wir denken uns ein System von drei Zahlen $(x, y, z)$ des Bereiches $\Omega(t)$ als einen Punkt und die Verhältnisse von irgend vier Zahlen $(u : v : w : r)$ aus $\Omega(t)$, falls $u, v, w$ nicht sämtlich Null sind, als eine Ebene; ferner möge das Bestehen der Gleichung

$$ux + vy + wz + r = 0$$

ausdrücken, dass der Punkt $(x, y, z)$ in der Ebene $(u : v : w : r)$ liegt und die Gerade sei die Gesamtheit aller in zwei Ebenen gelegenen Punkte. Treffen wir sodann die entsprechenden Fest-

setzungen über die Anordnung der Elemente und über Abtragen
von Strecken und Winkeln, wie in § 9, so entsteht eine „*Nicht-
Archimedische" Geometrie*, in welcher, wie die zuvor erörterten
Eigenschaften des complexen Zahlensystems $\Omega(t)$ zeigen, sämtliche
Axiome mit Ausnahme des Archimedischen Axioms erfüllt sind.
In der That können wir die Strecke 1 auf der Strecke $t$ beliebig
oft hinter einander abtragen, ohne dass der Endpunkt der Strecke $t$
bedeckt wird; dies widerspricht der Forderung des Archimedischen
Axioms.

Kapitel III.

## Die Lehre von den Proportionen.

### § 13.

#### Complexe Zahlensysteme.

Am Anfang dieses Kapitels wollen wir einige kurze Auseinandersetzungen über complexe Zahlensysteme vorausschicken,
die uns später insbesondere zur Erleichterung der Darstellung
nützlich sein werden.

Die reellen Zahlen bilden in ihrer Gesamtheit ein System
von Dingen mit folgenden Eigenschaften:

Sätze der Verknüpfung (1—12):

1. Aus der Zahl $a$ und der Zahl $b$ entsteht durch „Addition" eine bestimmte Zahl $c$, in Zeichen

$$a + b = c \quad \text{oder} \quad c = a + b.$$

2. Es giebt eine bestimmte Zahl — sie heisse 0 —, so dass
für jedes $a$ zugleich

$$a + 0 = a \quad \text{und} \quad 0 + a = a$$

ist.

3. Wenn $a$ und $b$ gegebene Zahlen sind, so existirt stets
eine und nur eine Zahl $x$ und auch eine und nur eine Zahl $y$, so
dass

$$a + x = b \quad \text{bez.} \quad y + a = b$$

wird.

4. Aus der Zahl $a$ und der Zahl $b$ entsteht noch auf eine
andere Art durch „Multiplikation" eine bestimmte Zahl $c$, in

Zeichen
$$ab = c \quad \text{oder} \quad c = ab.$$

5.  Es giebt eine bestimmte Zahl — sie heisse 1 —, so dass für jedes $a$ zugleich

$$a \cdot 1 = a \quad \text{und} \quad 1 \cdot a = a$$

ist.

6.  Wenn $a$ und $b$ beliebig gegebene Zahlen sind und $a$ nicht 0 ist, so existirt stets eine und nur eine Zahl $x$ und auch eine und nur eine Zahl $y$, so dass

$$ax = b \quad \text{bez.} \quad ya = b$$

wird.

Wenn $a, b, c$ beliebige Zahlen sind, so gelten stets folgende Rechnungsgesetze:

7.  $\qquad a + (b+c) = (a+b) + c$

8.  $\qquad a + b \qquad = b + a$

9.  $\qquad a(bc) \qquad = (ab)c$

10.  $\qquad a(b+c) \qquad = ab + ac$

11.  $\qquad (a+b)c \qquad = ac + bc$

12.  $\qquad ab \qquad = ba.$

Sätze der Anordnung (13—16).

13.  Wenn $a, b$ irgend zwei verschiedene Zahlen sind, so ist stets eine bestimmte von ihnen (etwa $a$) grösser ($>$) als die andere; die letztere heisst dann die kleinere, in Zeichen:

$$a > b \quad \text{und} \quad b < a.$$

14.  Wenn $a > b$ und $b > c$, so ist auch $a > c$.

15.  Wenn $a > b$ ist, so ist auch stets

$$a + c > b + c \quad \text{und} \quad c + a > c + b.$$

16.  Wenn $a > b$ und $c > 0$ ist, so ist auch stets

$$ac > bc \quad \text{und} \quad ca > cb.$$

Archimedischer Satz (17).

17.  Wenn $a > 0$ und $b > 0$ zwei beliebige Zahlen sind, so ist es stets möglich, $a$ zu sich selbst so oft zu addiren, dass die entstehende Summe die Eigenschaft hat

$$a + a + \cdots + a > b.$$

Ein System von Dingen, das nur einen Teil der Eigenschaften 1—17 besitzt, heisse ein *complexes Zahlensystem* oder auch ein *Zahlensystem* schlechthin.  Ein Zahlensystem heisse ein *Archi-*

28          Kap. III.  Die Lehre von den Proportionen.  § 13, 14.

*medisches* oder ein *Nicht-Archimedisches*, jenachdem dasselbe der Forderung 17 genügt oder nicht.

Von den aufgestellten Eigenschaften 1—17 sind einige Folgen der übrigen.  Es entsteht die Aufgabe, die logische Abhängigkeit dieser Eigenschaften zu untersuchen.  Wir werden in Kapitel VI § 32 und § 33 zwei bestimmte Fragen der angedeuteten Art wegen ihrer geometrischen Bedeutung beantworten und wollen hier nur darauf hinweisen, dass jedenfalls die letzte Forderung 17 keine logische Folge der übrigen Eigenschaften ist, da ja beispielsweise das in § 12 betrachtete complexe Zahlensystem $\Omega(t)$ sämtliche Eigenschaften 1—16 besitzt, aber nicht die Forderung 17 erfüllt.

## § 14.
### Beweis des Pascalschen Satzes.

In diesem und dem folgenden Kapitel legen wir unserer Untersuchung die **ebenen** Axiome sämtlicher Gruppen mit Ausnahme des Archimedischen Axioms, d. h. die Axiome I 1—2 und II—IV zu Grunde.  In dem gegenwärtigen Kapitel III gedenken wir Euklids Lehre von den Proportionen mittelst der genannten Axiome, d. h. *in der Ebene und unabhängig vom Archimedischen Axiom* zu begründen.

Zu dem Zwecke beweisen wir zunächst eine Thatsache, die ein besonderer Fall des bekannten Pascalschen Satzes aus der Lehre von den Kegelschnitten ist und die ich künftig kurz als den Pascalschen Satz bezeichnen will.  Dieser Satz lautet:

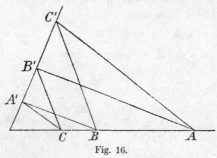

Fig. 16.

Satz 21[1] (Pascalscher Satz).  *Es seien A, B, C bez. A', B', C' je drei Punkte auf zwei sich schneidenden Geraden, die vom Schnittpunkte der Geraden verschieden sind; ist dann CB' parallel BC' und CA' parallel AC', so ist auch BA' parallel AB'.*

Um den Beweis für diesen Satz zu erbringen, führen wir

---

1) *F. Schur* hat einen interessanten Beweis des Pascalschen Satzes auf Grund der sämtlichen Axiome I—II, IV in den Math. Ann. Bd. 51 veröffentlicht.

zunächst folgende Bezeichnungsweise ein. In einem rechtwinkligen
Dreiecke ist offenbar die Kathete $a$ durch
die Hypotenuse $c$ und den von $a$ und $c$
eingeschlossenen Basiswinkel $\alpha$ eindeutig
bestimmt: wir setzen kurz

$$a = \alpha c,$$

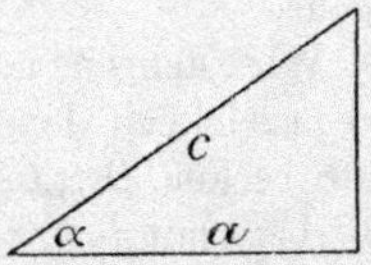

Fig. 17.

sodass das Symbol $\alpha c$ stets eine bestimmte
Strecke bedeutet, sobald $c$ eine beliebig gegebene Strecke und $\alpha$
ein beliebig gegebener spitzer Winkel ist.

Nunmehr möge $c$ eine beliebige Strecke und $\alpha, \beta$ mögen zwei
beliebige spitze Winkel bedeuten; wir behaupten, dass allemal die
Streckencongruenz

$$\alpha\beta c \equiv \beta\alpha c$$

besteht und somit die Symbole $\alpha, \beta$ stets mit einander vertauschbar sind.

Um diese Behauptung zu beweisen, nehmen wir die Strecke
$c = AB$ und tragen an diese
Strecke in $A$ zu beiden Seiten
die Winkel $\alpha$ und $\beta$ an. Dann
fällen wir von $B$ aus auf die
anderen Schenkel dieser Winkel
die Lote $BC$ und $BD$, verbinden
$C$ mit $D$ und fällen schliesslich
von $A$ aus das Lot $AE$ auf $CD$.

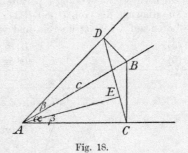

Fig. 18.

Da die Winkel $\sphericalangle ACB$ und
$\sphericalangle ADB$ Rechte sind, so liegen
die vier Punkte $A, B, C, D$ auf einem Kreise und demnach sind die
beiden Winkel $\sphericalangle ACD$ und $\sphericalangle ABD$ als Peripheriewinkel auf derselben Sehne $AD$ einander congruent. Nun ist einerseits $\sphericalangle ACD$
zusammen mit dem $\sphericalangle CAE$ und andererseits $\sphericalangle ABD$ zusammen
mit $\sphericalangle BAD$ je ein Rechter und folglich sind auch die Winkel
$\sphericalangle CAE$ und $\sphericalangle BAD$ einander congruent, d. h. es ist

$$\sphericalangle CAE \equiv \beta,$$

und daher

$$\sphericalangle DAE \equiv \alpha.$$

Wir gewinnen nun unmittelbar die Streckencongruenzen

$$\beta c \equiv AD \qquad \qquad \alpha c \equiv AC$$
$$\alpha\beta c \equiv \alpha(AD) \equiv AE \qquad \beta\alpha c \equiv \beta(AC) \equiv AE,$$

30        Kap. III.  Die Lehre von den Proportionen.  § 14.

und hieraus folgt die Richtigkeit der vorhin behaupteten Congruenz.

Wir kehren nun zur Figur des Pascalschen Satzes zurück
und bezeichnen den Schnittpunkt der beiden Geraden mit $O$ und
die Strecken $OA$, $OB$, $OC$, $OA'$, $OB'$, $OC'$, $CB'$, $BC'$, $CA'$, $AC'$, $BA'$,
$AB'$ bez. mit $a$, $b$, $c$, $a'$, $b'$, $c'$, $l$, $l^*$, $m$, $m^*$, $n$, $n^*$.  Sodann fällen wir
von $O$ Lote auf $l$, $m$, $n$; das Lot auf $l$ schliesse mit den beiden
Geraden $OA$, $OA'$ die spitzen Winkel $\lambda'$, $\lambda$ ein und die Lote auf
$m$ bez. $n$ mögen mit den Geraden $OA$ und $OA'$ die spitzen Winkel
$\mu'$, $\mu$ bez. $\nu'$, $\nu$ bilden.  Drücken wir nun diese drei Lote in der
vorhin angegebenen Weise mit Hülfe der Hypotenusen und Basiswinkel in den betreffenden rechtwinkligen Dreiecken auf doppelte
Weise aus, so erhalten wir folgende drei Streckencongruenzen

(1)                                   $\lambda b' \equiv \lambda' c$,
(2)                                   $\mu a' \equiv \mu' c$,
(3)                                   $\nu a' \equiv \nu' b$.

Da nach Voraussetzung $l$ parallel $l^*$ und $m$ parallel $m^*$ sein soll,
so stimmen die von $O$ auf $l^*$ bez. $m^*$ zu fällenden Lote mit den
Loten auf $l$ bez. $m$ überein und wir erhalten somit

(4)                                   $\lambda c' \equiv \lambda' b$,
(5)                                   $\mu c' \equiv \mu' a$.

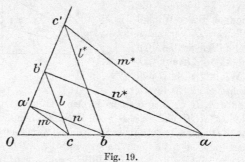

Fig. 19.

Wenn wir auf die Congruenz (3) links und rechts das Symbol
$\lambda'\mu$ anwenden und bedenken, dass nach dem vorhin Bewiesenen
die in Rede stehenden Symbole mit einander vertauschbar sind,
so finden wir

$$\nu\lambda'\mu a' \equiv \nu'\mu\lambda' b.$$

In dieser Congruenz berücksichtigen wir links die Congruenz (2)
und rechts (4); dann wird

$$\nu\lambda'\mu' c \equiv \nu'\mu\lambda c'$$

oder
$$\nu\mu'\lambda'c \equiv \nu'\lambda\mu c'.$$

Hierin berücksichtigen wir links die Congruenz (1) und rechts (5); dann wird
$$\nu\mu'\lambda b' \equiv \nu'\lambda\mu' a$$
oder
$$\lambda\mu'\nu b' \equiv \lambda\mu'\nu' a.$$

Wegen der Bedeutung unserer Symbole schliessen wir aus der letzten Congruenz sofort
$$\mu'\nu b' \equiv \mu'\nu' a$$
und hieraus

(6)
$$\nu b' \equiv \nu' a.$$

Fassen wir nun das von $O$ auf $n$ gefällte Lot in's Auge und fällen auf dasselbe Lote von $A$ und $B'$ aus, so zeigt die Congruenz (6), dass die Fusspunkte der letzteren beiden Lote zusammenfallen, d. h. die Gerade $n^* = AB'$ steht zu dem Lote auf $n$ senkrecht und ist mithin zu $n$ parallel. Damit ist der Beweis für den Pascalschen Satz erbracht.

Wenn irgend eine Gerade, ein Punkt ausserhalb derselben und irgend ein Winkel gegeben ist, so kann man offenbar durch Abtragen dieses Winkels und Ziehen einer Parallelen eine Gerade finden, die durch den gegebenen Punkt geht und die gegebene Gerade unter dem gegebenen Winkel schneidet. Im Hinblick auf diesen Umstand dürfen wir uns zum Beweise des Pascalschen Satzes auch des folgenden einfachen Schlussverfahrens bedienen, das ich einer Mittheilung von anderer Seite verdanke.

Man ziehe durch $B$ eine Gerade, die $OA'$ im Punkte $D'$ unter dem Winkel $OCA'$ trifft, so dass die Congruenz

(1*)
$$\sphericalangle\, OCA' \equiv \sphericalangle\, OD'B$$

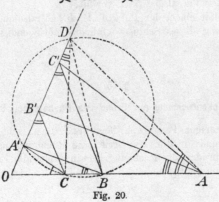

Fig. 20.

32        Kap. III.  Die Lehre von den Proportionen.  § 14, 15.

gilt; dann ist nach einem bekannten Satze aus der Lehre vom
Kreise $CBD'A'$ ein Kreisviereck und mithin gilt nach dem Satze
von der Congruenz der Peripheriewinkel auf der nämlichen Sehne
die Congruenz

(2*)                 $\measuredangle\, OBA' \equiv \measuredangle\, OD'C.$

Da $CA'$ und $AC'$ nach Voraussetzung einander parallel sind, so ist

(3*)                 $\measuredangle\, OCA' \equiv \measuredangle\, OAC';$

aus (1*) und (3*) folgern wir die Congruenz

$\measuredangle\, OD'B \equiv \measuredangle\, OAC';$

dann aber ist auch $BAD'C'$ ein Kreisviereck und mithin gilt nach
dem Satze von den Winkeln im Kreisviereck die Congruenz

(4*)                 $\measuredangle\, OAD' \equiv \measuredangle\, OC'B.$

Da ferner nach Voraussetzung $CB'$ parallel $BC'$ ist, so haben
wir auch

(5*)                 $\measuredangle\, OB'C \equiv \measuredangle\, OC'B;$

aus (4*) und (5*) folgern wir die Congruenz

$\measuredangle\, OAD' \equiv \measuredangle\, OB'C;$

diese endlich lehrt, dass $CAD'B'$ ein Kreisviereck ist, und mithin
gilt auch die Congruenz

(6*)                 $\measuredangle\, OAB' \equiv \measuredangle\, OD'C.$

Aus (2*) und (6*) folgt

$\measuredangle\, OBA' \equiv \measuredangle\, OAB'$

und die Congruenz lehrt, dass $BA'$ und $AB'$ einander parallel
sind, wie es der Pascalsche Satz verlangt.

Fällt $D'$ mit einem der Punkte $A', B', C'$ zusammen, so wird
eine Abänderung dieses Schlussverfahrens nothwendig, die leicht
ersichtlich ist.

## § 15.

### Die Streckenrechnung auf Grund des Pascalschen Satzes.

Der im vorigen Paragraph bewiesene Pascalsche Satz setzt
uns in den Stand, in die Geometrie eine Rechnung mit Strecken
einzuführen, in der die Rechnungsregeln für reelle Zahlen sämtlich unverändert gültig sind.

Kap. III. Die Lehre von den Proportionen.  § 15.        **33**

Statt des Wortes „congruent" und des Zeichens ≡ bedienen wir uns in der Streckenrechnung des Wortes „gleich" und des Zeichens =.

Wenn $A$, $B$, $C$ drei Punkte einer Geraden sind und $B$ zwischen $A$ und $C$ liegt, so bezeichnen wir $c = AC$ als die *Summe* der beiden Strecken $a = AB$ und $b = BC$ und setzen

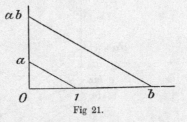

$$c = a + b.$$

Die Strecken $a$ und $b$ heissen kleiner als $c$, in Zeichen:

$$a < c, \quad b < c,$$

und $c$ heisst grösser als $a$ und $b$, in Zeichen:

$$c > a, \quad c > b.$$

Aus den linearen Congruenzaxiomen IV 1—3 entnehmen wir leicht, dass für die eben definirte Addition der Strecken das associative Gesetz

$$a + (b + c) = (a + b) + c$$

sowie das commutative Gesetz

$$a + b = b + a$$

gültig ist.

Um das Produkt einer Strecke $a$ in eine Strecke $b$ geometrisch zu definiren, bedienen wir uns folgender Construktion. Wir wählen zunächst eine beliebige Strecke, die für die ganze Betrachtung die nämliche bleibt, und bezeichnen dieselbe mit 1. Nunmehr tragen wir auf dem einen Schenkel eines rechten Winkels vom Scheitel $O$ aus die Strecke 1 und ferner ebenfalls vom Scheitel $O$ aus die Strecke $b$ ab; sodann tragen wir auf dem anderen Schenkel die Strecke $a$ ab. Wir verbinden die Endpunkte der Strecken 1 und $a$ durch eine Gerade und ziehen zu dieser Geraden durch den Endpunkt der Strecke $b$ eine Parallele; dieselbe möge auf dem anderen Schenkel eine Strecke $c$ abschneiden: dann nennen wir diese Strecke $c$ das *Produkt* der Strecke $a$ in die Strecke $b$ und bezeichnen sie mit

$$c = ab.$$

Fig 21.

Hilbert. Grundlagen der Geometrie.                                3

34          Kap. III.   Die Lehre von den Proportionen.   § 15.

Wir wollen vor Allem beweisen, dass für die eben definirte Multiplikation der Strecken das commutative Gesetz

$$ab = ba$$

gültig ist.   Zu dem Zwecke construiren wir zuerst auf die oben festgesetzte Weise die Strecke $ab$.   Ferner tragen wir auf dem ersten Schenkel des rechten Winkels die Strecke $a$ und auf dem anderen Schenkel die Strecke $b$ ab, verbinden den Endpunkt der Strecke 1 mit dem Endpunkt von $b$ auf dem anderen Schenkel durch eine Gerade und ziehen zu dieser Geraden durch den Endpunkt von $a$ auf dem ersten Schenkel eine Parallele: dieselbe schneidet auf dem anderen Schenkel die Strecke $ba$ ab; in der That fällt diese Strecke $ba$, wie die Figur 22 zeigt, wegen der Parallelität der punktirten Hülfslinien nach dem Pascalschen Satze (Satz 21) mit der vorhin construirten Strecke $ab$ zusammen.

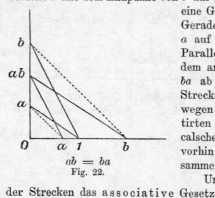

$$ab = ba$$
Fig. 22.

Um für unsere Multiplikation der Strecken das associative Gesetz

$$a(bc) = (ab)c$$

zu beweisen, construiren wir erst die Strecke $d = bc$, dann $da$, ferner die Strecke $e = ba$ und dann $ec$.   Dass die Endpunkte von $da$ und $ec$ zusammenfallen, ist wiederum auf Grund des Pascalschen

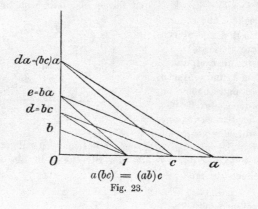

$$a(bc) = (ab)c$$
Fig. 23.

Satzes aus der Figur 23 unmittelbar ersichtlich und mit Benutzung des bereits bewiesenen commutativen Gesetzes folgt hieraus die obige Formel für das associative Gesetz der Strecken-
multiplikation.

Endlich gilt in unserer Streckenrechnung auch das **distri-
butive Gesetz**

$$a(b+c) = ab + ac.$$

Um dasselbe zu beweisen, construiren wir die Strecken $ab$, $ac$ und
$a(b+c)$ und ziehen dann durch den Endpunkt der Strecke $c$ (s. Figur 24) eine Parallele
zu dem anderen Schen-
kel des rechten Win-
kels. Die Congruenz
der beiden rechtwink-
ligen in der Figur 24
schraffirten Dreiecke
und die Anwendung
des Satzes von der
Gleichheit der Gegen-
seiten im Parallelo-
gramm liefert dann den
gewünschten Nachweis.

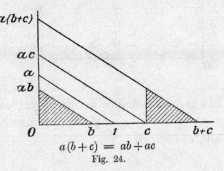

$$a(b+c) = ab + ac$$

Fig. 24.

Sind $b$ und $c$ zwei beliebige Strecken, so giebt es stets eine
Strecke $a$, sodass $c = ab$ wird; diese Strecke $a$ wird mit $\frac{c}{b}$ bezeichnet und der *Quotient* von $c$ durch $b$ genannt.

## § 16.

### Die Proportionen und die Aehnlichkeitssätze.

Mit Hülfe der eben dargelegten Streckenrechnung lässt sich
*Euklids* Lehre von den Proportionen einwandsfrei und ohne Archimedisches Axiom in folgender Weise begründen.

**Erklärung.** Sind $a$, $b$, $a'$, $b'$ irgend vier Strecken, so soll
die *Proportion*

$$a : b = a' : b'$$

nichts anderes bedeuten als die Streckengleichung

$$ab' = ba'.$$

**Definition.** Zwei Dreiecke heissen *ähnlich*, wenn entsprechende Winkel in ihnen congruent sind.

3*

36          Kap. III.  Die Lehre von den Proportionen.  § 16.

Satz 22.   Wenn $a, b$ und $a', b'$ entsprechende Seiten in zwei ähnlichen Dreiecken sind, so gilt die Proportion

$$a : b = a' : b'.$$

Beweis.   Wir betrachten zunächst den besonderen Fall, wo die von $a, b$ und $a', b'$ eingeschlossenen Winkel in beiden Dreiecken Rechte sind, und denken uns die beiden Dreiecke in ein und denselben rechten Winkel eingetragen. Wir tragen sodann vom Scheitel aus auf einem Schenkel die Strecke 1 ab und ziehen durch den Endpunkt dieser Strecke 1 die Parallele zu den beiden Hypotenusen; dieselbe schneide auf dem anderen Schenkel die Strecke $e$ ab; dann ist nach unserer Definition des Streckenproduktes

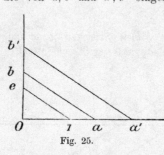

Fig. 25.

$$b = ea, \quad b' = ea';$$

mithin haben wir

$$ab' = ba'$$

d. h.

$$a : b = a' : b'.$$

Nunmehr kehren wir zu dem allgemeinen Falle zurück. Wir construiren in jedem der beiden ähnlichen Dreiecke den Schnittpunkt $S$ bez. $S'$ der drei Winkelhalbirenden und fällen von diesem die drei Lote $r$ bez. $r'$ auf die Dreiecksseiten; die auf diesen entstehenden Abschnitte bezeichnen wir mit

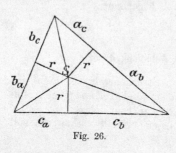

Fig. 26.

$$a_b, a_c, b_c, b_a, c_a, c_b$$
$$\text{bez.}$$
$$a_b', a_c', b_c', b_a', c_a', c_b'.$$

Der vorhin bewiesene spezielle Fall unseres Satzes liefert dann die Proportionen

$$a_b : r = a_b' : r' \quad | \quad b_c : r = b_c' : r'$$
$$a_c : r = a_c' : r' \quad | \quad b_a : r = b_a' : r';$$

aus diesen schliessen wir mittelst des distributiven Gesetzes

$$a : r = a' : r', \quad b : r = b' : r'$$

und folglich mit Rücksicht auf das commutative Gesetz der Multiplikation

$$a : b = a' : b'.$$

Aus dem eben bewiesenen Satze 22 entnehmen wir leicht den Fundamentalsatz in der Lehre von den Proportionen, der wie folgt lautet:

Satz 23. *Schneiden zwei Parallele auf den Schenkeln eines beliebigen Winkels die Strecken a, b bez. a', b' ab, so gilt die Proportion*

$$a : b = a' : b'.$$

*Umgekehrt, wenn vier Strecken a, b, a', b' diese Proportion erfüllen und a, a' und b, b' je auf einem Schenkel eines beliebigen Winkels abgetragen werden, so sind die Verbindungsgeraden der Endpunkte von a, b bez. von a', b' einander parallel.*

## § 17.
### Die Gleichungen der Geraden und Ebenen.

Zu dem bisherigen System von Strecken fügen wir noch ein zweites ebensolches System von Strecken hinzu; die Strecken des neuen Systems denken wir uns durch ein Merkzeichen kenntlich gemacht und nennen sie dann „*negative*" Strecken zum Unterschiede von den bisher betrachteten „*positiven*" Strecken. Führen wir noch die durch einen einzigen Punkt bestimmte Strecke 0 ein, so gelten bei gehörigen Festsetzungen in dieser erweiterten Streckenrechnung sämtliche Rechnungsregeln für reelle Zahlen, die in § 13 zusammengestellt worden sind.  Wir heben folgende specielle Thatsachen hervor:

Es ist stets $a \cdot 1 = 1 \cdot a = a$.

Wenn $ab = 0$, so ist entweder $a = 0$ oder $b = 0$.

Wenn $a > b$ und $c > 0$, so folgt stets $ac > bc$.

Wir nehmen nun in einer Ebene $\alpha$ durch einen Punkt $O$ zwei zu einander senkrechte Gerade als festes rechtwinkliges Axenkreuz an und tragen dann die beliebigen Strecken $x$, $y$ von $O$ aus auf den beiden Geraden ab, und zwar nach der einen oder nach der anderen Seite hin, jenachdem die abzutragende Strecke $x$ bez. $y$ positiv oder negativ ist; sodann errichten wir die Lote

in den Endpunkten der Strecken $x, y$ und bestimmen den Schnittpunkt $P$ dieser Lote: die Strecken $x, y$ heissen die *Coordinaten*
des Punktes $P$; jeder Punkt der Ebene $\alpha$ ist durch seine Coordinaten $x, y$, die positive oder negative Strecken oder 0 sein können,
eindeutig bestimmt.

Es sei $l$ irgend eine Gerade in der Ebene $\alpha$, die durch $O$ und

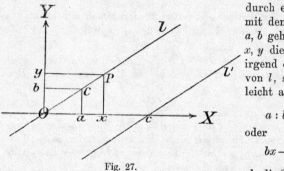

durch einen Punkt $C$
mit den Coordinaten
$a, b$ gehe. Sind dann
$x, y$ die Coordinaten
irgend eines Punktes
von $l$, so finden wir
leicht aus Satz 22

$$a : b = x : y$$

oder

$$bx - ay = 0$$

Fig. 27.

als die Gleichung der
Geraden $l$.  Ist $l'$ eine zu $l$ parallele Gerade, die auf der $x$-Axe
die Strecke $c$ abschneidet, so gelangen wir zu der Gleichung der
Geraden $l'$, indem wir in der Gleichung der Geraden $l$ die Strecke
$x$ durch die Strecke $x - c$ ersetzen; die gewünschte Gleichung
lautet also

$$bx - ay - bc = 0.$$

Aus diesen Entwickelungen schliessen wir leicht auf eine
Weise, die von dem Archimedischen Axiom unabhängig ist, dass
jede Gerade in einer Ebene durch eine lineare Gleichung in den
Coordinaten $x, y$ dargestellt wird und umgekehrt jede solche
lineare Gleichung eine Gerade darstellt, wenn die Coefficienten
derselben in der betreffenden Geometrie vorkommende Strecken
sind.

Die entsprechenden Resultate beweist man ebenso leicht in
der räumlichen Geometrie.

Der weitere Aufbau der Geometrie kann von nun an nach
den Methoden geschehen, die man in der analytischen Geometrie
gemeinhin anwendet.

Wir haben bisher in diesem Kapitel III das Archimedische
Axiom nirgends benutzt; setzen wir jetzt die Gültigkeit desselben
voraus, so können wir den Punkten einer beliebigen Geraden im
Raume reelle Zahlen zuordnen und zwar auf folgende Art.

Wir wählen auf der Geraden zwei beliebige Punkte aus und
ordnen diesen die Zahlen 0 und 1 zu; sodann halbiren wir die
durch sie bestimmte Strecke 01 und bezeichnen den entstehenden
Mittelpunkt mit $\frac{1}{2}$, ferner den Mittelpunkt der Strecke $0\frac{1}{2}$ mit $\frac{1}{4}$
u. s. w.; nach $n$-maliger Ausführung dieses Verfahrens gelangen
wir zu einem Punkte, dem die Zahl $\dfrac{1}{2^n}$ zuzuordnen ist.  Nun
tragen wir die Strecke $0\dfrac{1}{2^n}$ an den Punkt 0 sowohl nach der
Seite des Punktes 1 als auch nach der anderen Seite hin
etwa $m$ mal hintereinander ab und erteilen den so entstehenden
Punkten die Zahlenwerte $\dfrac{m}{2^n}$ bez. $-\dfrac{m}{2^n}$.  Aus dem Archimedischen
Axiom kann leicht geschlossen werden, dass auf Grund dieser
Zuordnung sich jedem beliebigem Punkte der Geraden in eindeutig
bestimmter Weise eine reelle Zahl zuordnen lässt und zwar so dass
dieser Zuordnung folgende Eigenschaft zukommt: wenn $A$, $B$, $C$
irgend drei Punkte der Geraden und bez. $\alpha$, $\beta$, $\gamma$ die zugehörigen
reellen Zahlen sind und $B$ zwischen $A$ und $C$ liegt, so erfüllen
dieselben stets entweder die Ungleichung $\alpha < \beta < \gamma$ oder $\alpha > \beta > \gamma$.

Aus den Entwicklungen in Kap. II § 9 leuchtet ein, dass dort
für jede Zahl, die dem algebraischen Zahlkörper $\Omega$ angehört, notwendig ein Punkt der Geraden existiren muss, dem sie zugeordnet
ist.  Ob auch jeder anderen reellen Zahl ein Punkt entspricht, lässt
sich im allgemeinen nicht entscheiden, sondern hängt von der
vorgelegten Geometrie ab.

Dagegen ist es stets möglich, das ursprüngliche System von
Punkten, Geraden und Ebenen so durch „ideale" oder „irra-
tionale" Elemente zu erweitern, dass auf irgend einer Geraden
der entstehenden Geometrie jedem System von drei reellen Zahlen
ohne Ausnahme ein Punkt zugeordnet ist.  Durch gehörige Festsetzung kann zugleich erreicht werden, dass in der erweiterten
Geometrie sämtliche Axiome I—V gültig sind.  Diese (durch
Hinzufügung der irrationalen Elemente) erweiterte Geometrie ist
keine andere als die gewöhnliche analytische Geometrie des Raumes.

40    Kap. IV. Die Lehre von den Flächeninhalten in der Ebene.   § 18.

## Kapitel IV.

# Die Lehre von den Flächeninhalten in der Ebene.

### § 18.

#### Die Flächengleichheit und Inhaltsgleichheit von Polygonen.

Wir legen den Untersuchungen des gegenwärtigen Kapitels IV dieselben Axiome wie im Kapitel III zu Grunde, nämlich die ebenen Axiome sämtlicher Gruppen mit Ausnahme des Archimedischen Axioms, d. h. die Axiome I 1—2 und II—IV.

Die im Kapitel III erörterte Lehre von den Proportionen und die daselbst eingeführte Streckenrechnung setzt uns in den Stand, die Euklidische Lehre von den Flächeninhalten mittelst der genannten Axiome, d. h. *in der Ebene und unabhängig vom Archimedischen Axiom* zu begründen.

Da nach den Entwickelungen im Kapitel III die Lehre von den Proportionen wesentlich auf dem Pascalschen Satze (Satz 21) beruht, so gilt dies auch für die Lehre von den Flächeninhalten; diese Begründung der Lehre von den Flächeninhalten erscheint mir als eine der merkwürdigsten Anwendungen des Pascalschen Satzes in der Elementargeometrie.

Erklärung. Verbindet man zwei Punkte eines Polygons $P$ durch irgend einen Streckenzug, der ganz im Inneren des Polygons verläuft, so entstehen zwei neue Polygone $P_1$ und $P_2$, deren innere Punkte alle im Inneren von $P$ liegen; wir sagen: $P$ zerfällt in $P_1$ und $P_2$, oder $P_1$ und $P_2$ setzen $P$ zusammen.

Definition. Zwei Polygone heissen *flächengleich*, wenn sie in eine endliche Anzahl von Dreiecken zerlegt werden können, die paarweise einander congruent sind.

Definition. Zwei Polygone heissen *inhaltsgleich* oder *von gleichem Inhalte*, wenn es möglich ist, zu denselben flächengleiche Polygone hinzuzufügen, so dass die beiden zusammengesetzten Polygone einander flächengleich sind.

Aus diesen Definitionen folgt sofort: durch Zusammenfügung flächengleicher Polygone entstehen wieder flächengleiche Polygone, und wenn man flächengleiche Polygone von flächengleichen Polygonen wegnimmt, so sind die übrigbleibenden Polygone inhaltsgleich.

Kap. IV. Die Lehre von den Flächeninhalten in der Ebene.  § 18.   41

Ferner gelten folgende Sätze:

Satz 24. Sind zwei Polygone $P_1$ und $P_2$ mit einem dritten Polygon $P_3$ flächengleich, so sind sie auch unter einander flächengleich. Sind zwei Polygone mit einem dritten inhaltsgleich, so sind sie unter einander inhaltsgleich.

Beweis. Nach Voraussetzung lässt sich sowohl für $P_1$, als auch für $P_2$ eine Zerlegung in Dreiecke angeben, so dass einer jeden dieser beiden Zerlegungen je eine Zerlegung des Polygons $P_3$ in congruente Dreiecke entspricht. Indem wir diese Zerlegungen von $P_3$ gleichzeitig in Betracht ziehen, wird im Allgemeinen jedes Dreieck der einen Zerlegung durch Strecken, welche der anderen

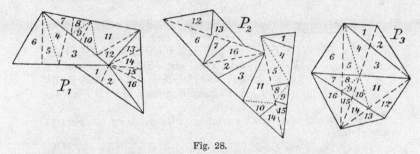

Fig. 28.

Zerlegung angehören, in Polygone zerlegt. Wir fügen nun noch so viele Strecken hinzu, dass jedes dieser Polygone selbst wieder in Dreiecke zerfällt und bringen dann die zwei entsprechenden Zerlegungen in Dreiecke in $P_1$ und in $P_2$ an; dann zerfallen offenbar diese beiden Polygone $P_1$ und $P_2$ in gleich viele paarweise einander congruente Dreiecke und sind somit nach der Definition einander flächengleich.

Der Beweis der zweiten Aussage des Satzes 24 ergiebt sich nunmehr ohne Schwierigkeit.

Wir definiren in der üblichen Weise die Begriffe: *Rechteck*, *Grundlinie* und *Höhe eines Parallelogrammes*, *Grundlinie* und *Höhe eines Dreiecks*.

## § 19.

### Parallelogramme und Dreiecke mit gleicher Grundlinie und Höhe.

Die bekannte in den nebenstehenden Figuren illustrirte Schlussweise *Euklids* liefert den Satz:

42     Kap. IV.  Die Lehre von den Flächeninhalten in der Ebene.  § 19.

Satz 25.  Zwei Parallelogramme mit gleicher Grundlinie und Höhe sind einander inhaltsgleich.

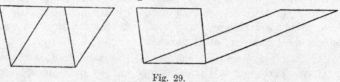

Fig. 29.

Ferner gilt die bekannte Thatsache:

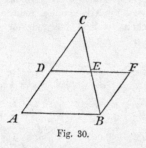

Fig. 30.

Satz 26.  Ein jedes Dreieck $ABC$ ist stets einem gewissen Parallelogramm mit gleicher Grundlinie und halber Höhe flächengleich.

Beweis: Halbirt man $AC$ in $D$ und $BC$ in $E$ und verlängert dann $DE$ um sich selbst bis $F$, so sind die Dreiecke $DEC$ und $FBE$ einander congruent und folglich sind Dreieck $ABC$ und Parallelogramm $ABFD$ einander inhaltsgleich.

Aus Satz 25 und Satz 26 folgt mit Hinzuziehung von Satz 24 unmittelbar:

Satz 27.  Zwei Dreiecke mit gleicher Grundlinie und Höhe sind einander inhaltsgleich.

Bekanntlich zeigt man gewöhnlich, dass zwei Dreiecke mit gleicher Grundlinie und Höhe auch stets flächengleich sind. Wir bemerken jedoch, dass *dieser Nachweis ohne Benutzung des Archimedischen Axioms nicht möglich ist*; in der That lassen sich in unserer Nicht-Archimedischen Geometrie (vgl. Kap. II § 12) ohne Schwierigkeit solche zwei Dreiecke angeben, die gleiche Grundlinie und Höhe besitzen und folglich dem Satze 27 entsprechend inhaltsgleich, aber die dennoch nicht flächengleich sind.  Als Beispiel mögen zwei Dreiecke $ABC$ und $ABD$ mit der gemeinsamen Grundlinie $AB = 1$ und der gleichen Höhe 1 dienen, wenn die Spitze $C$ des ersteren Dreiecks senkrecht über $A$ und im zweiten Dreiecke der Fusspunkt $F$ der von der Spitze $D$ gefällten Höhe so gelegen ist, dass $AF = t$ wird.

Die übrigen Sätze aus der elementaren Geometrie über die Inhaltsgleichheit von Polygonen, insbesondere der Pythagoräische Lehrsatz sind leichte Folgerungen der eben aufgestellten Sätze. Wir begegnen aber dennoch bei der weiteren Durchführung der Theorie der Flächeninhalte einer wesentlichen Schwierigkeit. Insbesondere lassen es unsere bisherigen Betrachtungen dahingestellt, ob nicht etwa alle Polygone stets einander inhaltsgleich sind. In diesem Falle wären die sämtlichen vorhin aufgestellten Sätze nichtssagend und ohne Bedeutung. Weiter entsteht die allgemeinere Frage, ob zwei inhaltsgleiche Rechtecke mit einer gemeinschaftlichen Seite auch notwendig in der anderen Seite übereinstimmen, d. h., ob ein Rechteck durch eine Seite und den Flächeninhalt eindeutig bestimmt ist.

Wie die nähere Ueberlegung zeigt, bedarf man zur Beantwortung der aufgeworfenen Fragen der Umkehrung des Satzes 27, die folgendermassen lautet:

S a t z  28.  *Wenn zwei inhaltsgleiche Dreiecke gleiche Grundlinie haben, so haben sie auch gleiche Höhe.*

Dieser fundamentale Satz 28 findet sich im ersten Buch der Elemente des *Euklid* als 39ster Satz; beim Beweise desselben beruft sich jedoch *Euklid* auf den allgemeinen Grössensatz: „Καὶ τὸ ὅλον τοῦ μέρους μεῖζόν ἐστιν" — ein Verfahren, welches auf die Einführung eines neuen geometrischen Axioms über Flächeninhalte hinausläuft.

Es gelingt nun, den Satz 28 und damit die Lehre von den Flächeninhalten auf dem hier von uns in Aussicht genommenen Wege, d. h. lediglich mit Hülfe der ebenen Axiome ohne Benutzung des Archimedischen Axioms zu begründen. Um dies einzusehen, haben wir den Begriff des Flächenmasses nöthig.

## § 20.

### Das Flächenmass von Dreiecken und Polygonen.

D e f i n i t i o n.  Wenn wir in einem Dreieck $ABC$ mit den Seiten $a, b, c$ die beiden Höhen $h_a = AD$, $h_b = BE$ construiren, so folgt aus der Aehnlichkeit der Dreiecke $BCE$ und $ACD$ nach Satz 22 die Proportion

$$a : h_b = b : h_a,$$

d. h.

$$ah_a = bh_b;$$

mithin ist in jedem Dreiecke das Produkt aus einer Grundlinie und der zu ihr gehörigen Höhe davon unabhängig, welche Seite des Dreiecks man als Grundlinie wählt. Das halbe Produkt aus Grundlinie und Höhe eines Dreiecks $\varDelta$ heisse das *Flächenmass des Dreiecks* $\varDelta$ und werde mit $F(\varDelta)$ bezeichnet.

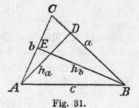

Fig. 31.

44      Kap. IV. Die Lehre von den Flächeninhalten in der Ebene.  § 20.

Erklärung.  Eine Strecke, welche eine Ecke eines Dreiecks
mit einem Punkte der gegenüberliegenden Seite verbindet, heisst
*Transversale*; dieselbe zerlegt das Dreieck in zwei Dreiecke mit ge-
meinsamer Höhe, deren Grundlinien in dieselbe Gerade fallen;
eine solche Zerlegung heisse eine *transversale Zerlegung des Dreiecks*.

Satz 29.  Wenn ein Dreieck $\Delta$ durch beliebige Gerade irgendwie in eine gewisse endliche Anzahl von Dreiecken $\Delta_k$ zerlegt
wird, so ist stets das Flächenmass des Dreiecks $\Delta$ gleich der
Summe der Flächenmasse der sämtlichen Dreiecke $\Delta_k$.

Beweis.  Aus dem distributiven Gesetze in unserer Streckenrechnung folgt unmittelbar, dass das Flächenmass eines beliebigen
Dreiecks gleich der Summe der Flächenmasse zweier solcher Dreiecke ist, die durch irgendwelche transversale Zerlegung aus jenem
Dreieck hervorgehen.  Die wiederholte Anwendung dieser Thatsache zeigt, dass das Flächenmass eines beliebigen Dreiecks auch

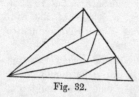

gleich der Summe der Flächenmasse
der sämtlichen Dreiecke ist, die aus
dem vorgelegten Dreiecke entstehen,
wenn man nach einander beliebig viele
transversale Zerlegungen ausführt.

Fig. 32.

Um nun den entsprechenden Nachweis für die beliebige Zerlegung des
Dreiecks $\Delta$ in Dreiecke $\Delta_k$ zu erbringen, ziehen wir von der
einen Ecke $A$ des Dreieckes $\Delta$ durch jeden Teilpunkt der Zerlegung, d. h. durch jeden Eckpunkt der Dreiecke $\Delta_k$ eine Trans-

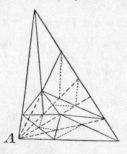

versale; durch diese Transversalen zerfällt das Dreieck $\Delta$ in
gewisse Dreiecke $\Delta_t$. Jedes dieser Dreiecke $\Delta_t$ zerfällt durch
die Teilstrecken der gegebenen
Zerlegung in gewisse Dreiecke
und Vierecke.  Wenn wir in
den Vierecken noch je eine Diagonale construiren, so zerfällt
jedes Dreieck $\Delta_t$ in gewisse Dreiecke $\Delta_{ts}$. Wir wollen nun zeigen,
dass die Zerlegung in Dreiecke

$A$

Fig. 33.

$\Delta_{ts}$ sowohl für die Dreiecke $\Delta_t$ als auch für die Dreiecke $\Delta_k$ nichts
anderes als eine Kette von transversalen Zerlegungen bedeutet.

In der That, zunächst ist klar, dass jede Zerlegung eines
Dreiecks in Teildreiecke stets durch eine Reihe von transversalen

Kap. IV. Die Lehre von den Flächeninhalten in der Ebene. § 20.    45

Zerlegungen bewirkt werden kann, wenn bei der Zerlegung im Inneren des Dreiecks keine Teilpunkte liegen und überdies wenigstens eine Seite des Dreiecks von Teilpunkten frei bleibt.

Nun ist für die Dreiecke $\varDelta_i$ unsere Behauptung aus dem Umstande ersichtlich, dass für jedes derselben das Innere sowie eine Seite, nämlich die dem Punkte $A$ gegenüberliegende Seite von weiteren Teilpunkten frei ist.

Aber auch für jedes $\varDelta_k$ ist die Zerlegung in $\varDelta_{ts}$ auf transversale Zerlegungen zurückführbar. Betrachten wir nämlich ein Dreieck $\varDelta_k$, so wird es unter den von $A$ ausgehenden Transversalen im Dreieck $\varDelta$ eine bestimmte Transversale geben, in welche entweder eine Seite von $\varDelta_k$ hineinfällt oder welche selbst das Dreieck $\varDelta_k$ in zwei Dreiecke zerlegt. Im ersten Fall bleibt die betreffende Seite des Dreiecks $\varDelta_k$ überhaupt frei von weiteren Teilpunkten bei der Zerlegung in Dreiecke $\varDelta_{ts}$; im letzteren Falle ist die im Inneren des Dreiecks $\varDelta_k$ verlaufende Strecke jener Transversale in den beiden entstehenden Dreiecken eine Seite, die bei der Teilung in Dreiecke $\varDelta_{ts}$ von weiteren Teilpunkten gewiss frei bleibt.

Nach der am Anfang dieses Beweises angestellten Betrachtung ist das Flächenmass $F(\varDelta)$ des Dreiecks $\varDelta$ gleich der Summe aller Flächenmasse $F(\varDelta_i)$ der Dreiecke $\varDelta_i$, und diese Summe ist gleich der Summe aller Flächenmasse $F(\varDelta_{ts})$. Andererseits ist auch die Summe über die Flächenmasse $F(\varDelta_k)$ aller Dreiecke $\varDelta_k$ gleich der Summe aller Flächenmasse $F(\varDelta_{ts})$, und hieraus folgt endlich, dass das Flächenmass $F(\varDelta)$ auch gleich der Summe aller Flächenmasse $F(\varDelta_k)$ ist. Damit ist der Beweis des Satzes 29 vollständig erbracht.

Definition. Definiren wir das Flächenmass $F(P)$ eines Polygons als die Summe der Flächenmasse aller Dreiecke, in die dasselbe bei einer bestimmten Zerlegung zerfällt, so erkennen wir auf Grund des Satzes 29 durch eine ähnliche Schlussweise, wie wir sie in § 18 beim Beweise des Satzes 24 angewandt haben, dass das Flächenmass eines Polygons von der Art der Zerlegung in Dreiecke unabhängig ist und mithin allein durch das Polygon sich eindeutig bestimmt. Aus dieser Definition entnehmen wir vermittels des Satzes 29 die Thatsache, dass flächengleiche Polygone gleiches Flächenmass haben.

Sind ferner $P$ und $Q$ zwei inhaltsgleiche Polygone, so muss es nach der Definition zwei flächengleiche Polygone $P'$ und $Q'$ geben, so dass das aus $P$ und $P'$ zusammengesetzte Polygon mit

46    Kap. IV. Die Lehre von den Flächeninhalten in der Ebene.  § 20, 21.

dem aus $Q$ und $Q'$ zusammengesetzten Polygon flächengleich ausfällt. Aus den beiden Gleichungen:

$$F(P+P') = F(Q+Q'),$$
$$F(P') = F(Q')$$

schliessen wir leicht

$$F(P) = F(Q),$$

d. h. inhaltsgleiche Polygone haben gleiches Flächenmass.

Aus der letzteren Thatsache entnehmen wir unmittelbar den
Beweis des Satzes 28. Bezeichnen wir nämlich die gleiche Grundlinie der beiden Dreiecke mit $g$, die zugehörigen Höhen mit $h$
und $h'$, so schliessen wir aus der angenommenen Inhaltsgleichheit
der beiden Dreiecke, dass dieselben auch gleiches Flächenmass
haben müssen, d. h. es folgt:

$$\tfrac{1}{2}gh = \tfrac{1}{2}gh'$$

und mithin nach Division durch $\tfrac{1}{2}g$

$$h = h';$$

dies ist die Aussage des Satzes 28.

## § 21.

### Die Inhaltsgleichheit und das Flächenmass.

In § 20 haben wir gefunden, dass inhaltsgleiche Polygone
stets gleiches Flächenmass
haben. Diese Aussage lässt
sich auch umkehren.

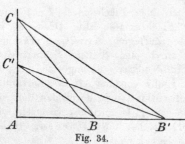
Fig. 34.

Um diese Umkehrung
zu beweisen, betrachten
wir zunächst zwei Drei-
ecke $ABC$ und $AB'C'$ mit
gemeinsamem rechten Win-
kel bei $A$. Die Flächen-
masse dieser beiden Drei-
ecke drücken sich durch
die Formeln

$$F(ABC) = \tfrac{1}{2}AB \cdot AC,$$
$$F(AB'C') = \tfrac{1}{2}AB' \cdot AC'$$

Kap. IV. Die Lehre von den Flächeninhalten in der Ebene. § 21.   47

aus. Nehmen wir an, dass diese beiden Flächenmasse einander
gleich sind, so folgt:

$$AB \cdot AC = AB' \cdot AC'$$

oder

$$AB : AB' = AC' : AC$$

und hieraus ergiebt sich nach Satz 23, dass die beiden Geraden
$BC'$ und $B'C$ einander parallel sind und sodann erweisen sich
nach Satz 27 die beiden Dreiecke $BC'B'$ und $BC'C$ als inhaltsgleich. Durch Hinzufügen des Dreiecks $ABC'$ folgt, dass die
beiden Dreiecke $ABC$ und $AB'C'$ einander inhaltsgleich sind.
Wir haben damit erkannt, dass zwei rechtwinklige Dreiecke mit
gleichem Flächenmass auch stets einander inhaltsgleich sind.

Nehmen wir jetzt ein beliebiges Dreieck mit der Grundlinie $g$
und der Höhe $h$, so ist dasselbe nach Satz 27 inhaltsgleich einem
rechtwinkligen Dreieck mit den beiden Katheten $g$ und $h$; und
da das ursprüngliche Dreieck offenbar dasselbe Flächenmass wie
das rechtwinklige Dreieck besitzt, so folgt, dass in der letzten
Betrachtung die Einschränkung auf rechtwinklige Dreiecke nicht
nötig war; damit haben wir erkannt, dass zwei beliebige Dreiecke mit gleichem Flächenmass auch stets einander inhaltsgleich sind.

Es sei nunmehr ein beliebiges Polygon $P$ mit dem Flächenmass $g$ vorgelegt; $P$ zerfalle in $n$ Dreiecke mit den Flächenmassen
bez. $g_1, g_2, \ldots, g_n$; dann ist

$$g = g_1 + g_2 + \cdots + g_n.$$

Wir construiren nun ein Dreieck $ABC$ mit der Grundlinie

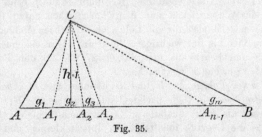

Fig. 35.

$AB = g$ und der Höhe $h = 1$ und markiren auf der Grundlinie
die Punkte $A_1, A_2, \ldots, A_{n-1}$, sodass

$$g_1 = AA_1, \quad g_2 = A_1A_2, \ldots, \quad g_{n-1} = A_{n-2}A_{n-1}, \quad g_n = A_{n-1}B$$

ausfällt. Da die Dreiecke innerhalb des Polygons $P$ bez. die

48    Kap. IV.  Die Lehre von den Flächeninhalten in der Ebene.  § 21.

gleichen Flächenmasse besitzen, wie die Dreiecke $AA_1C$, $A_1A_2C$, ..., $A_{n-2}A_{n-1}C$, $A_{n-1}BC$, so sind sie nach dem vorhin Bewiesenen diesen auch inhaltsgleich; folglich ist das Polygon $P$ einem Dreiecke mit der Grundlinie $g$ und der Höhe $h = 1$ inhaltsgleich. Hieraus folgt mit Hülfe von Satz 24, dass zwei Polygone mit gleichem Flächenmass einander stets inhaltsgleich sind.

Die beiden in diesem und dem vorigen Paragraph gefundenen Thatsachen fassen wir in den folgenden Satz zusammen:

Satz 30.  *Zwei inhaltsgleiche Polygone haben stets das gleiche Flächenmass*; und umgekehrt: *Zwei Polygone mit gleichem Flächenmass sind stets einander inhaltsgleich.*

Insbesondere müssen zwei inhaltsgleiche Rechtecke mit einer gemeinsamen Seite auch in den anderen Seiten übereinstimmen. Auch folgt der Satz:

Satz 31.  Zerlegt man ein Rechteck durch Gerade in mehrere Dreiecke und lässt auch nur eines dieser Dreiecke fort, so kann man mit den übrigen Dreiecken das Rechteck nicht mehr ausfüllen.

Dieser Satz 31 ist von *F. Schur*[1]) und *W. Killing*[2]) mit Hülfe des Archimedischen Axioms bewiesen und von *O. Stolz*[3]) als Axiom hingestellt worden. Im Vorstehenden ist gezeigt, dass derselbe völlig unabhängig von dem Archimedischen Axiom gilt. Der Satz 31 reicht übrigens zur Begründung des Euklidischen Satzes von der Gleichheit der Höhen in inhaltsgleichen Dreiecken auf gleicher Grundlinie (Satz 28) an sich nicht aus, wenn man von der Anwendung des Archimedischen Axioms absieht.

Zum Beweise der Sätze 28, 29, 30 haben wir wesentlich die in Kapitel III § 15 eingeführte Streckenrechnung benutzt, und da diese im Wesentlichen auf dem Pascalschen Satze (Satz 21) beruht, so erweist sich für die Lehre von den Flächeninhalten der Pascalsche Satz als der wichtigste Baustein. Wir erkennen leicht, dass auch umgekehrt aus den Sätzen 27 und 28 der Pascalsche Satz wieder gewonnen werden kann.

Von zwei Polygonen $P$ und $Q$ nennen wir $P$ *inhaltskleiner* bez. *inhaltsgrösser* als $Q$, je nachdem das Flächenmass $F(P)$ kleiner oder grösser als $F(Q)$ ausfällt. Es ist nach dem Vorstehenden klar, dass die Begriffe inhaltsgleich, inhaltskleiner und inhaltsgrösser sich gegenseitig ausschliessen. Ferner erkennen wir leicht,

---

1) Sitzungsberichte der Dorpater Naturf. Ges. 1892.
2) Grundlagen der Geometrie, Bd. 2, Absch. 5, § 5, 1898.
3) Monatshefte für Math. und Phys., Jahrgang 5, 1894.

dass ein Polygon, welches ganz im Inneren eines anderen Polygons liegt, stets inhaltskleiner als dieses sein muss.

Hiermit haben wir die wesentlichen Sätze der Lehre von den Flächeninhalten begründet.

## Kapitel V.

## Der Desarguessche Satz.

### § 22.

**Der Desarguessche Satz und der Beweis desselben in der Ebene
mit Hülfe der Congruenzaxiome.**

Von den im Kapitel I aufgestellten Axiomen sind diejenigen der Gruppen II—V sämtlich teils lineare, teils ebene Axiome; die Axiome 3—7 der Gruppe I sind die einzigen räumlichen Axiome. Um die Bedeutung dieser räumlichen Axiome klar zu erkennen, denken wir uns irgend eine ebene Geometrie vorgelegt und untersuchen allgemein die Bedingungen dafür, dass diese ebene Geometrie sich als Teil einer räumlichen Geometrie auffassen lässt, in welcher wenigstens die Axiome der Gruppen I—III sämtlich erfüllt sind.

Auf Grund der Axiome der Gruppen I—III ist es bekanntlich leicht möglich, den sogenannten Desarguesschen Satz zu beweisen; derselbe ist ein ebener Schnittpunktsatz. Wir nehmen insbesondere die Gerade, auf der die Schnittpunkte entsprechender Seiten der beiden Dreiecke liegen sollen, zur „Unendlichfernen", wie man sagt, und bezeichnen den so entstehenden Satz nebst seiner Umkehrung schlechthin als Desarguesschen Satz; dieser Satz lautet, wie folgt:

Satz 32. (Desarguesscher Satz.) Wenn zwei Dreiecke in einer Ebene so gelegen sind, dass je zwei entsprechende Seiten einander parallel sind, so laufen die Verbindungslinien der entsprechenden Ecken durch ein und denselben Punkt oder sind einander parallel, und umgekehrt:

Wenn zwei Dreiecke in einer Ebene so gelegen sind, dass die Verbindungslinien der entsprechenden Ecken durch einen Punkt laufen oder einander parallel sind, und wenn ferner zwei Paare

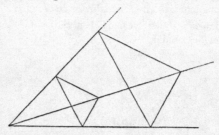

entsprechender Seiten in den Dreiecken einander parallel sind, so
sind auch die dritten Seiten der beiden Dreiecke einander parallel.

Wie bereits erwähnt, ist der Satz 32 eine Folge der Axiome
I—III; dieser Thatsache gemäss ist die Gültigkeit des Desarguesschen Satzes in der Ebene jedenfalls eine notwendige
Bedingung dafür, dass die Geometrie dieser Ebene sich als Teil
einer räumlichen Geometrie auffassen lässt, in welcher die Axiome
der Gruppen I—III sämtlich erfüllt sind.

Wir nehmen nun wie in den Kapiteln III und IV eine ebene
Geometrie an, in welcher die Axiome I 1—2 und II—IV gelten,
und denken uns in derselben nach § 15 eine Streckenrechnung eingeführt: dann lässt sich, wie in § 17 dargelegt worden ist, jedem
Punkte der Ebene ein Paar von Strecken $(x, y)$ und jeder Geraden
ein Verhältnis von drei Strecken $(u : v : w)$ zuordnen derart, dass
die lineare Gleichung

$$ux + vy + w = 0$$

die Bedingung für die vereinigte Lage von Punkt und Gerade
darstellt. Das System aller Strecken in unserer Geometrie bildet
nach § 17 einen Zahlenbereich, für welchen die in § 13 aufgezählten
Eigenschaften 1—16 bestehen, und wir können daher mittelst dieses Zahlenbereiches, ähnlich wie es in § 9 oder § 12 mittelst des
Zahlensystems $\Omega$ bez. $\Omega(t)$ geschehen ist, eine räumliche Geometrie
construiren: wir setzen zu dem Zwecke fest, dass ein System
von drei Strecken $(x, y, z)$ einen Punkt, die Verhältnisse von vier
Strecken $(u : v : w : r)$ eine Ebene darstellen möge, während die
Geraden als Schnitte zweier Ebenen definirt sind; dabei drückt
die lineare Gleichung

$$ux + vy + wz + r = 0$$

aus, dass der Punkt $(x, y, z)$ auf der Ebene $(u : v : w : r)$ liegt.
Was endlich die Anordnung der Punkte auf einer Geraden oder

der Punkte einer Ebene in Bezug auf eine Gerade in ihr oder
endlich die Anordnung der Punkte in Bezug auf eine Ebene im
Raume anbetrifft, so wird diese in analoger Weise durch Ungleichungen zwischen Strecken bestimmt, wie dies in § 9 für die
Ebene geschehen ist.

Da wir durch das Einsetzen des Wertes $z = 0$ die ursprüngliche ebene Geometrie wieder gewinnen, so erkennen wir, dass
unsere ebene Geometrie als Teil einer räumlichen Geometrie betrachtet werden kann. Nun ist hierfür die Gültigkeit des Desarguesschen Satzes nach den obigen Ausführungen eine notwendige
Bedingung, und daher folgt, dass in der angenommenen ebenen
Geometrie auch der Desarguessche Satz gelten muss.

Wir bemerken, dass die eben gefundene Thatsache sich auch
direkt aus dem Satze 23 in der Lehre von den Proportionen
ohne Mühe ableiten lässt.

§ 23.

**Die Nichtbeweisbarkeit des Desarguesschen Satzes in der Ebene
ohne Hülfe der Congruenzaxiome.**

Wir untersuchen nun die Frage, ob in der ebenen Geometrie
auch ohne Hülfe der Congruenzaxiome der Desarguessche Satz
bewiesen werden kann, und gelangen dabei zu folgendem Resultate:

Satz 33. *Es giebt eine ebene Geometrie, in welcher die Axiome
I 1—2, II—III, IV 1—5, V, d. h. sämtliche linearen und ebenen
Axiome mit Ausnahme des Congruenzaxioms IV 6 erfüllt sind, während
der Desarguessche Satz (Satz 32) nicht gilt. Der Desarguessche
Satz kann mithin aus den genannten Axiomen allein nicht gefolgert
werden: es bedarf zum Beweise desselben notwendig entweder der
räumlichen Axiome oder der sämtlichen Congruenzaxiome.*

Beweis. Wir wählen in der gewöhnlichen ebenen Geometrie,
deren Möglichkeit bereits im Kapitel II § 9 erkannt worden ist,
irgend zwei zu einander senkrechte Gerade als Coordinatenaxen
$X$, $Y$ und denken uns um den Nullpunkt $O$ dieses Coordinaten-
systems als Mittelpunkt eine Ellipse mit den Halbaxen 1 und $\frac{1}{2}$
construirt; endlich bezeichnen wir mit $F$ den Punkt, welcher in
der Entfernung $\frac{3}{2}$ von $O$ auf der positiven $X$-Axe liegt.

Wir fassen nun die Gesamtheit aller Kreise ins Auge, welche
die Ellipse in vier reellen — getrennten oder beliebig zusammenfallenden — Punkten schneiden, und suchen unter allen auf diesen
Kreisen gelegenen Punkten denjenigen Punkt zu bestimmen, der
auf der positiven $X$-Axe am weitesten vom Nullpunkt entfernt

4*

ist. Zu dem Zwecke gehen wir von einem beliebigen Kreise aus, der die Ellipse in vier Punkten schneidet und die positive $X$-Axe im Punkte $C$ treffen möge. Diesen Kreis denken wir uns dann um den Punkt $C$ derart gedreht, dass zwei von den vier Schnittpunkten oder mehr in einen einzigen Punkt $A$ zusammenfallen, während die übrigen reell bleiben. Der so entstehende Berührungskreis werde alsdann vergrössert derart, dass stets der Punkt $A$ Berührungspunkt mit der Ellipse bleibt; hierdurch gelangen wir notwendig zu einem Kreise, der die Ellipse entweder noch in einem anderen Punkte $B$ berührt oder in $A$ mit der Ellipse eine vierpunktige Berührung aufweist und der überdies die positive $X$-Axe in einem entfernteren Punkte als $C$ trifft. Der gesuchte entfernteste Punkt wird sich demnach unter denjenigen Punkten befinden, die von den doppeltberührenden ausserhalb der Ellipse verlaufenden Kreisen auf der positiven $X$-Axe ausgeschnitten werden. Die doppeltberührenden ausserhalb der Ellipse verlaufenden Kreise liegen nun, wie man leicht sieht, sämtlich zur $Y$-Axe symmetrisch. Es seien $a, b$ die Coordinaten irgend eines Punktes der Ellipse: dann lehrt eine leichte Rechnung, dass der in diesem Punkte berührende zur $Y$-Axe symmetrische Kreis auf der positiven $X$-Axe die Strecke

$$x = |\sqrt{1 + 3b^2}|$$

abschneidet. Der grösstmögliche Wert dieses Ausdrucks tritt für $b = \frac{1}{2}$ ein und wird somit gleich $\frac{1}{2}|\sqrt{7}|$. Da der vorhin mit $F$ bezeichnete Punkt auf der $X$-Axe die Abscisse $\frac{3}{2} > \frac{1}{2}|\sqrt{7}|$ aufweist, so folgt, dass **unter den die Ellipse viermal treffenden Kreisen sich gewiss keiner befindet, der durch den Punkt $F$ läuft.**

Nunmehr stellen wir uns eine neue ebene Geometrie in folgender Weise her. Als Punkte der neuen Geometrie nehmen wir die Punkte der $XY$-Ebene; als Gerade der neuen Geometrie nehmen wir diejenigen Geraden der $XY$-Ebene unverändert, welche die feste Ellipse berühren oder gar nicht treffen; ist dagegen $g$ eine Gerade der $XY$-Ebene, die die Ellipse in zwei Punkten $P$ und $Q$ trifft, so construiren wir durch $P, Q$ und den festen Punkt $F$ einen Kreis; dieser Kreis hat, wie aus dem oben Bewiesenen hervorgeht, keinen weiteren Punkt mit der Ellipse gemein. Wir denken uns nun an Stelle des zwischen $P$ und $Q$ innerhalb der Ellipse gelegenen Stückes der Geraden $g$ denjenigen Bogen des eben construirten Kreises gesetzt, der zwischen $P$ und $Q$ innerhalb der Ellipse verläuft. Den Linienzug, welcher aus den beiden

von $P$ und $Q$ ausgehenden unendlichen Stücken der Geraden $g$ und
dem eben construirten Kreisbogen $PQ$ besteht, nehmen wir als
Gerade der neu herzustellenden Geometrie.   Denken wir uns für
alle Geraden der $XY$-Ebene die entsprechenden Linienzüge construirt, so entsteht ein System von Linienzügen, welche, als

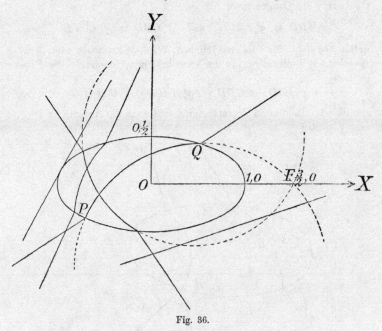

Fig. 36.

Gerade einer Geometrie aufgefasst, offenbar den Axiomen I 1—2
und III genügen.   Bei Festsetzung der natürlichen Anordnung
für die Punkte und Geraden in unserer neuen Geometrie erkennen
wir unmittelbar, dass auch die Axiome II gültig sind.

Ferner nennen wir zwei Strecken $AB$ und $A'B'$ in unserer
neuen Geometrie congruent, wenn der zwischen $A$ und $B$ verlaufende Linienzug die gleiche natürliche Länge hat, wie der zwischen
$A'$ und $B'$ verlaufende Linienzug.

Endlich bedürfen wir einer Festsetzung betreffs der Congruenz
der Winkel.   Sobald keiner von den Scheiteln der zu verglei-
chenden Winkel auf der Ellipse liegt, nennen wir zwei Winkel
einander congruent, wenn sie im gewöhnlichen Sinne einander gleich
sind.   Im anderen Falle treffen wir folgende Festsetzung.   Es

54                    Kap. V. Der Desarguessche Satz.   § 23.

mögen die Punkte $A$, $B$, $C$ in dieser Reihenfolge und die Punkte
$A'$, $B'$ $C'$ in dieser Reihenfolge je auf einer Geraden unserer
neuen Geometrie liegen; $D$ sei ein Punkt ausserhalb der Geraden
$ABC$ und $D'$ ein Punkt ausserhalb der Geraden $A'B'C'$: dann
mögen für die Winkel zwischen diesen Geraden in unserer neuen
Geometrie die Congruenzen

$$\angle ABD \equiv \angle A'B'D' \quad \text{und} \quad \angle CBD \equiv \angle C'B'D'$$

gelten, sobald für die natürlichen Winkel zwischen den entsprechenden Linienzügen in der gewöhnlichen Geometrie die Proportion

$$\angle ABD : \angle CBD = \angle A'B'D' : \angle C'B'D'$$

erfüllt ist.   Bei diesen Festsetzungen sind auch die Axiome IV 1—5
und V gültig.

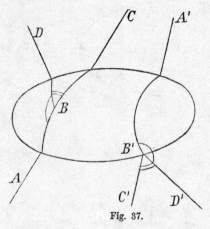

Fig. 37.

Um einzusehen, dass in unserer neu hergestellten Geometrie
der Desarguessche Satz nicht gilt, betrachten wir folgende drei
gewöhnliche gerade Linien in der $XY$-Ebene: die $X$-Axe, die
$Y$-Axe und die Gerade, welche die beiden Ellipsenpunkte $x = \frac{3}{5}$,
$y = \frac{2}{5}$ und $x = -\frac{3}{5}$, $y = -\frac{2}{5}$ mit einander verbindet.   Da
diese drei gewöhnlichen geraden Linien durch den Nullpunkt $O$
laufen, so können wir leicht zwei solche Dreiecke angeben, deren
Ecken bez. auf jenen drei Geraden liegen, deren entsprechende
Seiten paarweise einander parallel laufen und die sämtlich ausserhalb
der Ellipse gelegen sind.   Da die Linienzüge, welche aus den
genannten drei geraden Linien entspringen, sich, wie Figur 38

Kap. V. Der Desarguessche Satz. § 23, 24.          55

zeigt und wie man leicht durch Rechnung bestätigt, nicht in

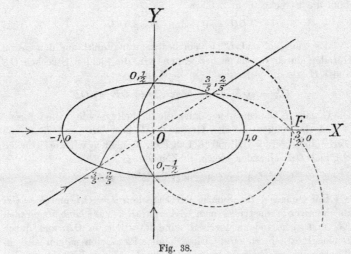

Fig. 38.

einem Punkte treffen, so folgt, dass der Desarguessche Satz in
der neuen ebenen Geometrie für die beiden vorhin construirten
Dreiecke gewiss nicht gilt.

Die von uns hergestellte ebene Geometrie dient zugleich als
Beispiel einer ebenen Geometrie, in welcher die Axiome I 1—2,
II—III, IV 1—5, V gültig sind, und die sich dennoch nicht als
Teil einer räumlichen Geometrie auffassen lässt.

## § 24.

### Einführung einer Streckenrechnung ohne Hülfe der Congruenzaxiome auf Grund des Desarguesschen Satzes.

Um die Bedeutung des Desarguesschen Satzes (Satz 32) vollständig zu erkennen, legen wir eine ebene Geometrie zu Grunde,
in welcher die Axiome I 1—2, II—III, d. h. die sämtlichen ebenen
Axiome der ersten drei Axiomgruppen gültig sind, und führen in
diese Geometrie unabhängig von den Congruenzaxiomen
auf folgende Weise eine neue Streckenrechnung ein.

Wir nehmen in der Ebene zwei feste Geraden an, die sich
in dem Punkte $O$ schneiden mögen, und rechnen im Folgenden
nur mit solchen Strecken, deren Anfangspunkt $O$ ist und deren
Endpunkte auf einer dieser beiden festen Geraden liegen. Auch

56              Kap. V. Der Desarguessche Satz.   § 24.

den Punkt $O$ allein bezeichnen wir als Strecke und nennen ihn
dann die Strecke 0, in Zeichen

$$OO = 0 \quad \text{oder} \quad 0 = OO.$$

Es seien $E$ und $E'$ je ein bestimmter Punkt auf den festen
Geraden durch $O$; dann bezeichnen wir die beiden Strecken $OE$
und $OE'$ als die Strecken 1, in Zeichen:

$$OE = OE' = 1 \quad \text{oder} \quad 1 = OE = OE'.$$

Die Gerade $EE'$ nennen wir kurz die Einheitsgerade. Sind ferner
$A$ und $A'$ Punkte auf den Geraden $OE$ bez. $OE'$ und läuft die
Verbindungsgerade $AA'$ parallel zu $EE'$, so nennen wir die Strecken
$OA$ und $OA'$ einander gleich, in Zeichen:

$$OA = OA' \quad \text{oder} \quad OA' = OA.$$

Um zunächst die Summe der Strecken $a = OA$ und $b = OB$
zu definiren, construire man $AA'$ parallel zur Einheitsgeraden
$EE'$ und ziehe sodann durch $A'$ eine Parallele zu $OE$ und durch
$B$ eine Parallele zu $OE'$. Diese beiden Parallelen mögen sich in
$A''$ schneiden. Endlich ziehe man durch $A''$ zur Einheitsgeraden
$EE'$ eine Parallele; dieselbe treffe die festen Geraden $OE$ und

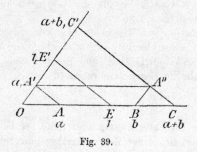

Fig. 39.

$OE'$ in $C$ und $C'$: dann heisse $c = OC = OC'$ die *Summe* der
Strecke $a = OA$ mit der Strecke $b = OB$, in Zeichen:

$$c = a + b \quad \text{oder} \quad a + b = c.$$

Um das Produkt einer Strecke $a = OA$ in eine Strecke
$b = OB$ zu definiren, bedienen wir uns genau der in § 15 ange-
gebenen Konstruktion, nur dass an Stelle der Schenkel des rechten
Winkels hier die beiden festen Geraden $OE$ und $OE'$ treten. Die
Konstruktion ist demnach folgende. Man bestimme auf $OE'$ den
Punkt $A'$, sodass $AA'$ parallel der Einheitsgeraden $EE'$ wird, ver-

binde $E$ mit $A'$ und ziehe durch $B$ eine Parallele zu $EA'$; trifft

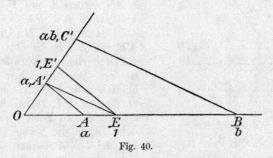

Fig. 40.

diese Parallele die feste Gerade $OE'$ im Punkte $C'$, so heisst $c = OC'$ das Produkt der Strecke $a = OA$ in die Strecke $b = OB$, in Zeichen:

$$c = ab \quad \text{oder} \quad ab = c.$$

## § 25.

### Das commutative und associative Gesetz der Addition in der neuen Streckenrechnung.

Wir untersuchen jetzt, welche von den in § 13 aufgestellten Rechnungsgesetzen für unsere neue Streckenrechnung gültig sind, wenn wir eine ebene Geometrie zu Grunde legen, in der die Axiome I 1—2, II—III erfüllt sind und überdies der Desarguessche Satz gilt.

Vor Allem wollen wir beweisen, dass für die in § 24 definirte Addition der Strecken das c o m m u t a t i v e Gesetz

$$a+b = b+a$$

gilt. Es sei

$$a = OA = OA',$$
$$b = OB = OB',$$

wobei unserer Festsetzung entsprechend $AA'$ und $BB'$ der Einheitsgeraden parallel sind. Nun construiren wir die Punkte $A''$ und $B''$, indem wir $A'A''$ sowie $B'B''$ parallel $OA$ und ferner $AB''$ und $BA''$ parallel $OA'$ ziehen; wie man sofort sieht, sagt dann unsere Behauptung aus, dass die Verbindungslinie $A''B''$ parallel mit $AA'$ läuft. Die Richtigkeit dieser Behauptung erkennen wir auf Grund des Desarguesschen Satzes (Satz 32) wie folgt.

58　　　　　　Kap. V. Der Desarguessche Satz.　§ 25.

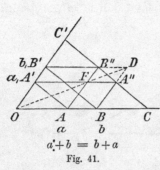

$$a + b = b + a$$

Fig. 41.

Wir bezeichnen den Schnittpunkt von $AB''$ und $A'A''$ mit $F$ und den Schnittpunkt von $BA''$ und $B'B''$ mit $D$; dann sind in den Dreiecken $AA'F$ und $BB'D$ die entsprechenden Seiten einander parallel. Mittelst des Desarguesschen Satzes schliessen wir hieraus, dass die drei Punkte $O, F, D$ in einer Geraden liegen. In Folge dieses Umstandes liegen die beiden Dreiecke $OAA'$ und $DB''A''$ derart, dass die Verbindungslinien entsprechender Ecken durch den nämlichen Punkt $F$ laufen und da überdies zwei Paare entsprechender Seiten, nämlich $OA$ und $DB''$ sowie $OA'$ und $DA''$ einander parallel sind, so laufen nach der zweiten Aussage des Desarguesschen Satzes (Satz 32) auch die dritten Seiten $AA'$ und $B''A''$ einander parallel.

Zum Beweise des associativen Gesetzes der Addition

$$a + (b + c) = (a + b) + c$$

dient die Figur 42. Mit Berücksichtigung des eben bewiesenen commutativen Gesetzes der Addition spricht sich die obige Behauptung, wie man sieht, darin aus, dass die Gerade $A''B''$ parallel

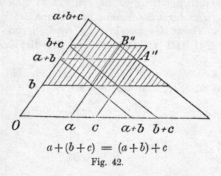

$$a + (b + c) = (a + b) + c$$

Fig. 42.

der Einheitsgeraden verlaufen muss. Die Richtigkeit dieser Behauptung ist offenbar, da der schraffirte Teil der Figur 42 mit der Figur 41 genau übereinstimmt.

## § 26.

### Das associative Gesetz der Multiplikation und die beiden distributiven Gesetze in der neuen Streckenrechnung.

Bei unseren Annahmen gilt auch für die Multiplikation der Strecken das associative Gesetz:

$$a\,(bc) \;=\; (ab)\,c.$$

Es seien auf der ersteren der beiden festen Geraden durch $O$ die Strecken

$$1 = OA, \quad b = OC, \quad c = OA'$$

und auf der anderen Geraden die Strecken

$$a = OG \ \text{ und } \ b = OB$$

gegeben.  Um gemäss der Vorschrift in § 24 der Reihe nach die Strecken

$$bc = OB' \text{ und } bc = OC',$$
$$ab = OD,$$
$$(ab)\,c = OD'$$

zu construiren, ziehen wir $A'B'$ parallel $AB$, $B'C'$ parallel $BC$, $CD$ parallel $AG$ sowie $A'D'$ parallel $AD$; wie wir sofort erkennen, läuft dann unsere Behauptung darauf hinaus, dass auch

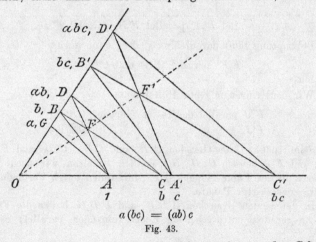

$$a\,(bc) = (ab)\,c$$

Fig. 43.

$CD$ parallel $C'D'$ sein muss.  Bezeichnen wir nun den Schnittpunkt der Geraden $AD$ und $BC$ mit $F$ und den Schnittpunkt der

60                        Kap. V. Der Desarguessche Satz.  § 26.

Geraden $A'D'$ und $B'C'$ mit $F'$, so sind in den Dreiecken $ABF$ und $A'B'F'$ die entsprechenden Seiten einander parallel; nach dem Desarguesschen Satze liegen daher die drei Punkte $O$, $F$, $F'$ auf einer Geraden. Wegen dieses Umstandes können wir die zweite Aussage des Desarguesschen Satzes auf die beiden Dreiecke $CDF$ und $C'D'F'$ anwenden und erkennen hieraus, dass in der That $CD$ parallel $C'D'$ ist.

Wir beweisen endlich in unserer Streckenrechnung auf Grund des Desarguesschen Satzes die beiden distributiven Gesetze:

$$a(b+c) = ab + ac$$

und

$$(a+b)c = ac + bc.$$

Zum Beweise des ersteren Gesetzes dient die Figur 44[1]). In derselben ist

$$b = OA', \quad c = OC'$$
$$ab = OB', \quad ab = OA'', \quad ac = OC'' \text{ u. s. f.}$$

und es läuft

$B''D_2$ parallel $C''D_1$ parallel zur festen Geraden $OA'$,
$B'D_1$    „     $C'D_2$    „     „     „     „     $OA''$;

ferner ist

$$A'A'' \text{ parallel } C'C''$$

und

$$A'B'' \text{ parallel } B'A'' \text{ parallel } F'D_2 \text{ parallel } F''D_1.$$

Die Behauptung läuft darauf hinaus, dass dann auch

$$F'F'' \text{ parallel } A'A'' \text{ und } C'C''$$

sein muss.

Wir construiren folgende Hülfslinien:

$F''J$ parallel der festen Geraden $OA'$,
$F'J$    „     „     „     „     $OA''$;

die Schnittpunkte der Geraden $C''D_1$ und $C'D_2$, $C''D_1$ und $F'J$, $C'D_2$ und $F''J$ heissen $G$, $H_1$, $H_2$; endlich erhalten wir noch die weiteren in der Figur 44 punktirten Hülfslinien durch Verbindung bereits construirter Punkte.

In den beiden Dreiecken $A'B''C''$ und $F'D_2G$ laufen die Verbindungsgeraden entsprechender Ecken einander parallel; nach

---

1) Die Figuren 44, 45 und 47 hat Herr Dr. *von Schaper* entworfen und auch die zugehörigen Beweise ausgeführt.

der zweiten Aussage des Desarguesschen Satzes folgt daher, dass

$$A'C'' \text{ parallel } F'G$$

sein muss.  In den beiden Dreiecken $A'C''F'$ und $F'GH_2$ laufen

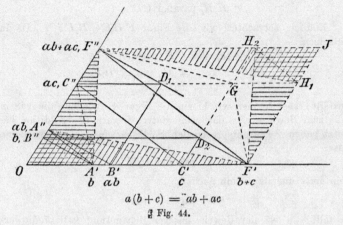

$$a(b+c) = ab + ac$$

Fig. 44.

ebenfalls die Verbindungsgeraden entsprechender Ecken einander parallel; wegen der vorhin gefundenen Thatsache folgt nach der zweiten Aussage des Desarguesschen Satzes, dass

$$A'F''' \text{ parallel } F'H_2$$

sein muss.  Da somit in den beiden wagerecht schraffirten Drei-ecken $OA'F''$ und $JH_2F'$ die entsprechenden Seiten parallel sind, so lehrt der Desarguessche Satz, dass die drei Verbindungsgeraden

$$OJ, \quad A'H_2, \quad F''F'$$

sich in einem und demselben Punkte, etwa in $P$, treffen.

Auf dieselbe Weise finden wir, dass auch

$$A''F' \text{ parallel } F'''H_1$$

sein muss und da somit in den beiden schräg schraffirten Drei-ecken $OA''F'$ und $JH_1F'''$ die entsprechenden Seiten parallel laufen, so treffen sich dem Desarguesschen Satze zufolge die drei Ver-bindungsgeraden

$$OJ, \quad A''H_1, \quad F'F''$$

ebenfalls in einem Punkte — dem Punkte $P$.

Nunmehr laufen für die Dreiecke $OA'A''$ und $JH_2H_1$ die Ver-bindungsgeraden entsprechender Ecken durch den nämlichen Punkt

62          Kap. V. Der Desarguessche Satz.  § 26.

$P$, und mithin folgt, dass

$$H_1 H_2 \text{ parallel } A'A''$$

sein muss ; mithin ist auch

$$H_1 H_2 \text{ parallel } C'C''.$$

Endlich betrachten wir die Figur $F''H_2 C'C''H_1 F'F'''$.  Da in derselben

$$F'''H_2 \text{ parallel } C'F' \text{ parallel } C''H_1$$
$$H_2 C' \quad _{\text{„}} \quad F''C'' \quad _{\text{„}} \quad H_1 F'$$
$$C'C' \quad _{\text{„}} \quad H_1 H_2$$

ausfällt, so erkennen wir hierin die Figur 41 wieder, die wir in § 25 zum Beweise für das commutative Gesetz der Addition benutzt haben.   Die entsprechenden Schlüsse wie dort zeigen dann, dass

$$F'F''' \text{ parallel } H_1 H_2$$

sein muss und da mithin auch

$$F'F''' \text{ parallel } A'A''$$

ausfällt, so ist der Beweis unserer Behauptung vollständig erbracht.

Zum Beweise der z w e i t e n Formel des distributiven Gesetzes dient die völlig verschiedene Figur 45.  In derselben ist

$$1 = OD, \quad a = OA, \quad a = OB, \quad b = OG, \quad c = OD'$$
$$ac = OA', \quad ac = OB', \quad bc = OG' \text{ u. s. f.}$$

und es läuft

$$GH \text{ parallel } G'H' \text{ parallel zur festen Geraden } OA,$$
$$AH \quad _{\text{„}} \quad A'H' \quad _{\text{„}} \quad _{\text{„}} \quad _{\text{„}} \quad _{\text{„}} \quad OB$$

und ferner

$$AB \text{ parallel } A'B',$$
$$BD \quad _{\text{„}} \quad B'D',$$
$$DG \quad _{\text{„}} \quad D'G',$$
$$HJ \quad _{\text{„}} \quad H'J'.$$

Die Behauptung läuft darauf hinaus, dass dann auch

$$DJ \text{ parallel } D'J'$$

sein muss.

Wir bezeichnen die Punkte, in denen $BD$ und $GD$ die Gerade $AH$ treffen, bez. mit $C$ und $F$ und ferner die Punkte, in denen $B'D'$ und $G'D'$ die Gerade $A'H'$ treffen, bez. mit $C'$ und $F'$;

endlich ziehen wir noch die in der Figur 45 punktirten Hülfslinien $FJ$ und $F'J'$.

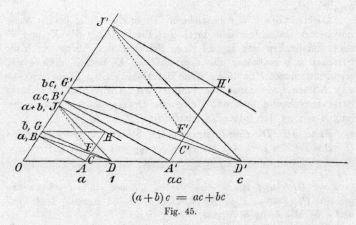

$$(a+b)\,c \;=\; ac + bc$$

Fig. 45.

In den Dreiecken $ABC$ und $A'B'C'$ laufen die entsprechenden
Seiten parallel; mithin liegen nach dem Desarguesschen Satze die
drei Punkte $O$, $C$, $C'$ auf einer Geraden.  Ebenso folgt dann aus
der Betrachtung der Dreiecke $CDF$ und $C'D'F'$, dass $O$, $F$, $F'$ auf
einer Geraden liegen, und die Betrachtung der Dreiecke $FGH$ und
$F'G'H'$ lehrt, dass $O$, $H$, $H'$ Punkte einer Geraden sind.  Nun
laufen in den Dreiecken $FHJ$ und $F'H'J'$ die Verbindungsgeraden
entsprechender Ecken durch den nämlichen Punkt $O$, und mithin
sind zufolge der zweiten Aussage des Desarguesschen Satzes
die Geraden $FJ$ und $F'J'$ einander parallel.  Endlich zeigt dann
die Betrachtung der Dreiecke $DFJ$ und $D'F'J'$, dass die Geraden
$DJ$ und $D'J'$ einander parallel sind, und damit ist der Beweis
unserer Behauptung vollständig erbracht.

## § 27.

### Die Gleichung der Geraden auf Grund der neuen Streckenrechnung.

Wir haben in § 24 bis § 26 mittelst der in § 24 angeführten
Axiome und unter Voraussetzung der Gültigkeit des Desarguesschen Satzes in der Ebene eine Streckenrechnung eingeführt, in
welcher das commutative Gesetz der Addition, die associativen
Gesetze der Addition und Multiplikation, sowie die beiden distributiven Gesetze gültig sind.  Wir wollen in diesem Paragraphen

zeigen, in welcher Weise auf Grund dieser Streckenrechnung eine
analytische Darstellung der Punkte und Geraden in der Ebene
möglich ist.

Definition. Wir bezeichnen in der Ebene die beiden angenommenen festen Geraden durch den Punkt $O$ als die $X$- und $Y$-
Axe und denken uns irgend einen Punkt $P$ der Ebene durch die
Strecken $x, y$ bestimmt, die man auf der $X$- bez. $Y$-Axe erhält,
wenn man durch $P$ zu diesen Axen Parallelen zieht. Diese Strecken
$x, y$ heissen *Coordinaten* des Punktes $P$. Auf Grund der neuen
Streckenrechnung und mit Hülfe des Desarguesschen Satzes gelangen wir zu der folgenden Thatsache:

Satz 34. *Die Coordinaten $x, y$ der Punkte auf einer beliebigen
Geraden erfüllen stets eine Streckengleichung von der Gestalt:*

$$ax + by + c = 0;$$

*in dieser Gleichung stehen die Strecken $a, b$ notwendig linksseitig
von den Coordinaten $x, y$; die Strecken $a, b$ sind niemals beide Null
und $c$ ist eine beliebige Strecke.*

*Umgekehrt: jede Streckengleichung der beschriebenen Art stellt
stets eine Gerade in der zu Grunde gelegten ebenen Geometrie dar.*

Beweis. Wir nehmen zunächst an, die Gerade $l$ gehe durch $O$.
Ferner sei $C$ ein bestimmter von $O$ verschiedener Punkt auf $l$
und $P$ ein beliebiger Punkt auf $l$; $C$ habe die Coordinaten $OA, OB$
und $P$ habe die Coordinaten $x, y$; wir bezeichnen die Verbindungsgerade der Endpunkte von $x, y$ mit $g$. Endlich ziehen wir durch

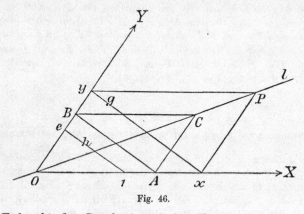

Fig. 46.

den Endpunkt der Strecke 1 auf der $X$-Axe eine Parallele $h$
zu $AB$; diese Parallele schneide auf der $Y$-Axe die Strecke $e$

ab. Aus der zweiten Aussage des Desarguesschen Satzes folgt leicht, dass die Gerade $g$ stets parallel zu $AB$ läuft. Da somit auch $g$ stets zu $h$ parallel ist, so folgt für die Coordinaten $x, y$ des beliebigen Punktes $P$ auf $l$ die Streckengleichung

$$ex = y.$$

Nunmehr sei $l'$ eine beliebige Gerade in unserer Ebene; dieselbe schneide auf der X-Axe die Strecke $c = OO'$ ab. Wir ziehen ferner die Gerade $l$ durch $O$ parallel zu $l'$. Es sei $P'$ ein beliebiger Punkt auf $l'$; die Parallele durch $P'$ zur X-Axe treffe die Gerade $l$ in $P$ und schneide auf der Y-Axe die Strecke $y = OB$ ab; ferner mögen die Parallelen durch $P$ und $P'$ zur Y-Axe auf der X-Axe die Strecken $x = OA$ und $x' = OA'$ abschneiden.

Wir wollen nun beweisen, dass die Streckengleichung

$$x' = x + c$$

besteht. Zu diesem Zwecke ziehen wir $O'C$ parallel zur Einheits-

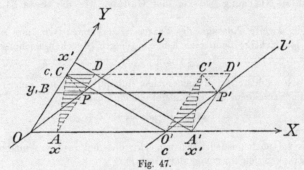

Fig. 47.

geraden, ferner $CD$ parallel zur X-Axe und $AD$ parallel zur Y-Axe; dann läuft unsere Behauptung darauf hinaus, dass

$$A'D \text{ parallel } O'C$$

sein muss. Wir construiren noch $D'$ als Schnittpunkt der Geraden $CD$ und $A'P'$ und ziehen $O'C'$ parallel zur Y-Axe.

Da in den Dreiecken $OCP$ und $O'C'P'$ die Verbindungsgeraden entsprechender Ecken parallel laufen, so folgt mittelst der zweiten Aussage des Desarguesschen Satzes, dass

$$CP \text{ parallel } C'P'$$

sein muss; auf gleiche Weise lehrt die Betrachtung der Dreiecke

Hilbert, Grundlagen der Geometrie.                                            5

66                Kap. V. Der Desarguessche Satz. § 27, 28.

$ACP$ und $A'C'P'$, dass

$$AC \text{ parallel } A'C'$$

ist. Da somit in den Dreiecken $ACD$ und $C'A'O'$ die entsprechenden Seiten einander parallel laufen, so treffen sich die Geraden
$AC'$, $CA'$, $DO'$ in einem Punkte und die Betrachtung der beiden
Dreiecke $C'A'D$ und $ACO'$ zeigt dann, dass $A'D$ und $CO'$ einander parallel sind.

Aus den beiden bisher gefundenen Streckengleichungen

$$ex = y \text{ und } x' = x+c$$

folgt sofort die weitere Gleichung

$$ex' = y + ec.$$

Bezeichnen wir schliesslich mit $n$ die Strecke, die zur Strecke 1
addirt die Strecke 0 liefert, so folgt, wie man leicht beweist, aus
der letzten Gleichung

$$ex' + ny + nec = 0$$

und diese Gleichung ist von der Gestalt, wie der Satz 34 behauptet.

Die zweite Aussage des Satzes 34 erkennen wir nun ohne
Mühe als richtig; denn eine jede vorgelegte Streckengleichung

$$ax + by + c = 0$$

lässt sich offenbar durch linksseitige Multiplikation mit einer geeigneten Strecke in die vorhin gefundene Gestalt

$$ex + ny + nec = 0$$

bringen.

Es sei noch ausdrücklich bemerkt, dass bei unseren Annahmen
eine Streckengleichung von der Gestalt

$$xa + yb + c = 0,$$

in der die Strecken $a, b$ rechtsseitig von den Coordinaten $x, y$
stehen, im Allgemeinen nicht eine Gerade darstellt.

Wir werden in § 30 eine wichtige Anwendung von dem Satze
34 machen.

## § 28.

### Der Inbegriff der Strecken aufgefasst als complexes Zahlensystem.

Wir sehen unmittelbar ein, dass für unsere neue in § 24 begründete Streckenrechnung die Sätze 1—6 in § 13 erfüllt sind.

Ferner haben wir in § 25 und § 26 mit Hülfe des Desargues-schen Satzes erkannt, dass für diese Streckenrechnung die Rechnungsgesetze 7—11 in § 13 gültig sind; es bestehen somit sämtliche Sätze der Verknüpfung, abgesehen vom commutativen Gesetze der Multiplikation.

Um endlich eine Anordnung der Strecken zu ermöglichen, treffen wir folgende Festsetzung. Es seien $A$, $B$ irgend zwei verschiedene Punkte der Geraden $OE$; dann bringen wir gemäss Axiom II 4 die vier Punkte $O$, $E$, $A$, $B$ in eine Reihenfolge. Ist dies auf eine der folgenden sechs Arten

$$ABOE,\ AOBE,\ AOEB,\ OABE,\ OAEB,\ OEAB$$

möglich, so nennen wir die Strecke $a = OA$ *kleiner* als die Strecke $b = OB$, in Zeichen:

$$a < b.$$

Findet dagegen eine der sechs Reihenfolgen

$$BAOE,\ BOAE,\ BOEA,\ OBAE,\ OBEA,\ OEBA$$

statt, so nennen wir die Strecke $a = OA$ *grösser* als die Strecke $b = OA$, in Zeichen

$$a > b.$$

Diese Festsetzung bleibt auch in Kraft, wenn $A$ oder $B$ mit $O$ oder $E$ zusammenfallen, nur dass dann die zusammenfallenden Punkte als ein einziger Punkt anzusehen sind und somit lediglich die Anordnung dreier Punkte in Frage kommt.

Wir erkennen leicht, dass nunmehr in unserer Streckenrechnung auf Grund der Axiome II die Rechnungsgesetze 13—16 in § 13 erfüllt sind; somit bildet die Gesamtheit aller verschiedenen Strecken ein complexes Zahlensystem, für welches die Gesetze 1—11, 13—16 in § 13, d. h. die sämtlichen Vorschriften ausser dem commutativen Gesetze der Multiplikation und dem Archimedischen Satze gewiss gültig sind; wir bezeichnen ein solches Zahlensystem im Folgenden kurz als ein *Desarguessches Zahlensystem*.

## § 29.

### Aufbau einer räumlichen Geometrie mit Hülfe eines Desarguesschen Zahlensystems.

Es sei nun irgend ein Desarguessches Zahlensystem $D$ vorgelegt; dasselbe ermöglicht uns den Aufbau einer räumlichen Geometrie, in der die Axiome I, II, III sämtlich erfüllt sind.

Um dies einzusehen, denken wir uns das System von irgend drei Zahlen $(x, y, z)$ des Desarguesschen Zahlensystems $D$ als einen Punkt und das System von irgend vier Zahlen $(u : v : w : r)$ in $D$, von denen die ersten drei Zahlen nicht zugleich 0 sind, als eine Ebene; doch sollen die Systeme $(u : v : w : r)$ und $(au : av : aw : ar)$, wo $a$ irgend eine von 0 verschiedene Zahl in $D$ bedeutet, die nämliche Ebene darstellen. Das Bestehen der Gleichung

$$ux + vy + wz + r = 0$$

möge ausdrücken, dass der Punkt $(x, y, z)$ auf der Ebene $(u : v : w : r)$ liegt. Die Gerade endlich definieren wir mit Hülfe eines Systems zweier Ebenen $(u' : v' : w' : r')$ und $(u'' : v'' : w'' : r'')$, wenn es nicht möglich ist, zwei von 0 verschiedene Zahlen $a', a''$ in $D$ zu finden, sodass gleichzeitig

$$a'u' = a''u'', \quad a'v' = a''v'', \quad a'w' = a''w''$$

wird. Ein Punkt $(x, y, z)$ heisst auf dieser Geraden $[(u' : v' : w' : r')$, $(u'' : v'' : w'' : r'')]$ gelegen, wenn er den beiden Ebenen $(u' : v' : w' : r')$ und $(u'', v'', w'', r'')$ gemeinsam ist. Zwei Gerade, welche dieselben Punkte enthalten, gelten als nicht verschieden.

Indem wir die Rechnungsgesetze 1—11 in § 13 anwenden, die nach Voraussetzung für die Zahlen in $D$ gelten sollen, gelangen wir ohne Schwierigkeit zu dem Resultate, dass in der soeben aufgestellten räumlichen Geometrie die Axiome I und III sämtlich erfüllt sind.

Damit auch den Axiomen II der Anordnung Genüge geschehe, treffen wir folgende Festsetzungen. Es seien

$$(x_1, y_1, z_1), \quad (x_2, y_2, z_2), \quad (x_3, y_3, z_3)$$

irgend drei Punkte einer Geraden

$$[(u' : v' : w' : r'), \quad (u'' : v'' : w'' : r'')];$$

dann heisse der Punkt $(x_2, y_2, z_2)$ zwischen den beiden anderen gelegen, wenn wenigstens eine der sechs Doppelungleichungen

(1)  $\qquad x_1 < x_2 < x_3, \quad x_1 > x_2 > x_3$

(2)  $\qquad y_1 < y_2 < y_3, \quad y_1 > y_2 > y_3$

(3)  $\qquad z_1 < z_2 < z_3, \quad z_1 > z_2 > z_3$

erfüllt ist. Besteht nun etwa eine der beiden Doppelungleichungen (1), so schliessen wir leicht, dass entweder $y_1 = y_2 = y_3$ oder

Kap. V. Der Desarguessche Satz. § 29.                      69

notwendig eine der beiden Doppelungleichungen (2) und ebenso dass entweder $z_1 = z_2 = z_3$ oder eine der Doppelungleichungen (3) gelten muss. In der That, aus den Gleichungen

$$u'x_i + v'y_i + w'z_i + r' = 0,$$
$$u''x_i + v''y_i + w''z_i + r'' = 0,$$
$$(i = 1, 2, 3)$$

leiten wir durch linksseitige Multiplikation derselben mit geeigneten Zahlen aus $D$ und durch nachherige Addition der entstehenden Gleichungen ein Gleichungssystem von der Gestalt

(4)                        $u'''x_i + v'''y_i + r''' = 0$
$$(i = 1, 2, 3)$$

ab. Hierin ist der Coefficient $v'''$ sicher nicht 0, da sonst die Gleichheit der drei Zahlen $x_1, x_2, x_3$ folgen würde. Aus

$$x_1 \lesseqgtr x_2 \lesseqgtr x_3$$

schliessen wir

$$u'''x_1 \lesseqgtr u'''x_2 \lesseqgtr u'''x_3$$

und mithin wegen (4)

$$v'''y_1 + r''' \lesseqgtr v'''y_2 + r''' \lesseqgtr v'''y_3 + r'''$$

und daher

$$v'''y_1 \lesseqgtr v'''y_2 \lesseqgtr v'''y_3,$$

und da $v'''$ nicht 0 ist, so haben wir

$$y_1 \lesseqgtr y_2 \lesseqgtr y_3;$$

in jeder dieser Doppelungleichungen soll stets entweder durchweg das obere oder durchweg das mittlere oder durchweg das untere Zeichen gelten.

Die angestellten Ueberlegungen lassen erkennen, dass in unserer Geometrie die linearen Axiome II 1—4 der Anordnung zutreffen. Es bleibt noch zu zeigen übrig, dass in unserer Geometrie auch das ebene Axiom II 5 gültig ist.

Zu dem Zwecke sei eine Ebene $(u : v : w : r)$ und in ihr eine Gerade $[(u : v : w : r), (u' : v' : w' : r')]$ gegeben. Wir setzen fest, dass alle in der Ebene $(u : v : w : r)$ gelegenen Punkte $(x, y, z)$, für die der Ausdruck $u'x + v'y + w'z + r'$ kleiner oder grösser als 0 ausfällt, auf der einen bez. auf der anderen Seite von jener Geraden gelegen sein sollen, und haben dann zu beweisen, dass diese Fest-

setzung sich mit der vorigen in Uebereinstimmung befindet, was
leicht geschehen kann.

Damit haben wir erkannt, dass die sämtlichen Axiome I, II, III
in derjenigen räumlichen Geometrie erfüllt sind, die in der oben
geschilderten Weise aus dem Desarguesschen Zahlensystem $D$
entspringt. Bedenken wir, dass der Desarguessche Satz eine Folge
der Axiome I, II, III ist, so sehen wir, dass die eben gefundene
Thatsache die genaue Umkehrung desjenigen Ergebnisses darstellt,
zu dem wir in § 28 gelangt sind.

§ 30.

**Die Bedeutung des Desarguesschen Satzes.**

Wenn in einer ebenen Geometrie die Axiome I 1—2, II, III
erfüllt sind und überdies der Desarguessche Satz gilt, so ist es
nach § 24 — § 28 in dieser Geometrie stets möglich, eine Streckenrechnung einzuführen, für die die Regeln 1—11, 13—16 in § 13
anwendbar sind. Wir betrachten nun weiter den Inbegriff dieser
Strecken als ein complexes Zahlensystem und bauen aus denselben
nach den Entwickelungen in § 29 eine räumliche Geometrie auf,
in der sämtliche Axiome I, II, III gültig sind.

Fassen wir in dieser räumlichen Geometrie lediglich die Punkte
$(x, y, 0)$ und diejenigen Geraden ins Auge, auf denen nur solche
Punkte liegen, so entsteht eine ebene Geometrie, und wenn wir
die in § 27 abgeleitete Thatsache berücksichtigen, so leuchtet ein,
dass diese ebene Geometrie genau mit der zu Anfang vorgelegten
ebenen Geometrie übereinstimmen muss. Damit gewinnen wir
folgenden Satz, der als das Endziel der gesamten Entwickelungen
dieses Kapitels V anzusehen ist:

Satz 35. *Es seien in einer ebenen Geometrie die Axiome* I 1—2,
II, III *erfüllt: dann ist die Gültigkeit des Desarguesschen Satzes
die notwendige und hinreichende Bedingung dafür, dass diese ebene
Geometrie sich auffassen lässt als ein Teil einer räumlichen Geometrie,
in welcher die sämtlichen Axiome* I, II, III *erfüllt sind.*

Der Desarguessche Satz kennzeichnet sich so gewissermassen
für die ebene Geometrie als das Resultat der Elimination der
räumlichen Axiome.

Die gefundenen Resultate setzen uns auch in den Stand zu
erkennen, dass jede räumliche Geometrie, in der die Axiome I,
II, III sämtlich erfüllt sind, sich stets als ein Teil einer „Geometrie von beliebig vielen Dimensionen" auffassen lässt; dabei ist

unter einer Geometrie von beliebig vielen Dimensionen eine Gesamtheit von Punkten, Geraden, Ebenen und noch weiteren linearen
Elementen zu verstehen, für welche die entsprechenden Axiome
der Verknüpfung und Anordnung sowie das Parallelenaxiom erfüllt sind.

# Kapitel VI.

## Der Pascalsche Satz.

### § 31.

#### Zwei Sätze über die Beweisbarkeit des Pascalschen Satzes.

Der Desarguessche Satz (Satz 32) lässt sich bekanntlich aus
den Axiomen I, II, III, d. h. unter wesentlicher Benutzung der
räumlichen Axiome beweisen; in § 23 habe ich gezeigt, dass der
Beweis desselben ohne die räumlichen Axiome der Gruppe I und
ohne die Congruenzaxiome IV nicht möglich ist, selbst wenn die
Benutzung des Archimedischen Axioms gestattet wird.

In § 14 ist der Pascalsche Satz (Satz 21) und damit nach
§ 22 auch der Desarguessche Satz aus den Axiomen I 1—2, II—IV,
also mit Ausschluss der räumlichen Axiome und unter wesentlicher Benutzung der Congruenzaxiome abgeleitet worden.    Es
entsteht die Frage, ob auch der Pascalsche Satz ohne
Hinzuziehung der Congruenzaxiome bewiesen werden
kann. Unsere Untersuchung wird zeigen, dass in dieser Hinsicht
der Pascalsche Satz sich völlig anders als der Desarguessche Satz
verhält, indem bei dem Beweise des Pascalschen Satzes die Zu-
lassung oder Ausschliessung des Archimedischen
Axioms von entscheidendem Einflusse für seine Gültigkeit ist.
Die wesentlichen Ergebnisse unserer Untersuchung fassen wir in
den folgenden zwei Sätzen zusammen:

Satz 36. *Der Pascalsche Satz* (Satz 21) *ist beweisbar auf Grund
der Axiome* I, II, III, V, *d. h. unter Ausschliessung der Congruenzaxiome mit Zuhülfenahme des Archimedischen Axioms.*

Satz 37. *Der Pascalsche Satz* (Satz 21) *ist nicht beweisbar
auf Grund der Axiome* I, II, III, *d. h. unter Ausschliessung der Congruenzaxiome sowie des Archimedischen Axioms.*

In der Fassung dieser beiden Sätze können nach dem allge-

72              Kap. VI. Der Pascalsche Satz.  § 31, 32.

meinen Satze 35 die räumlichen Axiome I 3—7 auch durch die
ebene Forderung ersetzt werden, dass der Desarguessche Satz
(Satz 32) gelten soll.

## § 32.
### Das commutative Gesetz der Multiplikation im Archimedischen Zahlensystem.

Die Beweise der Sätze 36 und 37 beruhen wesentlich auf
gewissen gegenseitigen Beziehungen, welche für die Rechnungsregeln und Grundthatsachen der Arithmetik bestehen und deren
Kenntnis auch an sich von Interesse erscheint. Wir stellen die
folgenden zwei Sätze auf:

Satz 38. *Für ein Archimedisches Zahlensystem ist das commu-*
*tative Gesetz der Multiplikation eine notwendige Folge der übrigen*
*Rechnungsgesetze; d. h., wenn ein Zahlensystem die in § 13 aufge-*
*zählten Eigenschaften 1—11, 13—17 besitzt, so folgt notwendig, dass*
*dasselbe auch der Formel 12 genügt.*

Beweis. Zunächst bemerken wir: wenn $a$ eine beliebige Zahl
des Zahlensystems und

$$n = 1 + 1 + \cdots + 1$$

eine ganze rationale positive Zahl ist, so gilt für $a$ und $n$ stets
das commutative Gesetz der Multiplikation; es ist nämlich

$$an = a(1+1+\cdots+1) = a\cdot 1 + a\cdot 1 + \cdots + a\cdot 1 = a + a + \cdots + a$$

und ebenso

$$na = (1+1+\cdots+1)a = 1\cdot a + 1\cdot a + \cdots + 1\cdot a = a + a + \cdots + a$$

Es seien nun im Gegensatz zu unserer Behauptung $a, b$ solche
zwei Zahlen des Zahlensystems, für welche das commutative Gesetz der Multiplikation nicht gültig ist. Wir dürfen dann, wie
leicht ersichtlich, die Annahmen

$$a > 0, \quad b > 0 \qquad ab - ba > 0$$

machen. Wegen der Forderung 6 in § 13 giebt es eine Zahl $c\, (>0)$,
so dass

$$(a + b + 1)c = ab - ba$$

ist. Endlich wählen wir eine Zahl $d$, die zugleich den Ungleichungen

$$d > 0, \quad d < 1, \quad d < c$$

genügt, und bezeichnen mit $m$ und $n$ zwei solche ganze rationale

Zahlen $\geq 0$, für die

$$md < a \leq (m+1)\, d$$

bez.

$$nd < b \leq (n+1)\, d$$

wird. Das Vorhandensein solcher Zahlen $m$, $n$ ist eine unmittelbare Folgerung des Archimedischen Satzes (Satz 17 in § 13). Mit Rücksicht auf die Bemerkung zu Anfang dieses Beweises erhalten wir aus den letzteren Ungleichungen durch Multiplikation

$$ab \leq mnd^2 + (m+n+1)\, d^2,$$
$$ba > mnd^2,$$

also durch Subtraktion

$$ab - ba \leq (m+n+1)\, d^2.$$

Nun ist

$$md < a, \quad nd < b, \quad d < 1$$

und folglich

$$(m+n+1)\, d < a+b+1,$$

d. h.

$$ab - ba < (a+b+1)\, d$$

oder wegen $d < c$

$$ab - ba < (a+b+1)\, c.$$

Diese Ungleichung widerspricht der Bestimmung der Zahl $c$, und damit ist der Beweis für den Satz 38 erbracht.

## § 33.

### Das commutative Gesetz der Multiplikation im Nicht-Archimedischen Zahlensystem.

Satz 39. *Für ein Nicht-Archimedisches Zahlensystem ist das commutative Gesetz der Multiplikation* nicht *eine notwendige Folge der übrigen Rechnungsgesetze; d. h. es giebt ein Zahlensystem, das die in § 13 aufgezählten Eigenschaften 1—11, 13—16 besitzt — ein Desarguessches Zahlensystem nach § 28 —, in welchem* nicht *das commutative Gesetz (12) der Multiplikation besteht.*

Beweis. Es sei $t$ ein Parameter und $T$ irgend ein Ausdruck mit einer endlichen oder unendlichen Gliederzahl von der Gestalt

$$T = r_0 t^n + r_1 t^{n+1} + r_2 t^{n+2} + r_3 t^{n+3} + \cdots;$$

darin mögen $r_0 (\neq 0)$, $r_1$, $r_2$, ... beliebige rationale Zahlen bedeuten und $n$ sei eine beliebige ganze rationale Zahl $\lessgtr 0$. Ferner sei $s$ ein anderer Parameter und $S$ irgend ein Ausdruck mit einer

74              Kap. VI. Der Pascalsche Satz.  § 33.

endlichen oder unendlichen Gliederzahl von der Gestalt

$$S = s^m T_0 + s^{m+1} T_1 + s^{m+2} T_2 + \cdots;$$

darin mögen $T_0 (\neq 0)$, $T_1$, $T_2$, ... beliebige Ausdrücke von der Gestalt $T$ bezeichnen und $m$ sei wiederum eine beliebige ganze
rationale Zahl $\gtreqless 0$. Die Gesamtheit aller Ausdrücke von der
Gestalt $S$ sehen wir als ein complexes Zahlensystem $\Omega\,(s, t)$ an,
in dem wir folgende Rechnungsregeln festsetzen: man rechne mit
$s$ und $t$, wie mit Parametern nach den Regeln 7—11 in § 13, während man an Stelle der Regel 12 stets die Formel

(1)                                 $ts = -st$

anwende.

  Sind nun $S'$, $S''$ irgend zwei Ausdrücke von der Gestalt $S$:

$$S' = s^{m'} T_0' + s^{m'+1} T_1' + s^{m'+2} T_2' + \cdots,$$
$$S'' = s^{m''} T_0'' + s^{m''+1} T_1'' + s^{m''+2} T_2'' + \cdots,$$

so kann man offenbar durch Zusammenfügung einen neuen Ausdruck $S' + S''$ bilden, der wiederum von der Gestalt $S$ und zugleich
eindeutig bestimmt ist; dieser Ausdruck $S' + S''$ heisst die Summe
der durch $S'$, $S''$ dargestellten Zahlen.

  Durch gliedweise Multiplikation der beiden Ausdrücke $S'$, $S''$
gelangen wir zunächst zu einem Ausdrucke von der Gestalt

$$S'S'' = s^{m'} T_0' s^{m''} T_0'' + (s^{m'} T_0' s^{m''+1} T_1'' + s^{m'+1} T_1' s^{m''} T_0'')$$
$$+ (s^{m'} T_0' s^{m''+2} T_2'' + s^{m'+1} T_1' s^{m''+1} T_1'' + s^{m'+2} T_2' s^{m''} T_0'') + \cdots.$$

Dieser Ausdruck wird bei Benutzung der Formel (1) offenbar ein
eindeutig bestimmter Ausdruck von der Gestalt $S$; der letztere
heisse das Produkt der durch $S'$ dargestellten Zahl in die durch
$S''$ dargestellte Zahl.

  Bei der so festgesetzten Rechnungsweise leuchtet die Gültig-
keit der Rechnungsregeln 1—5 in § 13 unmittelbar ein. Auch die
Gültigkeit der Vorschrift 6 in § 13 ist nicht schwer einzusehen.
Zu dem Zwecke nehmen wir an, es seien etwa

$$S' = s^{m'} T_0' + s^{m'+1} T_1' + s^{m'+2} T_2' + \cdots$$

und

$$S'' = s^{m'''} T_0'' + s^{m'''+1} T_1'' + s^{m'''+2} T_2'' + \cdots$$

gegebene Ausdrücke von der Gestalt $S$, und bedenken, dass unseren Festsetzungen entsprechend der erste Coefficient $r_0'$ aus $T_0'$
von 0 verschieden sein muss. Indem wir nun die nämlichen Po-

tenzen von $s$ auf beiden Seiten einer Gleichung

$$(2) \qquad\qquad S' S'' = S'''$$

vergleichen, finden wir in eindeutig bestimmter Weise zunächst eine ganze Zahl $m''$ als Exponenten und sodann der Reihe nach gewisse Ausdrücke

$$T''_0, \; T''_1, \; T''_2, \; \ldots$$

derart, dass der Ausdruck

$$S'' = s^{m''} T''_0 + s^{m''+1} T''_1 + s^{m''+2} T''_2 + \cdots$$

bei Benutzung der Formel (1) der Gleichung (2) genügt; hiermit ist der gewünschte Nachweis erbracht.

Um endlich die Anordnung der Zahlen unseres Zahlensystems $\Omega(s,t)$ zu ermöglichen, treffen wir folgende Festsetzungen. Eine Zahl des Systems heisse $<$ oder $> 0$, jenachdem in dem Ausdrucke $S$, der sie darstellt, der erste Coefficient $r_0$ von $T_0$ $<$ oder $> 0$ ausfällt. Sind irgend zwei Zahlen $a$ und $b$ des complexen Zahlensystems vorgelegt, so heisse $a < b$ bez. $a > b$, jenachdem $a - b < 0$ oder $> 0$ wird. Es leuchtet unmittelbar ein, dass bei diesen Festsetzungen die Regeln 13—16 in § 13 gültig sind, d. h. $\Omega(s,t)$ ist ein Desarguessches Zahlensystem (vgl. § 28).

Die Vorschrift 12 in § 13 ist, wie Gleichung (1) zeigt, für unser complexes Zahlensystem $\Omega(s,t)$ n i c h t erfüllt und damit ist die Richtigkeit des Satzes 39 vollständig erkannt.

In Uebereinstimmung mit Satz 38 gilt der Archimedische Satz (Satz 17 in § 13) für das soeben aufgestellte Zahlensystem $\Omega(s,t)$ nicht.

Es werde noch hervorgehoben, dass das Zahlensystem $\Omega(s,t)$ — ebenso wie die in § 9 und § 12 benutzten Zahlensysteme $\Omega$ und $\Omega(t)$ — nur eine abzählbare Menge von Zahlen enthält.

§ 34.

### Beweis der beiden Sätze über den Pascalschen Satz.
### (Nicht-Pascalsche Geometrie.)

Wenn in einer räumlichen Geometrie die sämtlichen Axiome I, II, III erfüllt sind, so gilt auch der Desarguessche Satz (Satz 32) und mithin ist nach Kapitel V § 24 bis § 26 in dieser Geometrie die Einführung einer Streckenrechnung möglich, für welche die Vorschriften 1—11, 13—16 in § 13 gültig sind. Setzen wir nun das Archimedische Axiom V in unserer Geometrie voraus, so gilt

offenbar für die Streckenrechnung der Archimedische Satz (Satz 17
in § 13) und mithin nach Satz 38 auch das commutative Gesetz der
Multiplikation. Da aber die hier in Rede stehende in § 24 (Fig. 40)
eingeführte Definition des Streckenproduktes mit der in § 15 (Fig. 21)
angewandten Definition übereinstimmt, so bedeutet gemäss der in
§ 15 ausgeführten Construktion das commutative Gesetz der Multiplikation zweier Strecken auch hier nichts anderes als den Pascalschen Satz. Damit ist die Richtigkeit des Satzes 36 erkannt.

Um den Satz 37 zu beweisen, fassen wir das in § 33 aufgestellte Desarguessche Zahlensystem $\Omega(s, t)$ ins Auge und construiren mit Hülfe desselben auf die in § 29 beschriebene Art eine
räumliche Geometrie, in der die sämtlichen Axiome I, II, III erfüllt sind. Trotzdem gilt der Pascalsche Satz in dieser Geometrie
nicht, da das commutative Gesetz der Multiplikation in dem Desarguesschen Zahlensystem $\Omega(s, t)$ nicht besteht. Die so aufge-
baute „Nicht-Pascalsche" Geometrie ist in Uebereinstimmung mit
dem vorhin bewiesenen Satz 36 notwendig zugleich auch eine
„Nicht-Archimedische" Geometrie.

Es ist offenbar, dass der Pascalsche Satz sich bei unseren
Annahmen auch dann nicht beweisen lässt, wenn man die räumliche Geometrie als einen Teil einer Geometrie von beliebig vielen
Dimensionen auffasst, in welcher neben den Punkten, Geraden und
Ebenen noch weitere lineare Elemente vorhanden sind und für
diese ein entsprechendes System von Axiomen der Verknüpfung
und Anordnung, sowie das Parallelenaxiom zu Grunde gelegt wird.

## § 35.

### Beweis eines beliebigen Schnittpunktsatzes mittelst des Desarguesschen und des Pascalschen Satzes.

Ein jeder ebener Schnittpunktsatz hat notwendig diese Form:
Man wähle zunächst ein System von Punkten und Geraden will-
kürlich, bez. mit der Bedingung, dass für gewisse von diesen
Punkten und Geraden die vereinigte Lage vorgeschrieben ist;
wenn man dann in bekannter Weise Verbindungsgerade und Schnittpunkte construirt, so gelangt man schliesslich zu einem bestimmten
System von drei Geraden, von denen der Satz aussagt, dass sie
durch den nämlichen Punkt hindurchlaufen.

Es sei nun eine ebene Geometrie vorgelegt, in der sämtliche
Axiome I 1—2, II—V gültig sind; nach Kap. III § 17 können
wir dann vermittelst eines rechtwinkligen Axenkreuzes jedem
Punkte ein Zahlenpaar $(x, y)$ und jeder Geraden ein Verhältnis

Kap. VI. Der Pascalsche Satz. § 35.            **77**

von drei Zahlen $(u : v : w)$ entsprechen lassen; hierbei sind $x, y,$ $u, v, w$ jedenfalls **reelle** Zahlen, von denen $u, v$ nicht beide verschwinden, und die Bedingung für die vereinigte Lage von Punkt und Geraden

$$ux + vy + w = 0$$

bedeutet eine Gleichung im gewöhnlichen Sinne. Umgekehrt dürfen wir, falls $x, y, u, v, w$ Zahlen des in § 9 construirten algebraischen Bereiches $\Omega$ sind und $u, v$ nicht beide verschwinden, gewiss annehmen, dass das Zahlenpaar $(x, y)$ und das Zahlentripel $(u : v : w)$ einen Punkt bez. eine Gerade in der vorgelegten Geometrie liefert.

Führen wir für alle Punkte und Geraden, die in einem beliebigen ebenen Schnittpunktsatze auftreten, die betreffenden Zahlenpaare und Zahlentripel ein, so wird dieser Schnittpunktsatz aussagen, dass ein bestimmter, von gewissen Parametern $p_1, \ldots, p_r$ rational abhängiger Ausdruck $A(p_1, \ldots, p_r)$ mit reellen Coefficienten stets verschwindet, sobald wir für jene Parameter irgend welche Zahlen des in § 9 betrachteten Bereiches $\Omega$ einsetzen. Wir schliessen hieraus, dass der Ausdruck $A(p_1, \ldots, p_r)$ auch identisch auf Grund der Rechnungsgesetze 7—12 in § 13 verschwinden muss.

Da in der vorgelegten Geometrie nach § 22 der Desarguessche Satz gilt, so können wir gewiss auch die in § 24 eingeführte Streckenrechnung benutzen, und wegen der Gültigkeit des Pascalschen Satzes trifft für diese Streckenrechnung auch das commutative Gesetz der Multiplikation zu, sodass in dieser Streckenrechnung sämtliche Rechnungsgesetze 7—12 in § 13 gültig sind.

Indem wir die Axen des bisher benutzten Axenkreuzes auch als Axen dieser neuen Streckenrechnung gewählt und die Einheitspunkte $E$ und $E'$ geeignet festgesetzt denken, erkennen wir die Uebereinstimmung der neuen Streckenrechnung mit der früheren Coordinatenrechnung.

Um in der neuen Streckenrechnung das identische Verschwinden des Ausdruckes $A(p_1, \ldots, p_r)$ nachzuweisen, genügt die Anwendung des Desarguesschen und Pascalschen Satzes und damit erkennen wir, dass **jeder in der vorgelegten Geometrie geltende Schnittpunktsatz durch Konstruktion geeigneter Hülfspunkte und Hülfsgeraden sich stets als eine Kombination des Desarguesschen und Pascalschen Satzes herausstellen muss.** Zum Nachweise der Richtigkeit des Schnittpunktsatzes brauchen wir also **nicht** auf die Congruenzsätze zurückzugreifen.

## Kapitel VII.
## Die geometrischen Konstruktionen auf Grund der Axiome I—V.

### § 36.
### Die geometrischen Konstruktionen mittelst Lineals und Streckenübertragers.

Es sei eine räumliche Geometrie vorgelegt, in der die sämtlichen Axiome I—V gelten; wir fassen der Einfachheit wegen in diesem Kapitel eine ebene Geometrie ins Auge, die in dieser räumlichen Geometrie enthalten ist, und untersuchen dann die Frage, welche elementaren Konstruktionsaufgaben in einer solchen Geometrie notwendig ausführbar sind.

Auf Grund der Axiome I ist die Ausführung der folgenden Aufgabe stets möglich:

Aufgabe 1. Zwei Punkte durch eine Gerade zu verbinden und den Schnittpunkt zweier Geraden zu finden, falls die Geraden nicht parallel sind.

Das Axiom III ermöglicht die Ausführung der folgenden Aufgabe:

Aufgabe 2. Durch einen gegebenen Punkt zu einer Geraden eine Parallele zu ziehen.

Auf Grund der Congruenzaxiome IV ist das Abtragen von Strecken und Winkeln möglich, d. h. es lassen sich in der vorgelegten Geometrie folgende Aufgaben lösen:

Aufgabe 3. Eine gegebene Strecke auf einer gegebenen Geraden von einem Punkte aus abzutragen.

Aufgabe 4. Einen gegebenen Winkel an eine gegebene Gerade anzutragen oder eine Gerade zu konstruiren, die eine gegebene Gerade unter einem gegebenen Winkel schneidet.

Auf Grund der Axiome der Gruppen II und V werden keine neuen Aufgaben lösbar; wir sehen somit, dass unter ausschliesslicher Benutzung der Axiome I—V alle und nur diejenigen Konstruktionsaufgaben lösbar sind, die sich auf die eben genannten Aufgaben 1—4 zurückführen lassen.

Wir fügen den fundamentalen Aufgaben 1—4 noch die folgende hinzu:

Aufgabe 5. Zu einer gegebenen Geraden eine Senkrechte zu ziehen.

Kap. VII.  Die geometrischen Konstruktionen auf Grund der Axiome I– V.  § 36.  79

Wir erkennen unmittelbar, dass diese Aufgabe 5 auf verschiedene Arten durch die Aufgaben 1—4 gelöst werden kann.

Zur Ausführung der Aufgabe 1 bedürfen wir des Lineals.
Ein Instrument, welches zur Ausführung der Aufgabe 3 dient
d. h. das Abtragen einer Strecke auf einer gegebenen Geraden
ermöglicht, nennen wir einen Streckenübertrager. Wir
wollen nunmehr zeigen, dass die Aufgaben 2, 4 und 5 auf die
Lösung der Aufgaben 1 und 3 zurückgeführt werden können, und
mithin die sämtlichen Aufgaben 1—5 lediglich mittelst Lineals
und Streckenübertragers lösbar sind. Wir finden damit folgendes
Resultat:

Satz 40. *Diejenigen geometrischen Konstruktionsaufgaben, die*
*unter ausschliesslicher Benutzung der Axiome I—V lösbar sind,*
*lassen sich notwendig mittelst Lineals und Streckenübertragers aus-*
*führen.*

Beweis. Um die Aufgabe 2 auf die
Aufgaben 1 und 3 zurückzuführen, verbinden wir den gegebenen Punkt P mit
irgend einem Punkte A der gegebenen
Geraden und verlängern PA über A
hinaus um sich selbst bis C. Sodann
verbinden wir C mit irgend einem andern Punkte B der gegebenen Geraden
und verlängern CB über B hinaus um

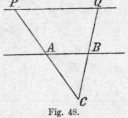

Fig. 48.

sich selbst bis Q; die Gerade PQ ist die gesuchte Parallele.

Die Aufgabe 5 lösen wir auf folgende Weise. Es sei A ein
beliebiger Punkt der gegebenen Geraden; dann tragen wir von A
aus auf dieser Geraden nach beiden Seiten hin zwei gleiche Strecken
AB und AC ab und bestimmen dann auf zwei beliebigen anderen

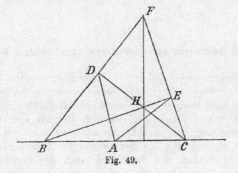

Fig. 49.

80   Kap. VII.   Die geometrischen Konstruktionen auf Grund der Axiome I—V.   § 36, 37.

durch $A$ gehenden Geraden die Punkte $E$ und $D$, so dass auch die Strecken $AD$ und $AE$ den Strecken $AB$ und $AC$ gleich werden. Die Geraden $BD$ und $CE$ mögen sich in $F$, die Geraden $BE$ und $CD$ in $H$ schneiden: dann ist $FH$ die gesuchte Senkrechte. In der That: die Winkel $\angle BDC$ und $\angle BEC$ sind als Winkel im Halbkreise über $BC$ Rechte und daher steht nach dem Satze vom Höhenschnittpunkt eines Dreieckes, auf das Dreieck $BCF$ angewandt, auch $FH$ auf $BC$ senkrecht.

Wir können nunmehr leicht auch die Aufgabe 4 allein mittelst Ziehens von Geraden und Abtragens von Strecken lösen; wir schlagen etwa folgendes Verfahren ein, welches nur das Ziehen von Parallelen und Fällen von Loten erfordert. Es sei $\beta$ der abzutragende Winkel und $A$ der Scheitel dieses Winkels. Wir

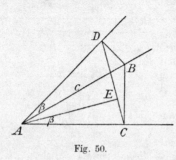

Fig. 50.

ziehen die Gerade $l$ durch $A$ parallel zu der gegebenen Geraden, an welche der gegebene Winkel $\beta$ angetragen werden soll. Von einem beliebigen Punkte $B$ eines Schenkels von $\beta$ fällen wir Lote auf den anderen Schenkel des Winkels $\beta$ und auf $l$. Die Fusspunkte dieser Lote seien $D$ und $C$. Das Fällen von Loten geschieht vermöge der Aufgaben 2 und 5.

Sodann fällen wir von $A$ eine Senkrechte auf $CD$, ihr Fusspunkt sei $E$. Nach dem in § 14 ausgeführten Beweise ist $\angle CAE = \beta$; die Aufgabe 4 ist somit ebenfalls auf die Aufgaben 1 und 3 zurückgeführt und damit der Satz 40 vollständig bewiesen.

## § 37.

### Analytische Darstellung der Coordinaten konstruirbarer Punkte.

Ausser den in § 36 behandelten elementargeometrischen Aufgaben giebt es noch eine grosse Reihe weiterer Aufgaben, zu deren Lösung man lediglich das Ziehen von Geraden und das Abtragen von Strecken nötig hat. Um den Bereich aller auf diese Weise lösbaren Aufgaben überblicken zu können, legen wir bei der weiteren Betrachtung ein rechtwinkliges Coordinatensystem zu Grunde und denken uns die Coordinaten der Punkte in der üblichen Weise als reelle Zahlen oder Funktionen von gewissen willkürlichen Parametern.   Um die Frage nach der Gesamtheit aller konstruirbaren Punkte zu beantworten, stellen wir folgende Betrachtung an:

Es sei ein System von bestimmten Punkten gegeben; wir setzen aus den Coordinaten dieser Punkte einen Bereich $R$ zusammen; derselbe enthält gewisse reelle Zahlen und gewisse willkürliche Parameter $p$. Nunmehr denken wir uns die Gesamtheit aller derjenigen Punkte, die durch Ziehen von Geraden und Abtragen von Strecken aus dem vorgelegten System von Punkten konstruirbar sind. Der Bereich, der von den Coordinaten dieser Punkte gebildet wird, heisse $\Omega(R)$; derselbe enthält gewisse reelle Zahlen und Funktionen der willkürlichen Parameter $p$.

Unsere Betrachtungen in § 17 zeigen, dass das Ziehen von Geraden und Parallelen analytisch auf die Anwendung der Addition, Multiplikation, Subtraktion, Division von Strecken hinausläuft; ferner lehrt die bekannte in § 9 aufgestellte Formel für die Drehung, dass das Abtragen von Strecken auf einer beliebigen Geraden keine andere analytische Operation erfordert, als die Quadratwurzel zu ziehen aus einer Summe von zwei Quadraten, deren Basen man bereits konstruirt hat. Umgekehrt kann man zufolge des Pythagoräischen Lehrsatzes vermöge eines rechtwinkligen Dreiecks die Quadratwurzel aus der Summe zweier Streckenquadrate durch Abtragen von Strecken stets konstruiren.

Aus diesen Betrachtungen geht hervor, dass der Bereich $\Omega(R)$ alle diejenigen und nur solche reellen Zahlen und Funktionen der Parameter $p$ enthält, die aus den Zahlen und Parametern in $R$ vermöge einer endlichen Anzahl von Anwendungen von fünf Rechnungsoperationen, nämlich der vier elementaren Rechnungsoperationen hervorgehen, wenn man noch das Ziehen der Quadratwurzel aus einer Summe zweier Quadrate als fünfte Rechnungsoperation zulässt. Wir sprechen dieses Resultat wie folgt aus:

Satz 41. Eine geometrische Konstruktionsaufgabe ist dann und nur dann durch Ziehen von Geraden und Abtragen von Strecken, d. h. mittels Lineals und Streckenübertragers lösbar, wenn bei der analytischen Behandlung der Aufgabe die Coordinaten der gesuchten Punkte solche Funktionen der Coordinaten der gegebenen Punkte sind, deren Herstellung nur rationale Operationen und die Operation des Ziehens der Quadratwurzel aus der Summe zweier Quadrate erfordert.

Wir können aus diesem Satze sofort erkennen, dass nicht jede mittelst Zirkels lösbare Aufgabe auch allein mittelst Lineals und Streckenübertragers gelöst werden kann. Zu dem Zwecke

82   Kap. VII.   Die geometrischen Konstruktionen auf Grund der Axiome I—V.   § 37, 38.

legen wir diejenige Geometrie zu Grunde, die in § 9 mit Hilfe
des algebraischen Zahlenbereichs $\Omega$ aufgebaut worden ist; in
dieser Geometrie giebt es lediglich solche Strecken, die mittelst
Lineals und Streckenübertragers konstruirbar sind, nämlich die
durch Zahlen des Bereichs $\Omega$ bestimmten Strecken.

Ist nun $\omega$ irgend eine Zahl in $\Omega$, so erkennen wir aus der
Definition des Bereichs $\Omega$ leicht, dass auch jede zu $\omega$ conjugirte
algebraische Zahl in $\Omega$ liegen muss, und da die Zahlen des Bereichs $\Omega$ offenbar sämtlich reell sind, so folgt hieraus, dass der
Bereich $\Omega$ nur solche reelle algebraische Zahlen enthalten kann,
deren Conjugirte ebenfalls reell sind.

Wir stellen jetzt die Aufgabe, ein rechtwinkliges Dreieck
mit der Hypotenuse 1 und einer Kathete $\left| \sqrt{2} \right| - 1$ zu konstruiren.
Nun kommt die algebraische Zahl $\sqrt{2 \left| \sqrt{2} \right| - 2}$, die den Zahlen-
wert der anderen Kathete ausdrückt, im Zahlenbereich $\Omega$ nicht
vor, da die zu ihr konjugirte Zahl $\sqrt{-2 \left| \sqrt{2} \right| - 2}$ imaginär ausfällt.
Die gestellte Aufgabe ist mithin in der zu Grunde gelegten Geo-
metrie nicht lösbar, und kann daher überhaupt nicht mittelst
Lineals und Streckenübertragers lösbar sein, obwohl die Konstruktion mittelst des Zirkels sofort ausführbar ist.

## § 38.

### Die Darstellung algebraischer Zahlen und ganzer rationaler Funktionen als Summe von Quadraten.

Die Frage nach der Ausführbarkeit geometrischer Konstruktionen mittelst Lineals und Streckenübertragers erfordert zu
ihrer weiteren Behandlung einige Sätze zahlentheoretischen und
algebraischen Charakters, die, wie mir scheint, auch an sich von
Interesse sind.

Nach *Fermat* ist bekanntlich jede ganze rationale positive
Zahl als Summe von vier Quadratzahlen darstellbar. Dieser
Fermatsche Satz gestattet eine merkwürdige Verallgemeinerung
von folgender Art:

Definition. Es sei $k$ ein beliebiger Zahlkörper; der Grad
dieses Körpers $k$ heisse $m$, und die $m-1$ zu $k$ conjugirten Zahlkörper mögen mit $k', k'', \dots, k^{(m-1)}$ bezeichnet werden. Trifft es
sich, dass unter den $m$ Körpern $k, k', \dots, k^{(m-1)}$ einer oder mehrere
aus lauter reellen Zahlen gebildet sind, so nennen wir diese

Kap. VII. Die geometrischen Konstruktionen auf Grund der Axiome I—V. § 38. 83

Körper selbst reell; es seien diese Körper etwa $k, k', \ldots k^{(s-1)}$. Eine Zahl $\alpha$ des Körpers $k$ heisst in diesem Falle *total positiv in k*, falls die $s$ zu $\alpha$ konjugirten bez. in $k, k', \ldots, k^{(s-1)}$ gelegenen Zahlen sämtlich positiv sind. Kommen dagegen in jedem der $m$ Körper $k, k', \ldots, k^{(m-1)}$ auch imaginäre Zahlen vor, so heisst eine jede Zahl $\alpha$ in $k$ stets *total positiv*.

S a t z 42. *Jede total positive Zahl in k lässt sich als Summe von vier Quadraten darstellen, deren Basen ganze oder gebrochene Zahlen des Körpers k sind.*

Der Beweis dieses Satzes bietet erhebliche Schwierigkeiten dar; er beruht wesentlich auf der Theorie der relativquadratischen Zahlkörper, die ich unlängst in mehreren Arbeiten[1]) entwickelt habe. Es sei hier nur auf denjenigen Satz aus dieser Theorie hingewiesen, der die Bedingungen für die Lösbarkeit einer ternären Diophantischen Gleichung von der Gestalt

$$\alpha \xi^2 + \beta \eta^2 + \gamma \zeta^2 = 0$$

angiebt, worin die Coefficienten $\alpha, \beta, \gamma$ gegebene Zahlen in $k$ und $\xi, \eta, \zeta$ gesuchte Zahlen in $k$ bedeuten. Der Beweis des Satzes 42 wird durch wiederholte Anwendung des eben genannten Satzes erbracht.

Aus dem Satze 42 folgen eine Reihe von Sätzen über die Darstellung solcher rationaler Funktionen einer Veränderlichen mit rationalen Coefficienten, die niemals negative Werte haben; ich hebe nur den folgenden Satz hervor, der uns im nächsten Paragraphen von Nutzen sein wird.

S a t z 43. Es bedeute $f(x)$ eine solche ganze rationale Funktion von $x$ mit rationalen Zahlencoefficienten, die niemals negative Werte annimmt, wenn man für $x$ beliebige reelle Werte einsetzt: dann lässt sich $f(x)$ stets als Quotient zweier Summen von Quadraten darstellen, so dass die sämtlichen Basen dieser Quadrate ganze rationale Funktionen von $x$ mit rationalen Coefficienten sind.

Beweis. Den Grad der vorgelegten Funktion $f(x)$ wollen wir mit $m$ bezeichnen; offenbar muss derselbe jedenfalls gerade sein. Für den Fall $m = 0$, d. h. wenn $f(x)$ eine rationale Zahl ist, folgt die Richtigkeit des Satzes 43 unmittelbar aus dem Fermatschen Satze von der Darstellung einer positiven Zahl als Summe von vier Quadratzahlen. Wir nehmen nun an, der Satz sei

---

1) Ueber die Theorie der relativquadratischen Zahlkörper, Jahresber. d. Deutschen Math.-Vereinigung Bd. 6, 1899 und Math. Ann. Bd. 51; ferner: Ueber die Theorie der relativ-Abelschen Zahlkörper, Nachr. d. K. Ges. d. Wiss. zu Göttingen 1898.

bereits für die Funktionen vom Grade 2, 4, 6, ..., $m-2$ bewiesen, und zeigen dann seine Richtigkeit für den vorliegenden Fall einer Funktion $m^{\text{ten}}$ Grades auf folgende Weise.

Zunächst behandeln wir kurz die Annahme, dass $f(x)$ in das Produkt von zwei oder mehreren ganzen Funktionen von $x$ mit rationalen Coefficienten zerfällt. Ist $p(x)$ eine solche in $f(x)$ aufgehende Funktion, die selbst nicht mehr in ein Produkt von ganzen Funktionen mit rationalen Coefficienten zerlegt werden kann, so folgt aus dem vorausgesetzten definiten Charakter der Funktion $f(x)$ leicht, dass der Faktor $p(x)$ entweder in $f(x)$ zu einer geraden Potenz erhoben vorkommen muss oder dass $p(x)$ selbst definit, d. h. eine solche Funktion ist, die für reelle Werthe von $x$ niemals negativ ausfällt. Im ersteren Falle ist der Quotient $\dfrac{f(x)}{\{p(x)\}^2}$, im letzteren Falle sind sowohl $p(x)$ als auch $\dfrac{f(x)}{p(x)}$ wiederum definite Funktionen und diese Funktionen besitzen einen geraden Grad $< m$. Zufolge unserer Annahme sind daher im ersteren Falle $\dfrac{f(x)}{\{p(x)\}^2}$, im letzteren Falle sowohl $p(x)$ wie auch $\dfrac{f(x)}{p(x)}$ als Quotienten von Quadratsummen von der im Satze 43 angegebenen Art darstellbar, und daher gestattet notwendig in beiden Fällen auch die Funktion $f(x)$ die verlangte Darstellung.

Wir behandeln nunmehr die Annahme, dass $f(x)$ nicht in das Produkt von zwei ganzen Funktionen mit rationalen Coefficienten zerlegt werden kann. Die Gleichung $f(\vartheta) = 0$ definirt dann einen algebraischen Zahlkörper $k(\vartheta)$ vom $m$-ten Grade, der nebst seinen sämtlichen conjugirten Körpern imaginär ausfällt. Da somit nach der Definition, die wir dem Satze 42 vorangestellt haben, jede in $k(\vartheta)$ gelegene Zahl, also auch insbesondere die Zahl $-1$ total positiv in $k(\vartheta)$ ist, so giebt es nach diesem Satz 42 eine Darstellung der Zahl $-1$ als Summe von 4 Quadraten gewisser Zahlen in $k(\vartheta)$; es sei

$$(1) \qquad\qquad -1 = \alpha^2 + \beta^2 + \gamma^2 + \delta^2,$$

wobei $\alpha$, $\beta$, $\gamma$, $\delta$ ganze oder gebrochene Zahlen in $k(\vartheta)$ sind. Wir setzen

$$\begin{aligned}
\alpha &= a_1 \vartheta^{m-1} + a_2 \vartheta^{m-2} + \cdots + a_m = \varphi(\vartheta),\\
\beta &= b_1 \vartheta^{m-1} + b_2 \vartheta^{m-2} + \cdots + b_m = \psi(\vartheta),\\
\gamma &= c_1 \vartheta^{m-1} + c_2 \vartheta^{m-2} + \cdots + c_m = \chi(\vartheta),\\
\delta &= d_1 \vartheta^{m-1} + d_2 \vartheta^{m-2} + \cdots + d_m = \varrho(\vartheta);
\end{aligned}$$

Kap. VII.  Die geometrischen Konstruktionen auf Grund der Axiome I—V. § 38, 39.   85

hierin bedeuten $a_1, a_2, \ldots, a_m, \ldots, d_1, d_2, \ldots, d_m$ rationale Zahlen-coefficienten und $\varphi(\vartheta), \psi(\vartheta), \chi(\vartheta), \varrho(\vartheta)$ die betreffenden ganzen rationalen Funktionen vom $(m-1)$-ten Grade in $\vartheta$.

Wegen (1) ist

$$1 + \{\varphi(\vartheta)\}^2 + \{\psi(\vartheta)\}^2 + \{\chi(\vartheta)\}^2 + \{\varrho(\vartheta)\}^2 = 0,$$

und mit Rücksicht auf die Irreducibilität der Gleichung $f(x) = 0$ stellt daher der Ausdruck

$$F(x) = 1 + \{\varphi(x)\}^2 + \{\psi(x)\}^2 + \{\chi(x)\}^2 + \{\varrho(x)\}^2$$

notwendig eine solche ganze rationale Funktion von $x$ dar, die durch $f(x)$ teilbar ist. $F(x)$ ist offenbar eine definite Funktion vom $(2m-2)$-ten oder von niederem Grade und daher wird der Quotient $\dfrac{F(x)}{f(x)}$ eine definite Funktion vom $(m-2)$-ten oder von niederem Grade in $x$ mit rationalen Coefficienten. Infolgedessen lässt sich im Hinblick auf unsere Annahme $\dfrac{F(x)}{f(x)}$ als Quotient zweier Summen von Quadraten von der im Satze 43 angegebenen Art darstellen, und da $F(x)$ selbst eine solche Summe von Quadraten ist, so folgt, dass auch $f(x)$ ein Quotient zweier Summen von Quadraten von der im Satze 43 angegebenen Art sein muss. Damit ist der Beweis des Satzes 43 vollständig erbracht.

Es dürfte sehr schwierig sein, die entsprechenden Thatsachen für ganze rationale Funktionen von zwei oder mehr Veränderlichen aufzustellen und zu beweisen, doch sei hier darauf hinge-wiesen, dass die Darstellbarkeit einer beliebigen definiten ganzen rationalen Funktion zweier Veränderlicher als Quotient von Quadratsummen ganzer Funktionen auf einem völlig anderen Wege von mir bewiesen worden ist — unter der Voraussetzung, dass für die darstellenden Funktionen nicht blos rationale, sondern beliebige reelle Coefficienten zulässig sind[1]).

## § 39.

### Kriterium für die Ausführbarkeit geometrischer Konstruktionen mittelst Lineals und Streckenübertragers.

Es sei eine geometrische Konstruktionsaufgabe vorgelegt, die mittelst des Zirkels ausführbar ist; wir wollen dann ein Kriterium aufzustellen versuchen, welches unmittelbar aus der analy-

---

1) Ueber ternäre definite Formen, Acta Mathematica Bd. 17.

86  Kap. VII.  Die geometrischen Konstruktionen auf Grund der Axiome I—V.  § 39.

tischen Natur der Aufgabe und ihrer Lösungen beurteilen lässt,
ob die Konstruktion auch allein mittelst Lineals und Streckenübertragers ausführbar ist. Wir werden bei dieser Untersuchung
auf den folgenden Satz geführt:

  Satz 44.  *Es sei eine geometrische Konstruktionsaufgabe vorgelegt von der Art, dass man bei analytischer Behandlung derselben
die Coordinaten der gesuchten Punkte aus den Coordinaten der gegebenen Punkte lediglich durch rationale Operationen und durch Ziehen
von Quadratwurzeln finden kann; es sei n die kleinste Anzahl der
Quadratwurzeln, die hierbei zur Berechnung der Coordinaten der
Punkte ausreichen: soll dann die vorgelegte Konstruktionsaufgabe sich
auch allein durch Ziehen von Geraden und Abtragen von Strecken
ausführen lassen, so ist dafür notwendig und hinreichend, dass die
geometrische Aufgabe genau $2^n$ reelle Lösungen besitzt und zwar für
alle Lagen der gegebenen Punkte, d. h. für alle Werte der in den
Coordinaten der gegebenen Punkte auftretenden willkürlichen Parameter.*

  Beweis.  Wir beweisen diesen Satz 44 ausschliesslich für den
Fall, dass die Coordinaten der gegebenen Punkte rationale Funktionen eines Parameters $p$ mit rationalen Coefficienten sind.

  Die Notwendigkeit des aufgestellten Kriteriums leuchtet ein.
Um zu zeigen, dass dasselbe auch hinreicht, setzen wir dieses
Kriterium als erfüllt voraus und betrachten zunächst eine solche
von jenen $n$ Quadratwurzeln, die bei der Berechnung der Coordinaten der gesuchten Punkte zuerst zu ziehen ist. Der Ausdruck unter dieser Quadratwurzel ist eine rationale Funktion
$f_1(p)$ des Parameters $p$ mit rationalen Coefficienten; diese rationale Funktion darf für beliebige reelle Parameterwerte $p$ niemals negative Werte annehmen, da sonst entgegen der Voraussetzung die vorgelegte Aufgabe für gewisse Werte $p$ imaginäre Lösungen haben müsste. Aus Satz 43 schliessen wir daher,
dass $f_1(p)$ als Quotient von Summen von Quadraten ganzer rationaler Funktionen darstellbar ist.

  Nunmehr zeigen die Formeln

$$\sqrt{a^2+b^2+c^2} = \sqrt{\left(\sqrt{a^2+b^2}\right)^2 + c^2},$$

$$\sqrt{a^2+b^2+c^2+d^2} = \sqrt{\left(\sqrt{a^2+b^2+c^2}\right)^2 + d^2},$$

· · · · · · · · · · · · · · ·

dass allgemein das Ziehen der Quadratwurzel aus einer Summe
von beliebig vielen Quadraten sich stets zurückführen lässt auf

wiederholtes Ziehen der Quadratwurzel aus der Summe zweier
Quadrate.

Nehmen wir diese Bemerkung mit dem vorigen Ergebnisse
zusammen, so erkennen wir, dass der Ausdruck $\sqrt{f_1(p)}$ gewiss mittelst Lineals und Streckenübertragers construirt werden kann.

Wir betrachten ferner eine solche von den $n$ Quadratwurzeln,
die bei der Berechnung der Coordinaten der gesuchten Punkte
an zweiter Stelle zu ziehen ist. Der Ausdruck unter dieser
Quadratwurzel ist eine rationale Funktion $f_2(p, \sqrt{f_1})$ des Parameters $p$ und der zuerst betrachteten Quadratwurzel; auch diese
Funktion $f_2$ ist bei beliebigen reellen Parameterwerten $p$ und für
jedes Vorzeichen von $\sqrt{f_1}$ niemals negativer Werte fähig, da sonst
entgegen der Voraussetzung die vorgelegte Aufgabe unter ihren
$2^n$ Lösungen für gewisse Werte $p$ auch imaginäre Lösungen haben
müsste. Aus diesem Umstande folgt, dass $f_2$ einer quadratischen
Gleichung von der Gestalt

$$f_2^2 - \varphi_1(p) f_2 + \psi_1(p) = 0$$

genügen muss, worin $\varphi_1(p)$ und $\psi_1(p)$ notwendig solche rationale
Funktionen von $p$ mit rationalen Coefficienten sind, die für reelle
Werte von $p$ niemals negative Werte besitzen. Aus der letzteren
quadratischen Gleichung entnehmen wir

$$f_2 = \frac{f_2^2 + \psi_1(p)}{\varphi_1(p)}.$$

Nun müssen wiederum nach Satz 43 die Funktionen $\varphi_1(p)$ und
$\psi_1(p)$ Quotienten von Summen von Quadraten rationaler Funktionen sein und andererseits ist nach dem Vorigen der Ausdruck
$f_2$ mittelst Lineals und Streckenübertragers construirbar; der
gefundene Ausdruck für $f_2$ zeigt somit, dass $f_2$ ein Quotient von
Summen von Quadraten construirbarer Funktionen ist. Also lässt
sich auch der Ausdruck $\sqrt{f_2}$ mittelst Lineals und Streckenübertragers construiren.

Ebenso wie der Ausdruck $f_2$ erweist sich auch jede andere
rationale Funktion $\varphi_2(p, \sqrt{f_1})$ von $p$ und $\sqrt{f_1}$ als Quotient zweier
Summen von Quadraten construirbarer Funktionen, sobald diese
rationale Funktion $\varphi_2$ die Eigenschaft besitzt, niemals negative
Werte anzunehmen bei reellem Parameter $p$ und für beiderlei
Vorzeichen von $\sqrt{f_1}$.

Diese Bemerkung gestattet uns, das eben begonnene Schluss-
verfahren in folgender Weise fortzusetzen.

Es sei $f_3(p, \sqrt{f_1}, \sqrt{f_2})$ ein solcher Ausdruck, der von den drei

88  Kap. VII. Die geometrischen Konstruktionen auf Grund der Axiome I—V. § 39.

Argumenten $p$, $\sqrt{f_1}$, $\sqrt{f_2}$ in rationaler Weise abhängt und aus dem
bei der analytischen Berechnung der Coordinaten der gesuchten
Punkte an dritter Stelle die Quadratwurzel zu ziehen ist.
Wie vorhin schliessen wir, dass $f_3$ bei beliebigen reellen Werten
$p$ und für beiderlei Vorzeichen von $\sqrt{f_1}$ und $\sqrt{f_2}$ niemals negative
Werte annehmen darf; dieser Umstand wiederum zeigt, dass $f_3$
einer quadratischen Gleichung von der Gestalt

$$f_3^2 - \varphi_2(p, \sqrt{f_1})f_3 + \psi_2(p, \sqrt{f_1}) = 0$$

genügen muss, worin $\varphi_2$ und $\psi_2$ solche rationale Funktionen von
$p$ und $\sqrt{f_1}$ bedeuten, die für reelle Werte $p$ und beiderlei Vorzeichen von $\sqrt{f_1}$ negativer Werte nicht fähig sind. Da mithin
$\varphi_2$ und $\psi_2$ nach der vorigen Bemerkung Quotienten zweier Summen
von Quadraten construirbarer Ausdrücke sind, so folgt das gleiche
auch für den Ausdruck

$$f_3 = \frac{f_3^2 + \psi_2(p, \sqrt{f_1})}{\varphi_2(p, \sqrt{f_1})}$$

und mithin ist auch $\sqrt{f_3}$ mittelst Lineals und Streckenübertragers construirbar.

Die Fortsetzung dieser Schlussweise führt zum Beweise des
Satzes 44 in dem betrachteten Falle eines Parameters $p$.

Die allgemeine Richtigkeit des Satzes 44 hängt davon ab, ob
der Satz 43 in entsprechender Weise sich auf den Fall mehrerer
Veränderlicher verallgemeinern lässt.

Als Beispiel für die Anwendung des Satzes 44 mögen die
regulären mittelst Zirkels construirbaren Polygone dienen; in
diesem Falle kommt ein willkürlicher Parameter $p$ nicht vor, sondern die zu construirenden Ausdrücke stellen sämtlich algebraische
Zahlen dar. Man sieht leicht, dass das Kriterium des Satzes 44
erfüllt ist, und somit ergiebt sich, dass man jene regulären Polygone auch allein mittelst Ziehens von Geraden und Abtragens
von Strecken construiren kann — ein Resultat, welches sich auch
aus der Theorie der Kreisteilung direkt entnehmen lässt.

Was weitere aus der Elementargeometrie bekannte Konstruktionsaufgaben anbetrifft, so sei hier nur erwähnt, dass das
Malfattische Problem, nicht aber die Apollonische Berührungs-
aufgabe allein mittelst Lineals und Streckenübertragers gelöst
werden kann.

89

## Schlusswort.

Die vorstehende Abhandlung ist eine kritische Untersuchung der Principien der Geometrie; in dieser Untersuchung leitete uns der Grundsatz, eine jede sich darbietende Frage in der Weise zu erörtern, dass wir zugleich prüften, ob ihre Beantwortung auf einem vorgeschriebenen Wege mit gewissen eingeschränkten Hilfsmitteln möglich oder nicht möglich ist. Dieser Grundsatz scheint mir eine allgemeine und naturgemässe Vorschrift zu enthalten; in der That wird, wenn wir bei unseren mathematischen Betrachtungen einem Probleme begegnen oder einen Satz vermuten, unser Erkenntnistrieb erst dann befriedigt, wenn uns entweder die völlige Lösung jenes Problems und der strenge Beweis dieses Satzes gelingt oder wenn der Grund für die Unmöglichkeit des Gelingens und damit zugleich die Notwendigkeit des Misslingens von uns klar erkannt worden ist.

So spielt denn in der neueren Mathematik die Frage nach der Unmöglichkeit gewisser Lösungen oder Aufgaben eine hervorragende Rolle und das Bestreben, eine Frage solcher Art zu beantworten, war oftmals der Anlass zur Entdeckung neuer und fruchtbarer Forschungsgebiete. Wir erinnern nur an *Abel*'s Beweis für die Unmöglichkeit der Auflösung der Gleichungen fünften Grades durch Wurzelziehen, ferner an die Erkenntnis der Unbeweisbarkeit des Parallelenaxioms und an *Hermite*'s und *Lindemann*'s Sätze von der Unmöglichkeit, die Zahlen $e$ und $\pi$ auf algebraischem Wege zu construiren.

Der Grundsatz, demzufolge man überall die Principien der Möglichkeit der Beweise erörtern soll, hängt auch aufs Engste mit der Forderung der „Reinheit" der Beweismethoden zusammen, die von mehreren Mathematikern der neueren Zeit mit Nachdruck erhoben worden ist. Diese Forderung ist im Grunde nichts Anderes als eine subjektive Fassung des hier befolgten Grundsatzes. In der That sucht die vorstehende geometrische Untersuchung allgemein darüber Aufschluss zu geben, welche Axiome, Voraussetzungen oder Hilfsmittel zum Beweise einer elementar-geo-

Hilbert, Grundlagen der Geometrie.                                   7

90

metrischen Wahrheit nötig sind, und es bleibt dann dem jedesmaligen Ermessen anheim gestellt, welche Beweismethode von dem
gerade eingenommenen Standpunkte aus zu bevorzugen ist.

――――――――

Bei der Anfertigung der Figuren sowie bei der Durchsicht
der Correcturbogen habe ich mich der Hülfe des Herrn Dr. *Hans
von Schaper* erfreut; ich spreche ihm hierfür meinen Dank aus.
Desgleichen danke ich meinem Freunde *Hermann Minkowski* und
Herrn Dr. *Julius Sommer* für ihre Unterstützung beim Lesen der
Correctur.

91

# Inhalt.

92

# Präsentation des Textes

**4**

Hilberts „Grundlagen der Geometrie" erschienen 1899 zusammen mit der Abhandlung „Grundlagen der Elektrodynamik" von Emil Wiechert[1] in einer Festschrift zur Enthüllung des von Carl Ferdinand Hartzer (1838–1906) geschaffenen Gauß-Weber-Denkmals in Göttingen am 17.6.1899. Das Denkmal zelebriert(e) die Bedeutung von Mathematik und Physik und reihte sich ein in die Bemühungen von Felix Klein, Ansehen und Stellung dieser Gebiete – auch und gerade in ihrer Verbindung – zu fördern.[2] Beide Beiträge in der Festschrift beruhten auf Vorlesungen, die ihre Autoren an der Universität Göttingen gehalten hatten, und waren somit Ausdruck von deren Wichtigkeit.

Der Text von Hilberts „Festschrift", obschon jetzt mehr als 100 Jahre alt, ist auch für heutige Leser noch verhältnismäßig gut verständlich; es wäre kein Problem, ihn zur Grundlage eines Seminars zu machen. Er entspricht nicht immer modernen logischen Standards[3] und verwendet nicht die Mengensprechweise – beides mag Studierenden nicht als Nachteil erscheinen. Hilberts Ausführungen sind luzid und frei von „tiefen", das heißt interpretationsbedürftigen, Andeutungen – ganz anders als beispielsweise Riemanns berühmter Habilitationsvortrag. Die nachfolgenden Kommentare versuchen deshalb, einen Überblick zum Inhalt der „Festschrift" zu geben. Dabei sind Überschneidungen mit Kap. 2 nicht ganz zu vermeiden, denn die „Festschrift" ist in der Tat die reife Frucht der dort

---

[1] Emil Wiechert (1861–1928) hatte in Königsberg Physik studiert; dort trat er sowohl bei Hilberts als auch bei Minkowskis Promotion als Opponent in Erscheinung. 1897 ging er nach Göttingen, wo er später den ersten Lehrstuhl für Geophysik erhielt. Hilbert und Wiechert waren befreundet; in einem Brief vom 8.4.1899, die „Festschrift" betreffend, redet Hilbert ihn mit „Du" an (vgl. Hallett und Majer 2004, 409).

[2] Dagegen scheint Webers Schicksal als einer der Göttinger Sieben nicht Gegenstand der Veranstaltung gewesen zu sein. Zur gewissermaßen wilhelminischen Ikonographie dieses Denkmals – z. B. wurden die beiden Protagonisten als fast gleichalt dargestellt, obwohl es einen Altersunterschied von 27 Jahren zwischen ihnen gab – vgl. man Arndt 1982, zu den Feierlichkeiten Michling 1969. Klein war allerdings nicht der Initiator des Unternehmens, er wurde aber wie Hilbert in das Denkmalkomitee berufen.

[3] Hierauf weist H. Freudenthal in seiner Besprechung Freudenthal 1957 immer wieder hin.

© Springer-Verlag Berlin Heidelberg 2015
K. Volkert (Hrsg.), *David Hilbert*, Klassische Texte der Wissenschaft,
DOI 10.1007/978-3-662-45569-2_4

vorgestellten Vorarbeiten. Nur deshalb war Hilbert wohl in der Lage, in verhältnismäßig kurzer Zeit seine Lösung vorzulegen; Minkowski schrieb am 5.6.1899 an Hilbert:

> Soeben habe ich den letzten Bogen der Korrektur Deiner Festschrift Dir zugesandt. Dein Aufsatz hat mir wirklich sehr gefallen und wird gewiss auch allgemein bei den Mathematikern Anklang finden. Man merkt ihm auch in keiner Weise an, dass Du daran zuletzt so schnell arbeiten musstest, und nach mehrjährigem Durcharbeiten wäre er gewiss nicht so frisch herausgekommen. Dass das Euklidische Axiom über die rechten Winkel beseitigt ist, wird besonders auffallen, doch glaube ich noch, dass dies im Grunde mit einer etwas anderen Einführung der Winkel zusammenhängen wird.
> (Minkowski 1973, 116)[4]

Hilberts „Festschrift" umfasste gut 90 Druckseiten, sie ist in folgende Kapitel unterteilt:

Kapitel I.    Die fünf Axiomengruppen
Kapitel II.   Die Widerspruchslosigkeit und gegenseitige Unabhängigkeit der Axiome
Kapitel III.  Die Lehre von den Proportionen
Kapitel IV.   Die Lehre von den Flächeninhalten in der Ebene
Kapitel V.    Der Desarguesche Satz
Kapitel VI.   Der Pascalsche Satz
Kapitel VII.  Die geometrischen Konstruktionen auf Grund der Axiome I–V

Diese Kapitel umfassen 39 Paragraphen. Die Struktur der „Festschrift" unter Einschluss der Überschriften hat Hilbert in allen weiteren Auflagen seiner „Grundlagen" beibehalten; allerdings entfielen später zwei Paragraphen des letzten Kapitels. Der Text beginnt mit einem bekannten Zitat aus Kants „Kritik der reinen Vernunft":

> So fängt denn alle menschliche Erkenntnis mit Anschauungen an, geht von da zu Begriffen und endigt mit Ideen.

Diese Zeilen finden sich im Anhang zur „Elementarlehre" 2. Teil 2. Abschnitt (A 702, B 732), also einem Teil, der sich gegen Ende der „Kritik der reinen Vernunft" findet. Er gehört auch nicht zu den einschlägigen Stellen, die man heranzieht, um Kants Philosophie der Mathematik zu erläutern – diese entstammen in der Regel der „transzendentalen Ästhetik", welche den Anfang der „Kritik" bildet. Was also hat Hilbert mit seinem Zitat bezweckt? Dazu gibt es viele Spekulationen. Wie weit diese gehen, mag folgendes Zitat belegen:

> Kant explicitly and right before the quote in question, stresses that pure reason contains only regulative, not constitutive principles. If therefore, we take the motto to indicate that Hilbert is starting where Kant left off, in the realm of ideas – that is, regulative principles – then we can see that educated readers in 1899 would pick up the suggestion that Hilbert was going

---

[4] Die erste Erwähnung von Hilberts Arbeit an der „Festschrift" findet sich, wie in Kap. 2 erwähnt, im Vorwort der „Ausarbeitung", das auf März 1899 datiert ist. Weitere Informationen zum Ablauf der Publikation und der Vorarbeiten findet man bei Hallett und Majer 2004, 408–412.

to consider the regulative rules governing geometrical concepts. And this is exactly what he does.
(Gray 2008, 181)

Man kann nur spekulieren, wie groß wohl die Anzahl der hier beschworenen „educated readers" gewesen sein mag, sie wird wohl eher im zweistelligen Bereich gelegen haben. Weniger ehrgeizige Interpretationen sehen im Kant-Zitat einen Versuch Hilberts, sich in eine große und zudem noch Königsberger Tradition zu stellen. Vielleicht hat sich Hilbert aber auch des Denkmals erinnert, das seine Vaterstadt ihrem großen Sohn gewidmet hat und das 1855 ähnlich feierlich und öffentlich enthüllt wurde. Auch damals gab es einen Festbeitrag – eine Ansprache „Über das Sehen", gehalten von Hermann Helmholtz, dem jungen aufstrebenden Professor der Physiologie an der Albertina. Kant wird darin vorgestellt als Denker, für den die Einheit von Naturwissenschaft und Philosophie noch gegeben war. Weiter heißt es:

> Kants Philosophie beabsichtigt nicht, die Zahl unserer Kenntnisse durch das reine Denken zu vermehren, denn ihr oberster Satz war, dass alle Erkenntnis der Wirklichkeit aus der Erfahrung geschöpft werden müsse, sondern sie beabsichtigte nur, die Quellen unseres Wissens und den Grad seiner Berechtigung zu untersuchen, ein Geschäft, welches immer der Philosophie verbleiben wird, und dem sich kein Zeitalter wird ungestraft entziehen können.
> (Helmholtz 1855, 5)

Helmholtz' Rede ging in die Geschichte ein als eines der Gründungsdokumente des Neukantianismus, einer philosophischen Richtung, die auch in Hilberts Göttingen präsent war. Sucht man ein passendes Zitat zu dem von Helmholtz geschilderten Sachverhalt, so mag man recht schnell auf dasjenige stoßen, das Hilbert auswählte. Natürlich sind das alles Spekulationen.

Auffallend jedenfalls ist, dass Hilbert ansonsten in seinem Text im Vergleich zu seinen Vorlesungen fast alle historischen und philosophischen Andeutungen eliminiert hat. Das kryptische Kant-Zitat ist gerade dadurch hervorgehoben. Nimmt man es einfach wörtlich, so signalisiert es, dass man es im Hilbertschen Text mit Begriffen und Ideen zu tun hat, die aber ihre Wurzeln in der Erfahrung haben. Anders gesagt ist die axiomatische Geometrie eine übergeordnete Untersuchung und Strukturierung der Inhalte der anschaulichen Geometrie im Stile der Euklidisch geprägten „Schulgeometrie", mit welcher sie eine Einheit bildet. Dies wird im Weiteren bei Hilbert keine Rolle spielen, weshalb es sinnvoll erscheint, den Leser vorab daran zu erinnern:

> Die vorliegende Untersuchung ist ein neuer Versuch, für die Geometrie ein einfaches und vollständiges System voneinander unabhängiger Axiome aufzustellen und aus denselben die wichtigsten geometrischen Sätze in der Weise abzuleiten, dass dabei die Bedeutung der verschiedenen Axiomgruppen und die Tragweite der aus den einzelnen Axiomen zu ziehenden Folgerungen möglichst klar zu Tage tritt.
> (Hilbert 1899, 3)

Anders als die italienischen Geometer – allen voran Peano – will Hilbert die Euklidische Geometrie reorganisieren und ergänzen, nicht aber grundlegend revolutionieren. Gerade in diesem eher „unmodernen" Zug liegt der Schlüssel zu Hilberts enormem Erfolg und zu der anfänglichen Erfolgslosigkeit der Italiener. Seine Axiomatik wird getragen von der Tendenz, nahe an der historischen Vorlage zu bleiben. Daneben gibt es einige methodische Vorentscheidungen[5], die Hilbert nicht expliziert, die sich aber dennoch an vielen Stellen seines Werkes bemerkbar machen:

- Die Geometrie soll unabhängig von der Analysis und insbesondere von den reellen Zahlen aufgebaut werden.[6] Die Einführung von Koordinaten muss geometrisch erfolgen.
- Eine wichtige Frage ist, welche Aussagen vom Archimedischen Axiom – aufgefasst als Stetigkeitsaxiom – abhängen und welche nicht.
- Es ist deutlich zu trennen zwischen ebener und räumlicher Geometrie. Sätze der ebenen Geometrie sind nur mit Mitteln der ebenen Geometrie zu beweisen.

Im Unterschied zu italienischen Autoren wie Peano, Padoa und Pieri strebt Hilbert aber nicht danach, die Anzahl der Grundbegriffe[7] oder Definitionen klein zu halten; sein System ist auch so aufgebaut, dass spätere Axiomengruppen (z. B. zur Kongruenz) die vorangehenden Gruppen voraussetzen. Die Axiomengruppen selbst sind zu einem Großteil zusammengestellt nach der zugrunde liegenden Relation: Inzidenz, Anordnung und Kongruenz. Dies unterscheidet Hilberts System von seinen Vorläufern – etwa Pasch – und sollte sich aufgrund der so gewonnenen Übersichtlichkeit als sehr glücklicher Gedanke erweisen.

Auffallend ist aus heutiger Sicht auch, dass sich Hilbert nicht der Mengensprechweise bedient, sondern in der Dedekindschen Tradition von „Systemen" spricht. Dies ist natürlich nur eine Frage der Bezeichnungen, aber es ist auch wichtig zu sehen, dass Hilbert keine Mengenoperationen verwendet und dass er z. B. darauf verzichtet, die Inzidenzbeziehung als Elementbeziehung zu deuten.[8] Besonders deutlich wird dieser Verzicht im Kapitel über den Flächeninhalt, wo die Mengenschreibweise zusammen mit den üblichen

---

[5] Vgl. auch Schmidt 1933, 408.

[6] Hierin liegt ein wesentlicher Unterschied zu Poincaré beispielsweise aber auch zu Helmholtz und Lie.

[7] So versuchten beispielsweise spätere Autoren mit einer Kongruenzrelation auszukommen, die Winkelkongruenz also auf die Streckenkongruenz zurückzuführen (vgl. Veblen 1911) oder den Ebenenbegriff auf den der Geraden zurückzuführen (Peano). Ein anderes Beispiel (von Veblen), bei dem es darum geht, den Geradenbegriff auf die Zwischenrelation zurückzuführen, wird weiter unten im Text diskutiert.

[8] Man nehme die Menge der Punkte $P$ und die Menge der Geraden $G$ (etwa als bestimmte Teilmengen von $P$, $G$ ist dann eine Teilmenge der Potenzmenge von $P$). Dann liegt der Punkt $P$ auf der Geraden $g$, wenn $P \in g$ gilt. Alternativ nehme man Mengen $P$ und $G$ und eine Teilmenge $I$ von $P \times G$. Dann inzidiert $P$ mit $g$, wenn $(P, g) \in I$ gilt. Nur im Zusammenhang mit dem Cantorschen Begriff „abzählbar" spricht Hilbert von „Mengen" (vgl. unten).

Mengenoperationen durchaus Vorteile bietet – wie ein Vergleich mit einer modernen Darstellung[9] deutlich macht. Auch hier hätte Hilbert „moderner" sein können, wenn er es gewollt hätte. Bevor wir uns den einzelnen Axiomengruppen zuwenden, sei noch festgehalten, dass Hilbert in der „Festschrift" sorgfältig mit Existenzaxiomen arbeitet, was seinerzeit eher eine Seltenheit darstellte. Davon zu unterscheiden ist das Existenzproblem für die Geometrie als Ganze. Dieses wird von Hilbert auf deren Widerspruchsfreiheit zugeführt, was u. a. die Kontroverse mit Gottlob Frege (1848–1925) provozierte.[10] Dieser Aspekt, von Paul Bernays (1888–1977) als „existentiale Axiomatik"[11] bezeichnet, hat – ausgehend von einer Debatte zwischen Hilbert und G. Frege – gerade aus philosophischer Sicht viel Beachtung gefunden und wird uns im übernächsten Kapitel (6) beschäftigen.

Die Axiome der Verknüpfung – modern gesprochen: der Inzidenz – unterscheiden sich geringfügig von den Formulierungen der „Ausarbeitung"; so formuliert Hilbert jetzt „zwei voneinander verschiedene Punkte A, B bestimmen stets eine Gerade a; ..." anstatt „Irgend zwei voneinander verschiedene Punkte ...". Auch in der „Festschrift" werden zwei Axiome formuliert, gemäß denen zwei verschiedene Punkte mindestens eine (I 1) und höchstens eine (I 2), insgesamt also genau eine Gerade festlegen. Analog gibt es zwei Axiome, die festhalten, dass drei nicht auf einer Geraden gelegene Punkte mindestens eine (I 3) und höchstens eine (I 4), also insgesamt genau eine Ebene festlegen. I 5 stellt fest, dass eine Gerade, die mit einer Ebene zwei Punkte gemeinsam hat, ganz in dieser Eben liegt – dass also alle ihre Punkte mit der Ebene gemeinsam sind. I 6 besagt, dass zwei Ebenen, die einen Punkt gemeinsam haben, noch einen weiteren gemeinsamen Punkt besitzen.[12] Inhaltlich führt dies dazu, dass die Dimension des Raumes höchstens drei ist. Schließlich fasst I 7 die erforderlichen Existenzaussagen zusammen:

> Auf jeder Geraden gibt es wenigstens zwei Punkte, in jeder Ebene wenigstens drei nicht auf einer Geraden gelegene Punkte und im Raum gibt es wenigstens vier nicht in einer Ebene gelegene Punkte.
> (Hilbert 1899, 5)

Zwei, drei oder vier Punkte meint hier natürlich immer verschiedene Punkte; das hätte Peano vielleicht beanstandet. Die Existenzaussage bezüglich des Raumes führt dazu, dass dieser mindestens dreidimensional ist, zusammen mit I 5 erhält man also, dass er genau dreidimensional ist. In der „Festschrift" wird somit noch nicht klar getrennt zwischen den Inzidenzaxiomen der ebenen Geometrie und denjenigen des Raums. Dies wird in späteren Auflagen ab der zweiten (1903) anders, indem die die Gerade und die Ebene betreffenden Existenzaussagen separat als Inzidenzaxiome I 3 und I 8 formuliert werden.[13] So kann

---

[9] Z. B. Hartshorne 2000.
[10] Vgl. Kap. 5 unten.
[11] Vgl. Bernays 1976, 17.
[12] Hieraus lässt sich dann mit Hilfe der Inzidenzaxiome I 1, I 2 und I 5 folgern, dass die beiden Ebenen genau eine Gerade gemeinsam haben. Zur Geschichte dieses Axioms, das bei Euklid der Satz XI, 3 ist, vgl. man Volkert 2008.
[13] Die Anzahl der Inzidenzaxiome erhöht sich dann auf acht.

man sagen, dass I 1 bis I 3 die Inzidenzaxiome der ebenen Geometrie, alle zusammen aber die Inzidenzstruktur der räumlichen Geometrie kodifizieren.[14] Während wohl heute kaum ein Lehrbuch sich den Hinweis entgehen lässt, dass diese Inzidenzaxiome durch ein Minimalmodell mit vier Punkten, sechs Geraden und vier Ebenen erfüllt wird, schweigt Hilbert hierzu. Die Modelle, die er konstruiert, dienen meist dem Nachweis der Unabhängigkeit von Axiomen[15], manchmal auch dem der relativen Widerspruchsfreiheit – wofür Hilbert dann auch sagt: Existenz. Dagegen macht Hilbert darauf aufmerksam, dass man gestützt auf die aufgeführten Axiome Sätze beweisen kann wie:

> Zwei Geraden einer Ebene haben einen oder keinen Punkt gemein; zwei Ebenen haben keinen Punkt oder eine Gerade gemein; eine Ebene und eine nicht in ihr liegende Gerade haben keinen oder einen Punkt gemein.
> Durch eine Gerade und einen nicht auf ihr liegenden Punkt, so wie durch zwei verschiedene Geraden mit einem gemeinsamen Punkt gibt es stets eine und nur eine Ebene.
> (Hilbert 1899, 6)

Obwohl der Begriff „parallel" im Rahmen der Inzidenzgeometrie formulierbar ist, wird das Parallelenproblem in Gestalt des Parallelenaxioms erst nach den Anordnungsaxiomen, die die zweite Gruppe bilden, in Angriff genommen.[16] Auf dem Hintergrund der geschichtlichen Entwicklung ist dies gut nachvollziehbar.

Die fünf Anordnungsaxiome in der „Festschrift" sind identisch mit jenen der „Ausarbeitung", insbesondere wird auch hier das Trennungsaxiom wieder durch das Pasch-Axiom ersetzt; ihre „ausführliche Untersuchung" wird in einer Fußnote M. Pasch zugeschrieben: „Insbesondere rührt das Axiom II 5 von M. Pasch her."[17] Die Anordnungsaxiome blieben in den weiteren Auflagen der „Grundlagen" unverändert, eine Tatsache, die Hans Freudenthal in seiner bekannten Besprechung von 1957 insofern kritisch hervorhob, als er die Missachtung der topologischen Aspekte, die sich mit der Anordnung verbinden lassen, monierte.[18] Der von Hilbert gewählten Anordung liegt die Vorstellung der nicht-geschlossenen Geraden (und nicht diejenige der Strecke, wie bei Pasch, oder der geschlossenen Geraden der projektiven Geometrie) zugrunde. Sie passt somit zur Euklidischen und zur hyperbolischen Geometrie nicht aber zur elliptischen. Aus den Anordnungsaxiomen ergibt sich unmittelbar die Tatsache, dass auf jeder Geraden unendlich viele Punkte liegen (Satz 4); auch die Trennungseigenschaft von Geraden in der Ebene (Satz 5) und von Ebenen im Raum (Satz 7) wird bewiesen. Es folgt die Definition des (geschlossenen, einfachen) Streckenzugs, also des Polygons, und eine erstaunliche Bemerkung:

---

[14] Hilbert trifft eine entsprechende Unterscheidung auch in der „Festschrift". Dabei ist aber unglücklich, dass er Axiom I 7 summarisch der räumlichen Geometrie zurechnet.

[15] Hilbert schreibt oft Axiom meint damit aber meist Axiomengruppe.

[16] Bei Hilbert werden also keine eigenständigen affinen Ebenen oder Räume im modernen Sinn betrachtet. Vgl. auch Karzel und Kroll 1988, 16–17.

[17] Hilbert 1899, 6 n 1.

[18] Vgl. Freudenthal 1957, 119.

Mit Zuhilfenahme des Satzes 5 gelangen wir jetzt ohne erheblichen Schwierigkeiten zu folgenden Sätzen:

Satz 6. Ein jedes einfache Polygon, dessen Ecken sämtlich in einer Ebene liegen, trennt die Punkte dieser Ebene $\alpha$ in zwei Gebiete, ein inneres und ein äußeres, ...

(Hilbert 1899, 9)

Rund zehn Jahre bevor Hilbert das schrieb, hatte Camille Jordan (1838–1922) 1892 in der Neubearbeitung seines „Cours d'analyse" versucht, den entsprechenden Satz für geeignete Kurven zu beweisen.[19] Die Schwierigkeit des allgemeinen Problems war somit zu erahnen; möglicherweise dachte Hilbert aber, die Sachlage sei im Falle von Polygonen deutlich einfacher. Auch in der zweiten deutschen Auflage hat sich an Hilberts Aussagen hierzu nichts geändert. Erstaunlicher ist, dass selbst die französische Übersetzung von 1900 keinen Verweis auf Jordan enthält. Erst in späteren Auflagen findet sich im Text der „Grundlagen" ein Hinweis auf das von P. Bernays geschriebene Supplement I, welches wiederum auf eine Arbeit von Georg Feigl (1890–1945) verweist, in der die fragliche Zerlegungseigenschaft bewiesen wird.[20] Insgesamt bleiben die „Grundlagen" in der Frage der topologischen Grundlegung unvollständig.

Oswald Veblen (1880–1960) hat kurze Zeit nach Erscheinen der „Festschrift" gezeigt, wie man mit Hilfe der Anordnung die Anzahl der undefinierten Grundbegriffe reduzieren kann.[21] Dabei wird der Begriff „Gerade" definiert mit Hilfe der Zwischenrelation: Sind zwei Punkte $A$ und $B$ gegebene, so besteht die Gerade durch $A$ und $B$ aus allen Punkten $X$, für die gilt: $Zw(A, X, B)$ oder $Zw(X, A, B)$ oder $Zw(A, B, X)$.[22] Er merkt an, dass Hilberts System in dieser Hinsicht – Anzahl der undefinierten Grundbegriffe – keineswegs optimal sei. Diese Linie (Reduktion der undefinierten Grundbegriffe) wurde, wie bereits bemerkt, von den italienischen Geometern, insbesondere von G. Pieri, konsequent verfolgt.

Die nächste Axiomengruppe Nr. III besteht nur aus dem Parallelenaxiom. Hilbert hat bereits in der zweiten Auflage diese Reihenfolge umgestellt und die Kongruenzaxiome vor das Parallelenaxiom gesetzt. Dies erscheint sinnvoll, denn die Geometrie, die auf den drei Axiomengruppen Inzidenz, Anordnung und Kongruenz beruht und die heute mit einem Terminus von Janos Bolyai (1802–1860) „absolute Geometrie" genannt wird, bildet ja ein gemeinsames Fundament für die Euklidische und die nichteuklidische Geometrie.[23]

---

[19] Zur Frage, ob Jordans Beweis schlüssig sei, oder ob der erste gültige Beweis des Jordanschen Kurvensatzes Oswald Veblen (1905) zuzuschreiben sei, vergleiche man Hales 2007.

[20] Feigl 1924.

[21] Ähnliche Überlegungen finden sich zuvor schon bei italienischen Autoren, vgl. Kap. 1 oben.

[22] Vgl. Veblen 1903 und Veblen 1904. Wenn man so will, kehrt Veblen wieder zu Euklid zurück, indem die Gerade aus der Strecke gewonnen wird.

[23] J. Bolyai verstand allerdings unter „absoluter Geometrie" die nichteuklidische (hyperbolische) Geometrie: „Absolut", weil sie nicht wie die Euklidische den Wert des Krümmungsmaßes auf einen bestimmten Wert (nämlich Null) festsetze.

Die Einführung des Parallelenaxioms wird in der „Festschrift" in keinerlei historischen Kontext gestellt; es wird lediglich bemerkt, dass es die Grundlagen der Geometrie vereinfache und deren Aufbau erleichtere.[24] Das Parallelenaxiom wird von Hilbert in seiner starken Form verwendet, das heißt, er fordert, dass zu jeder Geraden und zu jedem Punkt „außerhalb" dieser Geraden genau eine Parallele existieren soll.[25] Die Reduktion, deren Möglichkeit G. Saccheri (1733) als erster angedeutet hatte und die A. M. Legendre in leicht veränderter Formulierung[26] ins allgemeine Bewusstsein gehoben hatte, dass nämlich eine Gerade und ein Punkt ausreichen, wird von Hilbert nicht verwendet. Um diese Reduktion durchzuführen, benötigt man allerdings das Archimedische Axiom, das Hilbert erst als letztes einzuführen gedachte und deshalb nicht schon so früh ins Spiel bringen konnte.

Bewiesen wird die Transitivität der Parallelitätsrelation – allerdings ohne diesen Terminus – und festgehalten wird, dass das Parallelenaxiom ein ebenes Axiom sei.

Schließlich folgt die Gruppe der Kongruenzaxiome, aufgeteilt in Axiome für die Streckenkongruenz, die Winkelkongruenz und die Dreieckskongruenz. Die ersteren Axiome legen die Möglichkeit der Streckenabtragung fest und garantieren die Transitivität der Streckenkongruenz sowie deren Additivität, die Reflexivität folgt aus der Streckenabtragung. Nachdem der Winkelbegriff gestützt auf die Anordnungsaxiome definiert ist, folgen analoge Axiome für die Winkelkongruenz: Antragen von Winkeln und Transitivität. Die Reflexivität folgt auch hier aus der Antragung. Die Transitivität lässt sich auf der Basis der anderen Axiome beweisen, sie wird in späteren Auflagen zu einem Satz. Nach Definition des Begriffs „Dreieck" wird als letztes Kongruenzaxiom eine abgeschwächte Form des Kongruenzsatzes SWS formuliert. Die Axiome der Streckenkongruenz nennt Hilbert lineare Kongruenzaxiome, die restlichen drei ebene. Mit Hilfe der Kongruenzaxiome werden zahlreiche Sätze bewiesen, so z. B. Kongruenzsätze für Dreiecke, grundlegende Sätze über Winkelkongruenzen wie Scheitel- und Nebenwinkel sowie der ominöse Satz 15 „Alle rechten Winkel sind einander kongruent." Dieser wird per Widerspruch genau in der Art gezeigt, wie das schon A. M. Legendre in seinen „Eléments de géométrie" gemacht hatte.[27] In späteren Auflagen der „Grundlagen" wird die Lehre von den Winkeln ausgebaut, u. a. durch Einführung der Größerbeziehung für Winkel und den Beweis zusätzlicher Sätze (z. B. Außenwinkelsatz, der größeren Seite im Dreieck liegt der größere Winkel gegenüber). In der „Festschrift" folgen nun Anmerkungen zur Kongruenz im Raum.[28] Hierzu

---

[24] Hilbert 1899, 9.

[25] Eine Gerade ist folglich für Hilbert nicht zu sich selbst parallel: Ein unmoderner Restbestand gewissermaßen!

[26] Bei Saccheri geht es um den Satz „Gilt in einem (Saccheri-)Viereck die Hypothese des rechten Winkels, dann in jedem", bei Legendre lautet der entsprechende Satz „Beträgt die Winkelsumme in einem Dreieck zwei Rechte, dann in jedem." (2. Legendrescher Satz).

[27] Satz 1 des ersten Buches, vgl. Legendre 1817, 6.

[28] Man bemerkt auch hier wieder Hilberts großes Interesse daran, ebene und räumliche Sachverhalte klar begrifflich zu unterscheiden.

wird der Kongruenzbegriff auf nichtebene Figuren (Polygone) in der nahe liegenden Weise erweitert (homologe Strecken und Winkel müssen kongruent sein) und folgender Satz beweisen:

> Satz 18. Wenn $(A, B, C, \ldots)$ und $(A', B', C', \ldots)$ kongruente Figuren sind und $P$ einen beliebigen Punkt bedeutet, so lässt sich stets ein Punkt $P'$ finden, so dass die Figuren $(A, B, C, \ldots, P)$ und $(A', B', C', \ldots, P')$ kongruent sind. Enthält die Figur $(A, B, C, \ldots)$ mindestens vier nicht in einer Ebene liegende Punkte, so ist die Konstruktion von $P'$ nur auf *eine* Weise möglich.
> (Hilbert 1899, 18)

Also lassen sich alle Tatsachen der räumlichen Kongruenz auf jene der linearen und der ebenen Kongruenz zurückführen. Interessanterweise bringt Hilbert an dieser Stelle den Bewegungsbegriff ins Spiel, indem er die Tatsachen der räumlichen Kongruenz durch den Zusatz „d. h. der Bewegung im *Raume*" kommentiert.[29] Neben dem auf der Hand liegenden Bezug zu Helmholtz ist dies vielleicht auch eine Anspielung auf den historischen Ursprung wichtiger Fragen über räumliche Kongruenz bei Leonhard Euler (1707–1783) – nämlich der Frage nach der allgemeinsten Bewegung eines starren Körpers im Raume. Dann könnte man das Ergebnis so lesen, dass die praktischen Fragen der räumlichen Bewegung, durch die theoretischen Setzungen der linearen und ebenen Geometrie gelöst werden.

Da das Parallelenaxiom schon in der dritten Axiomengruppe bereitgestellt wurde, lassen sich nun auch der Satz über Winkel an geschnittenen Parallelen (Satz 19) und der Winkelsummensatz (Satz 20) beweisen. All das ist klassisch Euklidisch – und insoweit liefert Hilbert eine perfekte Rekonstruktion des großen historischen Vorbilds. Er hätte jetzt eine Liste aufstellen können mit denjenigen Sätzen des ersten Buchs der „Elemente", die er mit seinen Hilfsmitteln beweisen konnte.[30] Dabei hätte sich herausgestellt, dass es noch eine bemerkenswerte Lücke gibt – nämlich der erste Satz des ersten Buchs. Dort soll über einer gegebenen Strecke das gleichseitige Dreieck errichtet werden, was wiederum den Schnitt zweier Kreise erfordert.[31] Die Existenz des Schnittpunkts (oder der beiden Schnittpunkte) war ein altbekanntes Problem, wie wir in Kap. 1 gesehen haben. Dieses erforderte, die Frage der Stetigkeit zu klären.

In der „Festschrift" gibt Hilbert nur ein Stetigkeitsaxiom an, nämlich das Archimedische. Er musste schnell erkennen, dass dieses allein unzureichend ist. In der 1900 erschie-

---

[29] Hilbert 1899, 18.

[30] Vgl. hierzu Hartshorne 2000, 102. Zu beachten ist, dass Hartshornes Liste diejenigen Sätze aufführt, die ohne Parallelen- und Stetigkeitsaxiome beweisbar sind.

[31] Hilbert konstruiert (im letzten Kapitel der „Festschrift") nicht mit Zirkel und Lineal; er ersetzt den Zirkel durch den Streckenabtrager und den Winkelantrager entsprechend den Axiomen I und IV der Gruppe der Kongruenzaxiome. Ab der zweiten Auflage wurde der Streckenabtrager durch das Eichmaß ersetzt. Dieses Detail lassen wir im Moment bei Seite.

nen französischen Übersetzung der „Festschrift" heißt es, nachdem das Archimedische Axiom wie in der „Festschrift" eingeführt wurde:

Note[32]: Wir merken an, dass man zu den fünf angegebenen Gruppen von Axiomen das nachfolgende noch hinzunehmen kann, das nicht rein geometrischer Natur ist und das vom prinzipiellen Standpunkt aus eine besondere Aufmerksamkeit verdient.

Vollständigkeitsaxiom[33]

Es ist nicht möglich, zu Punkten, Geraden und Ebenen weitere Dinge hinzunehmen, derart dass das solcherart verallgemeinerte System eine neue Geometrie bildet, in dem die Axiome I bis V sämtlich gelten. Anders gesagt: Die Elemente der Geometrie bilden ein System von Dingen, das bei Erhaltung aller Axiome keiner Erweiterung fähig ist. (Hilbert 1900a, 123)[34]

In der zweiten deutschen Auflage von 1903 lautet die Formulierung so:

V 2. *Die Elemente (Punkte, Geraden, Ebenen) der Geometrie bilden ein System von Dingen, welches bei Aufrechterhaltung sämtlicher genannter Axiome keiner Erweiterung mehr fähig ist,* d. h. zu dem System der Punkte, Geraden, Ebenen ist es nicht möglich, ein anderes System von Dingen hinzuzufügen, so dass in dem durch Zusammensetzung entstehenden System sämtliche aufgeführten Axiome I–IV, V 1 gültig sind. (Hilbert 1903a, 16)

Die Formulierung, die Hilbert hier für sein Axiom wählt, könnte man geradezu als „Kategorizitätsforderung" – bezogen auf das Gesamtsystem seiner Axiome – bezeichnen.[35] Welche Funktion haben die Stetigkeitsaxiome in Hilberts System? Zum einen braucht man ein Axiom, das sicherstellt, dass Schnittpunkte existieren. Das war ein klassischer

---

[32] Anm. im französischen Original (hier in Übersetzung): „Herr Hilbert war so freundlich, diese unveröffentlichte Note für die Übersetzung seiner Abhandlung sowie einen langen Zusatz zum Schlusswort zu verfassen." (Hilbert 1900a, 123 n. 1) Es folgt der Dank des Übersetzers (Laugel) an Louis Gérard (Professor am Lycée Charlemagne in Paris) und Paul Stäckel (Professor an der Universität Kiel) für ihre Hilfe bei der Übersetzung sowie an D. Hilbert und den Teubner-Verlag für die Autorisierung der Übersetzung. Laugel hat übrigens auch Hilberts Pariser Probleme ins Französische übersetzt.

[33] Anm. im Original: „Vgl. meine Mitteilung bei der Naturforscher-Versammlung 1899 in München: *Über den Zahlbegriff (Berichte der Deutschen Mathematiker-Vereinigung 1900).*" (Hilbert 1900a, 123 n. 2) Im französischen Text heißt die Überschrift wörtlich „Axiome d'intégrité (Vollständigkeit)" [Hilbert 1900a, 123]. Anscheinend war dem Übersetzer bewusst, dass „Axiome d'intégrité" die deutsche „Vollständigkeit" nicht allzu treffend wiedergibt, weshalb er sicherheitshalber den deutschen Begriff hinzufügte. Diesen hatte Hilbert bereits in dem genannten Vortrag verwendet; vgl. Hilbert 1900c, 183.

[34] Übersetzung von K. V.

[35] Vgl. Veblen 1904, 346. Dort wird anscheinend der Begriff „kategorisch" erstmals verwandt; Veblen schreibt zu dessen Ursprung: „These terms [categorical and disjunctive] were suggested by Professor John Dewey." (Veblen 1904, 346 n. ++).

Topos, wie wir in Kap. 1 gesehen haben. Hierzu genügt es im Sinne der analytischen Geometrie dafür zu sorgen, dass die Punkte der Geraden den reellen Zahlen entsprechen und umgekehrt. Da das Reich der reellen Zahlen traditionell als „stetig" charakterisiert wurde, war Hilberts Überschrift „Stetigkeitsaxiom" durchaus naheliegend. Dabei unterstellt man allerdings, dass er zu Zeiten der „Festschrift" noch der Meinung war, das Archimedische Axiom allein garantiere diese „Stetigkeit". Andererseits wollte Hilbert ein Axiomensystem, das die Sätze der herkömmlichen Euklidischen Geometrie sämtlich liefert. Diese Vollständigkeit im nicht technischen Sinne ist eine metamathematische Forderung,[36] insofern enthält das Vollständigkeitsaxiom V 2 eine nicht-geometrische Aussage.

Technischer formuliert geht es um die Kategorizität des Gesamtsystems: Seine Modelle sollten sämtlich isomorph sein. So gesehen – aber man muss immer bedenken, dass diese klare technische Formulierung 1899 nicht zur Verfügung stand und dass Hilbert möglicherweise zu diesem Zeitpunkt an der Kategorizität seines Systems nicht sonderlich interssiert gewesen ist – ist es erstaunlich, dass Hilbert in der „Festschrift" meinte, nur mit dem Archimedischen Axiom auskommen zu können. Denn das Modell der analytischen Geometrie über einem pythagoreischen Körper, das er hier konstruiert (siehe unten), erfüllt offenkundig die Archimedizität, ist also ein Modell des gesamten Axiomensystems (ohne das später hinzu gefügte Vollständigkeitsaxiom natürlich, denn seine Erweiterbarkeit ist ja offenkundig). Andererseits ist dieser Körper abzählbar[37] und deshalb ist die zugehörige Geometrie sicherlich wesentlich verschieden von der analytischen reellen Geometrie. Das heißt: Eigentlich enthält die „Festschrift" selbst schon den Nachweis, dass das gewählte Stetigkeitsaxiom nicht ausreicht, um die Einzigkeit des Modells zu gewährleisten. Vielleicht hat sich hier doch die von H. Minkowski erwähnte rasche Erarbeitung bemerkbar gemacht? Der Metacharakter des Vollständigkeitsaxioms wird übrigens auch darin deutlich, dass es in den geometrischen Beweisen und Aussagen der „Grundlagen" nicht vorkommt. Von der Entwicklung der Hilbertschen Ideen her gesehen, bahnt sich in ihm die spätere Hinwendung zur Metamathematik, insbesondere zur Beweistheorie, an.

Warum hat sich Hilbert für das Axiom V 2 entschieden? Wie wir in Kap. 2 gesehen haben, experimentierte er in seinen Vorlesungen auch mit einer anderen Fassung der Stetigkeit, die man als Existenz des Grenzpunktes bezeichnen könnte. Und selbstverständlich war ihm Dedekinds Schnittaxiom bekannt. Hätte er aber ein stärkeres Stetigkeitsaxiom wie eines der genannten zu Grunde gelegt, so wäre das Archimedische Axiom zu einer Folgerung hieraus geworden. Damit wäre aber sein Ziel, diejenigen Aussagen, welche vom Archimedischen Axiom abhängen, von jenen, die dies nicht tun, säuberlich zu scheiden, hinfällig geworden.[38] Zudem könnte ihn gestört haben, dass diese Alternativaxiome ihren Ursprung in der Analysis deutlich auf der Stirn trugen und damit seinem Prinzip, die

---

[36] Arnold Schmidt, Hilberts späterer enger Mitarbeiter (neben P. Bernays) an den „Grundlagen", nannte Hilberts Axiom treffend ein „Axiom über Axiome" (Schmidt 1933, 407).
[37] Wie Hilbert selbst ausdrücklich feststellt, vgl. Hilbert 1899, 21.
[38] Wichtige Beispiele für dieses Interesse: die Lehre vom Flächeninhalt ebener Polygone und die beiden Legendreschen Sätze (M. Dehn).

Geometrie autonom aufzubauen, widersprachen. Dass dies auch heute noch so empfunden werden kann, belegt das nachfolgende Zitat aus einem aktuellen Geometrielehrbuch:

> So, if you want a categorical axiom system, just add (D) [Dedekinds Schnittaxiom] to the axioms of a Euclidean plane. From the point of view of this book, however, there are two reasons to avoid using Dedekind's axiom. First of all, it belongs to the modern development of the real numbers and notions of continuity, which is not in the spirit of Euclid's geometry. Second, it is too strong. By essentially introducing the real numbers into our geometry, it masks many of the more subtle distinctions and obscures questions such as constructibility
> …
> (Hartshorne 2000, 116)

Schließlich könnte Hilberts Interesse am Archimedischen Axiom historisch motiviert gewesen sein, denn – wie wir in Kap. 1 gesehen haben – dieses spielte ja eine wichtige Rolle in den geometischen Untersuchungen seiner Zeit.

Im Anschluss an das Stetigkeitsaxiom geht Hilbert direkt im nächsten Kapitel auf die „Widerspruchslosigkeit und gegenseitige Unabhängigkeit der Axiome" ein, nimmt also die metageometrische Untersuchung seines Systems vermöge von Modellen auf. Zuerst konstruiert er den pythagoreischen Zahlkörper[39] $\Omega$ und die ebene analytische Geometrie über diesem Körper. Dies ist uns schon aus der „Ausarbeitung" (siehe Kap. 2) bekannt. Die zugehörige analytische Geometrie erfüllt sämtliche fünf Axiomengruppen:

> Wir schließen daraus, dass jeder Widerspruch in den Folgerungen aus unseren Axiomen auch in der Arithmetik des Bereiches $\Omega$ erkennbar sein müsste.
> (Hilbert 1899, 455)

Die analytische Geometrie über dem Körper $\Omega$ liefert gewissermaßen ein „kleines" Modell der Geometrie, die durch alle Hilbertschen Axiome definiert wird. Am anderen Ende des Spektrums liegt dann die analytische Geometrie über dem Körper der reellen Zahlen.

Die Widerspruchsfreiheit von $\Omega$ wird nicht kommentiert, also wohl fraglos unterstellt. Hilbert führt dann aus:

> Wählen wir in der obigen Entwickelung statt des Bereiches $\Omega$ den Bereich *aller* reellen Zahlen, so erhalten wir ebenfalls eine Geometrie, in der sämtliche Axiome gültig sind. Für unseren Beweis genügte die Zuhilfenahme des Bereiches $\Omega$, der nur eine abzählbare Menge von Elementen enthält.
> (Hilbert 1899, 21)

Hilbert hat somit klar gesehen, dass sein Axiomensystem nicht kategorisch ist.

---

[39] Modern gesprochen ist dies der kleinste $\mathbb{Q}$ enthaltende Teilkörper von $\mathbb{R}$, der bezüglich der Wurzel aus Summen von Quadraten (Pythagoras) abgeschlossen ist. Anders gesagt enthält dieser Körper mit $x$ und $y$ auch $z$, so dass gilt: $x^2 + y^2 = z^2$ bzw. mit $u$ auch $\sqrt{1 + u^2}$. Vgl. Hartshorne 2000, 142.

Im weiteren Verlauf des zweiten Kapitels untersucht Hilbert die Unabhängigkeit des Parallelenaxioms. Dieses enthält ja die Aussage „genau eine Parallele" und kann somit in zwei Teile zerlegt werden: „mindestens eine" und „höchstens eine".[40] Er bemerkt, dass die Existenz von mindestens einer Parallelen aus den Axiomengruppen I, II und IV gefolgert werden kann – modern ausgedrückt, ist dies ein Satz der absoluten Geometrie. Als Argument gibt Hilbert die Konstruktion an, die Euklid in I 31 vorführt (man sorgt für kongruente Wechselwinkel). Die Tatsache, dass die solcher Art konstruierte Gerade die Ausgangsgerade nicht schneidet, ergibt sich aus der Betrachtung kongruenter Dreiecke mit Hilfe des Satzes, dass Nebenwinkel kongruenter Winkel kongruent sind.[41] Das Modell, das zeigt, dass die Aussage „höchstens" und damit „genau eine" nicht aus den angegebenen Axiomen abgeleitet werden kann, wird von Hilbert nur ganz kurz erwähnt:

Man wähle die Punkte, Geraden und Ebenen der gewöhnlichen in § 9 konstruierten Geometrie, soweit sie innerhalb einer festen Kugel verlaufen, für sich allein als Elemente einer räumlichen Geometrie und vermittle die Kongruenzen dieser Geometrien durch solche lineare[42] Transformationen der gewöhnlichen Geometrie, welche die feste Kugel in sich überführen. Bei geeigneten Festsetzungen erkennt man, dass in dieser „nichteuklidischen" Geometrie sämtlich Axiome außer dem Euklidischen Axiom III gültig sind und da die Möglichkeit der gewöhnlichen Geometrie in § 9 nachgewiesen worden ist, so folgt nunmehr auch die Möglichkeit der nichteuklidischen Geometrie.
(Hilbert 1899, 22)

Anders als in den Vorlesungen aus der Zeit vor der „Festschrift" gibt Hilbert[43] keine Kommentare – etwa historischer Natur – zur Unabhängigkeit des Parallelenaxioms, also zur Geschichte der nichteuklidischen Geometrie.

Schließlich zeigt Hilbert noch, dass das letzte Kongruenzaxiom – dasjenige, das Dreiecke betrifft – von den vorangehenden Axiomen unabhängig ist. Das geschieht mit Hilfe eines Modells, das eine leichte Modifikation des schon in der „Ausarbeitung" angegebenen ist. Der letzte Abschnitt des Kapitels ist dann der Entwicklung der nicht-Archimedischen Geometrie gewidmet, die die Unabhängigkeit des Stetigkeitsaxioms zeigt. Das geschieht genauso wie in der „Ausarbeitung".

Das dritte Kapitel „Die Lehre von den Proportionen" wird eröffnet mit einer Liste von 17 „Eigenschaften" und „Rechnungsregeln", welche „komplexe Zahlensysteme" charakterisieren.[44] Diese Liste ist bis auf kleine Umstellungen identisch mit der im Herbst 1899 in München von Hilbert vorgestellten Axiomatik der reellen Zahlen; allerdings ist

---

[40] Im Rahmen der Inzidenzaxiome trennt Hilbert wie wir gesehen haben diese beiden Aspekte (Existenz und Eindeutigkeit) tatsächlich voneinander, dort formuliert er zwei Axiome. Beim Parallelenaxiom tut er dies nicht.
[41] Hilbert umgeht also die Verwendung des „schwachen" Außenwinkelsatzes (I, 16), wie das bei Euklid der Fall ist.
[42] Lies: gebrochen lineare.
[43] Hilbert 1899, 22.
[44] Auch ein System, das nur einen Teil der Eigenschaften eines komplexen Zahlensystems besitzt, heißt bei Hilbert gelegentlich ein komplexes Zahlensystem; vgl. Hilbert 1899, 27.

letztere schon um ein Vollständigkeitsaxiom erweitert.[45] Während Hilbert in der „Festschrift" noch meint, mit dem Archimedischen Axiom alleine auszukommen, hat er im Herbst schon erkannt, dass noch ein Axiom über die Nicht-Erweiterbarkeit des Systems[46] hinzukommen sollte. Die eher unglückliche da missverständliche Bezeichnung „komplexe Zahlensysteme" wurde auch in den späteren Auflagen der „Grundlagen" beibehalten; der Sache nach geht es modern gesprochen um geordnete Körper.

Besonderes Augenmerk legt auch hier Hilbert wieder auf die Rolle des Archimedischen Axioms; er hebt hervor, dass der von ihm konstruierte „komplexe Zahlkörper" $\Omega(t)$[47] das Archimedische Axiom nicht erfülle aber sonst alle anderen Aussagen der Liste. Es folgt dann der Aufbau der Streckenrechnung; hierzu wird zuerst der Satz von Pappos-Pascal bewiesen, da er ein wesentliches Hilfsmittel bei diesem Aufbau sein wird. Dabei ist es Hilbert wichtig, dass dieser Satz, der ja ein Satz der ebenen Geometrie ist, ausschließlich mit Hilfe ebener Axiome bewiesen wird. Konkret heißt das: Die ebenen Inzidenzaxiome, alle Anordnungsaxiome, das Parallelenaxiom und die Kongruenzaxiome sowie das Archimedische Axiom werden herangezogen. Im Stile der „Mathematik der Axiome" war damit weiteren Untersuchungen der Weg geebnet: So kann man sich beispielsweise fragen, ob das Archimedische Axiom verzichtbar ist oder die Gruppe der Anordnungsaxiome.[48] Im § 24 der „Festschrift" liefert Hilbert selbst einen Beitrag in diese Richtung: „Einführung einer Streckenrechnung ohne Hilfe der Kongruenzaxiome auf Grund des Dearguesschen Satzes".

Die Hilbertsche Streckenrechnung stellt ein Beispiel für eine konsequent geometrische Koordinatisierung – also eine, die die von der Geometrie unabhängige Existenz von Körpern nicht voraussetzt – dar. Als andere frühere Beispiele für ein derartiges Vorgehen könnte man Karl Christian von Staudts (1798–1867) Wurfrechnung (1847)[49] und Giusto Bellavitis (1803–1880) Äquipollenzen nennen. Beide werden aber von Hilbert nicht er-

---

[45] Auf diesen Umstand spielte wohl H. Minkwoski an, wenn er ausdrücklich von den „17 + 1 Axiomen der Arithmetik" sprach, die Hilbert verwendete (Brief vom 24.6.1899 an Hilbert; Minkowski 1973, 116). Dies wäre somit die früheste Stelle, an der sich die Notwendigkeit eines zusätzlichen Stetigkeitsaxioms – des Vollständigkeitsaxioms nämlich – abzeichnet. Im Übrigen spricht Hilbert in seinem Münchner Vortrag zum Zahlbegriff explizit von „Axiomen", benützt diesen Begriff also auch im nicht-geometrischem Kontext.

[46] Oben auch wegen seiner Funktion „Kategorizitätsaxiom" genannt. In der französischen Übersetzung von 1900 fehlt allerdings bei den Ausführungen zu komplexen Zahlkörpern noch der Hinweis auf das fragliche zusätzliche Axiom; dieser wird (vgl. oben) nur generell in einer Note am Ende des Textes unter Hinweis auf den Vortrag in München 1899 nachgetragen. Die englische Übersetzung von 1902 ergänzt die Gruppe der Stetigkeitsaxiome, geht aber bei der Definition der komplexen Zahlsysteme nicht auf das dort fehlende Vollständigkeitsaxiom ein. In der zweiten deutschen Auflage von 1903 ist dann das Vollständigkeitsaxiom in die Liste der „Eigenschaften" eingearbeitet.

[47] Vgl. hierzu Anhang B.

[48] Für Details vgl. Karzel und Kroll 1988, 35–36.

[49] Vgl. hierzu Nabonnand 2008. Allgemein zur Wichtigkeit der Streckenrechnung vgl. man auch Rowe 2000. Dort wird dieses geradezu als die zentrale Errungenschaft von Hilberts „Festschrift" interpretiert.

wähnt. Allerdings konnte Hilbert im Unterschied zu K. C. von Staudt und G. Bellavitis auf entwickelte algebraische Begriffe (z. B. Körper) zurückgreifen, was die Sache einfacher und übersichtlicher macht. Eine andere geometrische Konstruktion eines Körpers, die auf Hilbert zurückgeht, ist die Endenrechnung in der hyperbolischen Geometrie (vgl. Kap. 6 unten).

Für die Zwecke der Streckenrechnung verändert Hilbert seine Ausdrucks- und Notationsweise: Der geometrische Ursprung der Begrifflichkeit wird verdeckt, um näher an die Sprache der Algebra heranzurücken. Konkret heißt das, „kongruent" wird durch „gleich" ersetzt und „≡" durch „=". Was entwickelt wird, ist „eine Rechnung, in der die Rechenregeln für reelle Zahlen sämtlich unverändert gültig sind."[50] Die hierbei verknüpften Elemente sind genau genommen Äquivalenzklassen kongruenter Strecken, was aber nicht so deutlich von Hilbert gesagt wird.[51] Grundlegend ist die Addition von Strecken, welche mit Hilfe der Zwischenbeziehung definiert werden kann: Sind $A$, $B$ und $C$ Punkte auf einer Geraden und gilt, dass $C$ zwischen $A$ und $B$ liegt, so ist die Strecke $AB$ die Summe der Strecken $AC$ und $CB$. Hieraus ergibt sich sofort die Größerbeziehung: Im geschilderten Fall ist $AB$ größer als $AC$ und als $CB$.[52] Es folgt dann die Einführung der Multiplikation von Strecken. Hierfür muss zuerst eine Einheitstrecke festgelegt werden, die dann in der Streckenrechnung schlicht als 1 firmiert. Der Rest geschieht wie bei Descartes mit Hilfe einer Figur, die aus den Strahlensätzen bekannt ist. Anschließend beweist Hilbert die Kommutativität der Multiplikation (mit Hilfe des Satzes von Pappos-Pascal), die Assoziativität der Multiplikation (mit Hilfe der Kommutativität und des Satzes von Pappos-Pascal) sowie die Distributivität (mit Hilfe kongruenter rechtwinkliger Dreiecke). Die Hilbertschen Beweise sind in diesem Teil keineswegs vollständig, er arbeitet nicht die ganze Liste von Axiomen ab und beschränkt sich auch bei der Distributivität auf ein Distributivgesetz.

Mit Hilfe der Multiplikation lässt sich nun die Proportion einführen:

$$a : b = a' : b' \text{ dann und nur dann, wenn gilt } ab' = a'b \,.$$

Mit Hilfe von Proportionen lassen sich ähnliche Dreiecke charakterisieren, definiert wird diese Relation durch die Winkelgleichheit. Auch der (erste) Strahlensatz lässt sich nun formulieren und beweisen. Schließlich wird die volle Körperstruktur durch Einführung der Null und negativer Strecken erst im § 17 erreicht. Das geschieht bei Hilbert recht lapidar:

---

[50] Hilbert 1899, 32.
[51] Der Begriff „Äquivalenzklasse" fällt in der „Festschrift" nirgends. Er hätte beispielsweise auch gut in Hilberts Lehre vom Flächeninhalt gepasst, denn auch dieser ist eine Äquivalenzklasse (von ergänzungsgleichen Polygonen). Eine Entwicklung der Streckenrechnung im Hilbertschen Sinne, die heutigen Strengemaßstäben genügt, findet man z. B. bei Hartshorne 2000, 165–194.
[52] Die Frage der Wohldefiniertheit wird von Hilbert nicht angesprochen. Wollte man dies tun, müsste man auf die Kongruenzaxiome zurückgreifen.

Zu dem bisherigen System von Strecken fügen wir noch ein weiteres ebensolches System von Strecken hinzu; die Strecken des neuen Systems denken wir uns durch ein Merkzeichen kenntlich gemacht und nennen sie dann „*negative*" Strecken zum Unterschiede von den bisherig betrachteten „*positiven*" Strecken. Führen wir noch die durch einen einzigen Punkt bestimmte Strecke 0 ein, so gelten bei gehörigen Festsetzungen in dieser erweiterten Streckenrechnung sämtliche Rechnungsregeln für reelle Zahlen, die in § 13 zusammengestellt worden sind.
(Hilbert 1899, 37)

Letztlich geht es hier um Orientierungsfragen. Diese hat Hilbert in seiner Arbeit über den Basiswinkelsatz (Hilbert 1902/03) ausführlich gewürdigt[53], während er in der „Festschrift" auf dieses Thema nicht eingeht.

Im Anschluss hieran wird die analytische Geometrie über dem von der Streckenrechnung bereit gestellten Körper entwickelt: Die Koordinaten $(a, b)$ eines Punktes der Ebene sind Elemente des mit Hilfe der Streckenrechnung gewonnenen Körpers. Alles Weitere verläuft dann völlig analog zur gewöhnlichen analytischen Geometrie. Schließlich geht Hilbert nochmals auf die Frage des Archimedischen Axioms ein und auf seine Bedeutung für die Zuordnung der Punkte einer Geraden zu den reellen Zahlen: Vermöge des Archimedischen Axioms lässt sich – so Hilbert – jedem Punkt einer Geraden genau eine reelle Zahl zuordnen (z. B. mittels Dualbruchentwicklungen); die umkehrte Fragestellung bleibt aber naturgemäß offen. Den Abschluss des Kapitels bildet der kurze Hinweis, dass analog auch eine räumliche analytische Geometrie aufgebaut werden kann.

Das nachfolgende vierte Kapitel widmet sich der Lehre von den Flächeninhalten ebener Polygone; es stimmt weitgehend mit den Ausführungen in der „Ausarbeitung" überein. Nach Klärung einiger Grundbegriffe wie Polygon, Zerlegung etc. werden die Begriffe „flächengleich" (später besser verständlich „zerlegungsgleich") und inhaltsgleich (später „ergänzungsgleich") eingeführt. Das Ziel des Kapitels ist es zu zeigen, dass sich mit ihrer Hilfe die Lehre vom Flächeninhalt von Polygonen aufbauen lässt, dass also auch hier kein Bezug auf reelle Zahlen notwendig ist und das Archimedische Axiom vermieden werden kann.

Zwei Polygone heißen flächengleich, wenn sie sich in gleichviele paarweise kongruente Dreiecke zerlegen lassen, inhaltsgleich, wenn sie sich durch Hinzunahme flächengleicher Polygone zu flächengleichen Polygonen ergänzen lassen. Offensichtlich sind diese Relationen modern gesprochen reflexiv und symmetrisch, ihre nicht so offensichtliche Transitivität wird von Hilbert bewiesen. Hier macht sich wieder Hilberts Verzicht auf die Sprache der Mengenlehre bemerkbar, denn er argumentiert eigentlich anschauungsgebunden an einem Beispiel[54]:

---

[53] Vgl. Kap. 6 unten.
[54] Figur 28 aus Hilbert 1899, 41.

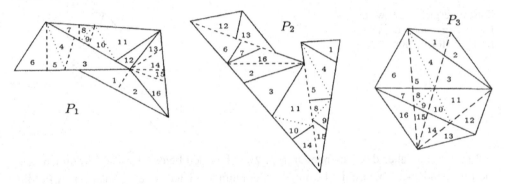

Skizze zum Beweis der Transitivität der Zerlegungsgleichheit (Hilbert 1899, 41)

Mit Hilfe von Vereinigungen und Durchschnitten lässt sich der hier angedeutete Beweis nach heutigen Standards formal korrekt aufschreiben.[55] Aber Hilbert argumentierte ja für Leser des Jahres 1899. Nach dieser Vorbereitung kann man den Flächeninhalt eines Polygons definieren als die Äquivalenzklasse aller diesem Polygon inhaltsgleichen Polygone. Dies unterbleibt bei Hilbert; er arbeitet einfach mit den Relationen selbst. Sein erster Satz lautet: „Zwei Parallelogramme mit gleicher Grundlinie und Höhe sind inhaltsgleich."[56] Exakt mit diesem Satz beginnt auch bei Euklid die Lehre vom Flächeninhalt im ersten Buch der „Elemente" (I, 37).

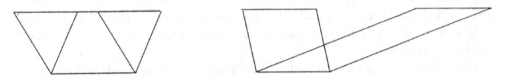

Abbildung zum Satz über die Flächengleichheit von Parallelogrammen (Hilbert 1899, 42)

Während es in der linken Figur einfach ist, die beiden Parallelgramme in kongruente Dreiecke zu zerlegen, bereitet das im rechten – dem „schiefen" – Fall gewisse Schwierigkeiten, insofern das Archimedische Axiom eine Rolle spielt. Dies deutet die nachfolgende Figur an[57]:

---

[55] Wie man beispielsweise in Hartshorne 2000, 199–201 nachlesen kann. Wichtig ist dabei, dass durch Einziehen von zerlegenden Linien immer nur endlich viele Schnittpunkte und Teilfiguren erzeugt werden können.

[56] Hilbert 1899, 42.

[57] Dabei sind 7 und 7' noch in kongruente Dreiecke zu zerlegen.

Zerlegungsgleichheit zweier
Parallelogramme: der „schie-
fe" Fall (Hilbert 1899, 72)

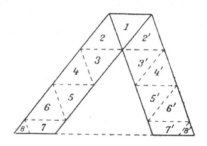

Ergänzt man aber das fehlende Dreieck zwischen den beiden Parallelogrammen, das die Figur andeutet, so wird die Lösung wieder einfach. Genau so ging auch schon Euklid vor. Der nächste Satz zeigt dann, dass jedes Dreieck einem Parallelogramm flächengleich ist. Hierzu schneidet man in halber Höhe parallel zur Grundseite und fügt das Dreieck an der Spitze punktgespiegelt seitlich wieder an. Weiterhin ergibt sich, dass zwei Drei-ecke mit gleicher Grundseite und Höhe inhaltsgleich sind, denn sie führen letztlich auf inhaltsgleiche Parallelogramme. Eine genauere Analyse zeigt, dass hierbei das Archime-dische Axiom ins Spiel kommt. Hilbert deutet an, dass es ohne Archimedisches Axiom – also in einer nicht-Archimedischen Geometrie, wie sie bereits in der „Ausarbeitung" konstruiert wurde[58] – inhaltsgleiche (ergänzungsgleiche) Dreiecke gibt, die nicht flächen-gleich (zerlegungsgleich) sind. Während dieses Gegenbeispiel in der „Festschrift" nur kurz skizziert wird, wird es in späteren Auflagen ausführlicher behandelt.[59] Das Problem liegt darin, dass bei der Zerlegung der Umfang der fraglichen Figur und dessen Verhält-nis zu den Umfängen der zerlegenden Figuren eine Rolle spielt: Verhalten sich letztere nicht-archimedisch zu ersterem, so kann deren Summe niemals den Gesamtumfang der Ausgangsfigur liefern.

Damit wäre die Frage nach der Rolle des Archimedischen Axioms geklärt. Es verbleibt aber ein weiteres Problem: Gibt es überhaupt Polygone, die nicht inhaltsgleich sind? Kann man insbesondere zeigen, dass zwei inhaltsgleiche Dreiecke (Rechtecke) mit gemeinsa-men Grundseiten kongruente Höhen besitzen? Bei Euklid ist das der Satz I, 39. Dieser wiederum wird bewiesen mit Hilfe von Axiom 8: „Das Ganze ist größer als der Teil"[60] – „ein Verfahren, welches auf die Einführung eines neuen geometrischen Axioms über Flächeninhalte hinausläuft".[61]

Um dieses zu vermeiden, beschreitet Hilbert einen anderen Weg, den zu nehmen ihm seine Streckenrechnung erlaubt: Er konstruiert ein Flächenmaß. Ist ein Dreieck gegeben, so wird für dieses im Sinne der Streckenrechnung das halbe Produkt von Grundseite und zugehöriger Höhe als Flächenmaß definiert. Das macht Sinn, weil man mit Hilfe ähnlicher Dreiecke zeigen kann, dass diese Definition unabhängig von der gewählten Grundseite ist. Anschließend wird gezeigt, dass das Flächenmaß additiv ist, das heißt, dass sich die Flä-

---

[58] Es handelt sich um die analytische Geometrie über dem nicht-Archimedischen Körper $\Omega(t)$.
[59] Z. B. in der 11. Auflage von 1972, vgl. Hilbert 1972, 72–73.
[60] Euklid 1980, 3. Zur Geschichte dieses Axioms vgl. Volkert 2002.
[61] Hilbert 1899, 43.

chenmaße zum Gesamtmaß aufaddieren, wenn man ein Dreieck durch eine Transversale zerlegt. Dann wird diese Aussage verallgemeinert auf die Zerlegung eines Dreiecks in Teildreiecke. Nun lässt sich das Flächenmaß eines Polygons vermöge einer Zerlegung desselben in Dreiecke[62] definieren als Summe der Flächenmaße der zerlegenden Dreiecke. Dabei ist zu zeigen, dass diese Summe unabhängig von der gewählten Zerlegung ist. Dies wird von Hilbert nur kurz angedeutet: Hat man zwei Zerlegungen eines Polygons, so kann man – ähnlich wie beim Nachweis der Transitivität der Zerlegungsgleichheit – zur gemeinsamen Verfeinerung derselben übergehen. Dann ist klar, dass sich die Flächenmaße sowohl bezüglich der einen Zerlegung als auch bezüglich der anderen zu demjenigen Maß aufsummieren müssen, das die gemeinsame Verfeinerung liefert. Folglich stimmen die Ergebnisse überein.

Letztlich möchte Hilbert ja zeigen, dass es verschiedene Inhalte im Sinne der von ihm definierten Inhaltsgleichheit gibt, insbesondere, dass sich der Inhalt ändert, wenn man aus einer Zerlegung des fraglichen Polygons ein Teilstück entfernt. Fr. Schur hatte dieses Problem schon 1893 treffend charakterisiert:

> Es kann das Stillschweigen nur so erklärt werden, dass die Annahme, ein Rechteck könne einem seiner Teile flächengleich sein, ohne weiteres als durch den allgemeinen Größensatz ausgeschlossen betrachtet wird, der Teil können dem Ganzen nicht gleich sein. (Schur 1893, 4)[63]

Hilbert löst das Problem, indem er eine Beziehung zwischen Flächenmaß und Inhalt herstellt. Die eine Richtung dieser Beziehung ist nach den bisherigen Vorbereitungen über die Additivität des Flächenmaßes klar: Inhaltsgleiche Polygone haben gleiches Flächenmaß.[64] Die Umkehrung hiervon – die manchmal als Satz von Bolyai-Gerwien[65] bezeichnet wird – wird von Hilbert im § 21 der „Festschrift" bewiesen. Der Beweis erfolgt in mehreren Schritten vom einfachen Fall hin zum allgemeinen. Zuerst betrachtet man zwei rechtwinklige Dreiecke $ABC$ und $A'B'C'$, die gleiches Flächenmaß besitzen. Ohne Einschränkung der Allgemeinheit kann man davon ausgehen, dass diese den rechten Winkel – er liege in $A$ – gemeinsam haben. Dann sieht man sofort, dass die Strecken $BC'$ und $B'C$ parallel liegen und somit die Dreiecke $BB'C$ und $BB'C$ ergänzungsgleich sind.[66] Folglich sind auch die Ausgangsdreiecke inhaltsgleich, weil ja bei beiden Dreiecken jeweils nur noch der gemeinsame Teil $ABC'$ hinzukommt. Ein beliebiges Dreieck ist einem rechtwinkligen Dreieck inhaltsgleich, dessen eine Kathete gleich der gewählten Grundseite und dessen andere Kathete gleich der zugehörigen Höhe ist. Folglich hat man gezeigt, dass zwei beliebige Dreiecke mit gleichem Flächenmaß inhaltsgleich sind.

---

[62] Hilbert unterstellt kommentarlos, dass Polygone triangulierbar sind.

[63] Schur spielt hier auf das sogenannte Axiom von De Zolt an (siehe oben Kap. 1).

[64] Hier schreibt Hilbert einfache Formeln wie $F(P + P') = F(P) + F(P')$ hin, die der Mengensprache nahekommen.

[65] Vgl. hierzu Volkert 1999.

[66] Das Argument ist genau jenes, mit dem Euklid seine Version des Strahlensatz VI, 2 beweist.

Den allgemeinen Fall von Polygonen führt man auf den Vergleich von Dreiecken zurück, indem man jedem Polygon ein maßgleiches Dreieck zuordnet: Hierzu zerlege man das gegebenen Polygon in Dreiecke. Diese Dreiecke kann man – ähnlich wie eben gesehen – in maßgleiche Dreiecke verwandeln, die alle eine feste Höhe 1 besitzen. Diese Dreiecke lassen sich zu einem Dreieck der Höhe 1 zusammenfassen; dabei ist die zugehörige Grundseite gerade gleich der Summe der einzelnen Dreiecksgrundseiten.[67] Die einzelnen Dreiecke, die in das große Dreieck eingehen, haben die Flächenmaße der Ausgangsdreiecke der Zerlegung. Also ist das Gesamtdreieck maßgleich dem Ausgangspolygon. Hat man nun zwei maßgleiche Polygone, so müssen diese auf maßgleiche Dreiecke führen. Diese sind aber dann wie oben erläutert auch inhaltsgleich. Also ist der Satz bewiesen: Maßgleiche Polygone sind auch inhaltsgleich. Aus den Gesetzen der Streckenrechnung ergibt sich hieraus aber sofort, dass das Flächenmaß sich ändert, wenn man ein Dreieck in der Zerlegung eines Polygons weglässt, denn jedes (echte) Dreieck besitzt ein positives Flächenmaß.[68] Unterschiedliche Flächenmaße haben aber zur Folge, dass die fraglichen Polygone nicht inhaltsgleich sein können, wie aus dem eben bewiesenen Satz folgt.

Hilbert verwendet in diesem Kontext die Archimedizität nicht. Das unterscheidet ihn von Beweisen, die zuvor bekannt waren, wie demjenigen von P. Gerwien[69] oder von W. Killing[70]. Hilbert braucht auch kein neues Axiom („Axiom von De Zolt"), wie das O. Stolz vorgeschlagen hatte. Sein Beweis beruht im Wesentlichen auf seiner Streckenrechnung und damit auf dem Satz von Pappos-Pascal. Umgekehrt lässt sich dieser Satz mit Hilfe der Lehre vom Flächeninhalt beweisen. Somit sind die Verhältnisse hier vollständig geklärt. Gewissermaßen ein Traumergebnis vom Hilbertschen Standpunkt aus!

Natürlich liegt hier die Frage sehr nahe: Wie steht es denn im Raum? Euklid hatte ja im XI. Buch schon einige Betrachtungen von Rauminhalten auf die Zerlegung in Teilpolyeder – bei ihm meist Parallelflache – gegründet (XI 29–XI 31). Also liegt die Vermutung nahe, dass man eine zur Lehre vom Flächeninhalt analoge Theorie des Rauminhaltes von Polyedern entwickeln könne. In der „Festschrift" findet sich dazu nichts. Hilbert hat das Problem dennoch beschäftigt; er schilderte es seinem gerade promovierten Doktoranden Max Dehn (1872–1952) und nahm es 1900 in seine Pariser Liste von Problemen als drittes auf. Aus Paris nach Göttingen zurückgekehrt, erfuhr Hilbert, dass sein Doktorand das Problem gelöst hatte: Wie Gegenbeispiele zeigen und wie Hilbert wohl vermutet hatte, gibt es im Raum maßgleiche Dreieckspyramiden, die nicht ergänzungsgleich sind. In der zweiten Auflage von 1903 wird Dehn ausführlich berücksichtigt.[71]

---

[67] Das Argument ist ähnlich jenem, mit dem Euklid den Satz VI 1 beweist. Modern gesprochen legt man die Grundlinien der Dreiecke hintereinander auf eine Gerade und sorgt vermöge von Scherungen dafür, dass alle Dreiecke eine gemeinsame Spitze bekommen.

[68] Schur hatte 1892 schon einen ähnlichen Beweis gegeben. Allerdings wird bei ihm das Flächenmaß gewissermaßen kritiklos als gegeben unterstellt, während es Hilbert rein geometrisch durch seine Streckenrechnung gewinnt.

[69] Vgl. Volkert 1999.

[70] Vgl. Killing 1898.

[71] Die französische Ausgabe enthält eine Fußnote, in der auf die Dissertation von L. Gérard hingewiesen wird, in der in dieser die Verhältnisse in der (ebenen) hyperbolischen Geometrie untersucht

Auch bei der Behandlung des Flächeninhalts fällt auf, dass Hilbert bekannten Gebieten durchaus neue Aspekte abzugewinnen vermochte und dass gerade dabei seine Axiomatik eine wichtige Rolle spielte. Hilberts Beweise sind originell, obwohl sich viele bekannte Elemente darin finden. Meist kann man sagen: Hilbert verstand es meisterhaft, bekannte Ideen im Sinne neuer Zwecke zu nutzen. Obwohl viele Teile bekannt waren, ist das von Hilbert aus ihnen zusammengefügte Ganze neuartig: Es ist eben mehr als die Summe seiner Teile. Das mag ihm den Vorwurf – z. B. von Fr. Schur – eingebracht haben, das von anderen bereitete Feld nur noch bestellt zu haben. Es dürfte aber klar geworden sein, wie unberechtigt dieser Vorwurf war und ist.

Die nächsten beiden Kapitel der „Festschrift" widmen sich den Sätzen von Desargues (Kapitel V) und von Pappos-Pascal – von Hilbert wie immer kurz als Satz von Pascal bezeichnet (Kapitel VI). Aus heutiger Sicht kommt diesen beiden Sätzen eine zentrale Rolle als Brücke zwischen Algebra und Geometrie zu.[72] Diese hatte sich ja auch bei Hilbert schon abgezeichnet, als er zeigte, dass für seine Streckenrechnung die üblichen Rechenregeln (eines Körpers würden wir sagen, eines komplexen Zahlensystems in Hilbertscher Terminologie) gelten. Bei Hilbert spielen algebraische Aspekte eine Rolle, ihm geht es aber in erster Linie darum, die Stellung der beiden genannten Sätze bezüglich seines Axiomensystems zu klären, also herauszufinden, welche Axiome notwendig sind, um die fraglichen Sätze beweisen zu können, und ob man umgekehrt die fraglichen Sätze verwenden kann, um Axiome zu ersetzen. Damit greift er ein Anliegen auf, das fast zehn Jahre zuvor schon von H. Wiener formuliert worden war:

> Man kann von dem Beweise eines mathematischen Satzes verlangen, dass er diejenigen Voraussetzungen benutzt, von denen der Satz wirklich abhängt.
> (Wiener 1891, 46–47)

Der Satz von Desargues wird von Hilbert in seiner Sonderform[73], in dem es um Parallelität geht, ausgesprochen: „Wenn zwei Dreiecke in einer Ebene so gelegen sind, dass je zwei entsprechenden Seiten einander parallel sind, so laufen die Verbindungslinien der entsprechenden Ecken durch ein und denselben Punkt oder sind einander parallel, und umgekehrt."[74] In diesem Kontext verwendet Hilbert bemerkenswerter Weise die traditionelle Sprache der projektiven Geometrie, wenn er sagt, dass die Gerade, auf der die drei Schnittpunkte homologer Dreiecksseiten liegen, zur „Unendlichfernen, wie man sagt" gemacht werde.[75] Hilbert gibt in der „Festschrift" keinen Beweis des Satzes von Desargues an, er konstatiert nur, dass sich dieser „bekanntlich" auf der Basis der Axiomengruppen I bis III beweisen lasse, also ohne Kongruenzaxiome und ohne Stetigkeitsannahmen, wohl aber

---

hatte (Gérard 1897). Dehn wird hier noch nicht im Zusammenhang mit Problemen des Rauminhalts erwähnt. Genau so geht die englische Übersetzung vor.
[72] Vgl. Marchisotto 2002.
[73] Heute meist affine Form oder auch kleiner Desarguescher Satz genannt.
[74] Hilbert 1899, 49.
[75] Anführungsstriche bei Hilbert, vgl Hilbert 1899, 49.

mit den räumlichen Inzidenzaxiomen.[76] Dagegen gibt es – wie Hilbert durch die Angabe eines Modells zeigt[77] – eine Geometrie, in der die ebenen Inzidenzaxiome sowie alle anderen Axiome mit Ausnahme des Kongruenzaxioms IV, 6 gelten, nicht aber der Satz von Desargues. Folglich ist die Geltung dieses Satzes eine notwendige Bedingung dafür, dass eine ebene Geometrie als Teil einer räumlichen aufgefasst werden kann. Damit ist eine „wichtige Frage" geklärt, die Hilbert in seiner Vorlesung von 1898/99 angesprochen hatte:

> *Der Inhalt nämlich des Desarguesschen Satzes gehört durchaus der ebenen Geometrie an; zu seinem Beweise aber haben wir den Raum gebraucht.* Wir sind daher hier zum ersten Mal in der Lage, eine *Kritik der Hilfsmittel eines Beweises* zu üben. In der modernen Mathematik wird solche Kritik sehr häufig geübt, wobei das Bestreben ist, die *Reinheit der Methode* zu wahren, d. h. beim Beweise eines Satzes wo möglich nur solche Hilfsmittel zu benutzen, die durch den Inhalt des Satzes nahe gelegt sind. Dieses Bestreben ist oft erfolgreich und für den Fortschritt der Wissenschaft fruchtbar gewesen.
> (Hallett und Majer 2004, 315–316)

Die Wichtigkeit dieser Frage in Hilberts Augen wird nochmals unterstrichen, wenn er im § 30 der „Festschrift" „Die Bedeutung des Desarguesschen Satzes" folgende Aussage „als das Endziel der gesamten Entwicklungen dieses Kapitels"[78] bezeichnet:

> Satz 35. *Es seien in einer ebenen Geometrie die Axiome I 1–2, II, III erfüllt; dann ist die Gültigkeit des Desarguesschen Satzes die notwendige und hinreichende Bedingung dafür, dass diese ebene Geometrie sich auffassen lässt als ein Teil einer räumlichen Geometrie, in welcher die sämtlichen Axiome I, II, III erfüllt sind.*
> (Hilbert 1899, 70)

Schließlich untersucht Hilbert die Frage, welche Streckenrechnung sich ergibt, wenn man bei deren Aufbau auf die Kongruenzaxiome verzichtet, dafür aber den Satz von Desargues als neues Axiom voraussetzt. Man erhält dann nur noch einen Schiefkörper, in dem das Archimedische Axiom nicht gilt.[79] Anders gesagt sorgen erst die Kongruenzaxiome – oder gleichwertig damit, der Satz von Pappos-Pascal (oder ein anderer geeigneter Schließungssatz) – dafür, dass die Multiplikation der Streckenrechnung kommutativ wird.

---

[76] In seinen frühen Vorlesungen hat Hilbert den Standardbeweis verwendet, der mit Schnitten von Ebenen arbeitet. Dabei geht man zuerst davon aus, dass die beiden Dreiecke nicht in einer Ebene liegen; den Fall, dass dies so ist, führt man dann mit Hilfe eines Dreiecks, das nicht in der Ebene der beiden Dreiecke liegt, auf den ersteren zurück (vgl. Hallett und Majer 2004, 30–32). Später hat er dann diesen Beweis so modifiziert, dass er ihn mit seiner Axiomatik einfach in Beziehung setzen konnte (vgl. Hallett und Majer 2004, 313–315).

[77] Ein handlicheres Modell, das dasselbe leistet, wurde 1902 von Moulton angegeben und ist heute als Moulton-Ebene bekannt. Siehe unten sowie Anhang B.

[78] Hilbert 1899, 70.

[79] Hilbert verwendet den Begriff „Schiefkörper" nicht, beschreibt aber explizit, welche Eigenschaften gelten und welche nicht. Er nennt das entstehende algebraische Gebilde auch ein „Desarguessches Zahlensystem" (Hilbert 1899, 67). Da ein Archimedisch geordneter Schiefkörper immer ein Körper ist, wie Hilbert selbst beweist (Hilbert 1899, 72–73) [siehe unten], kann das Archimedische Axiom im vorliegenden Fall nicht gelten.

Das nächste Kapitel in Hilberts Festschrift widmet sich dem Satz von Pappos-Pascal. Da Hilbert bereits im § 14 der „Festschrift" einen ebenen Beweis für den Satz von Pappos – Pascal geführt hatte, der sich aber entscheidend auf die Kongruenzaxiome stützte, und er im § 22 der „Festschrift" beweist, dass unter entsprechenden Voraussetzungen der Satz von Pappos-Pascal den von Desargues impliziert, liegen die Dinge hier etwas anders. Es stellt sich heraus, dass für die Gültigkeit des Satzes von Pappos-Pascal das Archimedische Axiom von „entscheidendem Einfluss"[80] ist. Dagegen benötigt dieser keine räumlichen Inzidenzaxiome, sein Beweis ist rein eben möglich. Genauer gesagt gelten folgende Beziehungen:

Aus den ebenen Inzidenzaxiomen I, 1 und I, 2 sowie den Axiomengruppen II, III und IV lässt sich der Satz von Pappos-Pascal beweisen, wie Hilbert schon im § 14 gezeigt hat. Unter diesen Voraussetzungen gilt auch der Satz von Desargues; dafür sorgen die Kongruenzaxiome. Das wichtigste neue Ergebnis ist nun, dass man hierbei die Kongruenzaxiome auch durch das Archimedische Axiom ersetzen kann, das heißt, dass Pappos-Pascal auch aus I, II, III und V folgt, nicht aber schon aus I, II und III. Dies wird i. W. begründet durch Rückgriff auf die zugehörige Streckenrechnung. Wie wir bereits gesehen haben, lässt sich auf I, II und III eine Streckenrechnung unter Verwendung des Satzes von Desargues aufbauen, in der die Kommutativität der Multiplikation nicht gilt. Andererseits hat Hilbert gezeigt, dass aus dem Archimedischen Axiom die Kommutativität der Multiplikation folgt.[81] Ein Modell für eine Geometrie, in der die Axiomengruppen I, II und III gelten nicht aber der Satz von Pappos-Pascal, gewinnt Hilbert mit Hilfe der analytischen Geometrie über dem Schiefkörper $\Omega(s, t)$.[82] Da es sich hierbei um einen echten Schiefkörper handelt, kann Pappos-Pascal nicht gelten: Die konstruierte nicht-Archimedische Geometrie ist eine nicht-Pascalsche und umgekehrt. Man kann sich den tiefen Eindruck vorstellen, den Hilbert empfunden haben muss, als er erkannte, wie harmonisch sich viele seiner Ergebnisse am Ende zusammenfügen.

Übersicht:

I, II, III folgt Desargues
I,1–I,2, II, III folgt nicht Desargues (Modell: nicht-Desarguessche Ebene)
I,1–I,2, II, III, IV folgt Desargues
I,1–I,2, II, III, IV folgt Pappos-Pascal
I,1–I,2, II, III, V folgt Pappos-Pascal
I, II, III folgt nicht Pappos-Pascal (Modell: nicht-Archimedische Geometrie über dem echten Schiefkörper $\Omega(s, t)$)
I,1 – I,2, II, III, V und Desargues folgt Pappos-Pascal
I,1 – I,2, II, III und Desargues folgt nicht Pappos-Pascal (Modell: nicht-Archimedische Geometrie über dem echten Schiefkörper $\Omega(s, t)$)

---

[80] Hilbert 1899, 71.
[81] Hierbei muss man eigentlich zwischen der Archimedizität der Geometrie und des Zahlbereichs unterschieden. Im zitierten Satz geht es um letztere. Sie wird aber durch erstere gewährleistet: Die Eigenschaft von Grundkörper und Geometrie über diesem entsprechen einander.
[82] Vgl. Anhang B

Analysiert man die Beweise für die Sätze von Desargues und Pappos-Pascal genauer, so bemerkt man, dass in ihnen die Anordnungsaxiome (Hilberts Axiomengruppe II also) gar nicht verwendet werden – wie das ja auch für Sätze der projektiven Geometrie zu erwarten ist. Insofern kann man in der obigen Liste die Gruppe II an den entsprechenden Stellen streichen. Hilbert geht hierauf aber in der „Festschrift" nicht ein.

Eine Schlüsselrolle in Hilberts Analyse spielt somit der folgende rein algebraische Satz:

Satz 38. *Für ein Archimedisches Zahlsystem ist das kommutative Gesetz der Multiplikation eine notwendige Folge der übrigen Rechnungsgesetze; d. h., wenn ein Zahlensystem die in § 13 aufgestellten Eigenschaften 1–11, 13–17 besitzt, so folgt notwendig, dass dasselbe auch der Formel 12 genügt.*
(Hilbert 1899, 72)

Die hier angesprochen Rechnungsgesetze sind diejenigen eines Archimedisch geordneten Schiefkörpers. Der Beweis ist einfach: Durch Rückgang auf die Definition der Multiplikation überzeugt man sich davon, dass $na = an$ gilt, für $a$ beliebig und $n = 1 + \ldots + 1$ ($n$-mal). Angenommen, es gäbe $a, b$ mit $ab$ verschieden von $ba$. Der Beweis ergibt sich dann daraus, dass man diese Annahme mit Hilfe der oben bewiesenen Hilfsaussage zum Widerspruch führt. Dabei spielt die Archimedizität in Gestalt einer „Einschachtelung" eine wichtige Rolle.

Das letzte Kapitel der „Festschrift" ist den geometrischen Konstruktionen gewidmet, ein Thema, das Hilbert auch später in Vorlesungen immer wieder behandelt hat. Er ordnet gewissen Axiomengruppen Instrumente zu: So lassen sich die Inzidenzaxiome interpretieren als Aussagen über die Verwendung des Lineals, die Kongruenzaxiome motivieren die Einführung des Streckenübertragers, welcher das Übertragen einer Strecke auf eine gegebenen Gerade in einem Punkt auf vorgegebener Seite erlaubt.[83] Dieser ersetzt in gewisser Hinsicht – aber nicht in allen – den klassischen Zirkel und wird mit ihm auch später (im § 39) verglichen. Die Hilbertsche Fragestellung steht in der Tradition der Bemühungen,

---

[83] Bei Euklid ist dies Inhalt der Propositionen 2 und 3 des ersten Buches. Kürschák hat 1902 vorgeschlagen, den Streckenübertrager durch das sogenannte Eichmaß zu ersetzen, ein Instrument, das nur die Übertragung einer festen Einheitsstrecke ermöglicht. Auch dieses erlaubt es, die weiter unten genannten Aufgaben 2 bis 5 zu lösen. Hilbert weißt hierauf in einer Fußnote der zweiten Auflage hin. Vgl. Kürschák 1902 und Hilbert 1903a, 74. In den entsprechenden Ausführungen Hilberts ist dann auch konsequent der Streckenübertrager durch das Eichmaß ersetzt, die Überschrift des Kapitels heißt nun „Die geometrische Konstruktion mittels Lineals und Eichmasses" (Hilbert 1903a, 74). Übrigens spielt in Kürscháks Beitrag die von Steiner gefundene Lösung der Parallelenkonstruktion mit Lineal allein eine wichtige Rolle. Diese wird auch von Hilbert übernommen, der die oben gegebene Konstruktion in der zweiten Auflage abändert. Man verbindet den vorgegebenen Punkt $P$ mit einem Punkt $A$ auf $g$, trägt von $A$ aus auf $g$ in eine Richtung zweimal die Einheitsstrecke ab und erhält so die Punkte $B$ und $C$. Dann ziehe man $AP$ und nehme hierauf einen Punkt $D$ verschieden von $A$ und $P$. Die Verbindung von $D$ mit $B$ werde von der Verbindung von $C$ mit $P$ in $E$ geschnitten. Ist $F$ der Schnittpunkt von $AE$ und $CD$, so ist $PF$ die gesuchte Parallele (Hilbert 1903a, 74–75). Alles à la Jacob Steiner.

die Euklidischen Konstruktionsmittel abzuschwächen, insbesondere von solchen, denen es
um die Konstruktionen mit Lineal allein (z. B. bei J. Steiner) ging.[84] Die Aufgaben, zwei
gegebene Punkte durch eine Gerade zu verbinden (Aufgabe 1), durch einen gegebenen
Punkt eine Parallele zu einer gegebenen Geraden zu ziehen (Aufgabe 2), eine gegebenen
Strecke auf einer gegebenen Geraden abzutragen (Aufgabe 3), einen gegebenen Winkel
an eine gegebene Gerade in einem gegebenen Punkt anzutragen (Aufgabe 4) und zu einer
gegebenen Geraden eine Senkrechte in einem beliebigen Punkt derselben zu errichten
(Aufgabe 5), sind mit Lineal und Streckenübertrager lösbar. Ein Schlüsselergebnis ist
Satz 40: Alle Konstruktionsaufgaben, die nur die Axiome I bis V zu ihrer Durchführung
benötigen, sind mit Lineal und Streckenübertrager ausführbar. Diese Instrumente passen
also perfekt zu Hilberts Axiomatik. Die Begründung dieses Satzes ergibt sich aus dem
Nachweis, dass sämtliche elementaren Konstruktionsaufgaben mit Lineal und Streckenübertrager lösbar sind. Dabei ist nützlich, dass die Aufgaben 2, 4 und 5 auf die Aufgaben 1
und 3 zurückführbar sind. Da die genannten Aufgaben den Bereich aller Konstruktionsaufgaben erschöpfen, ist der angestrebte Beweis geleistet. Beispielhaft sei hier Hilberts
Lösung von Aufgabe 2 dargestellt: Ist die Gerade $g$ und der Punkt $P$ außerhalb derselben gegeben, so nehme man auf $g$ einen Punkt $A$, verbinde diesen mit $P$ und verlängere
die Strecke $AP$ über $A$ hinaus bis $C$, so dass $PA \equiv AC$ wird. Dann nehme man einen
anderen Punkt $B$ auf $g$, verbinde $B$ mit $C$ und verlängere über $B$ hinaus bis $Q$, so dass
$CB \equiv BQ$ wird. Dann ist $PQ$ die gesuchte Parallele.

Was aber ist mit dem klassischen Instrument Zirkel? Um diese Frage zu klären, algebraisiert Hilbert die Fragestellung, „um den Bereich aller auf diese Weise lösbaren
Aufgaben überblicken zu können."[85] Dabei geht er von einem Bereich von gegebenen
Punkten (es genügen in der Ebene drei nicht auf einer Gerade gelegenen Punkte) nebst ihren Koordinaten aus und überlegt, wie die Koordinaten von Punkten aussehen, die man auf
dieser Basis mit Lineal und Streckenübertrager konstruieren kann. Es stellt sich heraus,
dass die Koordinaten, die man so erhält, aus dem Teilbereich der reellen Zahlen stammen, der unter den Grundrechenarten und dem Ziehen der Quadratwurzel aus der Summe
zweier Quadrate abgeschlossen ist. Modern gesprochen geht es also um den kleinsten
geordneten Teilkörper der reellen Zahlen, welcher die rationalen Zahlen umfasst und unter $\sqrt{a^2 + b^2}$ (bzw. $\sqrt{1 + u^2}$) abgeschlossen ist.[86] Diese Einsicht ergibt sich einfach aus
der Analyse der Grundaufgaben. Damit ist eigentlich auch schon die Antwort auf die
Frage nach den Zirkel-und-Lineal-Konstruktionen geklärt, denn diese liefern einen größeren Körper, nämlich modern gesprochen den geordneten Teilkörper der reellen Zahlen,

---

[84] Im 19. Jh. war es gängige Praxis (z. B. bei J. D. Gergonne), die projektive Geometrie als Geometrie des Lineals alleine zu charakterisieren. Zirkel, Streckenübertrager und Eichmaß stellen im
Unterschied hierzu metrische Elemente dar.

[85] Hilbert 1899, 80.

[86] Engeler und Hartshorne bezeichnen diesen als „pythagoreisch geordneten" oder kurz „pythagoreischen Körper" (Engeler 1983, 87; Hartshorne 2000, 142). Dagegen führen die reinen
Linealkonstruktionen – sieht man von den Koordinaten der Ausgangspunkte ab – auf den Körper
der rationalen Zahlen.

welcher die rationalen Zahlen enthält und unter der Quadratwurzel abgeschlossen ist. In letzterem liegt z. B. die Zahl $\sqrt{2\sqrt{2} - 2}$, welche – da nicht Summe zweier Quadrate – ersichtlich nicht im ersteren Körper liegt.[87] Diese Zahl ergibt sich aber als Kathete eines rechtwinkligen Dreiecks mit der Hypotenuse 1 und einer Kathete gleich $\sqrt{2} - 1$, welches offenkundig mit Zirkel und Lineal konstruierbar ist.[88] Im § 39 wird schließlich noch eine genauere analytische Charakterisierung derjenigen Konstruktionen gegeben, die mit Lineal und Streckenübertrager lösbar sind. Aus dieser folgt, dass die mit Zirkel und Lineal konstruierbaren regelmäßigen Vielecke auch mit Lineal und Streckenübertrager konstruierbar sind. Das gilt auch für das Malfattische Problem nicht aber für das Apollonische Berührproblem.[89]

Insgesamt zeigen Hilberts Ausführungen zu dem Problem der Konstruierbarkeit deutlich, wie er die Algebra in den Dienst der Geometrie stellt.

---

[87] Engeler und Hartshorne nennen diesen den „Euklidisch geordneten" oder kurz den „Euklidischen Körper" (Engeler 1983, 88; Hartshorne 2000, 146), Hartshorne spricht daneben auch von „constructible field" (Hartshorne 2000, 146), weil in ihm alle Zirkel-und-Lineal-Konstruktionen ausführbar sind. Dieser Körper muss gegebenenfalls noch um die Koordinaten der Punkte der Ausgangsfigur erweitert werden. An konstruktiven Mitteln kommt gegenüber den Lineal-und-Eichmaß-Konstruktionen die Möglichkeit hinzu, zwei Kreise zum Schnitt zu bringen (wie das in Euklid I 1 bereits gemacht wird). Axiomatisch gesehen entspricht dem ein Kreisschnittaxiom (vgl. Kap. 1 oben).

[88] Hilbert begründet dies alles etwas umständlicher, indem er die Eigenschaft des fraglichen Zahlkörpers, der den Lineal-und-Streckenübertrager-Konstruktionen entspricht, benutzt, dass er mit einer algebraischen Zahl auch deren konjugierte enthält. Das ist bei der angegebenen Kathete aber ersichtlich nicht der Fall, da das Konjugierte komplex ist. Für den heutigen Leser ist Hilberts Darstellung mühsam, da er keine moderne Terminologie verwendet und auch bezüglich der für die Konstruktionen gewählten Basis vage bleibt. Schließlich unterscheidet er nicht konsequent zwischen Koordinaten und Strecken.

[89] Ersichtlich kann man mit Lineal und Streckenübertrager keine Kreise konstruieren. Es gilt aber die aus der Geometrie des Lineals bekannte Abmachung: Ein Kreis wird als konstruiert angesehen, wenn sein Mittelpunkt und ein Punkt seiner Peripherie konstruiert werden können.

# Die Rezeption der Hilbertschen „Festschrift"    5

Gauß, Weber, Ihr Söhne vom Sachsengeschlecht,
Eu'r Name wirkt weiter, Licht Wahrheit und Recht;
Hinfällig und eitel die irdische Pracht,
Der Geist ist', der lebt und lebendig macht.[1]

Die Einweihung des Gauß-Weber-Denkmals am 17. Juni 1899 war ein wissenschaftliches Ereignis von internationaler Bedeutung. Aus den führenden Wissenschaftsnationen kamen Vertreter, so etwa aus den USA E. H. Moore aus Chicago. Ihm wurde wie auch J. Hadamard aus Paris die Ehrendoktorwürde verliehen.[2] Die Kunde von der „Festschrift" konnte somit unmittelbar und rasch in ferne Länder gelangen. Das war der Kenntnis von Hilberts Arbeit gewiss förderlich. Bemerkenswert ist insbesondere ihre rasche Rezeption in den USA, diese sollten in der Folge neben dem deutschsprachigen Raum zu einer führenden Nation in Sachen Grundlagen der Geometrie und allgemeiner abstrakte Axiomatik werden. Für die entsprechende Forschungsrichtung – die sich im Übrigen nicht auf die Geometrie beschränkte – bürgerte sich die Bezeichung „Postulational analysis" ein; Vertreter waren u. a. E. H. Moore, R. Moore, O. Veblen, E. Huntington[3] Wenig Resonanz dagegen ist in Frankreich und England zu verzeichnen; Italien spielte eine Sonderrolle, galt es doch, die eigenen Ansprüche gegen die sich bald abzeichnende Übermacht des Hilbertschen Ansatzes zu verteidigen.

---

[1] Aus einem anonymen Gedicht zur Einweihung des Gauß-Weber-Denkmals; Michling 1969, 18.
[2] Vgl. Michling 1969, 19. Insgesamt wurden sieben Ehrendoktorwürden vergeben, darunter aber nur zwei an Mathematiker – die oben genannten. Im Briefwechsel Minkowski – Hilbert wurde im Vorfeld die Frage diskutiert, welcher „Franzose" – ein solcher sollte es wohl aus Proporzgründen sein – denn dieser Ehre würdig sei. Vgl. Minkowski 1973, 115. Das „qualitativ und quantitativ geradezu sagenhafte" Festbankett sah 132 Gäste (Michling 1969, 17).
Zu Moore – einer der „Big Three" – und seiner Bedeutung für den Aufbau der mathematischen Forschung in den USA vgl. man Parshall und Rowe 1994, insbesondere Chapter 10.
[3] Vgl. Corry 1996, 173–183.

© Springer-Verlag Berlin Heidelberg 2015                                           195
K. Volkert (Hrsg.), *David Hilbert*, Klassische Texte der Wissenschaft,
DOI 10.1007/978-3-662-45569-2_5

Unter den Publikationen, welche sich mehr oder minder direkt auf Hilberts Festschrift bezogen – wir beschränken uns hier auf die Jahre bis 1905 aus Gründen der Übersichtlichkeit – lassen sich drei Gruppen unterscheiden. Zum einen sind da Referate des Inhaltes, die sich fast oder gänzlich aller Bewertung enthielten, sodann gibt es Arbeiten, die direkt an Hilbert anknüpften und entweder Detailfragen in dessen System bearbeiteten oder aber Prioritäten geltend zu machen versuchten. Schließlich gibt es kritische Kommentare, die, oft von einem anderen Ausgangspunkt kommend, sich mit der Hilbertschen Schrift auseinander setzten. Natürlich sind die Grenzen fließend und eine eindeutige Zuordnung nicht immer möglich. Eine Übersicht zu den hier betrachteten Publikationen findet sich am Ende dieses Kapitels. Ein wichtiges Ergebnis dieses Kapitels ist, dass die Zeitgenossen sehr wohl die Verdienste der italienischen Mathematiker – allen voran Peano – sahen, dass aber dennoch die eigenständige Wichtigkeit der Hilbertschen „Festschrift" gewürdigt wurde.

Typische Beispiele für die erste Gattung sind die Besprechungen, die das Jahrbuch über die Fortschritte der Mathematik zur ersten und zweiten Auflage der „Festschrift" veröffentlichte. Im Band, der dem Jahr 1899 gewidmet war, erschien eine recht lange Besprechung aus der Feder von Friedrich Engel (Leipzig). Engel war gewissermaßen neutral, er gehörte weder dem Göttinger noch dem Berliner Lager an, und unterhielt einen umfangreichen Briefwechsel mit Geometern wie F. Klein, M. Pasch und W. Killing. Er war es gewesen, der Lies Theorie in Zusammenarbeit mit diesem in eine lesbare Form gebracht hatte.

Eine gewisse Emphase zeigt sich zu Beginn der Engelschen Besprechung:

> Diese Arbeit sollte jeder lesen, der sich für die Grundlagen der Geometrie interessiert; denn auf viele der hierher gehörigen Probleme gibt sie zum ersten Male eine befriedigende, ja endgültige Antwort. Eine Ergänzung zu den manchmal nur knappen Ausführungen der Festschrift bietet eine von Hilbert im Winter 1898/99 gehaltene Vorlesung: „Elemente der euklidischen Geometrie", die aber nur in einer beschränkten Anzahl von Exemplaren autographiert und daher leider nicht allgemein zugänglich ist.
> (Engel 1899, 424)

Es folgt eine ausführliche reproduktive Aufzählung des Inhalts der „Festschrift". Im Jahr danach besprach Engel auch die französische Übersetzung, wobei er die Veränderungen und Ergänzungen gegenüber der ersten Auflage hervorhob. Einige neue Namen finden Erwähnung: Gérard, Schur, Stolz (im Zusammenhang mit dem Flächeninhalt), Lie (im Zusammenhang mit dem Pariser Problem der Differenzierbarkeit) und Dehn (mit seiner Dissertation) Die zweite deutsche Auflage von 1903 wurde schließlich von Max Dehn referiert. Auch er beschränkte sich ganz sachlich auf die inhaltlichen Veränderungen und Ergänzungen, die diese neue Auflage brachte.

Ein ausführliches Referat der „Festschrift" erschien bereits 1900 in den Transactions of the American Mathematical Society, also sehr rasch nach Erscheinen. Diese stammte aus der Feder des Göttinger Privatdozenten Julius Sommer (1871–1943, später Professor an der Landwirtschaftlichen Akademie in Bonn-Poppelsdorf (1901), dann an der TH Danzig (1904)); sie wurde von Prof. Ziwet ins Englische übersetzt und ist datiert „Göttingen, Oktober 1899". Am Ende seiner „Festschrift" dankt Hilbert seinem „Freunde Hermann Minkowski sowie Herrn Dr. Julius Sommer für ihre Unterstützung beim Lesen der Korrektur".[4]

Sommer sah Hilberts wichtigste Beiträge in seiner Schrift, die einen „bemerkenswerten Fortschritt"[5] in seinen Augen darstellte, in folgenden fünf Punkten:

- Einführung der Kongruenzaxiome und Definition des Bewegungsbegriffs auf dieser Grundlage;
- Systematisches Studium der Unabhängigkeit der Axiome: „This independence being proved by producing examples of new geometries which are in themselves interesting."[6]
- Präziser Aufweis, welche Axiome in welchen Beweis eingehen;
- Aufweis der Rolle des Stetigkeitsaxioms insbesondere Nachweis, dass dieses für die gewöhnliche Elementargeometrie insbesondere für die Lehre vom Flächeninhalt nicht erforderlich ist;
- Streckenrechnung und fundamentale Prinzipien der Arithmetik.[7]

Sommers Text ist über weite Strecken rein referierend, nur im Bereich „Vollständigkeit und Beweis der Widerspruchsfreiheit" erlaubt er sich längere Kommentare. Nachdem Sommer das von Hilbert konstruierte abzählbare Modell für die Axiomengruppen I bis V geschildert hat, bemerkt er:

> The question is thus transferred from the domain of geometry to that of arithmetic; any contradiction in the geometry must appear in the arithmetic of the imagined domain of numbers. But just because the question is merely transferred, the same problem remains open for arithmetic. It would seem desirable to find a decision in the geometrical domain itself and not to leave it to a lucky chance of future times. The importance of a final decision as to the absence of contradictions among the axioms is apparent; it is higher even than the question of their mutual independence.
> (Sommer 1900, 291)

Sommers Artikel markiert den Anfang einer beachtlichen Zahl von Arbeiten, die amerikanische Mathematiker im Anschluss an Hilberts „Festschrift" verfassten und die dessen Ansätze weiterentwickelten. Sommer schließt mit dem Wunsch:

> ...that the important new views on the foundations of geometry opened up in this memoir may soon become generally known and be introduced into the teaching of elementary geometry.
> (Sommer 1900, 299)

---

[4] Hilbert 1899, 90.
[5] „Remarquable advance" (Sommer 1900, 289).
[6] Sommer 1900, 289.
[7] Vgl. Sommer 1900, 289.

Der hier geäußerte, sicherlich unrealistische Wunsch, Hilberts System für Schulzwecke nutzbar zu machen, wurde postwendend von E. R. Hedrick in Frage gestellt:

> To insert the system of axioms provided by Hilbert in an elementary (high school) book [...] would be as ill considered as to expect the average high school teacher to grasp the meaning of the original [of the „Festschrift"] in its entirety.
> (Hedrick 1902, 164)

G. B. Halsted legte dennoch – wie wir weiter unten sehen werden – 1904 ein Lehrbuch der Geometrie vor, das sich an Hilberts „Festschrift" orientierte: *„Rational Geometry. A Textbook for the Science of Space, based on Hilbert's Foundations"*. Ebenfalls im Jahr 1900 erschien eine Besprechung von Federigo Enriques in Italien. Diese ist ähnlich wie Engels Referat weitgehend reproduktiv; allerdings fällt auf, dass Enriques viele Namen ergänzte, die in Hilberts „Festschrift" fehlten. So nannte er beispielsweise im Zusammenhang mit der Lehre vom Flächeninhalt De Zolt, De Paolis, Stolz, Schur, Rausenberger, Gerhardt, Lazzari, Veronese und Killing[8], während Hilbert nur Schur, Killing und Stolz erwähnt hatte. Enriques' Fazit lautete:

> Wir beenden jetzt unsere kurze Schilderung dieser sehr wichtigen Arbeit, die wir einer ersten Betrachtung unterzogen haben: Auch wenn der Autor abstrakte Fragen mit abstrakten rein logischen Methoden untersucht, zeigt er dennoch sowohl in der Wahl der von einer luziden Evidenz geprägten Postulate als auch in den letztlich technischen Anwendungen den vollen Wert der geometrischen Intuition auf. Hieraus ergibt sich eine gute Schulung für die jungen Leute, die mit Gewinn Fragen zu den Grundlagen der Geometrie studieren möchten.
> (Enriques 1900, 7)[9]

Etwa zeitgleich mit diesen Rezensionen erschien in Deutschland die Arbeit „Ueber die Grundlagen der Geometrie" von Fr. Schur[10], eine teilweise recht massive Reaktion auf Hilbert „Festschrift". Schur hatte sich schon seit Jahren mit Grundlagenfragen der Geometrie beschäftigt – z. B. mit dem Beweis des Fundamentalsatzes der projektiven Geometrie, aber auch mit der Lehre vom Flächeninhalt – und konnte gewiss im Unterschied zu Hilbert, der nur mal gelegentlich in diesem Gebiete wilderte, als ein „wahrer Geometer" gelten. In seinem Artikel versucht Schur zum einen die Priorität bezüglich

---

[8] Enriques 1900, 5.

[9] Ich danke S. Confalonieri (Wuppertal) für die Übersetzung dieses Textes.

[10] Die Abhandlung Schurs ist datiert auf „Karlsruhe, im November 1900", wurde aber erst 1902 in den Annalen gedruckt. In seinem Begleitbrief zum Manuskript vom 15.11.1900 an Herausgeber Klein bemerkte Schur, er habe nichts dagegen, dass dieses Hilbert zur Kenntnis gebracht werde – um sofort hinzuzufügen, dass dies im Falle eines so alten Mitarbeiters der Annalen – gemeint: Schur – aber wohl nicht nötig sei. In einem weiteren Brief an Klein – offensichtlich eine Reaktion auf Änderungsvorschläge des letzteren – machte sich Schur dann zum Anwalt Wieners, den Hilbert nicht gebührend berücksichtigt habe (wie Schur selbst darf man ergänzen). Vorausgegangen war ein Briefwechsel zwischen Hilbert und Schur, in dem letzterer ersterem in verschiedener Hinsicht vorwarf, er stelle in seiner „Festschrift" die Geschichte – z. B. bzgl. der Lehre vom Flächeninhalt – nicht korrekt dar. Auch Peano wird in einem Brief vom 5.1.1900 von Schur häufig angeführt.

der Streckenrechnung für sich zu reklamieren und zum andern die Beiträge der italienischen Mathematiker zu den Grundlagenfragen der Geometrie ins rechte Licht zu rücken
– anders als Hilbert, darf man wohl hinzufügen. Schließlich geht er ausführlich auf die
axiomatische Grundlegung der projektiven Geometrie ein.

Zur Priorität bezüglich der Streckenrechnung schreibt Schur:

> Da einerseits die v. Staudt'sche Wurfrechnung, die Richtigkeit des Fundamentalsatzes einmal
> zugegeben, ebenfalls von jedem Stetigkeitsaxiome absieht, und andererseits in der Einleitung
> zu meinem Lehrbuche der analytischen Geometrie alle Elemente dazu gegeben waren, so hielt
> ich auch den Nachweis für erbracht, dass die elementare Proportionenlehre der euklidischen
> Geometrie ohne ein solches Postulat entwickelt werden könne. Nachdem aber inzwischen
> Hilbert in seinen Grundlagen der Geometrie diese Idee in glänzender Weise ausgeführt hat,
> ist diese Proportionenlehre und die damit zusammenhängende rein geometrische Strecken-
> rechnung von verschiedenen Autoren ausschließlich Hilbert zugeschrieben worden.
> (Schur 1902, 265)

Schur gibt dann seine Variante der Proportionenlehre als Wurfrechnung im Anschluss
an von Staudt „in derjenigen Form, in der ich sie in meinen Vorlesungen an der Universität Leipzig schon 1884 entwickelte"[11]; mit dieser ist der Anspruch verbunden, dass sie
weiterführe als Hilberts Version. Zu den Verdiensten der italienischen Mathematiker führt
Schur aus:

> In den ersten beiden Paragraphen gehe ich auf die Axiomensysteme ein, die, vor Hilbert von
> italienischen Autoren aufgestellt, sich zum Teil mit jenen decken, zum Teil erkennen las-
> sen, dass das Hilbertsche System doch nicht ganz logisch unabhängig ist, wie Hilbert und
> nach ihm die oben genannten Autoren [Hölder[12], Sommer] behaupteten. Ich hoffe hierdurch
> zugleich den Geometern willkommene Ergänzung der knappen Literaturhinweise in der Hil-
> bertschen Schrift zu geben.
> (Schur 1902, 266)

Alsdann erwähnt Schur allerdings nur Pieri und Veronese, später dann noch Pasch[13],
Peano und Ingrami.[14] Auch im Weiteren wird Hilbert kritisiert, so sei z. B. das von ihm formulierte Axiom II, 5 (das Pasch-Axiom) kein wirkliches Anordnungsaxiom.[15] Das größte

---

[11] Schur 1902, 266. Zur Wurfrechnung vgl. man Nabonnand 2008.
[12] Vgl. Hölder 1900, 18, wo es heißt: „Eine ganz neue Herleitung der Proportionenlehre hat in
neuerer Zeit Hilbert gegeben." An anderer Stelle bemerkt Hölder: „Die Aufgabe, ein einfaches und
vollständiges System von einander unabhängiger Axiome aufzustellen, ist neuerdings von Hilbert
gelöst worden." (Hölder 1900, 23). A. Kneser hat ebenfalls eine Streckenrechnung (ohne Pappos-
Pascal) entwickelt und geriet darüber mit Schur in Konflikte; vgl. Kneser 1902 und Kneser 1904.
[13] „Der das erste *vollständige* System geometrischer Axiome aufgestellt hatte" (Schur 1902, 267).
[14] Vgl. auch folgende Formulierung von Schur: „Was die Formulierung der Kongruenzaxiome
angeht, so möchten wir neben der Hilbertschen, die im Wesentlichen mit derjenigen Ingramis übereinstimmt, ..." (Schur 1902, 274).
[15] Vgl. Schur 1902, 268 n.*. Die Kritik Schurs an Hilbert, insbesondere bzgl. der Unabhängigkeit
der ersten beiden Gruppen, wurde ihrerseits wiederum von E. H. Moore kritisiert und partiell als
unbegründet nachgewiesen, was auch Schur später anerkannte (vgl. Moore 1902a, 142).

Verdienst von Hilberts „Festschrift" war in Schurs Augen die Klärung der Abhängigkeit des Fundamentalsatzes der projektiven Geometrie von den Kongruenzaxiomen bzw. vom Archimedischen Axiom.[16] Insgesamt stellt Schurs Artikel eine ungewöhnlich heftige Reaktion dar, die sicher nicht repräsentativ für die allgemeine Wahrnehmung von Hilberts Leistung war. Gerade der Vorwurf, Hilbert habe die Rolle der Italiener nicht angemessen gewürdigt, wurde aber in der Folge immer wieder erhoben.[17]

An dieser Stelle sei noch erwähnt, dass Schur später – in seinen eigenen „Grundlagen der Geometrie" (1909) – milder gestimmt Hilberts Beitrag durchaus anerkannte:

> Diese Schrift, deren sonstige Bedeutung in unserem Buche sehr oft zum Ausdruck kommen wird, gab den Anstoß zu einer Reihe wichtiger Untersuchungen über den Zusammenhang der Axiome und die Abhängigkeit der geometrischen Sätze von ihnen. Wir können diese Untersuchungen an dieser Stelle nicht einzeln anführen. Jedenfalls wird durch ihre Ergebnisse der Versuch gerechtfertigt, gewissermaßen eine erneute Bearbeitung der neueren Geometrie von Pasch zu veranstalten. In diesem Sinne bitten wir das vorliegende Büchlein aufzunehmen. (Schur 1909, V)

Das erste Lehrbuch in deutscher Sprache, das nach Erscheinen von Hilberts „Festschrift" Grundlagenfragen der Geometrie gewidmet war, dürfte Theodor Vahlens „Abstrakte Geometrie" (1905) gewesen sein. Diese steht in einem merkwürdigen Verhältnis zu Hilberts Beiträgen und denen seiner Schüler, insbesondere M. Dehn. Obwohl Hilbert der am meisten genannte Autor ist (rund ein Dutzend mal), sind gut die Hälfte der Hinweise auf ihn negativer Natur, z. B. Richtigstellungen von Versehen oder Hinweise darauf, dass Hilberts Behandlung nicht in voller Allgemeinheit erfolge – sondern (nur) in „affiner Spezialisierung".[18] Im Abschnitt über Anordnungsaxiome wird zwar Pasch erwähnt, aber nicht Hilbert. Insgesamt gewinnt man den Eindruck, als habe sich Vahlen bemüht, Hilberts Beitrag möglichst unbedeutend erscheinen zu lassen.[19] Sein Vorgehen unterscheidet sich von Hilberts, insofern er nach einem einleitenden Kapitel über Mengenlehre sich zuerst der projektiven Geometrie zuwendet, dann der affinen und schließlich der metrischen. Dennoch ist die Bezugnahme auf Hilbert auf Schritt und Tritt offenkundig; ohne Hilberts „Festschrift" wäre Vahlens Buch kaum möglich gewesen. Sein Anliegen präsentiert der Autor folgendermaßen:

> Die Aufgabe, die Grundlagen (d. h. ein System von Grundsätzen und -begriffen) der Geometrie aufzustellen, soll im Folgenden zu einer bestimmten gemacht werden durch die For-

---

[16] Vgl. Schur 1902, 274.

[17] Vgl. etwa Kennedy 1972 sowie Kennedy 1974, 21 und Freudenthal 1957.

[18] Vgl. Vahlen 1905, 42, 44, 68, 114–115, 128, 206–207.

[19] Man kann hier natürlich über Hintergründe spekulieren. Vahlens späteres Engagement für den Nationalsozialismus und die hohen Ämter, die er inne hatte (z. B. Gauleiter, Leiter des Wissenschaftsamtes im Reichserziehungsministerium, Brigadeführer der SS, . . . ), sowie seine Funktion als Herausgeber und Promotor der „Deutschen Mathematik" sind wohlbekannt. Vahlen spielte auch eine Rolle bei der Entlassung Dehns (1935), was eventuell neben rassistischen Gründen auch auf eine alte, auf die „Abstrakte Geometrie" zurückgehende Feindschaft zurückzuführen ist.

derung, dass die Anzahl der einzuführenden Grundbegriffe und der Inhalt jedes einzelnen
Grundbegriffes und Grundsatzes möglichst klein sei.
(Vahlen 1905, 1)

Vahlens Buch wurde noch im Jahr seines Erscheinens von M. Dehn einer detaillierten
Kritik unterzogen. Dehns Besprechung beginnt mit einem diskreten Hinweis auf die von
Vahlen wenig gewürdigten Vorgänger:

In dem vorliegenden Werk versucht der Verf., zusammenfassend und ausführlich die Grund-
lagen der Geometrie nach den Methoden zu entwickeln, die in letzter Zeit, besonders in
Deutschland und Italien, geschaffen sind.
(Dehn 1905a, 535)

Im nächsten Heft des „Jahresbericht der Deutschen Mathematiker Vereinigung" veröffentlichte Vahlen eine ausführliche Replik, die wiederum eine kurze Stellungnahme von
Dehn provozierte. Dort schließt letzterer:

Somit kann dem Werke nur ein geringer Nutzen zuerkannt werden: Alles einigermaßen Wert-
volle, was darin enthalten ist, findet man, abgesehen vielleicht von einigen Kleinigkeiten, um
nur deutsche Werke zu nennen, weitaus klarer und einwandfrei auseinandergesetzt in den
Büchern von Stolz und Gmeiner (Theoret. Arithm.), Pasch und Hilbert.
(Dehn 1905b, 595)

In den Jahren nach 1900 veröffentlichten die „Mathematischen Annalen", ab Band 55
(1902) war Hilbert als Nachfolger von A. Meyer einer der Herausgeber (neben Klein und
W. von Dyck)[20], eine Reihe von Arbeiten, die direkt an die „Festschrift" anknüpften.[21]
Der Reigen begann mit M. Dehns „Die Legendre'schen Sätze über die Winkelsumme im
Dreieck", eine Art Kurzfassung seiner Dissertation aus dem vorgegangenen Jahr bei Hilbert. Der Bezug zur „Festschrift" wird bereits im ersten Satz der Dehnschen Abhandlung
klar formuliert:

Die Grundlage der folgenden Untersuchungen bildet die Abhandlung von Herrn Professor
Hilbert über die Grundlagen der Geometrie.
(Dehn 1900, 405)

Die Fragestellung der Arbeit ist völlig im Hilbertschen Stile – und dürfte wohl auch
von diesem so dem Kandidaten vorgeschlagen worden sein:

---

[20] Kommentar Minkowski: „Zu der Übernahme der Hauptredaktion der Annalen gratuliere ich dir
herzlich, und ich bin überzeugt, dass von diesem Momente eine große Blütezeit dieser Zeitschrift
datieren wird." (Brief vom 4. Januar 1901; Minkowski 1973, 138). Man darf behaupten, dass er mit
seiner Prognose Recht behalten sollte.
[21] Dagegen findet sich in diesem Zeitraum im „Journal für die reine und angewandte Mathematik" –
meist Crelle-Journal genannt – kein einziger Artikel, der an die „Festschrift" anschließt. Das Crelle-
Journal, einst die führende deutsche Fachzeitschrift für Mathematik, verlor nach 1900 offenkundig
an Bedeutung.

Gelten in einer solchen Geometrie [d. h. einer ohne Archimedisches Axiom und ohne Parallelenaxiom] die Legendreschen Sätze?
(Dehn 1900, 405)

Vor Hilberts „Festschrift" hätte man diese Frage schwerlich so formulieren können! Auch die Methode, mit der Dehn zeigt, dass der erste Satz von Legendre[22] in einer derartigen Geometrie nicht gelten muss, ist ganz von der „Festschrift" inspiriert: Er konstruiert nämlich eine nicht-Legendresche Geometrie.

Zwei Jahre danach publizierten die „Mathematischen Annalen" Dehns Antwort auf Hilberts drittes Pariser Problem. Die Abhandlung „Über den Rauminhalt", in der Dehn beweist, dass die Lehre vom Volumen nicht ohne Stetigkeitsaxiom aufgebaut werden kann, beginnt mit der Feststellung:

Umso bemerkenswerter ist die bekannte Tatsache, dass man den Inhalt ebener geradliniger Figuren ohne irgendeine Stetigkeitsbetrachtung befriedigend behandeln kann. [Anm.] Siehe vor allem D. Hilbert „Grundlagen d. Geometrie".
(Dehn 1902, 465)

Ein weiterer Doktorand von Hilbert, Georg Hamel (1877–1954), veröffentlichte 1902 eine überarbeitete Fassung seiner Dissertation „Über die Geometrien, in welchen die Geraden die Kürzesten sind" in den Mathematischen Annalen. Auch diese stand in direktem Bezug zur „Festschrift", allerdings auch zur ersten geometrischen Veröffentlichung von Hilbert. Es waren aber keineswegs nur junge Mathematiker aus dem unmittelbaren Einflussbereich von Hilbert, welche sich in ihren Veröffentlichungen direkt mit Detailproblemen beschäftigten, die sich aus der „Festschrift" ergaben. Als Belege hierfür seien der ungarische Mathematiker J. Kürschák und der dänische Mathematiker J. Mollerup genannt. Das Thema der Arbeit des Erstgenannten war „Das Streckenabtragen", was sich unmittelbar aus der „Festschrift" ergab. Er zeigte, dass man wie bereits erwähnt den Hilbertschen Streckenübertrager durch das schwächere Instrument Eichmaß ersetzen kann, dass also alle Konstruktionen, die mit Lineal und Streckenabtrager ausgeführt werden können, auch mit Lineal und Eichmaß möglich sind.[23] Mollerup behandelte hingegen „Die Lehre von den geometrischen Proportionen". Dort heißt es:

Die Aufgabe, die ich mir hier gestellt habe, ist früher in dem tiefsinnigen Werk: Grundlagen der Geometrie, des oben genannten Mathematikers [Hilbert] gelöst; . . .
(Mollerup 1903, 280)

---

[22] Er besagt, dass die Winkelsumme im Dreieck in der absoluten Geometrie nicht größer als 180° sein kann. Dagegen sagt der zweite Satz von Legendre aus: Ist die Winkelsumme in einem Dreieck in der absoluten Geometrie kleiner/gleich/größer als 180°, so in jedem. Dieser Satz gilt, wie Dehn zeigt, unabhängig vom Archimedischen Axiom.
[23] Hilbert ist dem Vorschlag Kürscháks in der zweiten Auflage der „Grundlagen" gefolgt.

Schließlich ist noch Gerhard Hessenberg (1874–1925) zu nennen, der sich 1901 in Berlin habilitiert hatte und dort bis zu seinem Wechsel an die Landwirtschaftliche Akademie in Bonn-Poppelsdorf 1907 als Privatdozent wirkte. 1905 erschien sein Beitrag „Beweis des Desarguesschen Satzes aus dem Pascalschen" in den Mathematischen Annalen:

> Dass der Pascalsche Satz aus dem Desarguesschen durch reine Verknüpfung nicht gefunden werden kann, hat Herr Hilbert in den „Grundlagen der Geometrie" gezeigt.
> (Hessenberg 1905, 161)

Hessenberg zeigte, dass umgekehrt aus dem Pappos-Pascalschen Satz der Desarguessche folgt, was heute als „Satz von Hessenberg" bekannt ist.[24] Der von Hessenberg diskutierte Fragenkomplex war bereits 1902 Gegenstand einer Veröffentlichung des Darmstädter Mathematiklehrers Ludwig Balser (1865 – ~1945) gewesen. Dieser bemühte sich, auf die Arbeiten von H. Wiener (Darmstadt) und Fr. Schur aufmerksam zu machen. Deutlich wird bei ihm aber auch, wie wichtig Hilberts „Festschrift" war im Sinne einer begrifflichen und strukturellen Klärung der Verhältnisse. Sie lieferte von nun den Bezugsrahmen schlechthin, in den sich auch die von Balser hervorgehobenen Vorarbeiten einordnen ließen:

> Herr Hilbert gibt in seiner Abhandlung *Grundlagen der Geometrie* ein „einfaches und vollständiges System von einander unabhängiger Axiome"; er unterscheidet fünf Gruppen: [...]
> Bei der Untersuchung des Einflusses, den der Verzicht auf einzelne Axiome oder Axiomengruppen ausübt, ergibt sich folgender Satz:
> „Der Pascalsche Satz ist nicht beweisbar auf Grund der Axiome I, II, III, d. h. *unter Ausschließung der Kongruenzaxiome sowie des Archimedischen Axioms.*"
> (Balser 1902, 293)

Balsers Ziel war es, einen neuen von H. Wiener angeregten Beweis für den Fundamentalsatz der projektiven Geometrie zu geben, der ohne Maßbegriff und ohne geometrische Stetigkeit auskommt; hierzu liefert er eine interessante Diskussion des Stetigkeitsbegriffs.

Auch die zweite Arbeit, die Hessenberg 1905 in den „Annalen" publizierte, „Begründung der elliptischen Geometrie", trug deutlich Hilbertsche Züge, knüpfte allerdings stärker an dessen Endenrechnung[25] an, die dieser 1903 ebenfalls in den „Annalen" veröffentlicht hatte. Insgesamt ist das schon eine beeindruckende sicher nicht erschöpfende Bilanz an Arbeiten, die innerhalb von fünf Jahren direkt durch die „Festschrift" inspiriert wurden.

Die kreative Rezeption von Hilberts „Festschrift" in den USA[26] setzte mit einer Arbeit des bereits erwähnten E. H. Moore ein, der schon 1901 zeigte, dass Hilberts Axiom II, 4 –

---

[24] Allerdings enthielt sein Beweis Lücken, die erst später geschlossen werden konnte; vgl. Seidenberg 1976.
[25] Vgl. unten Kap. 6.
[26] Zur Situation der Mathematik in den USA um 1900 herum vgl. man das bereits genannte Buch Parshall und Rowe 1994.

ein Anordnungsaxiom – beweisbar ist.[27] In der zweiten Auflage wurde das fragliche Axiom von Hilbert gestrichen, in einer Fußnote verweist er dort auf E. H. Moore.[28] Dessen Artikel ist eine detaillierte Untersuchung der beiden ersten Axiomengruppen von Hilbert und als solche natürlich undenkbar ohne die „Festschrift"; er ist gewissermaßen ein Paradigma für eine Untersuchung im Sinne der bereits genannten „Postulational analysis". Ein weiterer wichtiger Beitrag stammt von dem Astronomen und späteren Sekretär der American Association for the Advancement of Science Forest Ray Moulton aus dem Jahr 1902, in dem dieser Hilberts Modell einer nicht-Desarguesschen Ebene erheblich vereinfachte. Diese heute so genannte „Moulton-Ebene" wurde zu einem Standardbeispiel im Bereich der Grundlagen der Geometrie und wird bis heute als solches zitiert:

> On the occasion of the Gauss-Weber celebration in 1899 Hilbert published an important memoir, *Grundlagen der Geometrie*, in which he devoted chapter V to the consideration of Desargues' theorem.[...]
> The object of this paper is to prove that Desargues' theorem is not a consequence of Hilbert's axioms I 1–2, II, III, IV 1–5, V by exhibiting a simpler non-Desarguesian plane geometry than that given by Hilbert, and one which, by the use of linear equations alone, can be shown to fulfill all of the axioms in question.
> (Moulton 1902, 192 und 193)

Moultons Idee ist einfach und einleuchtend: Man nehme die gewöhnliche Euklidische Ebene, zerlege diese durch eine „horizontale" Gerade in zwei Halbebenen. In der „unteren" Halbebene lasse man die Verhältnisse unverändert, in der „oberen" ändere man nur diejenigen Geraden ab, die eine positive Steigung besitzen (also von „unten links" nach „oben rechts" verlaufen). Diese werden „gebrochen" – etwa indem man den Geradenpunkt $(X, Y)$ durch $(X, \frac{Y}{2})[Y > 0]$ ersetzt. Legt man nun die klassische Desargues-Figur so in diese Ebene, dass alle relevanten Teile mit Ausnahme des Zentrums, von dem aus das eine Dreieck auf das andere projiziert wird, in der „unteren" Halbebene zu liegen kommen, das Zentrum aber in der „oberen", so ist einleuchtend, dass sich die drei Verbindungsgeraden homologer Ecken dann in der abgeänderten Ebene nicht mehr in einem Punkt treffen werden, wenn eine dieser Geraden positive Steigung hat. Das zeigt die folgende Figur aus Moultons Arbeit:

---

[27] Vgl. Moore 1902a, 150–151. In der Anmerkung * auf S. 151 weist Moore auf ein ähnliches Ergebnis von Veblen hin. Eine Vereinfachung des fraglichen Beweises gab R. L. Moore im selben Jahr; vgl. Moore 1902a. Schließlich vgl. man zum selben Thema Halsted 1902 und Moore 1902b. In der Besprechung, welche das Jahrbuch über die Fortschritte der Mathematik (33 (1902), 487–488) der Arbeit von Moore widmete, wird hervorgehoben, „dass Hilbert durch sie veranlasst worden ist, in der zweiten Auflage seiner Grundlagen der Geometrie eines der Axiome der Gruppe II von der Liste der Axiome zu streichen und unter die Sätze aufzunehmen." (S. 487).
[28] Vgl. Hilbert 1903a, 5.

(Moulton 1902, 193)

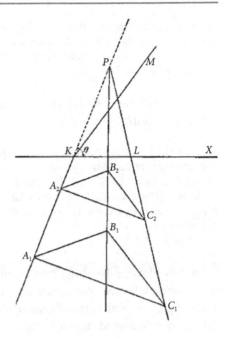

Da 1902 die englische Übersetzung der „Festschrift" von E. J. Townsend erschienen war, bezog sich die weitere anglo-amerikanische Diskussion meist auf diese. Dabei gab es durchaus auch Kritik an der Übersetzung selbst[29], wir konzentrieren uns hier aber auf die inhaltlichen Aspekte. Interessant ist die Besprechung, welche O. Veblen 1903 in der Zeitschrift „The Monist. A Quarterly Magazine Devoted to the Philosophy of Science" der Hilbertschen „Festschrift" und ihrer Übersetzung widmete. Dem Charakter der Zeitschrift gemäß versuchte er hier nämlich, das Neue an Hilberts Beitrag und dessen Wichtigkeit auch für Nichtfachleute klar zu machen:

> Since its appearance in 1899 Hilbert's work on *The Foundations of Geometry* has had a wider circulation than any other modern essay in the realm of pure mathematics. [...] In each case Hilbert's achievement is enthusiastically praised, ... (Veblen 1903, 303)

In seiner kurzen Übersicht zur Geschichte der Axiomatik erwähnt Veblen die italienischen Mathematiker Peano, Veronese und Levi-Civita, später auch Pieri und Padoa. Wirklich bemerkenswert ist, wie Veblen die relativen Verdienste von Peano nebst seiner Schule einerseits und von Hilbert auf der anderen Seite charakterisiert:

> It is important to remark after the criticisms just cited [Moore's Beweis für die Abhängigkeit von Axiom II, 4] that the imperfections of his axioms need not impair the importance of Hilbert's contribution to geometry. His work on axioms, indeed, can hardly be called more

---

[29] Halsted 1902, hierzu kritisch Hedrick 1902. Hedrick war übrigens ein Doktorand von Hilbert (Promotion 1901 über Lösungen von Differentialgleichungen).

original or elegant than that of the Peano school in Italy. He has however, by an attractive form of presentation drawn the attention of the entire mathematical world to one of the most fertile fields of investigation both for the technical mathematician and for the philosopher. (Veblen 1903, 308)

Ähnlich äußerte sich auch Hedrick über die Ursachen der weiten Verbreitung von Hilberts „Festschrift":

It is indeed a matter for congratulation that Professor Hilbert's masterly discussion of the foundations of geometry has become so well known and so widely circulated. This circumstance is undoubtedly due to its clearness and force; for, while most of the previous studies along similar lines are difficult even for the advanced student to understand, Hilbert's style is so deceivingly clear as to lead certain minds to predict the use of this book in elementary instruction.
(Hedrick 1902, 158)

Im Anschluss an das obige Zitat arbeitet Veblen zwei Hauptstränge der Beschäftigung mit Axiomatik heraus: Zum einen die Suche nach Axiomen und der Beweis von deren Unabhängigkeit, zum andern die Suche nach einer nicht reduzierbaren Grundlegung durch Definitionen. Während Hilbert im ersten Bereich fast alle Probleme gelöst habe, sei er auf den zweiten nicht eingegangen. Hier sei vielmehr das Erbe der Italiener wichtig.[30] Den bedeutendsten Beitrag Hilberts sah Veblen in dessen Modelle:

It was generally supposed till the researches of Peano and Hilbert became known that even though this kind of analysis [d.i. das Kreismodell der hyperbolischen Geometrie] could be applied to the parallel axiom, there might be other axioms of which it would not apply. It has by this time, however, been extended to all the axioms both of arithmetic and geometry. The mental images that are applied to the words „point" and „line", etc. in the bizarre mathematical sciences that have been used for this purpose vary from the letters of the alphabet to more or less complicated mathematical curves. The possibility is also recognized of using different mental images in the same science.
(Veblen 1903, 305)[31]

Veblen hat im Jahre 1903 bei E. H. Moore in Chicago promoviert. Seine Arbeit trug den Titel „A System of Axioms for Geometry" und lieferte die Grundlage für die Publikation gleichen Titels in den Transactions of the American Mathematical Society im Jahr 1904. In ihr finden sich detaillierte Ausführungen zu verschiedenen Axiomengruppen, insbesondere bezieht Veblen, anders als Hilbert, wieder die projektive Geometrie mit ein. Veblen führte auch den Begriff „kategorisch", einem Vorschlag von J. Dewey folgend, ein[32] und beschrieb präzise die Methode des Unabhängigkeitsbeweises vermöge Angabe von Modellen. Gewissermaßen macht er das klar, was Hilbert mehr oder weniger kommentarlos

---

[30] Vgl. Veblen 1903, 307.
[31] Der letzte Aspekt wird heute gerne als De-Ontologisierung bezeichnet oder als Auflösung der ontologischen Bindung.
[32] Vgl. Veblen 1903, 346.

vorgemacht hatte. Die Bemühungen Veblens um die Axiomatik der projektiven Geometrie mündeten schließlich in das klassische Buch von Veblen und J. W. Young „Foundations of Projective Geometry" (2 Bände) von 1910. Bemerkenswert ist auch, dass Veblen zusammen mit W. H. Bussy 1906 schon eine Arbeit über endliche projektive Geometrien verfasste – damals eher noch ein Kuriosum.

Einen Überblick zum Diskussionsstand in der Geometrie, insbesondere und hauptsächlich im Bereich Grundlagen, gab 1904 E. Kasner (Columbia University) in seinem Vortrag „The Present Problems of Geometry. Address delivered before the section of geometry of the International Congress of Arts and Science, St. Louis, September 24, 1904". Bezüglich Hilberts „Festschrift" heißt es dort:

> The most striking development of geometry during the past decade relates to the critical revision of its foundations, more precisely, its logical foundations. There are, of course, other points of view, for example, the physical, the physiological, the psychological, the metaphysical, but the interest of mathematicians has been confined to the purely logical aspect. The main results in this direction are due to Peano and his co-workers; but the whole field was first brought prominently to the attention of the mathematical world by the appearance, five years ago, of Hilbert's elegant Festschrift.
> (Kasner 1905, 287)

Die rein logische Durchdringung der Materie wird also Peano und seinen Mitstreitern, u. a. waren das Pieri und Padoa, zugeschrieben – eine Tendenz, die man in jener Zeit nicht nur bei Kasner sondern ganz allgemein findet. Charakteristisch für diese ist z. B. die auf Peano zurückgehende Definition der Ebene als Gesamtheit aller Geraden, die ein gegebenes Dreieck in jeweils zwei Punkten treffen. Hilbert hingegen hat ein System formuliert, das dem „working mathematician" nützlich ist, um einen moderne Begriff zu verwenden.[33] Diese Tendenz der Einschätzung wird bei Kasner nochmals deutlich, wenn er auf die Methode des relativen Widerspruchsfreiheitsbeweises zu sprechen kommt:

> The only method of answering this question which has suggested itself is the exhibition of some object (whose existence is admitted) which fulfills the conditions imposed by the postulates. Hilbert succeeded in constructing such an ideal object out of numbers; but remarks that the difficulty is merely transferred to the field of arithmetic. The most far-reaching result is the definition of number by logical classes are given by Pieri and Russell; but no general agreement is yet to be expected in these discussions.
> (Kasner 1905, 288)

Der Abschnitt über die Grundlagen der Geometrie in Kasners Vortrag ist voller Hinweise auf Hilbert, die Wichtigkeit seiner „Festschrift" für diesen Bereich – Kasner geht auch auf die Analysis situs und viele andere Themen ein – wird hier sehr deutlich.

Kommen wir nun zu einem weiteren Strang in der Rezeption von Hilberts „Festschrift". Gemeint sind hier Arbeiten, die sich kritisch mit deren Inhalten auseinander setzen – und

---

[33] Er scheint auf Bourbakis Grundlegung der Mathematik für den „working mathematician" zurückzugehen.

zwar nicht in dem Sinne, dass Prioritäten gegen Hilbert reklamiert werden (wie bei Balser und Schur), sondern dass andere Grundpositionen bezogen werden. Das wichtigste Dokument hierzu ist die ausführliche Besprechung, die Henri Poincaré der „Festschrift" im Bulletin des sciences mathématiques – dem französischen Gegenstück zum Jahrbuch über die Fortschritte der Mathematik – veröffentlichte. Obwohl diese Besprechung erst 1902 gedruckt wurde, wird an mehreren Stellen klar, dass sich Poincaré auf die Originalfassung der „Festschrift" selbst bezog und die Ergänzungen in der französischen Übersetzung (z. B. bzgl. der Stetigkeitsaxiome und der Arbeiten von Dehn) nicht berücksichtigte. Da Poincaré des Deutschen mächtig war, ist das einerseits nicht erstaunlich, könnte aber andererseits darauf hindeuten, dass sein Text noch vor Erscheinen der französischen Übersetzung geschrieben wurde. Um 1900 herum war Poincaré sicher einer – wenn nicht der – angesehenste Mathematiker weltweit. Er selbst hatte Modelle für die hyperbolische Geometrie gefunden und schrieb seit etwa 1890 auch philosophische Texte zu Grundlagenfragen der Geometrie, in denen er u. a. seinen Konventionalismus darlegte. Seine 1902 erschienen Aufsatzsammlung „Science et hypothèse" wurde ein Bestseller und in fast alle wichtigen Sprachen der Welt übersetzt. Poincaré kam später noch einmal auf Hilberts „Festschrift" zurück, als er nämlich 1904 ein Gutachten über dessen Werk für den Lobatschewskij-Preis veröffentlichte, den Hilbert im gleichen Jahr erhielt.[34]

Zu Beginn seiner Besprechung lässt Poincaré einige Etappen in der Entwicklung der Geometrie Revue passieren (u. a. die von Lobatschewskij und Bolyai hervorgerufene „Revolution"), wobei er auch G. Cantor positiv erwähnt, „der uns gelehrt hat, verschiedene Stufen im Unendlichen zu unterscheiden".[35] Zu den Italienern heißt es:

> Soll ich auch die Arbeiten der Italiener erwähnen? Diese sahen sich gezwungen, einen universellen Symbolismus für die Logik zu entwickeln und das mathematische Denken auf rein mechanische Regeln zu reduzieren.
> (Poincaré 1902, 251)[36]

Das war Poincaré, der immer das kreative Moment im mathematischen Denken betonte, natürlich ein Graus. Wenig später wird er noch deutlicher:

> Man könnte die Axiome einer Denkmaschine anvertrauen, beispielsweise dem *logischen Piano* von Stanley Jevons, und man würde die gesamte Geometrie entstehen sehen.
> (Poincaré 1902, 253)

Wer könnte so etwas schon wollen?

---

[34] Der Hauptpreis bestand aus einer Medaille, ausgezeichnet wurden besondere Verdienste um die Geometrie. 1897 wurde die erste Medaille an S. Lie verliehen, 1900 die zweite an W. Killing. Hilbert war der dritte Träger der Medaille. Neben der Medaille gab es aber 1903 noch vier Lobatschewskij-Preise nämlich für Poincaré, Lemoine, Pieri und Study (L'enseignement mathématique 6 (1904), 404).

[35] Poincaré 1902, 251.

[36] Das Original ist Französisch, Übersetzung von K. V.

Poincaré hebt im Folgenden einige Punkte bei Hilbert hervor[37]:

- Die Verdrängung der Anschauung zugunsten des abstrakten Denkens: „Die Worte *Punkt, Gerade* und *Ebene* sollen keine sinnliche Repräsentation im Denken wachrufen."[38]
- Es gibt bei Hilbert Existenzaxiome. Erläutert wird dies von Poincaré anhand des Axioms I, 7, welches besagt, dass es auf jeder Geraden mindestens drei Punkte gibt. „Diese Aussage ist charakteristisch [für Hilbert]."[39]
- Widerspruchsfreiheitsbeweise vermöge der Konstruktion eines Modelles: „Hat man die Liste der Axiome erstmal erstellt, so muss man sich davon überzeugen, dass diese keinen Widersprüche enthält. Wir wissen sehr wohl, dass die Antwort ja lautet, weil die Geometrie existiert. Auch Hilbert antwortet ja, wobei er eine Geometrie konstruiert."[40] Die Geometrie, auf die sich Poincaré bezieht, ist diejenige desjenigen Raumes, der nur mit Zirkel und Lineal konstruierbare Punkte enthält, also die analytische Geometrie über dem Euklidischen Zahlkörper.
- Poincaré beschreibt ausführlich Hilberts Unabhängigkeitsbeweis für das Kongruenzaxiom IV, 6 (i. W. ist das der Kongruenzsatz SWS).
- „Die originellste Idee von Herrn Hilbert bildet jedoch die nicht-Archimedische Geometrie."[41]
- Hilberts System erlaubt es, andere Geometrien (z. B. die elliptische Geometrie [von Poincaré Riemannsche Geometrie genannt]) einzuordnen. Hierzu schaut man, welche Axiome des Systems in ihnen gelten und welche nicht.[42]
- Hilbert überwindet die Vorstellung des Raumes als einer „Zahlmannigfaltigkeit" (Helmholtz) und befreit damit die Geometrie von der Analysis, wie das beispielsweise noch bei Lie der Fall ist.[43]
- Hilbert de-ontologisiert die Geometrie: „Die Objekte, die er *Punkt, Gerade* und *Ebene* nennt, werden so zu rein logischen Entitäten und es ist unmöglich, sie sich vorzustellen."[44]

All das klingt eher positiv. Was fehlt wohl bei Hilbert nach Poincarés Einschätzung?

---

[37] Ein technischer Kritikpunkt, den Poincaré anführt, ist, dass in Hilberts System die Kongruenz $AB \equiv BA$ nicht beweisbar sei (vgl. Poincaré 1902, 255 und Poincaré 1904, 18–19). Dies hat Hilbert allerdings schon in der zweiten Auflage stillschweigend korrigiert; vgl. Hilbert 1903a, 7.

[38] Poincaré 1902, 252.

[39] Poincaré 1902, 253.

[40] Poincaré 1902, 256. Poincaré war einer der ersten Mathematiker, der wirklich klar das Verfahren des relativen Widerspruchsfreiheitsbeweises schilderte (am Beispiel seines Modells für die hyperbolische Geometrie). Bekannt und einprägsam ist seine Deutung eines Modells als Wörterbuch. Vgl. hierzu Volkert 2013, Kap. 6 sowie 226–229.

[41] Poincaré 1902, 259.

[42] Vgl. Poincaré 1902, 268.

[43] Vgl. Poincaré 1902, 271.

[44] Poincaré 1902, 271.

> Ich bedauere ebenfalls, dass in dieser Darlegung der metrischen Axiome [gemeint sind Hilberts Kongruenzaxiome] sich keine Spur eines Begriffes findet, dessen Wichtigkeit Helmholtz als Erster erkannt hat: Ich möchte von der Bewegung einer starren Figur sprechen. (Poincaré 1902, 255)

Hilbert stellt also nicht den Gruppenbegriff[45] an den Anfang der Geometrie, dies ist in Poincarés Augen ein Mangel. Er schreibt:

> Herr Hilbert scheint allerdings diesen Zugang zu verschleiern, ich weiß nicht, warum. Nur der logische Gesichtspunkt scheint ihn zu interessieren. [...] Sein Werk bleibt also unvollständig; das ist aber keine Kritik an ihm von mir. Die Unvollständigkeit muss man akzeptieren. Es genügt, dass er der Philosophie der Mathematik einen beachtlichen Fortschritt gebracht hat – vergleichbar jenem, die man Lobatschewskij, Riemann, Helmholtz und Lie verdankt. (Poincaré 1902, 272)

Letztlich hatte Poincaré[46] ein anderes Verständnis von dem, was Grundlagen der Geometrie genannt werden sollte, als Hilbert: Für ihn war entscheidend, sich Gedanken darüber zu machen, wie Geometrie entstanden ist, welcher Weg also von unseren Erfahrungen zu dieser Wissenschaft geführt hat.[47] Während Hilbert die logisch-fachwissenschaftliche Seite betont, geht es bei Poincaré auch um Psychologie und Physiologie. Deshalb kann ersterer das Problem im Sinne des letzteren nicht wirklich lösen. Dies deutet sich auch in der Besprechung von 1902 an. Bezüglich des Axioms IV, 6 [i. w. der Kongruenzsatz SWS] heißt es dort: „Solcherart [d. h. durch Rückgriff auf den Bewegungsbegriff] hätte man die gekünstelte Einführung dieses Axioms IV, 6 vermeiden können und die Postulate [bei Poincaré synonym mit Axiom gebraucht] wären mit ihrem tatsächlichen psychologischen Ursprung verknüpft worden."[48] Implizit nimmt Poincaré hier also für sich in Anspruch, den wirklichen Ursprung der Axiome der Geometrie aus erkenntnistheoretisch-psychologischer Sicht zu kennen.

Das 1904 veröffentlichte Gutachten Poincaré's zu Hilberts Arbeiten zur Geometrie ist in weiten Passagen identisch mit der Besprechung von 1902.[49] Allerdings hat er für sein Gutachten die zweite Auflage von 1903 zugrunde gelegt, was z. B. dazu führte, dass die Numerierung der Axiomengruppen nun eine andere ist, und alle Arbeiten von Hilbert zur Geometrie in Betracht gezogen. Hinzu kamen auch noch die Abhandlungen von M. Dehn,

---

[45] Für den modernen Leser erstaunlich ist vielleicht, dass Poincaré hier nicht Klein und dessen Erlanger Programm erwähnt. Für Poincaré waren Helmholtz und Lie stets die Koryphäen auf diesem Gebiet.

[46] Ähnliche Ansichten vertrat auch Federico Enriques, vgl. etwa seine „Problemi della scienza" (1906) – deutsch als „Probleme der Wissenschaft" (2 Bde., 1910), insbesondere Kap. IV „Die Geometrie. B. Die psychologische Entstehung der geometrischen Begriffe" im 2. Band.

[47] Ein typisches Beispiel hierfür ist Poincaré's Analyse der Genese der Dreidimensionalität des Raumes in Poincaré 1906, 72–104. Man beachte: Es geht Poincaré nicht um die historische Genese sondern um eine erkenntnistheoretisch-psychologische Genese.

[48] Poincaré 1902, 256.

[49] Poincaré hat viele seiner Texte mehrfach – oft leicht modifiziert – verwendet.

G. Hamel und J. Kürschák, die in Poincaré's Augen direkte Schüler von Hilbert waren, sowie ein ausführlicher Verweis auf Veronese als Vorläufer Hilberts in Bezug auf die Konstruktion einer nicht-Archimedischen Geometrie, wobei „die transfiniten Zahlen Cantors eine hervorragende Rolle spielen".[50] Substantieller als die neue Numerierung war natürlich die Einführung des Vollständigkeitsaxioms.[51] Den besonderen Beifall Poincaré's fand natürlich Hilberts Wendung zum Bewegungsbegriff in seiner Arbeit „Ueber die Grundlagen der Geometrie" (1903c):

> Ich komme nun zu einer wichtigen Abhandlung von Herrn Hilbert, die den Titel *Grundlagen der Geometrie* trägt. Dies ist derselbe Titel wie der der „Festschrift", dennoch nimmt er in ihr einen vollkommen anderen Standpunkt ein. Wie wir in der vorangegangenen Analyse gesehen haben, wurden in der „Festschrift" die Beziehungen zwischen dem Raum- und dem Gruppenbegriff außer Acht gelassen oder als zweitrangig behandelt. Diese Beziehungen ergeben sich aus den Arbeiten Lies. Die allgemeinen Eigenschaften einer Gruppe kommen in der Liste der grundlegenden Axiome nicht vor. In der Abhandlung, von der wir jetzt sprechen werden, ist das anders.
> (Poincaré 1904, 41)

Poincaré bescheinigt Hilbert, dass er im Vergleich mit Lie gewaltige Fortschritte gemacht habe – insbesondere weil er dessen Voraussetzungen abschwächen konnte. Allerdings hat auch Hilbert noch nicht die Zahlenmannigfaltigkeit als Grundlage für die Operation der Gruppe überwunden, wie das für Poincaré wünschenswert gewesen wäre.[52] Abschließend heißt es:

> Es ist unmöglich, von dem Konstrast zwischen dem von Hilbert hier [das heißt in Hilbert 1903c] eingenommenen Standpunkt und dem von ihm in der Festschrift gewählten nicht verblüfft zu sein. In dieser Festschrift bildeten die Stetigkeitsaxiome [genau genommen gab es nur eines!] das Schlusslicht; das Hauptanliegen war es, herauszufinden, was aus der Geometrie wird, wenn man es unterdrückt. Im Unterschied hierzu ist jetzt die Stetigkeit der Ausgangspunkt und Herr Hilbert beschäftigt sich hauptsächlich damit festzustellen, was aus der Stetigkeit im Verein mit dem Gruppenbegriff allein schon folgt.
> (Poincaré 1904, 46)

Insgesamt ist Poincaré's Gutachten sehr positiv, er markiert lediglich einige Punkte, deren Gewichtung sich für ihn anders darstellt als für Hilbert. Die Berücksichtigung der Bewegungen in Hilberts Aufsatz von 1903 hatte ihn offensichtlich vollends versöhnt. Dennoch fand Hilberts Art, Geometrie zu betreiben, in Frankreich keine Anhänger: Es sind mir aus den ersten Jahren des 20. Jhs. keine Arbeiten französischer Mathematiker zu den Grundlagen der Geometrie im Hilbertschen Sinne bekannt.

Eine weitere Renzension zu Hilberts „Festschrift" kam allerdings doch noch aus Frankreich, allerdings aus der Feder des US-amerikanischen Mathematikers Edwin Bidwell

---

[50] Poincaré 1904, 25.

[51] Vgl. Poincaré 1904, 19 und 20. Poincaré scheint eher eine Formulierung à la Dedekind favorisiert zu haben.

[52] Vgl. Poincaré 1904, 44.

Wilson von der Yale-University, der sie datierte mit „Paris, à l'Ecole Normale Supérieure, January, 20th, 1903". Nachdem er 1901 in Yale promoviert und ein Lehrbuch der Vektoranalysis veröffentlicht hatte, hielt Wilson sich 1902–03 in Paris zu Studienzwecken auf. Seine Besprechung wurde abgedruckt im „Archiv der Mathematik und Physik", einer von J. A. Grunert gegründeten deutschen mathematischen Fachzeitschrift „mit besonderer Rücksicht auf die Bedürfnisse der Lehrer an Höheren Unterrichtsanstalten". Wilson wirft Hilbert „gnadenlose Logik"[53] vor und versucht demgegenüber einen Platz für die Anschauung zu retten. Sein Fazit lautet:

> Kein logisches System, so fehlerfrei es auch sein mag, das ausschließlich auf ein System von Zahlen oder auf der Zuordnung zu einer Zahlenmannigfaltigkeit beliebiger Dimension begründet ist, kann in irgendeiner Weise die Geometrie erzeugen.
> (Wilson 1904, 121)

Schließlich heißt es zu Hilbert:

> Die Verwendung von Zahlen wurde durch Herrn Hilbert's „Festschrift" populär gemacht. In jüngster Zeit wurde sie durch Herrn Kagan[54] verwendet. Sie ist sehr nützlich. Sie wird für lange Zeit populär bleiben.
> (Wilson 1904, 121)

Wilsons Beitrag erscheint als ein später Versuch, eine Position zu verteidigen, die längst desolat geworden war. Ganz deutlich wird dies in den folgenden beiden Feststellungen von Wilson:

> Heutzutage sind wir von einer Manie für Logik befallen. [...] Diese Logikmanie ist verbunden mit einer Manie für Arithmetisierung.
> (Wilson 1904, 122)

Wilson blieb meines Wissens nach mit seinen Ansichten isoliert.

Schließlich muss noch eine Auseinandersetzung in diesem Kapitel zur Rezeption von Hilberts „Festschrift" erwähnt werden, die allerdings eher logisch – philosophisch denn mathematisch geprägt war: Es geht hier um die Kritik von Gottlob Frege an Hilberts Verständnis von Axiomatik und Definitionen. Ursprünglich wurde diese Diskussion in der zweiten Jahreshälfte des Jahres 1899 brieflich ausgefochten.[55] Nachdem Hilbert die Auseinandersetzung abgebrochen hatte, ging Frege mit einer insgesamt fünfteiligen Artikelserie[56] im Jahresbericht der Deutschen Mathematiker Vereinigung in die Öffentlichkeit.

---

[53] Wilson 1904, 104. Übersetzung von K. V.
[54] Vgl. Kagan 1902. Allerdings erwähnt Kagan Hilbert überhaupt nicht. Seine Idee, von Anfang an reelle Zahlen für den Aufbau der Geometrie zu verwenden, ist sehr „un-Hilbertsch". Sie wurde später nochmals von A. Kolmogorow aufgegriffen.
[55] Vgl. Gabriel, Kambartel und Thiel 1980.
[56] Frege 1903a,b, 1906a,b,c.

Hilbert antwortete hierauf nicht, wohl aber Alwin Reinhold Korselt.[57] Die Kontroverse ist seitens Freges durch einen recht scharfen Ton geprägt, fast möchte man sagen: Bitterkeit (und vermuten, dass er verärgert war darüber, dass Hilbert seine Einwände nicht wirklich akzeptierte).[58] Frege kritisierte vor allem Hilberts Aussage, sein Axiomensystem definiere die ansonsten undefinierten Grundbegriffe wie Punkt, Gerade, Ebene usw:

> Was nun die Hilbertsche „Festschrift" betrifft, so tritt uns darin eine eigentümliche Verwirrung des Sprachgebrauchs entgegen [...] Eine ganz andere Auffassung scheint dem Ausspruche nach (§ 3) zu Grunde zu liegen: „Die Axiome dieser Gruppe definieren den Begriff ‚zwischen.'" Wie können Axiome etwas definieren? Hier wird den Axiomen etwas aufgebürdet, was Sache der Definitionen ist. Dieselbe Bemerkung drängt sich auf, wenn wir im § 6 lesen: „Die Axiome dieser Gruppe definieren den Begriff der Kongruenz oder der Bewegung."
> (Frege 1903a, 321)

Frege vertrat in dieser Auseinandersetzung den traditionellen Standpunkt, welcher Axiome als wahre, keiner Begründung zugängliche und keiner Begründung bedürftige einfache Aussagen sah.[59] Hilberts Axiomensystem hingegen definiert in diesem Sinne nichts, da es gewissermaßen Variablen enthält – es handelt sich nicht um Aussagen sondern um Aussageschemata. Was hier definiert wird, sind – modern gesprochen – Strukturen. Dies versuchte Korselt in seiner Antwort herauszuarbeiten, allerdings mit einer noch nicht ausgereiften Terminologie:

> Doch die moderne, immer mehr in die exakte Logik übergehende Mathematik bezeichnet mit ihren Axiomen (Grundaussagen) nicht mehr bestimmte Erfahrungstatsachen (abgesehen von ihrem Gedachtwerden selbst), sondern *deutet* sie höchstens *an*, wie in der Algebra ein Buchstabe eine Zahl nicht bestimmt, sondern andeutet.
> (Korselt 1903, 403)

Auf dem Hintergrund seiner Auffassung vom Wesen der Axiome machen für Frege weder Unabhängigkeits- noch Widerspruchsfreiheitsbeweise einen Sinn. Wie wir gesehen haben, galten diese eigentlich allen Zeitgenossen als wichtige Errungenschaften von Hilberts „Festschrift". Letztlich lag das natürlich daran, dass Freges Realismus keine Möglichkeit bot, die Interpretation eines Axiomensystems, die Konstruktion eines Modells[60] desselben, zu verstehen. Dem gegenüber hielt Korselt fest:

---

[57] Vgl. Korselt 1903 und Korselt 1908. Korselt hatte 1902 bei O. Hölder in Leipzig promoviert und war ab 1899 Mathematiklehrer in Plauen im Vogtland. Er stand soweit bekannt in keiner direkten Beziehung zu Hilbert.

[58] In eine ähnlich geprägte Auseinandersetzung verwickelte sich Frege 1907 mit Thomae – ebenfalls im Jahresbericht.

[59] Vgl. oben Kap. 1.

[60] Interessanterweise verwendet Korselt tatsächlich dieses Wort, allerdings noch nicht in seiner heutigen Bedeutung, vgl. Korselt 1903, 405.

Die Aussagen, die den Axiomen einen „Sinn" geben, sind kein Bestandteil der formalen Theorie, sie sind dasselbe wie das Vorzeigen eines Bildes eines besprochenen Gegenstandes, solche „Hinweise" sind keine Prämissen der Theorie, sie dienen nur der Auffassung.
(Korselt 1903, 405)

Vielleicht noch klarer ist folgender Kommentar:

Man muss nun solche formale Theorien („reine Lehrbegriffe") unterscheiden, die sich auf anderweitige Erlebnisse beziehen lassen, und solche, von denen bisher eine derartige Zuordnung nicht bekannt ist. Die „Gegenständlichkeit" und umso mehr die Widerspruchslosigkeit eines reinen Lehrbegriffs wird immer und notwendig durch Darbietung von Gegenständen nachgewiesen, auf welche die Grundaussagen passen.
(Korselt 1903, 403)

Man sollte hier nicht vergessen, will man diese Auseinandersetzung historisch verstehen, dass die Herausbildung der Technik, Modelle zu konstruieren, um 1900 herum noch nicht sehr alt war[61] und dass sie noch nicht zum Allgemeingut der mathematischen Praxis geworden war. Hier liegt im Übrigen ein wesentliches Verdienst von Hilberts „Festschrift".

Insgesamt kann man festhalten, dass Frege sicher Schwächen in Hilberts Argumentation benannt hat, dass er aber andererseits das Potential, das Hilberts „Festschrift" enthielt, nicht zu würdigen wusste. Die spätere Entwicklung hat zweifellos Hilbert Recht gegeben; auf die von Frege aufgeworfen Fragen ist vor allem P. Bernays eingegangen.[62] Letztlich bewahrheitete sich auch hier die Einsicht, dass nichts überzeugender ist als der Erfolg. Die Auseinandersetzung zwischen Hilbert und Frege, die zu ihrer Zeit – wie wir gesehen haben – die Gemüter keineswegs erregte, fand in den 1970er Jahren neues Interesse im Zusammenhang mit einer Neubelebung konstruktivistischer Positionen:[63]

Hierzu ist zu sagen, dass Frege Hilberts begründete Neuerungen schließlich besser verstand als dieser selbst; wo Frege Hilbert nicht verstand, waren dessen Behauptungen im allgemeinen auch unhaltbar und übertrieben.
(Kambartel 1976, 164)

Diese Behauptung scheint im Lichte der historischen Analyse doch arg überzogen: Die Mehrzahl der Zeitgenossen verstand Hilbert sehr wohl und lernte auch rasch, mit den neuen Methoden umzugehen, auch wenn noch keine ausgefeilte Begrifflichkeit zur Verfügung stand, diese zu rechtfertigen. Hilbert selbst und seine Schüler – etwa der schon genannte Paul Bernays – haben mit ihren Arbeiten zur Beweis- und Modelltheorie sowie zur mathematischen Logik ab den 1920er Jahren hierzu wichtige Beiträge geliefert. Ganz treffend bezüglich der Substanz der Fregeschen Kritik scheint mir folgende Einschätzung:

---

[61] Dies geschah vor allem im Kontext der nichteuklidischen Geometrie, vgl. Volkert 2013.
[62] Vgl. verschiedene Aufsätze von ihm in Bernays 1976. Stichworte sind hier: implizite Definitionen, mathematische Existenz, existentiale Axiomatik.
[63] Vgl. etwa Kambartel 1976, 155–178.

Etwas geschickter schon ist die Kritik, die Frege angebracht hat: Ein Axiomensystem ist so etwas wie ein Gleichungssystem, das man nicht lösen kann; wenn wir die Frage beantworten wollen, ob irgend etwas, sagen wir meine Uhr, ein Punkt sei, so geraten wir schon mit dem ersten Axiom in Schwierigkeiten: Dieses spricht von zwei Punkten. Freges Parodie der Hilbertschen Axiomatisierung[64] ist ausschlussreich: Wir denken uns Gegenstände, die wir Götter nennen.

Axiom 1: Jeder Gott ist allmächtig.
Axiom 2: Es gibt wenigstens einen Gott.

Den zentralen Punkt der Axiomatisierung trifft diese Parodie: „Wir denken uns … ": Die Geometrie wird zur reinen Mathematik.
(Engeler 1983, 58)

Damit beenden wir unseren Überblick zur Rezeption von Hilberts „Festschrift". Dieser machte deutlich, dass die Stärken von Hilberts Arbeit – insbesondere ihre Übersichtlichkeit und Handlichkeit – sehr schnell die Zeitgenossen überzeugte. Umso mehr war dies der Fall, als sich unmittelbar mit dem Erscheinen der „Festschrift" schon zeigte, dass diese ein riesiges und vielversprechendes Forschungsfeld – die „Mathematik der Axiome" (neudeutsch: Postulational analysis) – eröffnete. Die „Festschrift" wurde rasch zum Referenzrahmen, in den alle Forschungen zum Thema „Grundlagen der Geometrie" einzuordnen waren. Sie wurden gewissermaßen unumgänglich.

Zum Schluss dieser Betrachtungen zur Rezeption der „Festschrift" seien noch zwei Ereignisse erwähnt: Bereits im Jahre 1903 veröffentlichte H. F. Stecker eine Übersicht zu Arbeiten, welche sich mit dem Thema „Grundlagen der Geometrie" beschäftigten, was zeigt, dass dieses Gebiet rasch als ein prosperierendes erkannt wurde.[65] Stecker betont:

It is to be noticed that we say „a geometry" and not „the geometry", because when premises contain an assumption, there must be at least two equally valid conclusions. In brief, mathematicians have long learned that there are several systems of geometry, each consistent with all the facts of experience.
(Stecker 1903, 205–206)

1904 erschien das erste an Hilbert orientierte Lehrbuch von Halsted: „*Rational Geometry. A Textbook for the Science of Space, based on Hilbert's Foundations*". Dieses folgt recht nah dem axiomatischen Aufbau, den Hilbert vorgeschlagen hatte; insbesondere enthält es auch im Anhang III eine genauere Analyse der Anordnungsaxiome und der aus ihnen folgenden Sätze – inspiriert von R. L. Moore, den Halsted als seinen Schüler bezeichnet.[66] Im Vorwort des Buches heißt es:

---

[64] Das Beispiel findet sich in Frege 1903b, 370. Hilbert wird damit in Zusammenhang gebracht mit dem ontologischen Gottesbeweis.
[65] Autoren, die Stecker erwähnt, sind u. a. Coolidge, Dehn, Hamel, Hilbert, Moore, Moulton, Schur und sich selbst.
[66] Vgl. Halsted 1904, 253.

Writing to professor Hilbert my desire to base a textbook on his foundations, he answered:
„Ueber Ihre Idee aus meinen Grundlagen eine Schul-Geometrie zu machen, bin ich sehr er-
freut. Ich glaube auch, dass dieselben sich sehr gut dazu eignen werden."
    Geometry at last made rigorous is also thereby made more simple.
(Halsted 1904, Preface o. P.)[67]

Auch im deutschsprachigen Raum wurde Hilberts „Festschrift" früh schon auf ihre
Tauglichkeit für den Geometrieunterricht hin betrachtet. Ein Dokument hierzu ist die Beilage zum Schulprogramm für das Jahr 1900 des Königlichen Berger-Gymnasiums und der
Berger-Oberrealschule in Posen (damals in Preußen, heute Poznán in Polen) „Die Umgestaltung der Elementar-Geometrie" von Hermann Thieme[68]. Darin gibt der Verfasser, der
später u. a. als deutscher Bearbeiter der von F. Enriques herausgegebenen „Fragen der Elementargeometrie" (1911) hervortreten sollte, einen Überblick zur Entwicklung im Bereich
der „Grundlagen der Geometrie" – ein Terminus, den Thieme ohne weitere Erklärung verwendet. Zu Pasch heißt es darin bezeichnenderweise:

> Da das Werk von Pasch nicht in dem Maße bekannt geworden ist, in dem es wünschenswert
> wäre, soll im Folgenden der Aufbau des Systems bei Pasch eingehender dargelegt werden.
> (Thieme 1900, 9)

Als Beleg für seine Behauptung führt Thieme die Tatsache an, dass Pasch im „mehrbän-
digen Werk von Schotten über Inhalt und Methode des planimetrischen Unterrichts nicht
einmal erwähnt, …, ist."[69] Nach einem ausführlichen Referat des Inhaltes von Paschs
„Vorlesungen" geht Thieme kurz auf Rausenbergers „Die Elementargeometrie des Punktes, der Gerade und der Ebene" (1887) und länger auf Veronese, insbesondere dessen
„Elementi di Geometria" (1897)[70], ein, um schließlich auf Hilberts „Festschrift" zu sprechen zu kommen, der er eine „ganz besondere Bedeutung für die in den vorangehenden
Abschnitten behandelten Fragen" bescheinigt.[71] Hilbert hat die Untersuchungen zu den
Grundlagen der Geometrie in Thiemes Augen zur einer abschließenden Klärung gebracht,
genauso wie Ch. Hermite und F. Lindemann die Kreisquadratur erledigt haben:

> Ebenso hat man sich die Jahrhunderte hindurch bemüht, die Zahl der geometrischen Grund-
> sätze zu vermindern, einen oder mehrere Grundsätze des Euklid als Folgerungen der übrigen
> nachzuweisen oder gar die ganze Geometrie ohne Grundsätze rein logisch zu entwickeln.
> Hilbert zeigt, dass diese Bestrebungen in allen Hauptpunkten keinen Erfolg haben können,

---

[67] Halsteds letzte Bemerkung kommt dem Credo der „modernen Mathematik" der 1960iger und
1970iger Jahre recht nahe.
[68] Karl Gustav Hermann Thieme, *1852 in Neu-Limmritz, †1926 Bromberg (?)) studierte 1873–
1877 in Breslau Mathematik, war von 1881 bis 1909 Lehrer in Posen, danach Direktor in Bromberg.
Vgl. Toepell 1991, 383.
[69] Thieme 1900, 9 n **. Thieme bezieht sich hier auf Schotten 1890/1893.
[70] Ein Lehrbuch für Schule und Hochschule, von dem später eine reine Schulausgabe durch Veronese
und Gazzaniga veranstaltet wurde.
[71] Thieme 1900, 21.

er zeigt die Möglichkeit ganz verschiedener geometrischer Systeme je nach der Art und Zahl der vorausgesetzten Axiome. Alle diese geometrischen Systeme, die von einander in wesentlichen Stücken abweichen, sind in sich völlig widerspruchsfrei, wie sich aus den entsprechenden arithmetischen Eigenschaften zweifellos ergibt.
(Thieme 1900, 22)

Die Rezeption der Hilbertschen „Festschrift", die wir in diesem Kapitel nachzuzeichnen versucht haben, belegt zum einen durch ihre Reichhaltigkeit zweifelsfrei deren Wichtigkeit in den Augen der Zeitgenossen, zum anderen zeigt sie deutlich den Doppelcharakter dieser Arbeit auf: mehr oder minder endgültige Klärung eines Fragenkomplexes mit einer reichen Geschichte und darum hohem Status, zugleich aber auch Eröffnung zahlreicher neuer Forschungs- und Lehrperspektiven. In diesem Doppelcharakter liegt der Schlüssel zum historischen Verständnis der „Festschrift".

**Übersicht zur Rezeption der „Festschrift"**

Balser, L.: Ueber den Fundamentalsatz der projectiven Geometrie (1902)

Dehn, M.: Ueber die Legendre'schen Sätze (1900)

Dehn, M.: Ueber den Rauminhalt (1903)

Engel, Fr.: Besprechung von Hilbert „Grundlagen der Geometrie" (1899)

Enriques, F.: Recensione D. Hilbert, *Grundlagen der Geometrie* (1900)

Frege, G.: Über die Grundlagen der Geometrie (1903)

Frege, G.: Über die Grundlagen der Geometrie II (1903)

Frege, G.: Über die Grundlagen der Geometrie (1906)

Frege, G.: Über die Grundlagen der Geometrie II (1906)

Frege, G.: Über die Grundlagen der Geometrie III (1906)

Halsted, G. B.: The betweenness assumptions (1903)

Halsted, G. B.: Rational Geometry: a Textbook for the Science of Space, based on Hilbert's Foundations (1904)

Hessenberg, G.: Über einen geometrischen Kalkül (Verknüpfungskalkül) [1904]

Hessenberg, G.: Beweis des Desaguesschen Satzes aus dem Pascalschen (1905)

Hessenberg, G.: Begründung der elliptischen Geometrie (1905)

Hölder, O.: Anschauung und Denken in der Geometrie (1900)

Kasner, E.: The Present Problems of Geometry (1905)

Kneser, A.: Neue Begründung der Proportions- und Ähnlichkeitslehre (1903)

Kneser, A.: Zur Proportionslehre (1904)

Korselt, A.: Über die Grundlagen der Geometrie (1903)

Korselt, A.: Über die Logik der Geometrie (1908)

Kürschák, J.: Das Streckenabtragen (1902)

Mollerup, J.: Die Lehre von den Proportionen (1903)

Moore, E. H.: On the projective axioms of geometry (1902)

Moore, R. L.: The betweenness assumptions (1902)

Moulton, F. R.: A simple non-desaguesian plane geometry (1902)

Poincaré, H.: Compte Rendu Hilbert „Les fondements de la géométrie/Grundlagen der Geometrie" (1902)

Poincaré, H.: Rapport sur les travaux de M. Hilbert (1904)

Schor, D.: Neuer Beweis eines Satzes aus den „Grundlagen der Geometrie" von Hilbert

Schur, Fr.: Ueber die Grundlagen der Geometrie (1902)

Schur, Fr.: Zur Proportionenlehre (1903)

Schur, Fr.: Grundlagen der Geometrie (1909)

Sommer, J.: Hilbert's Foundations of Geometry (1900)

Stecker, H. F.: On the foundations of geometry, and on possible systems of geometry (1903)

Thieme, H.: Die Umgestaltung der Elementargeometrie (1900)

Vahlen, Th.: Abstrakte Geometrie (1905)

Veblen, O.: Hilbert's Foundations of Geometry (1903)

Veblen, O.: A System of Axioms for Geometry (1904)

Wilson, E. B.: The So-called Foundations of Geometry (1904)

# Nach der „Festschrift"

*Das im Jahr 1899 erschienene Werk „Grundlagen der Geometrie" von Hilbert stellt eine einwandfreie Begründung der Euklidischen Geometrie dar. Mit diesem Lehrbuch entstand unter dem Stichwort „Grundlagen der Geometrie" ein neuer Zweig der Geometrie, der im starken Maße die Entwicklung der gesamten Mathematik beeinflusste.*
(Karzel und Kroll 1988, 10)

Die Phase, in der sich Hilbert produktiv mit den Grundlagen der Geometrie beschäftigte, währte noch bis etwa 1903. Danach wandte er sich den Integralgleichungen – aus heutiger Sicht: der Funktionalanalysis – zu; 1909 gelang es ihm ein bekanntes Problem der Zahlentheorie, das so genannte Waringsche Problem, zu lösen. Er vertiefte aber auch sein Interesse an Grundlagenfragen, insbesondere an Logik, Beweis- und Modelltheorie einerseits und an Fragen der Physik andererseits. Im Jahre 1905 hielt Hilbert seine erste Vorlesung über Logik, die heute als sein eigentlicher Einstieg in dieses Feld gilt[1], das natürlich später durch die Auseinandersetzung mit dem Intuitionismus und Hilberts Kampf gegen jegliche „Verbotsdiktatur" eine enorme Dynamik bekam. Im Bereich der Physik markierten die Relativitätstheorie und später dann die Quantentheorie neue Felder, die Hilberts Interesse auf sich zogen. Aber von all dem war 1905 noch wenig zu spüren.

In den Zeitraum von 1899 bis 1905 fallen folgende Publikationen, die aus der Sicht der „Festschrift" interessant sind:

1899 Hilberts Münchener Vortrag „Über den Zahlbegriff" (gedruckt 1900)
1900 französische Übersetzung der „Festschrift"
1900 Pariser Vortrag „Mathematische Probleme"
1901 „Über Flächen von constanter Gaussscher Krümmung"
1902 „Über den Satz von der Gleichheit der Basiswinkel im gleichschenkligen Dreieck"
     (datiert 22. August 1902)

---

[1] Die Edition dieser Vorlesung durch Ewald, Hallett, Majer und Sieg ist geplant aber derzeit noch nicht erfolgt.

© Springer-Verlag Berlin Heidelberg 2015
K. Volkert (Hrsg.), *David Hilbert*, Klassische Texte der Wissenschaft,
DOI 10.1007/978-3-662-45569-2_6

1902 englische Übersetzung der „Festschrift" erscheint

1903 zweite überarbeitete deutsche Auflage der „Festschrift" erscheint

1903 „Über die Grundlagen der Geometrie" (datiert 10. Mai 1902)[2]

1903 „Neue Begründung der Bolyai-Lobatschefskyschen Geometrie" (undatiert)

Die insgesamt vier Artikel von Hilbert aus den Jahren 1901, 1902 und 1903 wurden in der zweiten Auflage zusammen mit der Arbeit von 1895 über die Gerade als kürzeste Verbindung als Anhänge – teilweise in überarbeiteter Form[3] – den „Grundlagen" hinzugefügt.

Daneben ist eine Vorlesung zu erwähnen zum Thema „Grundlagen der Geometrie", die Hilbert im SS 1902 in Göttingen gehalten hat und deren Ausarbeitung durch Alfred Adler von Hallett und Majer editiert wurde. Eine Art von rückblickender Reflexion, auf die wir auch eingehen werden, stellt Hilberts Vortrag „Axiomatisches Denken" dar, den dieser 1917 in Zürich hielt.

Der Inhalt der Vorlesung von 1902 ist bemerkenswert, insofern Hilbert hier nicht einfach seine „Festschrift" präsentiert, sondern neueste Ergebnisse einfließen lässt – sowohl von sich selbst als auch von seinen Schülern. Auch die in Artikeln anderer Autoren gemachten Verbesserungsvorschläge werden aufgegriffen. Diese sind mehr technischer Art, so etwa Poincaré's Hinweis, dass im Kongruenzaxiom IV, 1 (Numerierung der „Festschrift") neben der Reflexivität der Streckenkongruenz auch deren Symmetrie gefordert werden müsse[4], und E. H. Moore's Beweis, dass das alte Anordnungsaxiom II, 4 ein beweisbarer Satz ist.[5] Die Reihenfolge der Axiome ist in der Vorlesung verändert gegenüber der „Festschrift": Die dritte Axiomengruppe besteht nun aus den Kongruenzaxiomen, die vierte umfasst das Parallelenaxiom und die fünfte Gruppe „Axiome der Stetigkeit" umfasst neben dem Archimedischen Axiom, das zuvor schon ausführlich diskutiert wurde, noch das „Axiom der Nachbarschaft" und das „Axiom der Vollständigkeit".[6] Diese Reihenfolge der Axiomengruppen wurde dann in allen späteren Auflagen der „Grundlagen" beibehalten. Während das Vollständigkeitsaxiom als Metaaxiom uns schon aus der Abhandlung über den Zahlbegriff bekannt ist, ist das Axiom der Nachbarschaft ein neues Axiom, das Hilbert im Zusammenhang mit seinen Untersuchungen zum gleichschenkligen Dreieck aufgestellt hatte, die wiederum in der Abhandlung von 1902 dargestellt wurden.

Die Behandlung der Axiomengruppen I und II sowie der Axiome III, 1 bis III, 5 (Strecken- und Winkelkongruenz) unterscheidet sich kaum von der „Festschrift".[7] Der

---

[2] Eine Note gleichen Titels hatte Hilbert bereits am 8. November 1901 der Göttinger Akademie vorgelegt.

[3] Auch in späteren Auflagen wurden im Bereich der Anhangtexte Änderungen vorgenommen; vgl. Hallett und Majer 2004, 535–536. Einige der zusätzlich noch als Supplemente den späteren Auflagen der „Grundlagen" beigefügten Texte von P. Bernays, insbesondere das Supplement V, beziehen sich unmittelbar auf Fragen, die in den Anhängen diskutiert werden.

[4] Vgl. Poincaré 1902, 255. Allerdings gibt Hilbert in seiner Vorlesung keinen Hinweis auf Poincaré; er nimmt die Ergänzung stillschweigend vor.

[5] Vgl. Moore 1902a, 150–151. Auch hier gibt Hilbert in seiner Vorlesung keinen Hinweis auf den Urheber der Verbesserung, wohl aber dann in der zweiten Auflage der „Grundlagen" (1903).

[6] Vgl. Hallett und Majer 2004, 579.

[7] In der Vorlesung zeigt Hilbert durch Konstruktion eines Modells, dass I, 2 von I, 1 unabhängig ist.

erste wesentliche Unterschied zur „Festschrift" zeigt sich in III, 6 – dem Kongruenzaxiom
für Dreiecke. Hier möchte er nun nämlich der Orientierung – Hilbert spricht von „Sinn" –
Rechnung tragen:

> Es ist aber *wichtig*, das Axiom so zu *fassen*, dass es nur für *Dreiecke gilt*, die in der Ebene
> durch *bloße Bewegung* ohne Umklappung zur Deckung gebracht werden können.
> (Hallett und Majer 2004, 551)

In traditioneller Terminologie à la Legendre hätte man gesagt: Die Aussage soll sich auf
kongruente nicht aber auf symmetrische Dreiecke beziehen. Damit reiht sich Hilbert ein
in eine alte Diskussion, die sich auf den Unterschied zwischen Kongruenz (im Sinne ori-
entierungserhaltender Kongruenz) und Symmetrie (orientierungsumkehrende Kongruenz)
drehte. Während diese Unterscheidung im ebenen Fall als unproblematisch empfunden
wurde, da man ja durch eine Drehung im Raum auch symmetrische Dreiecke (in geeigneter Lage) zur Deckung bringen kann, wurde die Frage im Raum unter dem Titel
„inkongruente Gegenstücke" – der von I. Kant, dessen paradigmatisches Beispiel die rechte und die linke Hand waren,[8] inspiriert war – wirklich virulent: In Analogie zum ebenen
Fall müsste man ja hier im vierdimensionalen Raum (und zwar um eine Ebene) drehen,
um symmetrische, nicht-kongruente Dreieckspyramiden (als einfachste Beispiele, in geeigneter Lage) zur Deckung zu bringen. Solange man den vierdimensionalen Raum nicht
akzeptierte, musste man sich folglich damit abfinden, dass man für Polyeder zwischen
Kongruenz und Symmetrie zu unterscheiden habe. A. F. Möbius hatte die alte Ansicht auf
den Punkt gebracht:

> Es scheint sonderbar, dass bei körperlichen Figuren Gleichheit und Ähnlichkeit ohne Koinzi-
> denz statt finden kann, da hingegen bei Figuren in Ebenen oder bei Systemen von Punkten in
> geraden Linien Gleichheit und Ähnlichkeit mit Koinzidenz immer verbunden ist. Der Grund
> davon möchte darin zu suchen sein, dass es über den körperlichen Raum von drei Dimensio-
> nen hinaus keinen andern, keinen von vier Dimensionen gibt. Gäbe es keinen körperlichen
> Raum, sondern wären alle räumlichen Verhältnisse in einer einzigen Ebene enthalten, so wür-
> de es eben so wenig möglich sein, zwei sich gleiche und ähnliche Dreiecke, bei denen aber
> die Folge der sich entsprechenden Spitzen nach entgegen gesetztem Sinne geht, zur Deckung
> zu bringen. Nur dadurch kann man dies bewerkstelligen, dass man das eine Dreieck um eine
> seiner Seiten oder um irgend eine andere Gerade der Ebene, als um eine Achse, eine halbe
> Umdrehung machen lässt, bis es wieder in die Ebene fällt. ... Da aber ein solcher Raum nicht
> gedacht werden kann, so ist auch die Koinzidenz in diesem Falle unmöglich.
> (Möbius 1827, 184–185)

Solche Hintergründe finden bei Hilbert in der „Festschrift" keine Erwähnung, somit
muss die Frage offen bleiben, ob es hier wirklich einen Bezug gab. Allerdings notierte er
in ergänzenden späteren Noten zu Beginn der „Ausarbeitung":

> Wenn man einen Kreis mit Sinne durch die unendlichferne Gerade hindurch führt, so kommt
> derselbe mit umgekehrtem Sinne zurück. Wenn man also von 2 Paaren Handschuhen die

---

[8] Vgl. z. B. „Prolegomena" §§ 13 (Kant 1976, 37–39).

rechten verloren hat, so braucht man nur einen der übrig gebliebenen durch die $\infty$ ferne
Ebene hindurch zu werfen, um ein richtiges Paar zu erhalten.
(Hallett und Majer 2004, 400)

Hilbert erläutert den Begriff „Sinn" anhand von Geraden, denen er eine Durchlaufungs-
richtung erteilt. Hierauf aufbauend kann er „rechts" und „links" einführen und damit dann
Winkel und Dreiecke orientieren.[9] Die engere Fassung des Kongruenzaxioms III, 6 – bei
Hilbert III, $6_2$ im Unterschied zur weiteren III, $6_1$ – lautet dann:

> Wenn für zwei Dreiecke $ABC$ und $A'B'C'$ gilt: $AB \equiv A'B'$, $AC \equiv A'C'$ und $< BAC \equiv <$
> $B'A'C'$, so gilt auch stets: $< ABC \equiv < A'B'C'$ und $< ACB \equiv < A'C'B'$.
>     [Zusatz bei der engeren Fassung III, $6_2$:]
>     ...vorausgesetzt, dass $AB$ und $A'B'$ die rechten Schenkel, $AC$ und $A'C'$ die linken
> Schenkel der Winkel $BAC$ resp. $B'A'C'$ darstellen.
> (Hallett und Majer 2004, 551–552)

Die interessante Frage ist nun: „Was muss man zu III, $6_2$ hinzufügen, damit III, $6_1$
entsteht?"[10] Die erste Antwort ist: Der Satz über die Kongruenz der Basiswinkel im
gleichschenkligen Dreieck genügt.[11] Ganz überraschend ist das nicht, weil ja in diesem
Satz eine gewisse Symmetrie zum Ausdruck kommt: Die Basiswinkel sind von Natur
aus entgegen gesetzt orientiert, aber laut Satz dann eben doch „gleich". Stehen der Basiswinkelsatz sowie geeignete Axiome zur Verfügung, so lassen sich damit alle üblichen
Kongruenzsätze einschließlich der weiteren Form III $6_1$ beweisen[12]. Auch die Existenz
rechter Winkel ergibt sich dann mit Hilfe der Seitenhalbierenden der Basis. Dies ist Hilbert ein Kommentar wert:

> Bemerkenswert ist, dass Euklid diesen Satz [...] unter die Axiome aufgenommen hat; er
> musste dies tun, da er unsere Axiomengruppe II [die Anordnungsaxiome], welche den fun-
> damentalen Begriff „zwischen" definiert, nicht angibt.
> (Hallett und Majer 2004, 558)

Insbesondere sind alle rechten Winkel kongruent.

---

[9] Eine Geschichte des Begriffs „Orientierung" wäre wohl noch zu schreiben. Möbius hatte in seinem „Barycentrischen Calcul" (1827) ziemlich konsequent mit einer solchen gearbeitet und so z. B.
positive und negative Inhalte von Dreiecken begründet.
[10] Hallett und Majer 2004, 556.
[11] Diese Idee klang schon im Pariser Vortrag an; vgl. Hilbert 1900b, 268. Allerdings sind weitere
Axiome notwendig, um aus dem engeren Axiom III, $6_2$ und dem Basiswinkelsatz die üblichen Kongruenzsätze herzuleiten. Diese zusätzlichen Axiome stellen sicher, dass die Addition von Winkeln
kommutativ ist. Vgl. das weiter unten zu Hilbert 1902/03 Gesagte.
[12] In beiden Varianten des Axioms III 6 fehlt im Vergleich zum Kongruenzsatz SWS (1. Kongruenzsatz) noch die Kongruenz der verbleibenden dritten Seiten. Diese ist beweisbar, weshalb
Kongruenzsatz und Axiom getrennt formuliert werden. In der Formulierung des Axioms genügt
eigentlich auch ein Paar von Winkeln.

In der Vorlesung folgten dann das Parallelenaxiom und das Archimedisches Axiom, zu dem – wie oben bereits erwähnt – später das Axiom der Nachbarschaft und das Vollständigkeitsaxiom noch hinzukommen nebst Betrachtungen zur Unabhängigkeit und Widerspruchsfreiheit. Das Axiom der Nachbarschaft besagt:

> Liegt irgendeine Strecke $AB$ vor, so gibt es gewiss ein Dreieck (oder Quadrat etc.), in dessen Innern keine zu $AB$ gleich lange Strecke vorhanden ist.
> (Hallett und Majer 2004, 579)[13]

Die Bedeutung dieses Axioms zeigt sich im weiteren Verlauf der Vorlesung: Im Abschnitt „III. Das Dreieckskongruenzaxiom im engeren und weiteren Sinne" beweist Hilbert nämlich den Basiswinkelsatz auf der Grundlage der Inzidenz- und Anordnungsaxiome plus Parallelenaxiom und Archimedisches Axiom sowie dem Axiom der Nachbarschaft.[14] Das war ein zentrales Resultat seiner Arbeit von 1902/03: ein bemerkenswertes Beispiel für die Einheit von aktueller Forschung und Lehre.

Die Notwendigkeit der Widerspruchsfreiheit ergibt sich aus dem schöpferischen Aspekt[15] der Axiomatik, den Hilbert pointiert hervorhebt, was man wiederum auf dem Hintergrund seiner Auseinandersetzung mit Frege sehen kann:

> Die Dinge, mit denen die Mathematik sich beschäftigt, werden durch Axiome definiert, ins Leben gerufen.
> (Hallett und Majer 2004, 563)

Die Frage der Konsistenz des gesamten Axiomensystems wird wie in der „Festschrift" durch Angabe eines analytischen Modells erledigt. In dieser Hinsicht gibt es keinen Unterschied zu 1899. Im Weiteren werden Modelle für die nicht-Archimedische Geometrie und eine von Hilbert im Anschluss an Dehn so genannte „Semi-Euklidische Geometrie" – eine „merkwürdige Geometrie" so Hilbert[16] – konstruiert. Letztere zeigt:

> Der Satz von der Winkelsumme im Dreiecke ist also nicht äquivalent dem Parallelenaxiom; aus letztem folgt der erste Satz, nicht aber umgekehrt, wenn man nicht V [das Archimedische Axiom] hinzunimmt.
> (Hallett und Majer 2004, 565)

---

[13] Findet sich bis auf den Zusatz in Klammern gleichlautend auch in Hilbert 1902/03. Das Axiom ist gewissermaßen maßgeschneidert für die Untersuchungen zum Basiswinkelsatz.

[14] Vgl. Hallett und Majer 2004, 589–592.

[15] Später sprach man – z. B. P. Bernays – auch treffend von „existentialer Axiomatik".

[16] Hallett und Majer 2004, 568. Es geht um die analytische Geometrie über dem Zahlensystem, dessen Elemente formale Laurent-Reihen der Form $\alpha = a_0 t^n + a_1 t^{n+1} + \ldots$, wobei die Koeffizienten reelle Zahlen und die Exponenten rationale Zahlen ungleich Null sind, wozu noch die Nullfunktion kommt. All das ist schon aus der „Festschrift" als nicht-Archimedisches oder Desarguessches Zahlensystem – modern: ein nicht-Archimedische geordneter Körper – bekannt. Dehn hatte hieran in seiner Dissertation angeknüpft.

Diese Überlegungen stehen in einem engen Zusammenhang zu Dehns Dissertation, den Hilbert an dieser Stelle allerdings noch nicht erwähnt.

Die Unabhängigkeit des Parallelenaxioms wird diesmal – wie schon in früheren Vorlesungen[17] – mit Hilfe des Halbebenenmodells Poincaré's bewiesen. Hilbert leitet auch einige Sätze (wie den Satz über die Winkelsumme[18]) der nichteuklidischen – d. h. hyperbolischen – Geometrie im Folgenden ab. Insbesondere weist er auf folgenden Sachverhalt hin:

> In unserer Geometrie gelten manche Sätze der Euklidischen Geometrie nicht, z. B. schneidet nicht jede Gerade durch einen Punkt innerhalb eines Winkels die Schenkel des Winkels.
> (Hallett und Majer 2004, 573)

Genau dies hatte aber Legendre in einem seiner Beweisversuche für den Satz „Die Winkelsumme im Dreieck kann nicht kleiner als zwei Rechte sein" verwendet. Das verrät Hilbert seinem Leser nicht, weist aber im Anschluss darauf hin, dass wir „damit die Mittel erhalten [haben], um die Fehler in derartigen häufig vorkommenden, oft sehr scharfsinnigen Beweisen aufzudecken."[19] Auch hier wird wieder deutlich, dass Hilbert die Geschichte sehr gut kannte, dies aber seinem Leser nicht allzu oft verdeutlicht.

Der nachfolgenden Abschnitt der Vorlesung referiert mehr oder minder die Ergebnisse von Dehn und ist „Legendre'sche Sätze" überschrieben. Hilbert diskutiert hier die Beweise von Legendre für die beiden Sätze:

> 1.) In einem Dreieck kann die Winkelsumme niemals größer als 2R sein.
> 2.) Wenn in einem einzigen Dreieck die Winkelsumme 2R ist, dann ist sie es in jedem.
> (Hallett und Majer 2004, 573)

Die Beweise der beiden Sätze werden klassisch in der Euklidischen Geometrie geführt.[20] Hilbert konstatiert dann die offenkundige Tatsache, dass die beiden Beweise das Archimedische Axiom verwenden. Tatsächlich hatte Dehn in seiner Dissertation bewiesen, dass der zweite Legendresche Satz auch ohne Archimedizität gilt, der erste aber nicht. Darauf verweist Hilbert allerdings nicht. Die Legendre'schen Sätze fehlen in der „Festschrift", man kann aber mit Fug und Recht festhalten, dass sie zur geometrischen Grundausbildung gehören. Vielleicht hat sie Hilbert u. a. deshalb in seine Vorlesung aufgenommen.

---

[17] Vgl. hierzu Kap. 2 oben.

[18] Vgl. Hallett und Majer 2004, 572.

[19] Hallett und Majer 2004, 573.

[20] Während der Beweis des ersten Satzes den traditionellen Vorbildern folgt (vgl. etwa Baltzer 1867, 14–15), hat sich Hilbert für den zweiten einen eigenen Beweis ausgedacht. Die beiden Legendre'schen Sätze finden sich in der dritten bis achten Auflage der „Eléments de géométrie" von Legendre (aber nicht in allen, da Legendre dieses Kapitel überarbeitet hat). Da sich die deutsche Übersetzung von L. Crelle auf die 12. Auflage des französischen Originals stützt, enthält sie die Legendreschen Sätze nicht.

Beweisfigur zum zweiten
Satz von Legendre
(aus Baltzer 1867, 15)[21]

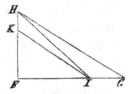

Im Weiteren kommt Hilbert auch nochmals auf die Existenz des rechten Winkels zu sprechen, aus dem er nun den Begriff der Geradenspiegelung herleitet.[22] Er behandelt dann weiter Drehungen und Schrägspiegelungen. Schließlich zeigt er klassische Sätze der Spiegelungsgeometrie, wie „*Drei Spiegelungen* an drei von einem Punkte ausgehenden Geraden können immer durch eine Spiegelung ersetzt werden." und „*Die Mittelsenkrechten* der Seiten eines Dreiecks schneiden sich in einem Punkte."[23] Das Ganze mündet in die Bemerkung, dass es nicht-Pythagoreische Geometrien gibt, das sind Geometrien, in denen der Satz des Pythagoras gilt, in denen man aber nicht aus der Flächengleichheit zweier Quadrate auf die Kongruenz von deren Kanten schließen kann. Während in der Vorlesung diese nur erwähnt werden, findet sich ein konkretes Modell derselben in Hilberts Arbeit zum Basiswinkelsatz. Die Datierung dieses Aufsatzes zeigt, dass er unmittelbar nach der Vorlesung fertig gestellt wurde.

Den Abschluss der Vorlesung bilden einige Bemerkungen zur Endenrechnung, ein Herzstück von Hilberts „Neubegründung der Bolyai-Lobatschefskyschen Geometrie". Dieser Aufsatz erschien ebenfalls 1903, allerdings erst im Band 57 der „Annalen". Hilbert müsste ihn folglich während der Vorlesung im SS 1902 oder etwas später ausgearbeitet haben, leider ist keine Datierung angegeben. Im Unterschied zu der Publikation über die Grundlagen, in der Hilbert mit Bewegungen arbeitet,[24] wird in der Vorlesung das zuvor entwickelte Axiomensystem zugrunde gelegt, wobei natürlich das Parallelenaxiom an die hyperbolische Geometrie angepasst werden muss:

> Es gibt durch jeden Punkt $A$ zwei Halbgerade, die nicht ein und dieselbe Gerade ausmachen und welche eine gegebene Gerade $a$ nicht schneiden; während jede in dem durch sie gebildeten Winkelraum gelegene von $A$ ausgehende Gerade $a$ schneidet; ...
> (Hallett und Majer 2004, 597)

---

[21] Es genügt, die Aussage für rechtwinklige Dreiecke zu beweisen. Ist das rechtwinklige Dreieck $FIK$ gegeben, so verschaffe man sich ein geeignet großes Dreieck $FGH$, von dem man weiß, dass in ihm die Winkelsumme 180° beträgt, und das das vorgegebene Dreieck in der abgebildeten Art umfasst. Dann zeigt man mit Hilfe des zwischengeschalteten Dreiecks $FIH$ durch Widerspruch, dass auch $FIK$ die gewünschte Winkelsumme haben muss.
[22] Vgl. Hallett und Majer 2004, 593–594.
[23] Hallett und Majer 2004, 595. Pionier der Spiegelungsgeometrie war H. Wiener, vgl. Schönbeck 1986.
[24] Diese Möglichkeit wird in der Vorlesung nur in einer Art Nachbemerkung kurz erwähnt; vgl. Hallett und Majer 2004, 601–602. Hilbert spricht hier von „einer Arbeit, die demnächst in den Math. Annalen erscheint" (Hallett und Majer 2004, 601).

Die Geraden, die durch die beiden fraglichen Halbgeraden festgelegt werden, nennt Hilbert „Grenzgeraden" oder auch „Parallelen".[25] Die „Enden", die Hilbert einführt, verallgemeinern in gewisser Weise die traditionellen „unendlich fernen Punkte" der projektiven Geometrie:

> *Jede Gerade besitzt zwei Enden α, β; je eines derselben hat sie mit sämtlichen parallelen, nach derselben Seite gehenden, Geraden gemein.*
> (Hallett und Majer 2004, 598)[26]

Im letzten Drittel des 19. Jhs. war es durchaus üblich festzuhalten, dass Geraden in der Euklidischen Geometrie einen unendlich fernen Punkt hätten, während sie in der hyperbolischen (d. i. die Geometrie von Bolyai und Lobatschewskij) deren zwei besäßen. Aber Hilbert geht anders mit seinen Enden um, er algebraisiert sie, indem er die Endenrechnung einführt. Das wird in der Vorlesung von Hilbert noch entwickelt.

Insgesamt stellt diese Vorlesung ein bemerkenswertes Beispiel zur Interaktion von Forschung und Lehre dar. Man kann sich zudem vorstellen, dass Hilbert sie zusätzlich als Gelegenheit sah, die zweite Auflage der „Festschrift" vorzubereiten – wie wir gesehen haben, hat er ja einige Verbesserungen, etwa die Umstellung in der Reihenfolge der Axiomengruppen, eingearbeitet. Vielleicht ist ihm im Zuge der Vorbereitung die Idee gekommen, seine neuesten Forschungen einfließen zu lassen. Das würde erklären, warum die Teile der Vorlesung, welche diese Forschungen betreffen, eher unstrukturiert wirken. Aber das bleiben in Ermangelung von Quellen Mutmaßungen.

Die in der „Ausarbeitung" von 1899[27] und in der Vorlesung von 1902 angedeuteten Untersuchungen zum Themakreis Basiswinkelsatz, Symmetrie und Dreieckskongruenz im engeren und weiteren Sinne wurden von Hilbert in der Abhandlung „Über den Satz von der Gleichheit der Basiswinkel im gleichseitigen Dreieck" detailliert ausgearbeitet. Diese fand als Anhang II bereits in die zweite Auflage der „Grundlagen" Aufnahme, erfuhr aber danach noch einige Veränderungen, insbesondere im Bereich der verwendeten Axiome. Diese Änderungen gehen im Wesentlichen auf P. Bernays, W. Rosemann[28] und A. Schmidt zurück.[29]

Hilbert beginnt mit einer programmatischen Erklärung:

> Unter der *axiomatischen* Erforschung einer mathematischen Wissenschaft verstehe ich eine Untersuchung, welche nicht dahin zielt, im Zusammenhang mit jener Wahrheit neue oder allgemeinere Sätze zu entdecken sondern die vielmehr die Stellung jenes Satzes innerhalb des

---

[25] Vgl. Hallett und Majer 2004, 598.

[26] Damit diese Definition Sinn macht, muss man wissen, dass die hyperbolische Parallelitätsrelation transitiv ist.

[27] Vgl. Hallett und Majer 2004, 328.

[28] Rosemann hat übrigens die Kleinschen „Vorlesungen über nichteuklidische Geometrie" für den Druck vorbereitet.

[29] Vgl. hierzu Rosemann 1923; Schmidt 1934 und Bernays 1948. Die folgenden Ausführungen legen die Originalversion dieser Abhandlung zu Grunde, die in der zweiten Auflage der „Grundlagen" als Anhang II abgedruckte Fassung ist hiermit textidentisch.

Systems der bekannten Wahrheiten und ihren logischen Zusammenhang in der Weise klarzu-
legen versucht, dass sich sicher angeben lässt, welche Voraussetzungen zur Begründung jener
Wahrheit notwendig und hinreichend sind.

So habe ich beispielsweise in meiner Festschrift *Grundlagen der Geometrie* die ebenen
Schnittpunktsätze, nämlich den speziellen Pascalschen Satz für das Geradenpaar und den
Desarguesschen Satz von den perspektiv gelegenen Dreiecken einer axiomatischen Untersu-
chung unterworfen, und in gleicher Weise haben auf meine Anregung hin *M. Dehn* den Satz
von der Winkelsumme im Dreieck und *G. Hamel* den Satz von der Geraden als der kürzesten
Verbindung zwischen zwei Punkten behandelt.

Die vorliegende Note betrifft die Stellung des Satzes von der Gleichheit der Basiswinkel
im gleichschenkligen Dreieck in der ebenen Euklidischen Geometrie.
(Hilbert 1902/03, 50–51)

Die axiomatische Basis, die Hilbert 1902 verwandte, bestand aus den Inzidenz- und
Anordnungsaxiomen (Gruppen I – hier eingeschränkt auf ebene Inzidenz – und II), den
Axiomen für die Strecken- und Winkelkongruenz (Gruppe III außer III 6*), dem Axiom
der Dreieckskongruenz im engeren Sinne (jetzt als III 6 bezeichnet, III 6* ist das entspre-
chende Axiom im weiteren Sinne), das Parallelenaxiom IV und als Stetigkeitsaxiome das
Archimedische Axiom – von Hilbert auch als Axiom des Messens bezeichnet – und das
Nachbarschaftsaxiom. Letzteres wird so motiviert:

Dieses Axiom der Nachbarschaft ist eine notwendige Folge aus dem Satz von der Gleichheit
der Basiswinkel im gleichschenkligen Dreieck, wie man aus dem Umstande erkennt, dass wegen dieses Satzes vom gleichschenkligen Dreieck die Summe zweier Seiten in jedem Dreieck
größer als die dritte Seite ausfällt.
(Hilbert 1902/03, 54–55)

Hilbert will nun zeigen, dass auf dieser Basis der Satz von der Gleichheit der Basiswinkel im gleichschenkligen Dreieck beweisbar ist.[30] Diese Behauptung ist im Lichte der
oben angedeuteten späteren Ergebnisse dahingehend zu korrigieren, dass es noch weiterer
Axiome die Winkelkongruenz betreffend bedarf.

Die Frage wird geklärt durch Konstruktion eines Modells[31], in dem die vorausgesetzten Axiome erfüllt sind, in dem aber die Dreieckskongruenz im weiteren Sinne nicht gilt.
Letzteres hat dann einige Konsequenzen, z. B. bezüglich des Basiswinkelsatzes und der
Lehre vom Flächeninhalt. Das Modell beruht auf dem nicht-Archimedischen Zahlensystem $T$ der formalen Laurent-Reihen, das schon in der „Festschrift" eingeführt wurde,
das nun zu einem komplexen Zahlensystem erweitert wird, indem Ausdrücke der Form
$a + ib$ gebildet werden mit $a, b$ aus $T$ und $i$ die komplexe Einheit. Hierüber wird eine
ebene analytische Geometrie konstruiert, entweder mit zwei Koordinaten aus $T$ oder in
der komplexen Zahlenebene.

In $T$ gibt es unendlich kleine Elemente; diese haben die Form $\tau = a_0 t^n + a_1 t^{n+1} + \ldots$
mit positivem Exponenten $n$ und sind kleiner als jede reelle Zahl (der führende Koeffizi-

---

[30] Vgl. Hilbert 1902/03, 55; der Satz wird im Folgenden kurz Basiswinkelsatz genannt.
[31] Vgl. Hilbert 1902/03, 57–64.

ent soll ungleich 0 sein). Im Weiteren wird eine Ordnung für kollineare Punkte eingeführt und darüber der Begriff der Strecke erklärt. Schließlich werden analytisch „kongruente Abbildungen" festgelegt nämlich die Verschiebung durch $x' = x + a$, $y' = y + b$ (bzw. $x' + iy' = x + iy + a + ib$), sowie die Drehung um den Ursprung durch $x' + iy' = e^{i\vartheta + (1+i)\tau}(x + iy)$, wobei $\vartheta$ eine reelle Zahl und $\tau$ ein unendlich kleines Element in $T$ ist. Hierauf aufbauend kann man den Kongruenzbegriff für Strecken und Winkel definieren.[32] Es gelten nun alle gewünschten Axiome, insbesondere das Dreieckskongruenzaxiom in seiner engeren Form, denn gemäß ihrer Einführung über Drehungen sind die Winkel ja orientiert. Es gibt rechte Winkel und jeder Winkel ist halbierbar. Im Anschluss hieran lassen sich Geradenspiegelungen erklären. Der entscheidende Punkt ist nun ein rechtwinkliges Dreieck $OBA$ und sein Spiegelbild $OBA'$.

Figur 2 aus
Hilbert 1902/03, 64:
$\tau$ ist unendlich klein.

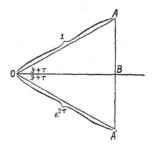

Es ergeben sich damit folgende Streckenlängen:

$$|\overline{OA}| = 1, |\overline{OA'}| = e^{2\tau}$$

Folglich sind diese beiden Strecken unterschiedlich lang; ihre Differenz ist eine unendlich kleine Zahl.

Da Hilbert zuvor bewiesen hat, dass die Winkel in den beiden symmetrischen Dreiecken gleich sind, folgen aus den obigen Streckenlängen:

- Der Basiswinkelsatz gilt nicht im Dreieck $OA'A$: Zwar sind die Winkel an der Basis $AA'$ gleichgroß, aber nicht die Schenkel ($OA$ und $OA'$).
- Folglich gilt auch nicht die Dreieckskongruenz im weiteren Sinne, denn die beiden symmetrischen Dreiecke sind nicht kongruent, obwohl die Situation SWS gegeben ist (rechte Winkel bei $B$, $OB$ gemeinsam, $BA'$ und $BA$ gleichlang nach Konstruktion). Folglich ist die Geradenspiegelung keine Kongruenzabbildung.
- Die Dreiecksungleichung gilt nicht, wie man dem Dreieck entnimmt, das man erhält, wenn man den endlichen Drehwinkel $\vartheta$ von oben Null setzt.

---

[32] Die Ausführungen zu den Kongruenzabbildungen sind in der ursprünglichen Fassung von 1902/03 sehr knapp; in späteren Auflagen wurden sie wesentlich erweitert – z. B. durch den expliziten Nachweis, dass die kongruenten Abbildungen eine Gruppe bilden; vgl. Hilbert 1972, 138–147. Diese Details wurden von Rosemann in seiner Arbeit Rosemann 1923 ausgeführt.

Der Satz des Pythagoras gilt in der Form, die der Hilbertschen Lehre vom Flächeninhalt entspricht: Im rechtwinkligen Dreieck sind die Quadrate über den Katheten zusammen dem Quadrat über der Hypotenuse ergänzungsgleich.[33] Da die Kanten der beiden Kathetenquadrate in den beiden symmetrischen Dreiecken kongruent sind, sind auch die Kathetenquadrate paarweise kongruent. Folglich sind die beiden Hypotenusenquadrate ergänzungsgleich, haben aber unterschiedlich lange Kanten. Es gilt also nicht mehr der Satz: Quadrate mit gleichem Flächeninhalt haben kongruente Kanten. Genauer gilt:

> ... es gibt in unserer Geometrie Quadrate, deren Seiten sich um unendlich kleine von 0 verschiedenen Zahlen unterscheiden und die dennoch einander inhaltsgleich sind.
> (Hilbert 1902/03, 65)

Schließlich bricht auch die Brücke zwischen der Lehre vom Flächeninhalt im Sinne von Zerlegungs- und Ergänzungsgleichheit und dem Flächenmaß[34] zusammen, denn letzteres verliert seinen Sinn. In einer Geometrie, in der die Dreieckskongruenz nur im engeren Sinne gegeben ist, ist es nämlich nicht möglich nachzuweisen, dass das Maß eines Dreiecks von der Auswahl der Grundseite unabhängig ist. Dieser Beweis funktioniert vermöge ähnlicher Dreiecke, die symmetrisch liegen.

Ein Gegenbeispiel liefern das rechtwinklige Dreieck $ORQ$, wobei die Koordinaten folgendermaßen festgelegt sind: $O(0,0)$, $R(\cos t, \sin t)$ und $Q(\cos t, 0)$.[35] Berechnen wir das Flächenmaß $J$ des Dreiecks $OQR$, indem wir $OQ$ als Grundseite und $QR$ als Höhe nehmen, so ergibt sich[36]:

$$2J = (\cos t)(\sin t)$$

Ist nun andererseits S der Lotfußpunkt des Lotes von $Q$ auf $OR$, so ergibt sich für die Länge des Lotes $QS$:

$$\left|\overline{QS}\right| = e^{-t} \sin t \cos t$$

Und damit für das Flächenmaß $J'$ zur Basis $OR$:

$$2J' = e^{-t} \cdot e^{-t} \cos t \sin t$$

Somit ist $J' < J$.

---

[33] Das sieht man z. B. an der Beweisfigur, die als „Stuhl der Braut" bekannt ist. An ihr erkennt man, dass der Beweis nur mit im engeren Sinne kongruenten Dreiecken durchgeführt werden kann – es genügen Verschiebungen und Drehungen, Spiegelungen sind nicht erforderlich.

[34] Die Streckenrechnung lässt sich auch im Falle der vorliegenden Geometrie wie gehabt entwickeln; vgl. Hilbert 1902/03, 63.

[35] 1902/03 findet sich dieses nicht; vgl. hierzu Hilbert 1972, 149–150.

[36] Die Länge von $QR$ ist gleich $\sin t$. Analog findet er $QS$ als $e^{-t} \sin t \cos t$. Vgl. Hilbert 1972, 151.

Hilbert zieht folgendes Fazit:

Verstehen wir das Axiom über die Dreieckskongruenz im engeren Sinne und nehmen wir von den Stetigkeitsaxiomen nur das Axiom der Nachbarschaft als gültig an, dann ist der Satz von der Gleichheit der Basiswinkel im gleichschenkligen Dreieck nicht beweisbar, selbst dann nicht, wenn wir die Lehre von den Proportionen als gültig voraussetzen. Ebenso wenig folgt die Euklidische Lehre von den Flächeninhalten; auch der Satz, wonach die Summe zweier Seiten im Dreieck größer als die dritte ausfällt, ist keine notwendige Folge der gemachten Annahmen.
(Hilbert 1902/03, 66)

Schließlich konstruiert Hilbert noch eine nicht-Pythagoreische Geometrie in der das Archimedische Axiom gilt, nicht aber das Nachbarschaftsaxiom. Diese in der Originalversion nur sehr knapp angedeutete Konstruktion wurde von A. Schmidt ausgearbeitet und in seiner bereits genannten Publikation[37] dargestellt. Die späteren Auflagen der „Grundlagen" berücksichtigen diese Darlegungen von Schmidt. Bemerkenswert ist, dass sich mit Hilberts Arbeit zum Basiswinkelsatz der Kreis schließt, an dessen Anfang seine erste Publikation zur Geometrie von 1895 stand: Die Frage nach der Dreiecksungleichung – nach der Geraden als kürzeste Verbindung – hat nun eine Antwort gefunden in dem Sinne, dass man sie in der axiomatischen Basis – im Unterschied zwischen den beiden Kongruenzaxiomen für Dreiecke – verorten kann.

Die zweite Arbeit, die Hilbert unmittelbar an die „Festschrift" anschloss, trug den Titel „Ueber die Grundlagen der Geometrie", sie ist datiert „Göttingen, den 10. Mai 1902"[38]. Inhaltlich geht es Hilbert hier um die gruppentheoretische Grundlegung der Geometrie, also um den u. a. von Poincaré favorisierten Zugang.[39] Ganz unerwartet kam diese Idee nicht, denn Hilbert hatte schon in seinem Pariser Vortrag Fragen der Lie-Theorie angesprochen: „Lie's Begriff der kontinuierlichen Transformationsgruppe ohne die Annahme der Differenzierbarkeit der die Gruppe definierenden Funktionen"[40]. Ferner spielen Bewegungen – allerdings hauptsächlich des höherdimensionalen Raumes – eine Rolle im Problem 18. „Aufbau des Raumes aus kongruenten Polyedern"[41].

Das Ziel, das Hilbert sich in seiner Abhandlung gesetzt hatte, lautete: Axiome anzugeben, die die Bewegungsgruppe betreffen, welche die Euklidische und die hyperbolische Geometrie auszeichnen. Hierzu werden einige Begriffsbildungen und Sätze der Mengenlehre vorausgesetzt, z. B. der modern gesprochen Begriff der bijektiven Abbildung, und der Topologie, z. B. der Jordansche Kurvensatz. Die axiomatische Basis ist somit nicht vollständig in allen Details ausgeführt. Es gibt auch keinen Anfang mehr im Stile von „Wir denken uns . . .", sondern auch die Zahlenebene wird einfach vorausgesetzt:

---

[37] Schmidt 1934.
[38] Hilbert 1903c, 422.
[39] Vgl. Kap. 5 oben.
[40] Hilbert 1900b, 269. Es handelte sich um das fünfte Problem in Hilberts Liste.
[41] Hilbert 1900b, 285–286. Es gibt in der Arbeit Hilbert 1903c eine Fußnote, in der sich Hilbert auf den Pariser Vortrag bezieht (S. 382 n. *). Allerdings bleibt unklar, was Hilbert hier meint, denn inhaltlich ist die Note sehr vage und formal stimmt die angegebene Seitenzahl nicht.

*Erklärung*: Wir verstehen unter der *Zahlenebene* die gewöhnliche Ebene mit einem rechtwinkligen Koordinatensystem $x, y$.
(Hilbert 1903c, 382)

Im Anschluss hieran definiert Hilbert den Begriff „Umgebung" als Jordansches Gebiet
und formuliert Umgebungsaxiome für die Ebene, eine damals völlig neue Idee, die später
von Felix Hausdorff 1868–1942) in seinen „Grundzügen der Mengenlehre" (1914) auf
allgemeine topologische Räume erweitert werden sollte.[42] Bewegungen werden nun als
orientierungserhaltende umkehrbar eindeutige stetige Transformationen der Zahlenebene
definiert.[43] Bewegungen mit genau einem Fixpunkt heißen auch Drehungen.
   Es sollen die folgenden drei Axiome gelten:

Axiom I.   Die Bewegungen bilden eine Gruppe.
Axiom II.  Jeder wahre Kreis besteht aus unendlich vielen Punkten.
Axiom III. Die Bewegungen bilden im Endlichen ein abgeschlossenes System.
(Hilbert 1903c, 385)

Ein wahrer Kreis ist die Bahn eines Punktes bei einer Drehung. Abgeschlossenheit
meint das folgende: Gibt es Bewegungen, die ein Punktetripel $A, B, C$ in beliebige Nähe
eines Punktetripels $A', B', C'$ abbilden, so gibt es auch eine Bewegung, die $A, B, C$ auf
$A', B', C'$ abbildet.
   Die Behauptung ist dann:

Eine ebene Geometrie, in welcher die Axiome I–III erfüllt sind, ist entweder die Euklidische
oder die Bolyai-Lobatschewskijsche ebene Geometrie.
(Hilbert 1903c, 386)

Der Beweis dieser Behauptung füllt den Rest der Abhandlung, einen Überblick zur
Beweisidee gibt Hilbert auf den Seiten 386 bis 388. Wir wollen an dieser Stelle hierauf
nicht näher eingehen. Festzuhalten bleibt, dass Hilbert in dieser Abhandlung verstärkt
den topologischen Grundlagen der Geometrie Aufmerksamkeit zollt, ein Versäumnis der
„Festschrift", das Freudenthal ihm in seiner bekannten Besprechung[44] anlastete.
   Am Ende dieser recht langen Abhandlung – rund 40 Druckseiten – kommt Hilbert
nochmals zusammenfassend auf sein Vorgehen und dessen Unterschiedlichkeit zu jenem
der „Festschrift" zu sprechen:

In dieser Festschrift ist eine solche Anordnung der Axiome befolgt worden, wobei die Stetigkeit hinter allen übrigen Axiomen an *letzter* Stelle gefordert wird, so dass dann naturgemäß
die Frage in den Vordergrund tritt, inwieweit die bekannten Sätze und Schlussweisen der elementaren Geometrie von der Forderung der Stetigkeit unabhängig sind. In der vorstehenden

---

[42] Vgl. Hilbert 1903c, 383.
[43] Die Differenzierbarkeitsvoraussetzungen von Lie hatte Hilbert ja schon 1900 als zu einschneidend
empfunden. Wie die Stetigkeit seiner Transformationen zu verstehen sei, erklärt Hilbert nicht.
[44] Freudenthal 1957. Kritisch hierzu Bos 1993.

Abhandlung wird die Stetigkeit vor allen übrigen Axiomen an *erster* Stelle durch die Definition der Ebene und der Bewegung gefordert, so dass hier vielmehr die wichtigste Aufgabe darin bestand, das geringste Maß von Forderungen zu ermitteln, um aus demselben unter weitester Benutzung der Stetigkeit die elementaren Gebilde der Geometrie (Kreis und Gerade) und ihre zum Aufbau der Geometrie notwendigen Eigenschaften gewinnen zu können. In der Tat hat die vorstehende Untersuchung gezeigt, dass hierzu die in den obigen Axiomen I–III ausgesprochenen Forderungen hinreichend sind.
(Hilbert 1903c, 422)

Schon ganz am Anfang seiner Arbeit hatte Hilbert die Mathematiker genannt, an die er mit seinen Überlegungen anknüpfte: Riemann, Helmholtz und Lie. Nicht erwähnt wird allerdings Poincaré. Somit ist es angebracht, Hilberts Beitrag – auch wenn er sich nur der Ebene widmet – in die Entwicklungslinie des Riemann-Helmholtz-Lie-Poincaréschen Raumproblems einzuordnen.

Die letzte Publikation von Hilbert im Anschluss an die „Festschrift" trägt den Titel „Neue Begründung der Bolyai-Lobatschefskyschen Geometrie".[45] Der Kern dieser recht kurzen Veröffentlichung ist die sogenannte Endenrechnung, ein weiterer Geniestreich von Hilbert. Hartshorne schreibt hierzu:

We come now to one other of the most beautiful parts of the theory of non-Euclidean geometry, which is another illustration of the usefulness of abstract algebra. This is Hilbert's tour de force, the creation of an abstract field out of the geometry of a hyperbolic plane.
(Hartshorne 2000, 388)

Meinte „Begründung" bislang bei Hilbert „Aufstellen eines Axiomensystems", so ist jetzt etwas anderes intendiert, das man – im Anschluss an Hartshorne – Algebraisierung (oder auch Arithmetisierung, wie man wohl um 1900 gesagt hätte) nennen könnte (und insofern mit der Streckenrechnung vergleichen könnte). Zudem gelingt damit eine Einbettung der ebenen hyperbolischen Geometrie in die affine oder projektive Ebene im Stile von Klein. Das ist aber für Hilbert nur ein Nebeneffekt, denn er schreibt zu seinen Absichten:

In der folgenden Untersuchung ersetze ich das Parallelenaxiom durch eine der Bolyai-Lobatschewskijschen Geometrie entsprechende Forderung und zeige dann ebenfalls, *dass ausschließlich auf Grund der ebenen Axiome ohne Anwendung von Stetigkeitsaxiomen die Begründung der Bolyai-Lobatschewskijschen Geometrie in der Ebene möglich ist.*
    Diese neue Begründung der Bolyai-Lobatschewskijschen Geometrie steht, wie mir scheint, auch hinsichtlich ihrer Einfachheit den bisher bekannten Begründungsarten, nämlich derjenigen von Bolyai und Lobatschewskij, die beide sich der Grenzkugel bedienten, und derjenigen von F. Klein mittels der projektiven Methode nicht nach. Die genannten Begründungen benutzen wesentlich den Raum sowohl wie die Stetigkeit.
(Hilbert 1903b, 137)

---

[45] Erschienen im Band 57 (1903) der „Mathematischen Annalen"; verwiesen wird neben der „Festschrift" selbst auf die französische und die englische Übersetzung derselben sowie auf den Artikel über den Basiswinkelsatz.

Es folgt dann eine Zusammenstellung der Inzidenz-, Anordnungs- und Kongruenzaxiome der ebenen Geometrie, welche allerdings schon im Vergleich zur „Festschrift"
korrigiert und ergänzt ist, das heißt den Stand der zweiten Auflage wiedergibt. Das Parallelenaxiom wird wieder der hyperbolischen Geometrie angepasst:

> Ist $b$ eine beliebige Gerade und $A$ ein nicht auf ihr gelegener Punkt, so gibt es stets durch
> $A$ zwei Halbgerade $a_1$, $a_2$, die nicht ein und dieselbe Gerade ausmachen und die Gerade $b$
> nicht schneiden, während jede in dem durch $a_1$, $a_2$ gebildeten Winkelraum gelegene von $A$
> ausgehende Halbgerade die Gerade $b$ schneidet.
> (Hilbert 1903b, 140)

Figur 1 aus Hilbert 1903b, 140

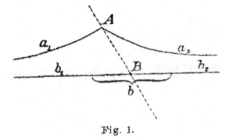

Fig. 1.

Die solcherart definierte Parallelitätsrelation ist symmetrisch und transitiv. Das wird in
der Endenrechnung eine wichtige Rolle spielen. Wie bereits bemerkt, war es im letzten
Drittel des 19. Jhs. nicht ungewöhnlich, in der hyperbolischen Geometrie einer Gerade
zwei unendlich ferne Punkte – jeweils einer auf jeder Seite – zuzuschreiben. Gut verständlich wurde dies in den Modellen von Cayley-Klein oder Poincaré, sieht man doch
dort, dass die hyperbolischen Geraden das Grenzgebilde (ein Kegelschnitt oder eine euklidische Gerade) in zwei Punkten trifft. Aber es war bis zu Hilbert niemanden gelungen,
dies in ein brauchbares Konzept umzusetzen.[46] An die Stelle der unendlich fernen Punkte
treten bei Hilbert die Enden:

> Definition: Jede Halbgerade bestimmt ein Ende; von allen Halbgeraden, die zu einander par-
> allel sind, sagen wir, dass sie dasselbe Ende bestimmen. Eine Gerade besitzt demgemäß zwei
> Enden. Allgemein werde eine Gerade, deren Enden $\alpha$ und $\beta$ sind, mit $(\alpha, \beta)$ bezeichnet.
> (Hilbert 1903b, 140)

Das Ziel ist es nun, analog zur Streckenrechnung eine Endenrechnung einzuführen und
damit einen Körper zu gewinnen. Hierzu bedarf es einiger Hilfssätze aus der hyperbolischen Geometrie, insbesondere auch zu Geradenspiegelungen.[47]

---

[46] Etwa analog zum Übergang von der euklidischen Ebene zur projektiven.
[47] Diese betreffen z. B. die Konstruktion der Parallelen zu zwei vorgegebenen parallelen Strahlen
durch einen gegebenen Punkt, der zwischen diesen liegt (Satz 4, vgl. Hilbert 1903b, 144), und die
Tatsache, auch Dreispiegelsatz genannt, dass man drei Spiegelungen an Geraden mit gemeinsamem
Ende durch eine ersetzen kann (Satz 5, vgl. Hilbert 1903b, 144). Eine wichtige Eigenschaft ist ferner,
dass es zu zwei Enden genau eine Gerade gibt, die diese Enden besitzt.

Um die Addition von Enden einzuführen, bedarf es einer Art von Koordinatensystem in der hyperbolischen Ebene. Hierzu nehme man eine Gerade $a$, deren Enden mit 0 und $\infty$ bezeichnet werden, sowie einen Punkt $O$ auf dieser. In $O$ errichtet man die Senkrechte auf $a$, markiert auf dieser einen Punkt $+1$ und benenne seinen Spiegelpunkt bezüglich $a$ mit $-1$.

> Definition: Es seien $\alpha$, $\beta$ irgend zwei Enden; ferner sei $O_\alpha$ das Spiegelbild des Punktes $O$ an der Geraden $(\alpha, \beta)$ und $O_\beta$ sei das Spiegelbild des Punktes $O$ an der Geraden $(\beta, \infty)$, die Mitte der Strecke $O_\alpha O_\beta$ verbinden wir mit dem Ende $\infty$: das andere Ende der so konstruierten Geraden heiße die *Summe der beiden Enden* $\alpha$ und $\beta$ und werde mit $\alpha + \beta$ bezeichnet. (Hilbert 1903b, 146)

Abb. 2 aus Hilbert 1903b, 146.
Dargestellt ist die Addition
zweier Enden

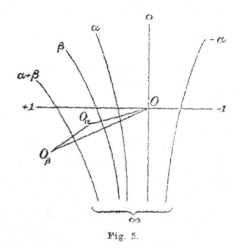

Fig. 5.

Es gilt nun die üblichen Regeln für die Addition von Enden zu beweisen; diese zeigen dann, dass man eine Abelsche Gruppe erhält. Das Ende 0 übernimmt die Rolle des neutralen Elements, zu einem Ende $\alpha$ erhält man das inverse Ende $-\alpha$ durch Spiegelung an der Geraden $a = (0, \infty)$. Am aufwendigsten gestaltet sich der Nachweis der Assoziativität; dieser beruht auf dem oben erwähnten Dreispiegelsatz. Ähnlich wird auch die Multiplikation von Enden eingeführt. Insgesamt erhält man so einen Körper, weshalb „der Aufbau der Geometrie keine weiteren Schwierigkeiten"[48] mehr bietet. Letztlich gelangt man zur Charakterisierung der hyperbolischen Geometrie vermöge des zugehörigen Körpers und zur Kenntnis ihrer Bewegungsgruppe.[49] Das allerdings sagt Hilbert nicht so deutlich. Im nachfolgenden Jahr (1904) legte übrigens Fr. Schur eine Abhandlung vor, in der er zeigen wollte, „wie die Hilbertsche Begründung sich im engsten Anschlusse an die Begründung der projektiven Geometrie anschließen lässt, die man v. Staudt, Cayley und F. Klein verdankt."[50]

---

[48] Hilbert 1903b, 149.
[49] Vgl. etwa Hartshorne 2000, 388–403.
[50] Schur 1904, 314.

Auf die Arbeit „Über Flächen von konstanter Gaußscher Krümmung", die Hilbert bereits 1900 veröffentlichte und die den „Grundlagen" als Anhang V beigegeben wurde (und wird), möchte ich hier nur kurz eingehen, da die in ihr verwandten Methoden völlig andere als die bislang betrachteten sind. Bekanntlich hatte E. Beltrami 1868 bemerkt, dass man die hyperbolische Ebene mit Hilfe der Pseudosphäre modellieren kann.[51] Dies konnte aber nur lokal geschehen, weil man keine singularitätenfreie Einbettung der Pseudosphäre in den gewöhnlichen Raum fand. Hilbert bewies nun – im Wesentlichen geht es um Differentialgeometrie – dass es eine solche Einbettung nicht gibt.[52]

Wie bereits erwähnt, hat sich Hilbert nach der Veröffentlichung der oben betrachteten Arbeiten von den Grundlagen der Geometrie in seiner Forschungstätigkeit ab- und den Integralgleichungen und der mathematischen Physik zugewandt. Später wurden auch die Grundlagen der Mathematik inklusive mathematischer Logik und Beweistheorie zu zentralen Themen seiner Arbeit. Es versteht sich von selbst, dass letztere zum Teil ihre Wurzeln in seinen „Grundlagen der Geometrie" hatten. Gewissermaßen rückblickend ist Hilbert allerdings einmal noch auf die „axiomatische Methode" zu sprechen gekommen, die er paradigmatisch in seiner „Festschrift" verwendet hatte. Dies geschah in einem eher populärwissenschaftlichen Vortrag vor der Schweizerischen Mathematischen Gesellschaft dieses Titels am 11. September 1917 in Zürich.[53] In Zürich war neben A. Hurwitz, dem väterlichen Freund aus Königsberger Tagen, der allerdings gesundheitliche Probleme hatte und demzufolge wenig aktiv sein konnte, Hilberts Schüler und späterer Nachfolger Hermann Weyl an der ETH tätig; es ist anzunehmen, dass er für Hilberts Einladung gesorgt hat. Das Verhältnis von Hilbert zu Weyl und umgekehrt war allerdings nicht spannungsfrei zu jener Zeit, denn Weyl sollte mit seiner Schrift „Das Kontinuum" (1918 veröffentlicht) mehr oder minder zum Kritiker der von Hilbert geteilten klassischen Auffassungen bezüglich der Grundlagen der Analysis werden. Diese Entwicklung ist Hilbert sicher nicht entgangen.[54] Ein einigendes Band war hingegen das Interesse für die Relativitätstheorie, in die sich Weyl nach seiner Rückkehr aus dem Krieg (Anfang 1916) sehr schnell einarbeitete, was schließlich in seinen Klassiker „Raum – Zeit – Materie" (1918) münden sollte.

Der Anfang von Hilberts Vortrag ist verblüffend, zeigt er doch eindringlich den Menschen David Hilbert:

> Wie im Leben der Völker das einzelne Volk nur dann gedeihen kann, wenn es auch allen
> Nachbarvölkern gut geht, und wie das Interesse der Staaten es erheischt, dass nicht nur inner-

---

[51] Vgl. Volkert 2013, Kap. 3 Die Pseudosphäre ist eine Fläche mit konstanter negativer Krümmung.
[52] Hilbert führt seinen Beweis für analytische Einbettungen, merkt aber an, dass man ihn auf Situationen mit schwächeren Differenzierbarkeitsanforderungen übertragen könne. Verzichtet man gänzlich auf die Differenzierbarkeitsvoraussetzungen, so ändert sich die Situation erheblich.
[53] Ein positiver Nebeneffekt der Reise nach Zürich war wohl in Hilberts Augen auch die Möglichkeit, sich satt zu essen; in Deutschland hatte man ja gerade den „Rüben-Winter" überstanden. Hilbert war anscheinend der Meinung, dass eine gute Ernährung – insbesondere Fleisch und Eier – für das Funktionieren seines Gehirns ganz wesentlich sei; vgl. Reid 1996, 144. Er betrieb übrigens einen erfolgreichen Gemüseanbau in seinem Garten.
[54] Vgl. etwa: „Weyl und Brouwer suchen die Lösung des Problems [der Grundlagen der Mathematik] auf einem meiner Meinung nach falschen Wege." (Hilbert 1922, 157).

halb jedes einzelnen Staates Ordnung herrsche, sondern auch die Beziehungen der Staaten unter sich gut geordnet werden müssen, so ist es auch im Leben der Wissenschaften. (Hilbert 1918, 405)

Das ist weit entfernt von der Kriegseuphorie und der sie begleitenden Rhetorik, wie man sie beispielsweise in dem berüchtigten „Aufruf an die Kulturwelt" („Manifest der 93" vom Oktober 1914)[55] zum Ausdruck kam. Auf seiner Fahrt von Göttingen in die Schweiz dürfte Hilbert am Oberrhein entlang gefahren sein – bei gutem Wetter in Sichtweite des Hartmannwillerkopfs, wo 30.000 Soldaten im Krieg ihr Leben ließen. Vielleicht ging ihm dies durch den Kopf, als er den Anfang seiner Rede konzipierte.

Die „axiomatische Methode" wird als eine Forschungsmethode bezeichnet, „die in der neueren Mathematik mehr und mehr zur Geltung zu kommen scheint"[56], die aber keineswegs auf diese beschränkt ist. Ihr Wesen wird so beschrieben:

Wenn wir die Tatsachen eines bestimmten mehr oder minder umfassenden Wissensgebiet zusammenstellen, so bemerken wir bald, dass diese Tatsachen einer Ordnung fähig sind. Diese Ordnung erfolgt jedesmal mit Hilfe eines gewissen *Fachwerkes von Begriffen* in der Weise, dass dem einzelnen Gegenstande des Wissensgebietes ein Begriff dieses Fachwerkes und jeder Tatsache innerhalb des Wissensgebietes eine logische Beziehung zwischen den Begriffen entspricht. Das Fachwerk der Begriffe ist nichts anderes als die *Theorie* des Wissensgebietes.

So ordnen sich die geometrischen Tatsachen zu einer Geometrie, die arithmetischen Tatsachen zu einer Zahlentheorie, ...[57]

Wenn wir eine bestimmte Theorie näher betrachten, so erkennen wir allemal, dass der Konstruktion des Fachwerkes von Begriffen einige wenige ausgezeichnete Sätze des Wissensgebietes zugrunde liegen und diese dann allein ausreichen, um aus ihnen nach logischen Prinzipien das ganze Fachwerk aufzubauen.

So genügt in der Geometrie der Satz von der Linearität der Gleichung der Ebenen und von der orthogonalen Transformation der Punktkoordinaten vollständig, um die ganze ausgedehnte Wissenschaft der Euklidischen Raumgeometrie allein durch die Mittel der Analysis zu gewinnen. (Hilbert 1918, 405–406)

Im Anschluss schildert Hilbert den Vorgang, den er als „Tieferlegung der Fundamente"[58] bezeichnet. Dabei geht es um die Analyse von Beweisen, welche zeigt, dass die Axiome, von denen man ausgegangen ist, noch nicht die fundamentalsten sind.

Als notwendige Forderungen an ein System von Axiomen ergeben sich Unabhängigkeit – klassisches Beispiel hierfür laut Hilbert: das Parallelenaxiom – und Widerspruchsfreiheit. Zu ersterer heißt es erläuternd:

---

[55] Ich danke Volker Remmert (Wuppertal) für Hinweise zu diesem Manifest. Einer der 93 Unterzeichner war wie bereits erwähnt Hilberts Göttinger Kollege Felix Klein gewesen.

[56] Hilbert 1918, 405.

[57] Die weiteren Beispiele, die Hilbert zitiert, sind der Physik entnommen, am Schluss der Aufzählung kommen dann noch Wahrscheinlichkeitsrechnung und Mengenlehre. Zur „Fachwerk"-Methapher und zu Hilberts Rhetorik allgemein vgl. man Schlimm 2015.

[58] Hilbert 1918, 407.

Die Untersuchungsmethode wurde vorbildlich für die axiomatische Forschung, und seit Euklid ist zugleich die Geometrie das Musterbeispiel einer axiomatisierten Theorie überhaupt. (Hilbert 1918, 407–408)

Im Rahmen der axiomatischen Untersuchung kommt nach Hilbert der „Stetigkeit", insbesondere der Archimedizität, ein besonderes Interesse zu, genauer gesagt, geht es um die Abhängigkeit der Sätze von der Annahme der Stetigkeit. Das war ja genau das Programm der „Festschrift". Eine Begründung für dieses „besondere Interesse" bleibt Hilbert allerdings schuldig. Neu ist 1917, dass Hilbert auch die Idee der Entscheidbarkeit von mathematischen Theorien ins Auge fasst – deutliche Spur der Auseinandersetzung mit den Kritikern der traditionellen Auffassungen. Auffallend ist ferner, dass er nun viele Beispiele aus der Physik anführt – eigentlich sogar die Mehrzahl derselben kommt aus diesem Bereich.[59]

Geändert hatte sich mittlerweile Hilberts Einschätzung des Problems von Widerspruchsfreiheitsbeweisen. 1917 war ihm längt klar geworden, dass diese nicht so einfach zu haben sind, wie er 1899 noch glaubte. Er sah nun, dass die Analysis/Arithmetik selbst eines Widerspruchsfreiheitsbeweises bedarf. Als Abhilfen kommen die Axiomatisierung der Mengenlehre – Hilbert nennt hier natürlich den Göttinger Privatdozenten E. Zermelo[60] – und der Logik – hier erwähnt er B. Russell – in Betracht. Allerdings waren diese Versuche noch nicht befriedigend in Hilberts Augen. In Formulierungen wie, es käme darauf, „das Wesen des mathematischen Beweises an sich zu studieren"[61], klingt bereits Hilberts später entwickelte Beweistheorie an. Ähnlich wie in Paris im Jahre 1900 schließt Hilbert auch in Zürich mit einem Credo:

Alles, was Gegenstand des wissenschaftlichen Denkens überhaupt sein kann, verfällt, sobald es zur Bildung einer Theorie reif ist, der axiomatischen Methode und damit mittelbar der Mathematik. Durch Vordringen zu immer tieferliegender Schichten von Axiomen im vorhin dargelegten Sinne gewinnen wir auch in das Wesen des wissenschaftlichen Denkens selbst immer tiefere Einblicke und werden uns der Einheit unseres Wissens immer mehr bewusst. In dem Zeichen der axiomatischen Methode erscheint die Mathematik berufen zu einer führenden Rolle in der Wissenschaft überhaupt. (Hilbert 1918, 415)

Das „non ignorabimus" von 1900 ist einem „in hoc signo vinces" gewichen. Geblieben ist der Erkenntnisoptimismus, der für Hilbert so kennzeichnend war und an dem er immer festhalten sollte.

---

[59] Zur Axiomatisierung der Physik, wie sie Hilbert gewissermaßen in Fortführung der Grundlagen der Geometrie vorschwebte, vgl. man Corry 2004.

[60] Zermelo hatte 1904 das Auswahlaxiom und 1908 seine Axiomatik für die Mengenlehre vorgelegt: vgl. Zermelo 1908. In dieser Arbeit kommt bemerkenswerter Weise Hilbert nicht vor. Zermelo wandte sich erst ab etwa 1904 der Mengenlehre zu, vorher beschäftigte er sich mit Variationsrechnung, Differentialgeometrie und mathematischer Physik.

[61] Hilbert 1918, 414.

# Klassische Sätze in Hilberts „Festschrift" und seinen Vorlesungen

In den Vorlesungen zu den Grundlagen der Geometrie, die Hilbert gehalten hat, sowie in seiner „Festschrift" finden sich eine ganze Reihe von klassischen Sätzen und Problemen der Geometrie. Einige davon sollen hier kurz erläutert werden.

## 1. Satz von Pappos-Pascal

Dieser Satz, den Hilbert eigentlich immer etwas missverständlich Satz von Pascal nennt, findet sich in der „Collectio", dem Hauptwerk von Pappos (Buch VII, Sätze 139 und 143). Er besagt:

Sind $A$, $B$ und $C$ Punkte auf einer Geraden $g$ und $A'$, $B'$ und $C'$ Punkte auf einer Geraden $g'$ mit $g \neq g'$, so liegen die Schnittpunkte der Verbindungen $AB'$ und $A'B$, $AC'$ und $A'C$ sowie $BC'$ und $B'C$ auf einer Geraden.

Ein Spezialfall ergibt sich, wenn einer oder alle drei Schnittpunkte Fernpunkte sind. Manchmal wird dieser affine Spezialisierung genannt.

Der Satz von Pappos-Pascal ist ein Sonderfall des Satzes von Pascal über einem Kegelschnitt einbeschriebene Sechsecke: Der Kegelschnitt entartet hier zu einer Geradenkreuzung, die sechs Punkte bilden ein Sechseck. Der Satz von Pascal lautet:

Sei $E_1 E_2 E_3 E_4 E_5 E_6$ ein einem (nicht-entarteten) Kegelschnitt eingeschriebenes Sechseck. Dann liegen die Schnittpunkte der Geraden $E_1 E_2$ und $E_4 E_5$, $E_2 E_3$ und $E_5 E_6$ sowie $E_3 E_4$ und $E_6 E_1$ auf einer Geraden.

Der Satz – ohne Beweis – findet sich in der kurzen Abhandlung „Essai pour les coniques", die Blaise Pascal 1640 schrieb. Der Satz von Pascal gehört zum klassischen Bestand der projektiven Geometrie. Dual zu ihm ist der Satz von C.-F. Brianchon (1806): Die Diagonalen eines einem (nicht-entarteten) Kegelschnitt umbeschriebenen Sechsecks gehen durch einen Punkt – ein klassischer Schnittpunktsatz.

Der Satz von Pappos-Pascal ist ein typischer Schließungssatz: man kann zwei verschiedene Streckenzüge bilden, die beide in $E_6$ enden. Hilbert spricht auch von „Schnittpunktsatz" (z. B. Hallett und Majer 2004, 342).

© Springer-Verlag Berlin Heidelberg 2015
K. Volkert (Hrsg.), *David Hilbert*, Klassische Texte der Wissenschaft,
DOI 10.1007/978-3-662-45569-2

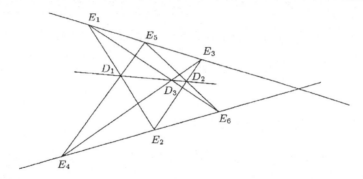

Zeichnung von Hilbert zum Satz von Pappos-Pascal[1] (Hallett und Majer 2004, 342)

Hilbert benutzt den Satz von Pappos-Pascal oft, z. B. um zu zeigen, dass die Multiplikation der Streckenrechnung kommutativ ist. Darüber hinaus interessiert ihn dessen Abhängigkeit von der axiomatischen Basis, insbesondere vom Archimedischen Axiom (vgl. vor allem Kapitel VI der „Festschrift" (Hilbert 1899, 28–32 und 71–77) sowie Hallett und Majer 2004, 342).

## 2. Satz von Desargues:

Der Satz von Desargues wurde mitgeteilt von A. de Bosse in seinem Buch „Maniere universelle de Mr. Desargues pour pratiquer la perspective par petit pierre" (1648)[2]; ein Beweis wird auch nur angedeutet. Der Satz besagt: Liegen zwei Dreiecke $ABC$ und $A'B'C'$ so, dass die Schnittpunkte $E$ der Geraden $AB$ und $A'B'$, $D$ von $AC$ und $A'C'$ sowie $F$ von $BC$ und $B'C'$ auf einer Geraden liegen, so gehen die Geraden $AA'$, $BB'$ und $CC'$ durch einen Punkt $M$, d. h. die Dreiecke liegen perspektivisch bezüglich des Punktes $M$. Die Umkehrung des Satzes von Desargues gilt auch. Kurz kann man ihn so formulieren: Liegen zwei Dreiecke perspektivisch bezüglich eines Punktes, so liegen sie auch perspektivisch bezüglich einer Geraden und umgekehrt.

Ein Spezialfall ergibt sich, wenn ein Paar von Seiten oder alle drei Paare von Seiten parallel sind. Zudem kann das Zentrum $M$ ein Fernpunkt sein.

---

[1] Die Bezeichnungen sind so gewählt, dass $E_1, \ldots, E_6$ als Sechseck interpretiert werden kann und somit die Beziehung zum Satz von Pascal deutlich wird. Der Kegelschnitt besteht jetzt aus einer Geradenkreuzung.
[2] 154. Planche = S. 340 plus zwei unpaginierte Seiten mit Abbildungen.

Zeichnung von Hilbert zum
Spezialfall des Satzes von
Desargues (Hilbert 1899, 50)

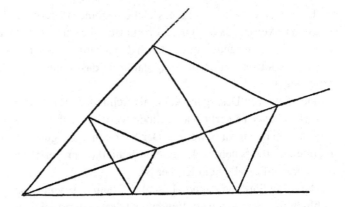

Traditionell wurde der Satz von Desargues der Raumgeometrie zugeordnet[3] und mit räumlichen Hilfsmitteln bewiesen: Dann ergibt sich der Punkt M als Durchschnitt der Ebenen, welche durch die Paare sich schneidender Geraden festgelegt sind. Liegen die beiden Dreiecke in einer Ebene, so konstruiert man sich ein Hilfsdreieck $A''B''C''$, das nicht in dieser liegt, und führt den Beweis auf den räumlichen zurück.[4]

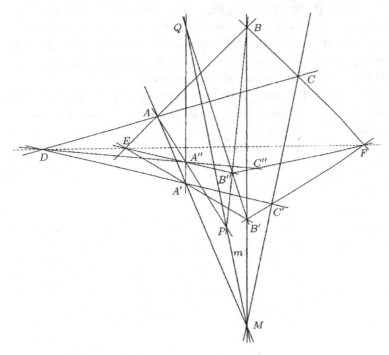

Hilberts Zeichnung zum traditionellen Beweis des Satzes von Desarguess (Hallett und Majer 2004, 314)

---

[3] So z. B. noch bei Baltzer 1867, 190.
[4] Vgl. Baltzer 1867, 190–191.

Hilbert untersucht die Frage, welche Axiome erforderlich sind, um den Satz von Desargues zu beweisen, insbesondere, ob ein Beweis, der nur ebene Inzidenzaxiome verwendet, möglich ist. Unter anderem stellt sich dabei heraus, dass die Geltung des Satzes von Desargues eine notwendige Bedingung dafür ist, dass eine ebene Geometrie in eine räumliche eingebettet werde kann.

Der Satz von Desargues kann als Schließungssatz verstanden werden, wie wohl zuerst H. Wiener bemerkt hat.[5] Hilbert verwendet ihn, um z. B. die Distributivität in der Streckenrechnung zu beweisen. Der Satz von Desargues genügt sogar, um eine Streckenrechnung aufzubauen, welche einen Schiefkörper liefert, der – ohne Geltung des Satzes von Pappos-Pascal – kein Körper ist.

Aus dem Satz von Pappos-Pascal und dem Satz von Desargues lassen sich alle anderen Schließungssätze sowie der Fundamentalsatz der projektiven Geometrie ableiten. Hessenberg hat 1905 gezeigt, dass der Satz von Desargues aus dem von Pappos-Pascal folgt.

Hilbert behandelt den Themenkomplex „Satz des Desargues" im V. Kapitel der „Festschrift".

## 3. Satz von Monge:

Es seien drei Kreise in der Ebene gegeben. Weiter seien $K$, $L$ und $M$ die paarweisen Schnittpunkte der gemeinsamen Tangenten von jeweils zwei dieser Kreise (diese Punkte sind sogenannte Ähnlichkeitszentren). Dann liegen $K$, $L$ und $M$ auf einer Geraden.

Die Kreise müssen natürlich so liegen, dass es gemeinsame Tangenten gibt.

Der Satz wurde 1795 von Gaspard Monge formuliert.

Analog hierzu ist der Dreisehnensatz: Die gemeinsamen Sehnen dreier sich paarweise schneidender Kreise gehen durch einen Punkt. Dieser Satz wurde von Gaspard Monge 1799 mitgeteilt.

Hilbert betrachtet den Dreisehnensatz in seinen Vorlesungen, weil er ein klassischer Satz der Kreisgeometrie ist (Stichwort: Potenzlinien). Sein Ziel ist es herauszufinden, welche axiomatische Grundlage dieser Satz hat.

Abbildung von Hilbert
zum Dreisehnensatz
(Hallett und Majer 2004, 335)

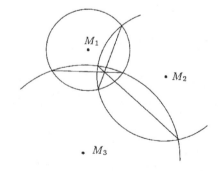

---

[5] Allerdings meint Schließungssatz bei H. Wiener noch nicht exakt das, was dieser Begriff später bedeuten sollte. Ihm geht es darum, dass hier eine Konfiguration vorliegt: Durch jeden Punkt gehen drei Geraden, auf jeder Geraden liegen drei Punkte.

Der klassische Beweis des Dreisehnensatzes verwendet Kugeln, deren Schnitte mit der vorgegebenen Ebene gerade die drei Kreise sind. Diese Kugeln schneiden sich paarweise in Kreisen – drei an der Zahl – und legen somit drei Ebenen fest. Der gesuchte Schnittpunkt ist der Punkt, in dem die Gerade durch die beiden diesen drei Ebenen gemeinsamen Punkte die Ebene der Kreise trifft. Dieses Vorgehen erinnert an den traditionellen Beweis des Satzes von Desargues.

Der Dreisehnensatz ist ein Schnittpunktsatz, was sein Interesse für Hilbert erklärt.

Fundstellen: Vorlesung „Grundlagen" Hallett und Majer 2004, 257; „Ausarbeitung" Hallett und Majer 2004, 335 – 337.

#### 4. Satz über Kreis- oder Sehnenvierecke:

Ein klassischer Satz aus den „Elementen" des Euklid (Buch III, 22): „In jedem einem Kreise einbeschriebenen Viereck sind gegenüberliegende Winkel zusammen zwei Rechten gleich."[6]

Der Satz über Kreisvierecke ergibt sich bei Euklid direkt aus dem Peripheriewinkelsatz (III 21).

Hilbert verwendet den Satz über Kreisvierecke, um den Satz von Pappos-Pascal ohne Stetigkeitsaxiom zu beweisen.[7] Er folgert ihn aus dem nicht eigens benannten Lotsatz:

Ist $ABCD$ ein Viereck mit rechten Winkeln bei $B$ und $D$ und bezeichnet $E$ den Lotfußpunkt des Lotes von $A$ auf die Diagonale $BD$, so sind die Winkel $DAE$ und $CAB$ kongruent. Man muss dann nur zeigen, dass das fragliche Viereck einen Umkreis besitzt.

#### 5. Sätze von Legendre:

Legendre hat sich mehr oder minder in seiner ganzen Laufbahn mit dem Parallelenproblem beschäftigt. Eine wichtige Idee, die er hatte, war, den Satz über die Winkelsumme im Dreieck in den Mittelpunkt seiner Betrachtungen zu stellen. Er formulierte drei Sätze[8]:

- Die Winkelsumme im Dreieck kann nicht größer als zwei Rechte sein. (Erster Satz von Legendre)
- Ist die Winkelsumme in einem Dreieck gleich zwei Rechten, so in jedem. (Zweiter Satz von Legendre)
- Die Winkelsumme im Dreieck kann nicht kleiner als zwei Rechte sein. (Dritter Satz von Legendre)

Der dritte Satz von Legendre ist falsch; sein Beweis beruhte auf einer Aussage, die dem Parallelenaxiom äquivalent ist.[9]

---

[6] Euklid 1980, 62. Zwei Rechte meint modern gesprochen 180°.

[7] Hilbert 1899, 31–32.

[8] Diese sind enthalten in den Auflagen 2 bis 8 seiner „Eléments de géométrie", spätere Auflagen enthalten sie nicht mehr.

[9] Hat man einen Winkel und einen Punkt im Winkelfeld, so ist es stets möglich, durch diesen Punkt eine Gerade zu legen, welche beide Schenkel schneidet. Vgl. oben.

Die ersten beiden Sätze traten in ähnlicher Form schon bei G. Saccheri (Lehrsatz XIV bzw. Lehrsätze V, VI und VII)[10] auf, waren aber in Vergessenheit geraten.

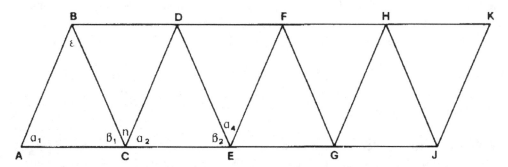

Beweisfigur zum ersten Satz von Legendre. Die Dreiecke $ACB, CED, EGF, \dots$ sind kongruent

Ist $ACB$ das gegebene Dreieck mit einer Winkelsumme größer als 180°, so ist nach Konstruktion der Winkel $BCD$ kleiner als der Winkel $ABC$, da der Winkel $DCE$ kongruent dem Winkel $BAC$ ist und $AC$ geradlinig verlängert wurde. Folglich ist $BD$ kleiner als $AC$. Gemäß Archimedizität kann man die Differenz zwischen dem Streckenzug $BK$ und der Strecke $AJ$ so klein machen wie nötig. Hieraus ergibt sich dann direkt ein Widerspruch, weil der Streckenzug $ABKJ$ kürzer gemacht werden könnte als die Strecke $AJ$.

Hilbert verwendet ein ähnliches Argument, das allerdings mit Winkeln arbeitet.

Der zweite Legendresche Satz wird bewiesen, indem man ihn zuerst auf rechtwinklige Dreiecke zurückführt: Man nehme das gegebene Dreieck mit der Winkelsumme 180°, zerlege es durch eine innere Höhe in zwei rechtwinklige. Dann müssen diese, da der erste Legendresche Satz gilt, beide die Winkelsumme 180° besitzen. Durch Aneinandersetzen kann man – bei gegebener Archimedizität – aus einem rechtwinkligen Dreieck mit Winkelsumme 180° – solche mit beliebig großen Seiten herstellen. Folglich kann man ein beliebiges rechtwinkliges Dreieck stets in eines mit der Winkelsumme 180° hineinlegen, so dass die Katheten auf die Katheten fallen. Dann kann man leicht durch Schluss vom großen Dreieck auf das enthaltene zeigen dass auch das letztere die Winkelsumme 180° haben muss. Hierbei braucht man wieder den ersten Legendreschen Satz.

Die zentrale Rolle der Archimedizität liegt hier auf der Hand und damit die Frage, ob man auf sie verzichten kann. Diese hat Dehn geklärt.

## 6. Basiswinkelsatz:

Der Basiswinkelsatz „Im gleichschenkligen Dreieck sind die Basiswinkel gleich" (kongruent) tritt bei Euklid im ersten Buch als fünfter Satz auf. Seinem Beweis liegt die folgende als „Pons asinorum" (Eselsbrücke) bekannt gewordene Figur zugrunde:

Euklids Beweis verwendet den Kongruenzsatz SWS – bei ihm ist das Satz I, 4 – in allgemeiner Form, d.h. unter Einschluss des entgegengesetzt orientierten Falles. In seiner

---

[10] Stäckel und Engel 1895, 67 bzw. 54–58.

Die Eselsbrücke
Euklid 1980, 6

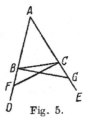

Fig. 5.

„Ausarbeitung" gibt Hilbert eine Analyse von Beweisideen, die er verwirft, weil sie meist Kongruenzsätze verwenden, die auf dem Basiswinkelsatz beruhen, um dann zu schließen: „Ein wirklich strenger und einfacher Beweis ist folgender"[11]: Es ist $AB \equiv AC$ nach Voraussetzung, $CA \equiv BA$ nach Voraussetzung und $BC$ gemeinsam, also sind die Dreiecke $ABC$ und $ACB$ kongruent.

## 7. Fundamentalsatz der projektiven Geometrie:

Der Fundamentalsatz der projektiven Geometrie besagt, dass eine Projektivität – also eine Verkettung von Zentralprojektionen (auch Perspektivitäten genannt) – einer Geraden auf eine andere (oder dieselbe) durch die Vorgabe von drei Punkten und ihren Bildern festgelegt ist. Insbesondere ist eine Projektivität einer Geraden auf sich, die drei Fixpunkte besitzt, die Identität. Die Idee, die hinter diesem Satz steht, war lange schon intuitiv klar: Nach Pappos und Desargues war in moderner Ausdrucksweise bekannt, dass Zentralprojektionen das Doppelverhältnis erhalten. Da vier kollineare Punkte ein bestimmtes Doppelverhältnis besitzen, ergibt sich hieraus, dass das Bild jedes weiteren Punktes unter den obigen Bedingungen über das Doppelverhältnis festgelegt sein sollte. Allerdings wird dabei unterstellt, dass Projektivitäten die zyklische Ordnung von Punkten erhalten, was explizit erst von G. Darboux gezeigt wurde.[12] Von Staudt gab 1847 in seiner „Geometrie der Lage" einen Beweis für den Fundamentalsatz, der darauf beruhte, dass das Bild des vierten Punktes durch eine konvergente Folge von Bildpunkten festgelegt wurde, verwandte also ein Stetigkeitsargument. Das wurde von F. Klein 1871 bemerkt, was zu einer intensiven Suche nach geeigneten Stetigkeitsbegriffen – wobei diese meist aus der Theorie der reellen Zahlen entnommen wurden – und nach alternativen Beweisen ganz ohne Stetigkeitsannahmen – dafür aber mit anderen Basisaxiomen – führte. Der Fundamentalsatz folgt aus dem Satz von Pappos-Pascal und aus dem Satz von Desargues.

Hilberts[13] Interesse für die Rolle des/der Stetigkeitsaxiome kann man auf dem Hintergrund der oben geschilderten Untersuchungen gesehen werden.
Literatur: Voelke 2008.

---

[11] Hallett und Majer 2004, 329.
[12] Darboux 1880.
[13] In seiner Vorlesung über projektive Geometrie von 1891 diskutierte Hilbert ausführlich den Fundamentalsatz der projektiven Geometrie, dem er „*außerordentliche Wichtigkeit, weil er das Wesen einer projektiven Beziehung in ein helles Licht rückt*" (Hallett und Majer 2004, 41) zuschreibt nebst Beweis; vgl. Hallett und Majer 2004, 39–44.

# Hilberts Modelle

Die systematische Verwendung von – modern formuliert – Modellen ist sicherlich ein wesentliches und für seine Zeit weitgehend neues Charakteristikum von Hilberts „Festschrift". Es wird deshalb im Folgenden eine zusammenfassende Übersicht zu den von ihm konstruierten Modellen gegeben. Dabei stellt sich heraus, dass die meisten Hilbertschen Modelle analytische sind. Auf dieser Ebene, der Metaebene gewissermaßen, spielte der Wunsch, Geometrie und Analysis strikt zu trennen, keine Rolle mehr für Hilbert. Weiter zeigt sich in ihnen eine tiefe Entsprechung zwischen den Eigenschaften des Grundkörpers (bzw. Schiefkörpers) und den Eigenschaften der über ihm konstruierten Koordinatengeometrie: So gilt beispielsweise, dass die Geometrie das Archimedische Axiom erfüllt, wenn es der Grundkörper tut. Das erklärt, warum in der „Festschrift" die Algebra eine große Rolle spielt, wobei sich gerade hier der Hilbertsche Sprachgebrauch vom heutigen deutlich unterscheidet. So spricht Hilbert beispielsweise von einem „komplexen Zahlensystem", was in moderner Terminologie einen geordneten Körper meint; es gibt bei ihm das Desarguesche Zahlensystem[1], was in moderner Terminologie ein nicht-Archimedisch geordneter (echter) Schiefkörper wäre.

Im Großen und Ganzen lassen sich Hilberts Modelle in drei Gruppen einordnen, wovon zwei wiederum durch Eigenschaften des zugrundliegenden Zahlensystems – um es Hilbertsch zu sagen – charakterisiert sind: Modelle, in denen die Archimedizität gilt und welche Erweiterungskörper der rationalen Zahlen sind, und Modelle, in denen die Archimedizität nicht gilt. Sie entstehen aus geeigneten Mengen von Funktionen (z. B. den gebrochen rationalen Funktionen). Hinzukommen noch einige singuläre Modelle, wie etwa jenes, mit dem Hilbert die Unabhängigkeit des Axioms über die Dreieckskongruenz zeigt, ein Modell für die räumliche hyperbolische Geometrie und die nicht-Desarguessche Ebene.

Ausgangspunkt für die Modelle erster Art, die hauptsächlich zur Klärung von Fragen der Konstruierbarkeit mit vorgegebenen Hilfsmitteln dienen, ist der Körper der rationalen Zahlen. Dieser wird von Hilbert zum modern gesprochen Pythagoreisch geordneten Zahlkörper, den er mit $\Omega$ bezeichnet, erweitert. Das ist der kleinste die rationalen Zahlen enthaltende Unterkörper der reellen Zahlen, welcher mit den Zahlen $a$ und $b$ auch $\sqrt{a^2 + b^2}$

---

[1] Hilbert 1899, 67–68.

enthält – oder mit $u$ auch $\sqrt{1 + u^2}$. Dieser ist, wie oben bemerkt, den Konstruktionen mit Lineal und Eichmaß/Streckenübertrager bestens angepasst (§ 37 der „Festschrift"). Die Anordnung ergibt sich in der üblichen Weise. Seinen ersten Auftritt hat dieser geordnete Körper in der „Festschrift" im § 9 an der Stelle, an der Hilbert ein Modell für die Axiomengruppen I bis V angeben will. Dieses erhält er in Gestalt der dreidimensionalen analytischen Geometrie über $\Omega$, wobei Hilbert einzelne Axiome – aber bei weitem nicht alle – explizit vorrechnet. Damit ist für ihn der Beweis der Widerspruchslosigkeit des Axiomenmodells geliefert.[2] Hilbert macht ausdrücklich darauf aufmerksam, dass $\Omega$ abzählbar ist, dass dieses aber dennoch für den angestrebten Zweck ausreiche, und dass man analog vorgehen kann, legt man alle reellen Zahlen zugrunde.[3] Eigentlich sieht er an dieser Stelle somit, dass sein Axiomensystem nicht kategorisch ist.

Der Pythagoreische Körper lässt sich wiederum erweitern zum modern gesprochen Euklidischen Körper (§ 39); dieser ist dadurch gekennzeichnet, dass er zu jedem positiven Element auch dessen Wurzel enthält. In der ebenen analytischen Geometrie über dem Euklidischen Zahlkörper sind alle Konstruktionen mit Zirkel und Lineal ausführbar – offen bleiben allerdings Fragen, nach der Existenz von gewissen Schnittpunkten,[4] also Fragen der „Stetigkeit" der Geraden, das heißt, der Vollständigkeit.

Das einfachste Modell der zweiten Gruppe, das Hilbert konstruiert, ist analog dem Pythagoreischen Zahlkörper gebildet. Es handelt sich um die Erweiterung des Körpers $\Omega(t)$ der gebrochen rationalen Funktionen in einer Veränderlichen $t$ mit Koeffizienten in $\Omega$: Diese enthält mit $\omega$ auch $\sqrt{1 + \omega^2}$.[5] Ebenso wie $\Omega$ ist die „Menge" $\Omega(t)$ abzählbar. Auf $\Omega(t)$ lässt sich eine Ordnung folgendermaßen einführen: $a$ heißt größer als $b$, falls $a - b$ für genügend große $t$ stets positiv ist. Da es sich um gebrochen rationale Funktionen handelt, haben diese nur endlich viele Nullstellen, folglich kann man stets $t$ so bestimmen, dass die fragliche Differenzfunktion für größere Werte der Variablen konstantes Vorzeichen hat. Also macht die obige Definition Sinn. Sie liefert aber eine nicht-Archimedische Ordnung, denn klarerweise ist einerseits jede konstante Funktion $c$ kleiner als die Funktion $\omega(t) = t$. Andererseits gibt es keine natürliche Zahl $n$, so dass $nc > \omega(t)$ gelten würde. Baut man über $\Omega(t)$ eine (ebene oder räumliche) analytische Geometrie auf, „so entsteht eine ,nicht-Archimedische' Geometrie, in welcher sämtliche Axiome mit Ausnahme des Archimedischen Axioms erfüllt sind."[6] Somit ist dieses Axiom unabhängig von den anderen Axiomen. Die zweite Auflage der „Festschrift" bringt an dieser Stelle eine

---

[2] Vgl. Hilbert 1899, 21. Es handelt sich somit um einen relativen Widerspruchsfreiheitsbeweis, denn die „Arithmetik des Bereiches $\Omega$" (Hilbert 1899, 21) wird als widerspruchsfrei vorausgesetzt.

[3] Vgl. Hilbert 1899, 21.

[4] Paradigmatisches Beispiel ist Euklid I, 1 – die Konstruktion des gleichseitigen Dreiecks zu vorgegebener Strecke.

[5] § 12. Vgl. Hilbert 1899, 24–25. Auf die Frage der Definitionsbereiche der fraglichen gebrochen rationalen Funktionen geht Hilbert übrigens an keiner Stelle ein.

[6] Hilbert 1899, 26. Ähnliche nicht-Archimedische Systeme waren bereits von P. du Bois-Reymond konstruiert worden, vgl. oben Kapitel 1.

recht ausführlichen Hinweis auf die Arbeit von Dehn, in der dieser die Abhängigkeit der Legendreschen Sätze von der Archimedizität untersucht hatte.[7]

Später – im § 34, in dem es um das Kommutativgesetz der Multiplikation und nicht-Archimedische Zahlensystemen geht – konstruiert Hilbert eine weiteren Bereich $\Omega(s, t)$ [dieses $\Omega$ ist nicht mit dem Obigen zu verwechseln], den er „Desarguessches Zahlensystem"[8] nennt. Hierzu geht er aus von formalen Laurent-Reihen mit Koeffizienten in den rationalen Zahlen und endlichem Hauptteil, um mit diesen wiederum formale Laurent-Reihen mit endlichem Hauptteil zu bilden. Deren Koeffizienten sind also selbst Laurent-Reihen. Für diesen Bereich $\Omega(s, t) = (\Omega(s))(t)$ werden dann die algebraischen Verknüpfungen eingeführt, wobei die Multiplikation allerdings so definiert wird, dass sie nicht kommutativ wird.[9] Es handelt sich somit um einen Schiefkörper.[10] Da sich andererseits eine Anordnung definieren lässt,[11] handelt es sich um sogar einen geordneten Schiefkörper. Damit ist das allgemeinste Modell erreicht, das Hilbert in der „Festschrift" betrachtet.[12] Das von Hilbert hier erstmals verwendete Verfahren wurde später zu einem Standardverfahren. Zugleich liefert es das erste Beispiel eines Schiefkörpers, der über seinem Zentrum eine unendliche Dimension besitzt. Auch hier hat man es wieder mit einer Stelle zu tun, an der Hilbert wesentliche Beiträge zur abstrakten Algebra geleistet hat. Seine Konstruktion verwendet einerseits Funktionen als Elemente und liefert andererseits unendlich-dimensionale Resultate; insofern klingen hier Ideen an, die in der Theorie der Hilbert-Räume später bei ihrem Schöpfer wichtig werden sollten.

In der dritten Gruppe findet sich das Modell einer ebenen Geometrie, in der die Kongruenzaxiome gelten mit Ausnahme des Axiom für die Dreieckskongruenz IV, 6. Hilbert erhält dieses, indem er die übliche Metrik der Euklidischen Ebene abändert: Für zwei Punkt $P(x_1, y_1)$ und $Q(x_2, y_2)$ wird festgelegt

$$d(P, Q) = \sqrt{(x_1 - x_2 + y_1 - y_2)^2 + (y_2 - y_1)^2 + (x_2 - x_1)^2}$$

---

[7] Dehn 1900; vgl. auch unten Kap. 5.

[8] Hilbert 1899, 73.

[9] Allerdings unterlief Hilbert in der „Festschrift" selbst hier ein Fehler, indem er bei der Definiton der Multiplikation den Automorphismus $f(t) \mapsto f(-t)$ (vgl. Hilbert 1899, 74) zugrunde legte, der – da nicht ordnungserhaltend – keine Ordnung auf dem zu konstruierenden Bereich liefert; dies wurde in der zweiten Auflage stillschweigend berichtigt, wo korrekt $f(t) \mapsto f(2t)$ Verwendung findet (Hilbert 1903a, 70). Hilbert spricht natürlich noch nicht von „Automorphismus" sondern schlicht von „Regel". Es sei hier auf Cohn 1992, 1–3 verwiesen, wo man sowohl in mathematischer als auch historischer Hinsicht genauere Ausführungen zu der hier behandelten Problematik unendlich dimensionaler Schiefkörper findet.

[10] Da der Satz von Pappos-Pascal die Kommutativität der Multiplikation erzwingt, muss es sich hier um eine nicht-Pappossche Ebene handeln, in der aber der Satz von Desargues gilt. Dagegen gilt der Fundamentalsatz der projektiven Geometrie nicht.

[11] Eine Laurent-Reihe heißt positiv, wenn der erste nicht-verschwindende Koeffizient der Laurent-Reihe, die ihr erster nicht-verschwindender Koeffizient ist, positiv ist. Dabei geht ein, dass die Hauptteile der fraglichen Reihen endlich sind.

[12] Ich danke M. Reineke (Wuppertal) für seine Erklärungen zu diesem Thema.

Hiermit kann er zwei Dreiecke $OAC$ und $OCB$ angeben, die nicht kongruent sind, obwohl die Voraussetzungen des Kongruenzsatzes SWS gelten.

Zwei nicht kongruente
Dreiecke, obwohl die
Voraussetzungen von SWS
gelten (Hilbert 1899, 24)

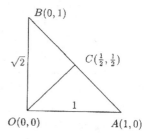

Ein weiteres Modell, das Hilbert allerdings nur kurz skizziert, dient ihm dazu, die Unabhängigkeit des Parallelenaxioms zu zeigen.[13] Es handelt sich dabei um ein Modell im Stile von Poincaré's Kreismodell. Konkret betrachtet Hilbert das Innere einer Kugel in der zuvor entwickelten analytischen Raumgeometrie über dem Körper $\Omega$: die Punkte der Geometrie sind die Punkte des Kugelinnern, die Geraden Sehnen etc. Die Kongruenz definiert er mit Hilfe gebrochen linearer Transformationen, die die Kugel auf sich abbilden.

Das letzte Modell in dieser Gruppe ist das von Hilbert im § 23 entwickelte einer nicht-Desarguesschen Ebene: In dieser gelten die ebenen Inzidenzaxiome, alle Anordnungsaxiome, alle Kongruenzaxiome bis auf das Axiom der Dreieckskongruenz (IV, 6) sowie das Archimedische Axiom aber nicht der Satz von Desargues[14] Zugrunde liegt hier wieder die ebene Geometrie über dem Körper $\Omega$, in der ein orthogonales Koordinatensystem nebst einer Ellipse, deren Mittelpunkt im Koordinatenursprung liegen soll, gewählt werden. Die Punkte der neuen Geometrie sind die Punkte der Ebene, ihre Geraden sind von zweierlei Art: Zum einen alle Geraden der Ausgangsgeometrie, welche die Ellipse nicht treffen oder berühren. Diese bleiben unverändert. Zum andern solche, die die Ellipse schneiden. Dann wird der Teil der Geraden, welcher in der Ellipse liegt, durch einen Kreisbogen ersetzt und die beiden anderen geradlinigen Teile beibehalten.[15] Die Anordnung der Punkte der Geraden ist die übliche, aufwändig ist allerdings die Definition der Winkelkongruenz.[16] Hilbert kann dann zwei Dreiecke angeben, bei denen die Schnittpunkte der verlängerten Dreiecksseiten auf einer Geraden liegen, die aber nicht perspektivisch zu einem Punkt sind. Folglich gilt der Satz von Desargues nicht.

---

[13] Hilbert 1899, 22.

[14] Und folglich auch nicht der Satz von Pappos-Pascal.

[15] Dieser Kreisbogen ist festgelegt durch die beiden Schnittpunkte der Geraden mit der Ellipse sowie durch einen festen Punkt $F$, der so gewählt ist, dass er auf der $x$-Achse liegt und kein Kreis durch ihn hindurchgeht, der die Ellipse in vier Punkten schneidet. $F$ hat unter allen diesen Punkten die kleinste positive Abszisse.

[16] Vgl. Hilbert 1899, 53–54.

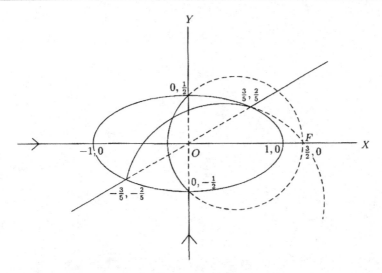

Zwei Dreiecke, für die der Satz des Desargues nicht gilt (Hilbert 1899, 54)

Schon in der zweiten Auflage hat Hilbert sein Modell durch das wesentlich einfachere von Moulton angegebene ersetzt („Moulton-Ebene")[17].

Damit wollen wir unseren Überblick beschließen.

---

[17] Vgl. oben.

# Literatur

Anonym (1859). „Sur diverses géométries". In: *Nouvelles annales de mathématiques* 18 (1. série), 449–450.

Archimedes (1983). *Werke*. hg. von A. Czwalina. Darmstadt.

Arndt, K. (1982). „Zum Göttinger Gauß – Weber – Denkmal". In: *Mitteilungen der Gauß-Gesellschaft* 19, 5–14.

Avallone, M., A. Brigaglia und C. Zappula (2002). „The Foundations of Projective Geometry in Italy from de Paolis to Pieri". In: *Archive for History of Exact Sciences* 56, 363–425.

Balser, L. (1902). „Ueber den Fundamentalsatz der projectiven Geometrie". In: *Mathematische Annalen* 55, 293–300.

Baltzer, R. (1867). *Die Elemente der Mathematik. Zweiter Band*. 2. Aufl. Leipzig.

Becker, O. (1975). *Grundlagen der Mathematik*. Frankfurt a. M.

Bernays, P. (1948). „Bemerkungen zu den Grundlagen der Geometrie". In: *Courant Anniversary Volume*, 29–44.

— (1976). *Abhandlungen zur Philosophie der Mathematik*. Darmstadt.

Bioesmat-Martagon, L. (2010). *Eléments d'une biographie de l'espace projectif*. Nancy.

Blumenthal, O. (1935). „Lebensbeschreibung". In: *David Hilbert gesammelte Abhandlungen. Bd. 3: Analysis – Grundlagen der Geometrie – Physik – Verschiedenes*. Nebst einer Lebensgeschichte. Berlin, 386–429.

Bos, H. (1993). „„The Bond with reality is cut". Freudenthal on the Foundations of Geometry around 1900". In: *Educational Studies in Mathematics* 25, 51–58.

Clebsch, A. und F. Lindemann (1891). *Vorlesungen über Geometrie. Zweiter Band, erster Teil*. Leipzig.

Cohn, P. M. (1992). „A Brief History of Infinite-Dimensional Skew Fields". In: *The Mathematical Scientist* 17, 1–14.

Corry, L. (1996). *Modern Algebra and the Rise of Mathematical Structures*. Basel u.a.

— (2004). *David Hilbert and the Axiomatization of Physics (1898 – 1918). From Grundlagen der Geometrie to Grundlagen der Physik*. Dordrecht.

Crelle, L. (1853). „Zur Theorie der Ebene". In: *Journal für die reine und angewandte Mathematik* 45, 15–54.

Dalen, D. van (2005). *Mystic, Geometer and Intuitionist. The life of L. E. J. Brouwer*. Vol. 2. Oxford.

Darboux, G. (1880). „Sur le théorème fondamental de la géométrie projective". In: *Mathematische Annalen* 17, 55–61.

Dedekind, R. (1965). *Was sind und was sollen die Zahlen? Stetigkeit und Irrationalität*. Braunschweig.

Dehn, M. (1900). „Die Legendre'schen Sätze über die Winkelsumme im Dreieck". In: *Mathematische Annalen* 53, 404–439.

Dehn, M. (1902). „Über den Rauminhalt". In: *Mathematische Annalen* 55, 465–478.

— (1905a). „Besprechung von Theodor Vahlen „Abstrakte Geometrie" ". In: *Jahresbericht der Deutschen Mathematiker Vereinigung* 14, 535–537.

— (1905b). „Entgegnung". In: *Jahresbericht der Deutschen Mathematiker Vereinigung* 14, 595–596.

Dirichlet, P. G. Lejeune (1853). „Gedächtnisrede auf Carl Gustav Jacob Jacobi". In: *Abhandlungen der Königlichen Akademie der Wissenschaften zu Berlin. Aus dem Jahre 1852*. Berlin, 1–27.

Du Bois-Reymond, P. (1871). „Sur la grandeur relative des infinis des fonctions". In: *Annali di matematica pura ed applicata* 2, 338–353.

— (1877). „Paradoxien des Infintärcalcüls". In: *Mathematische Annalen* 11, 149–167.

— (1882). *Die allgemeine Functionentheorie*. Tübingen.

Ehrlich, P. (2006). „The Rise of non-Archimedean Mathematics and the Root of a Misconception I. The emergence of non-Archimedean Systems of Magnitudes". In: *Archive for History of Exact Sciences* 60, 1–121.

Engel, Fr. (1899). „Besprechung von Hilbert „Grundlagen der Geometrie" ". In: *Jahrbuch über die Fortschritte der Mathematik* 30, 424–426.

Engeler, E. (1983). *Metamathematik der Elementarmathematik*. Berlin u.a.

Enriques, F. (1900). „Recensione D. Hilbert, Grundlagen der Geometrie". In: *Bolletino di bibliografia e storia della scienze matematiche* 3, 3–7.

— (1910). *Probleme der Wissenschaft*. ital. Original „Problemi della scienza" (Bologna, 1906). 2 Bde. Leipzig.

Euklid (1818). *Euklid's Elemente fünfzehn Bücher*. Aus dem Griechischen übersetzt von Johann Friedrich Lorenz. Aufs neue herausgegeben von Karl Brandan Mollweide. 4. Aufl. Halle und Berlin.

— (1980). *Die Elemente*. übersetzt und hg. von Cl. Thaer. Darmstadt.

Fano, G. (1892). „Sui postulati fondamentali della geometria projettiva in uno spazio lineare a un numero qualunque di dimenzioni". In: *Giornale di Matematica* 30, 106–132.

Feigl, G. (1924). „Über die elementaren Anordnungssätze der Geometrie". In: *Jahresbericht der Deutschen Mathematiker Vereinigung* 33, 2–24.

Frege, G. (1903a). „Über die Grundlagen der Geometrie". In: *Jahresbericht der Deutschen Mathematiker Vereinigung* 12, 319–324.

— (1903b). „Über die Grundlagen der Geometrie II". In: *Jahresbericht der Deutschen Mathematiker Vereinigung* 12, 368–375.

— (1906a). „Über die Grundlagen der Geometrie". In: *Jahresbericht der Deutschen Mathematiker Vereinigung* 15, 293–309.

— (1906b). „Über die Grundlagen der Geometrie II". In: *Jahresbericht der Deutschen Mathematiker Vereinigung* 15, 423–430.

— (1906c). „Über die Grundlagen der Geometrie II". In: *Jahresbericht der Deutschen Mathematiker Vereinigung* 15, 377–403.

Freudenthal, H. (1957). „Die Geschichte der Grundlagen der Geometrie. Zugleich eine Besprechung der 8. Auflage von Hilberts „Grundlagen der Geometrie" ". In: *Nieuw Archief voor Wiskunde* 5 (4), 105–142.

Gabriel, G., Fr. Kambartel und Chr. Thiel (1980). *Gottlobs Freges Briefwechsel mit D. Hilbert, E. Husserl, B. Russell sowie ausgewählte Einzelbriefe Freges*. Hamburg.

Gauß, K. F. (1900). *Werke*. Hrsg. von P. Stäckel. Band VIII Bde. Leipzig.

Gray, J. J. (2008). *Plato's Ghost*. Cambridge.

Hales, Th. C (2007). „The Jordan curve theorem, formally and informally". In: *The American Mathematical Monthly* 114, 882–894.

Hallett, M. und U. Majer, Hrsg. (2004). *David Hilbert's Lectures on the Foundations of Geometry 1891 – 1902*. Berlin u.a.

Halsted, G. B. (1902). „The betweeness assumptions". In: *American Mathematical Monthly* 9, 98–101.

— (1904). *Rational Geometry. A Textbook for the Science of Space, based on Hilbert's Foundations*. New York.

Hankel, H. (1867). *Theorie der complexen Zahlensysteme*. Leipzig.

Hardy, G. H. (1910). *Orders of Infinity, the "Infinitärcalcul" of Paul du Bois-Reymond*. Cambridge.

Hartshorne, R. (2000). *Geometry. Euclid and Beyond*. New York u.a.

Hausdorff, F. (2012). *Gesammelte Werke. Bd. IX. Korrespondenz*. Hrsg. von W. Purkert. Heidelberg u.a.

Hedrick, E. R. (1902). „The English and French Translation of Hilbert's Grundlagen der Geometrie". In: *Bulletin of the American Mathematical Society* 9, 158–165.

Helmholtz, H. (1855). *Über das Sehen des Menschen. [Vortrag gehalten zu Königsberg am 27. Februar 1855]*. (Auch in: Helmholtz 1896, S. 85 – 117). Leipzig.

— (1868 [1866]). „Über die thatsächlichen Grundlagen der Geometrie". In: *Verhandlungen des naturhistorisch-medicinischen Vereins zu Heidelberg* 4, 197–202.

— (1868). „Über die Tatsachen, die der Geometrie zum Grunde liegen". In: *Nachrichten von der Göttinger Gesellschaft der Wissenschaften* 14, 618–639.

— (1887). „Zählen und Messen erkenntnistheoretisch betrachtet". In: *Philosophische Aufsätze. Eduard Zeller zu seinem 50. Doctorjubiläum gewidmet*. Leipzig, 17–52.

— (1896). *Vorträge und Reden*. 4. Aufl. Braunschweig.

Henke, J. (2010). *Der Bewegungsbegriff in der neueren Geometrie und seine Adaption im elementaren Geometrieunterricht*. Hamburg.

Hessenberg, G. (1905). „Beweis des Desarguesschen Satzes aus dem Pascalschen". In: *Mathematische Annalen* 57, 161–172.

Hilbert, D. (1891). „Ueber die stetige Abbildung einer Linie auf ein Flächenstück". In: *Mathematische Annalen* 38, 459–460.

— (1895). „Ueber die gerade Linie als kürzeste Verbindung zweier Punkte". (Frz. Übersetzung: L'enseignement mathématique 3 (1901), 194–200.) In: *Mathematische Annalen* 46, 91–96.

— (1897). „Die Theorie der algebraischen Zahlkörper". In: *Jahresbericht der Deutschen Mathematiker Vereinigung* 4, 175–535.

— (1899). *Grundlagen der Geometrie*. Göttingen.

— (1900a). „Les principes fondamentaux de la géométrie". Auch separat Paris 1900. In: *Annales scientifques de l'école normale supérieure* 17 (3e série), 10–209.

— (1900b). „Mathematische Probleme. Vortrag, gehalten auf dem internationalen Mathematiker-Kongreß zu Paris 1900". In: *Nachrichten von der Königlichen Gesellschaft der Wissenschaften zu Göttingen. Mathematisch-physikalische Klasse aus dem Jahre 1900*. Göttingen, 253–297.

— (1900c). „Über den Zahlbegriff". In: *Jahresbericht der Deutschen Mathematiker Vereinigung* 8, 180–184.

— (1902/03). „Über den Satz von der Gleichheit der Basiswinkel im gleichschenkligen Dreieck". Auch als Anhang II in den Grundlagen (ab 2. Auflage). In: *Proceedings of the London Mathematical society* 35, 50–67.

— (1903a). *Grundlagen der Geometrie*. 2. Aufl. Leipzig.

— (1903b). „Neue Begründung der Bolyai-Lobatschefskyschen Geometrie". In: *Mathematische Annalen* 57, 137–150.

— (1903c). „Ueber die Grundlagen der Geometrie". In: *Mathematische Annalen* 56, 381–422.

— (1918). „Axiomatisches Denken". In: *Mathematische Annalen* 78, 405–415.

Hilbert, D. (1922). „Neubegründung der Mathematik. Erste Mitteilung". In: *Abhandlungen aus dem Mathematischen Seminar der Hamburger Universität* 1, 157–177.

— (1935). *David Hilbert gesammelte Abhandlungen. Bd. 3: Analysis – Grundlagen der Geometrie – Physik – Verschiedenes*. Nebst einer Lebensgeschichte. Berlin.

— (1972). *Grundlagen der Geometrie*. 11. Aufl. Stuttgart.

Hölder, O. (1900). *Anschauung und Denken in der Geometrie*. Leipzig.

— (1901). „Die Axiome der Quantität und die Lehre vom Maß". In: *Berichte der mathematisch-physische Klasse der Königlich Sächsischen Gesellschaft der Wissenschaften zu Leipzig* [Sitzung vom 7. Januar 1901], 1 –61 separat paginiert.

Houël, J. (1863). „Essai d'une exposition rationnelle des principes fondamentaux de la géométrie élémentaire". In: *Archiv der Mathematik und Physik* 40, 171–211.

Kagan, B. (1902). „Ein System von Postulaten, welche die euklidische Geometrie definieren". In: *Jahresbericht der Deutschen Mathematiker Vereinigung* 11, 403–424.

Kambartel, Fr. (1976). *Erfahrung und Struktur*. 2. Aufl. Frankfurt a. M.

Kanovei, V. (2013). „Die Graduierung nach dem Endverlauf". In: *Haussdorff, F.: Gesammelte Werke*. Bd. I, A. Heidelberg u.a., 336–346.

Kant, I. (1976). *Prolegomena zu einer jeden künftigen Metaphysik*. Hamburg.

Karzel, H. und H.-J. Kroll (1988). *Geschichte der Geometrie seit Hilbert*. Darmstadt.

Kasner, E. (1905). „The Present Problems of Geometry". In: *Bulletin of the American Mathematical Society* 11, 283–314.

Kästner, A. A. (1800). *Anfangsgründe der Arithmetik, Geometrie, ebenen und sphärischen Trigonometrie, und Perspectiv*. 6. Aufl. Göttingen.

Kennedy, H. C. (1972). „The Origins of Modern Axiomatics: Pasch to Peano". In: *The American Mathematical Monthly* 79, 133–136.

— (1974). *Giuseppe Peano*. Basel.

Killing, W. (1898). *Einführung in die Grundlagen der Geometrie*. Band 2. Paderborn.

Kneser, A. (1902). „Neue Begründung der Proportions- und Ähnlichkeitslehre unabhängig vom Archimedischen Axiom und dem Begriff des Inkommensurabeln". Beilage zu Archiv der Mathematik und Physik 3. Serie 2. In: *Sitzungsberichte der Berliner Mathematischen Gesellschaft* 1, 4–9.

— (1904). „Zur Proportionslehre." In: *Mathematische Annalen* 58, 583–584.

Knobloch, E., H. Pieper und H. Pulte (1995). „". . . das Wesen der reinen Mathematik verherrlichen." Reine Mathematik und mathematische Naturphilosophie bei C. G. J. Jacobi". In: *Mathematische Semesterberichte* 42, 99–132.

Korselt, A. (1903). „Über die Grundlagen der Geometrie". In: *Jahresbericht der Deutschen Mathematiker Vereinigung* 12, 402–407.

— (1908). „Über die Logik der Geometrie". In: *Jahresbericht der Deutschen Mathematiker Vereinigung* 17, 98–124.

Kürschák, J. (1902). „Das Streckenabtragen". In: *Mathematische Annalen* 55, 597–598.

Legendre, A. M. (1817). *Eléments de géométrie*. 11. Aufl. Paris.

— (1837). *Die Elemente der Geometrie, und der ebenen und sphärischen Trigonometrie*. Übersetzt und mit Anmerkungen versehen von A. L. Crelle. 3. Aufl. Berlin.

Marchisotto, E. A. (2002). „The Theorem of Pappos: A Bridge between Algebra and Geometry". In: *American Mathematical Monthly* 109, 497–516.

Merker, J. (2010). *Le problème de l'espace. Sophus Lie, Friedrich Engel et le problème de Riemann-Helmholtz*. Paris.

Michling, H. (1969). „Vom Gauß-Weber-Denkmal und seiner Einweihung". In: *Mitteilungen der Gauß-Gesellschaft* 6, 16–21.

Minkowski, H. (1973). *Briefe an David Hilbert*. Hrsg. von L. Rüdenberg und H. Zassenhaus. Berlin.

Möbius, A. F. (1827). *Der barycentrische Calcul.* Reprint Hildesheim/New York, 1976. Leipzig.

Mollerup, J. (1903). „Die Lehre von den Proportionen". In: *Mathematische Annalen* 56, 277–280.

Moore, E. H. (1902a). „On the projective axioms of geometry". In: *Transactions of the American Mathematical Society* 3, 142–158.

Moore, R. L. (1902b). „The Betweeness Assumptions". In: *American Mathematical Monthly* 9, 152–153.

Moulton, F. R. (1902). „A simple non-desarguesian plane geometry". In: *Transactions of the American Mathematical Society* 3, 192–195.

Nabonnand, Ph. (2008). „La théorie des *Würfe* de von Staudt. Une irruption de l'algèbre dans la géométrie". In: *Archive for History of Exact Sciences* 62, 201–242.

Nabonnand, Ph (2014). *Poincaré's vierte Geometrie.* (erscheint demnächst in den Mathematischen Semesterberichten).

Parshall, K. H. und D. Rowe (1994). *The Emergence of the American Mathematical Community, 1876 – 1900. J. J. Sylvester, Felix Klein, and E. H. Moore.* Providence R. I.

Pasch, M. (1882). *Vorlesungen über neuere Geometrie.* Leipzig.

— (1976). *Vorlesungen über neuere Geometrie.* Nachdruck der zweiten Auflage Berlin, 1926 [mit einem Anhang von M. Dehn]. Berlin u.a.

Peano, G. (1958). „I principia di geometria logicamente espositi". (Turin, 1889). In: *Opere scelte.* Bd. II. Roma, 56–91.

Pieper, H. (1998). *Korrespondenz Adrien Marie Legendre – Carl Gustav Jacob Jacobi.* Stuttgart.

Poincaré, H. (1902). „Compte rendu Hilbert. Les fondements de la géométrie (Grundlagen der Geometrie). Festschrift zur Feier der Enthüllung des Gauss-Weber-Denkmals." In: *Bulletin des Sciences Mathématiques* 26 (2. Serie), 249–272.

— (1904). „Rapport sur les travaux de M. Hilbert". In: *Bulletin de la Société Physico-Mathématique de Kasan* 14, 10–48.

— (1906). *Der Wert der Wissenschaft.* frz. Original „La valeur de la science" (Paris, 1905). Leipzig.

Poncelet, J. V. (1822). *Traité des propriétés projectives.* Paris.

Reid, C. (1996). *Hilbert.* New York u.a.

Reye, Th. (1866 und 1868). *Geometrie der Lage.* 2 Bände. Leipzig.

Rosemann, W. (1923). „Der Aufbau der ebenen Geometrie ohne das Symmetrieaxiom". In: *Mathematische Annalen* 90, 108–128.

Rowe, D. (2000). „The Calm before the Storm. Hilbert's early Views on Foundations". In: *Proof Theory.* Hrsg. von V. F. Hendricks, Stig Andur Pedersen und Klaus Frovin Jørgensen. Dordrecht, 55–93.

Sattelmacher, A. (2013). „Geordnete Verhältnisse. Mathematische Anschauungsmodelle im frühen 20. Jahrhundert". In: *Berichte zur Wissenschaftsgeschichte* 36, 294–312.

Schlimm, D. (2010). „Pasch's philosophy of mathematics". In: *The Review of Symbolic Logic* 3, 93–118.

— (2015). *Metaphors for mathematics from Pasch to Hilbert.* Erscheint demnächst.

Schmidt, A. (1933). „Zu Hilberts Grundlegung der Geometrie." In: *D. Hilbert. Gesammelte Abhandlungen.* Bd. 2. Berlin, 404–414.

— (1934). „Die Herleitung der Spiegelung aus der ebenen Bewegung". In: *Mathematische Annalen* 109, 538–571.

Schönbeck, J. (1986). „Hermann Wiener, der Begründer der Spiegelungsgeometrie." In: *Jahrbuch Überblicke Mathematik.* Mannheim u.a., 81–104.

Schotten, H. (1890/1893). *Inhalt und Methode des planimetrischen Unterrichts.* 2 Bde. Leipzig.

Schur, Fr. (1893). „Ueber den Flächeninhalt geradlinig begrenzter ebener Figuren". In: *Sitzungsberichte der Naturforscher-Gesellschaft bei der Universität Dorpat* 10, 2–6.

— (1898). *Lehrbuch der analytischen Geometrie.* Leipzig.

Schur, Fr. (1899). „Ueber den Fundamentalsatz der projectiven Geometrie". In: *Mathematische Annalen* 51, 401–409.

— (1902). „Ueber die Grundlagen der Geometrie". In: *Mathematische Annalen* 55, 265–292.

— (1904). „Zur Bolyai-Lobatschefskyschen Geometrie". In: *Mathematische Annalen* 59, 314–324.

— (1909). *Grundlagen der Geometrie*. Leipzig und Berlin.

Seidenberg, A. (1976). „Pappus implies Desargues". In: *American Mathematical Monthly* 83, 190–192.

Siegmund-Schulze, R. (2013). „Für die Ehre des menschlichen Geistes". In: *Mitteilungen der Deutschen Mathematiker Vereinigung* 21 (2), 112–118.

Sommer, J. (1900). „Hilbert's Foundations of Geometry". In: *Bulletin of the American Mathematical Society* 7, 288–299.

Stäckel, P. und Fr. Engel (1895). *Die Theorie der Parallellinien von Euklid bis auf Gauß*. Leipzig: Teubner.

Staudt, J. von (1847). *Geoemtrie der Lage*. Nürnberg.

Steck, M. (1981). *Bibliographica Euclideana*. Hildesheim.

Stecker, H. F. (1903). „On the foundations of geometry, and on possible systems of geometry". In: *Bulletin of the Philosophical Society Washington* 14, 205–214.

Stolz, O. (1881). „Bernard Bolzanos Bedeutung in der Geschichte der Infinitesimalrechnung 18". In: *Mathematische Annalen* 18, 255–279.

— (1883). „Zur Geometrie der Alten, insbesondere über ein Axiom des Archimedes". In: *Mathematische Annalen* 22, 504–519.

— (1885). *Vorlesungen über allgemeine Arithmetik. Band 1: Allgemeins und Arithmetik der reellen Zahlen*. Leipzig.

— (1894). „Die ebenen Vielecke und die Winkel mit Einschluss der Berührungs-Winkel als Systeme von absoluten Größen". In: *Monatshefte für Mathematik und Physik* 5, 233–240.

Swinden, J. H. Van (1834). *Elemente der Geometrie*. Aus dem Holländischen übersetzt und vermehrt von C. F. A. Jacobi. Jena.

Tamari, D. (2006). *Moritz Pasch. Vater der modernen Axiomatik*. Aachen.

Thieme, H. (1900). *Die Umgestaltung der Elementar-Geometrie. Beilage zum Jahresbericht des Königlichen Berger-Gymnasiums und der Berger-Oberrealschule zu Posen*. Posen.

Toepell, M. (1986). *Über die Entstehung von David Hilberts „Grundlagen der Geometrie"*. Göttingen.

— (1991). *Mitgliederverzeichnis der Deutschen Mathematiker-Vereinigung 1890–1990*. München.

Vahlen, Th. (1905). *Abstrakte Geometrie*. Leipzig.

Veblen, O. (1903). „Hilbert's Foundations of Geometry". In: *The Monist* 13, 303–309.

— (1904). „A System of Axioms for Geometry". In: *Transactions of the American Mathematical Society* 5, 343–384.

— (1911). *The Foundations of Geometry*. London.

Veronese, G. (1894). *Grundzüge der Geometrie von mehreren Dimensionen und mehreren Arten gradliniger Einheiten in elementarer Form entwickelt. Übersetzt von A. Schepp*. Leipzig.

Voelke, J. D. (2008). „Le théorème fondamental de la géométrie projective. évolution de sa preuve entre 1847 et 1900". In: *Archive for History of Exact Sciences* 62, 243–296.

Volkert, K. (1999). „Die Lehre vom Flächeninhalt ebener Polygone. einige Etappen in der Mathematisierung eines anschaulichen Konzeptes". In: *Mathematische Semesterberichte* 46, 1–28.

— (2002). „Ist das Ganze größer als sein Teil?" In: *Mathematikunterricht zwischen Tradition und Innovation*. Hrsg. von A. Abele und Chr. Selter. Weinheim, 125–144.

— (2008). „Wie viele Dimensionen hat der Raum und wie beschribt man das". In: *Mosaiksteine moderner Schulmathematik*. Hrsg. von J. Schönbeck. Heidelberg, 199–211.

— (2013). *Das Unmögliche denken*. Heidelberg u.a.

Weber, Heinrich (1893). „Die allgemeinen Grundlagen der Galois'schen Gleichungstheorie". In: *Mathematische Annalen* 43, 521–549.

Wiener, H. (1891). „Ueber Grundlagen und Aufbau der Geometrie". In: *Jahresbericht der Deutschen Mathematiker Vereinigung* 1, 45–48.

— (1893). „Weiteres über Grundlagen und Aufbau der Geometrie". In: *Jahresbericht der Deutschen Mathematiker Vereinigung* 3, 70–80.

Wilson, E. B. (1904). „The So-called foundations of Geometry". In: *Archiv der Mathematik und Physik* 3 (Reihe 6), 104–122.

Worpitzky, J. (1873). „Ueber die Grundbegriffe der Geometrie". In: *Archiv der Mathematik und Physik* 55, 405–421.

Zermelo, E. (1908). „Untersuchungen über die Grundlagen der Mengenlehre". In: *Mathematische Annalen* 65, 261–281.

Zolt, A. De (1883). *Principii della egualianza di poligoni.* Mailand.

Die Briefe von Fr. Schur befinden sich – soweit nicht anders angegeben – im Universitätsarchiv Gießen (Nachlass Fr. Engel, NE110373ff). Ich danke dem Archiv für die freundliche Genehmigung des Abdrucks.

# Personenverzeichnis

# Sachverzeichnis

Printed in the United States
By Bookmasters